Barbara Schneider ■ Dorothea Döring

Verhaltensberatung bei kleinen Heimtieren

Barbara Schneider ▪ Dorothea Döring

Verhaltensberatung bei kleinen Heimtieren

Haltung, Normalverhalten und Behandlung von Verhaltensproblemen

Unter Mitarbeit von
Daphne Ketter

Mit 97 Abbildungen und 13 Videos

Zusätzlich zum Download finden Sie Praxisvideos unter www.schattauer.de/3112

Schattauer

Ihre Meinung zu diesem Werk ist uns wichtig!
Wir freuen uns auf Ihr Feedback unter www.schattauer.de/feedback
oder direkt über QR-Code.

Bibliografische Information der Deutschen Nationalbibliothek
Die Deutsche Nationalbibliothek verzeichnet diese Publikation in der Deutschen Nationalbibliografie; detaillierte bibliografische Daten sind im Internet über http://dnb.d-nb.de abrufbar.

Besonderer Hinweis:
Die Medizin unterliegt einem fortwährenden Entwicklungsprozess, sodass alle Angaben, insbesondere zu diagnostischen und therapeutischen Verfahren, immer nur dem Wissensstand zum Zeitpunkt der Drucklegung des Buches entsprechen können. Hinsichtlich der angegebenen Empfehlungen zur Therapie und der Auswahl sowie Dosierung von Medikamenten wurde die größtmögliche Sorgfalt beachtet. Gleichwohl werden die Benutzer aufgefordert, die Beipackzettel und Fachinformationen der Hersteller zur Kontrolle heranzuziehen und im Zweifelsfall einen Spezialisten zu konsultieren. Fragliche Unstimmigkeiten sollten bitte im allgemeinen Interesse dem Verlag mitgeteilt werden. Der Benutzer selbst bleibt verantwortlich für jede diagnostische oder therapeutische Applikation, Medikation und Dosierung.
In diesem Buch sind eingetragene Warenzeichen (geschützte Warennamen) nicht besonders kenntlich gemacht. Es kann also aus dem Fehlen eines entsprechenden Hinweises nicht geschlossen werden, dass es sich um einen freien Warennamen handelt.

Durch Scannen des QR-Codes können Videos über Smartphone oder Tablet-PC direkt online abgerufen werden. Qualität und Ladedauer können je nach QR-Code-Reader bzw. Internetverbindung variieren.

E-Mail: info@schattauer.de
Internet: www.schattauer.de
Printed in Germany

Lektorat: Dr. Nikola Schmidt, Berlin
Projektleitung: Dr. med. vet. Sandra Schmidt
Umschlagabbildung: © Dorothea Döring, Barbara Schneider
Zeichnungen: Dorothea Döring
Autorenportraits: Barbara Schneider: Roland Schneider; Dorothea Döring: Stephan Vollmar
Satz: Fotosatz Buck, Zweikirchener Straße 7, 84036 Kumhausen/Hachelstuhl
Druck und Einband: Mayr Miesbach GmbH, Druck · Medien · Verlag, 83714 Miesbach

Auch als E-Book erhältlich: ISBN 978-3-7945-6927-4

ISBN 978-3-7945-3112-7

Vorwort

Heimtiere sind ein wachsender Patientenstamm in Kleintierpraxen. Genauso häufig sind aber auch Probleme oder Auffälligkeiten bei diesen Tieren, die durch eine nicht tiergerechte Haltung entstehen. Das Wissen um Normalverhalten und Ansprüche einer Tierart sind die Grundvoraussetzung für eine tiergerechte Haltung. Tierärztinnen und Tierärzte sind hier als Berater gefragt. Bei der wachsenden Anzahl verschiedener als Heimtiere gehaltener Arten ist es jedoch nicht immer einfach, den Überblick zu behalten. Dieses Buch soll Tierärztinnen und Tierärzte darin unterstützen, die von ihnen betreuten Heimtierhalter besser zu beraten, zu unterstützen und zu begleiten. Wir hoffen, dass die Beschreibungen der Tierarten, die Praxistipps und auch die Fallbeispiele, die auf echten Fällen aus unserer verhaltensmedizinischen Tätigkeit basieren, den tierärztlichen Kolleginnen und Kollegen eine gute Hilfestellung im Praxisalltag sind.

Ein Buch über Normalverhalten, Haltungsansprüche und Verhaltensprobleme bei kleinen Heimtieren speziell für tierärztliche Kolleginnen und Kollegen zu schreiben, war uns beiden schon lange eine Herzensangelegenheit. Kleinen Heimtieren wird nämlich meist nicht die Aufmerksamkeit und Sorgfalt zuteil, die ihnen zusteht. Aus diesem Grund war es für uns besonders erfreulich, dass Frau Dr. Sandra Schmidt dieses Projekt angenommen und im ganzen Entstehungsprozess so überaus positiv unterstützt hat. Sie hatte für unsere Ideen, Wünsche und Probleme immer ein offenes Ohr und konstruktive Lösungen. Ihre Betreuung ist als herausragend zu bezeichnen. Dafür gebührt ihr unser größter Dank. Frau Dr. Nikola Schmidt war uns zudem eine große Hilfe, und ihre Vorschläge haben das Buch sehr bereichert. Wir bedanken uns bei ihr herzlich für das wunderbare, professionelle und sehr freundliche Lektorat.

Aber wir möchten uns auch bei all den anderen Menschen bedanken, die uns bei der Entstehung dieses Buches unterstützt haben. Ganz besonderer Dank gilt unseren Fotografinnen und Fotografen Kerstin Deingruber, Matej Minar und Stephan Vollmar für ihre wunderbaren Fotos, die dieses Buch so anschaulich machen. Wir bedanken uns außerdem sehr bei Frau Prof. Petra Wolf für ihre hilfreichen Korrekturen bei mehreren Fütterungskapiteln. Auch an das Tierheim München geht ein besonderer Dank, dafür dass wir dort so viele Fotos und Videos machen durften.

Ein spezieller, ganz herzlicher Dank geht schließlich an dieser Stelle an unsere Familien, die uns mit viel Geduld, Verständnis und Liebe durch dieses Projekt begleitet haben.

Wir hoffen, dass dieses Buch dazu beiträgt, dass kleine Heimtiere tiergerechter gehalten werden, und dass die Besitzer noch mehr Freude an ihren Tieren haben.

Sydney und München, November 2016
Barbara Schneider und Dorothea Döring

Anschriften der Autoren

Dr. med. vet. Barbara Schneider
Fachtierärztin für Verhaltenskunde
54 Ridge Street
Gordon, NSW 2072, Australien
www.verhalten-schneider.de
b.schneider@verhalten-schneider.de

Dr. med. vet. Dorothea Döring
Fachtierärztin für Verhaltenskunde, Zusatzbezeichnung Verhaltenstherapie
Lehrstuhl für Tierschutz, Verhaltenskunde, Tierhygiene und Tierhaltung
Veterinärwissenschaftliches Department
Veterinärstr. 13/R
80539 München
d.doering@lmu.de

Dr. med. vet. Daphne Ketter
Tierverhalten München – Tierärztliche Praxis für Verhaltensmedizin
Birkenweg 28
82110 Germering
www.tvh-muenchen.de
ketter@tvh-muenchen.de

Lehrstuhl für Tierschutz, Verhaltenskunde, Tierhygiene und Tierhaltung
Veterinärwissenschaftliches Department
Veterinärstr. 13/R
80539 München
d.ketter@lmu.de

Inhalt

1 Einführung

Barbara Schneider

Kleine Heimtiere können das Leben ihrer Besitzer sehr bereichern und wunderbare Begleiter für Kinder und Erwachsene sein. Voraussetzung dafür ist allerdings, dass sich die Tiere rundum wohl fühlen. Dies können sie nur, wenn sie tiergerecht gehalten werden und ihre Bedürfnisse ausleben dürfen. Tierärzte werden immer wieder mit problematischen Verhaltensweisen der kleinen Heimtiere bzw. mit vermeintlichen Verhaltensproblemen konfrontiert, die eigentlich durch eine Anpassung der Haltungsbedingungen leicht zu verhindern oder zu beheben sind (▶ Abb. 1-1). Eine unzureichende Haltung führt aber nicht nur zu mehr Verhaltensauffälligkeiten, sondern auch dazu, dass die betroffenen Tiere teilweise eine deutlich unterdurchschnittliche Lebenserwartung haben.

Eine inadäquate Haltung kleiner Heimtiere kann somit durchaus ein Tierschutzproblem darstellen.

Nur wenn Tiere ihren Ansprüchen entsprechend gehalten werden und ihr Normalverhalten ausüben können, ist eine **tiergerechte** und **tierschutzkonforme Haltung** möglich.

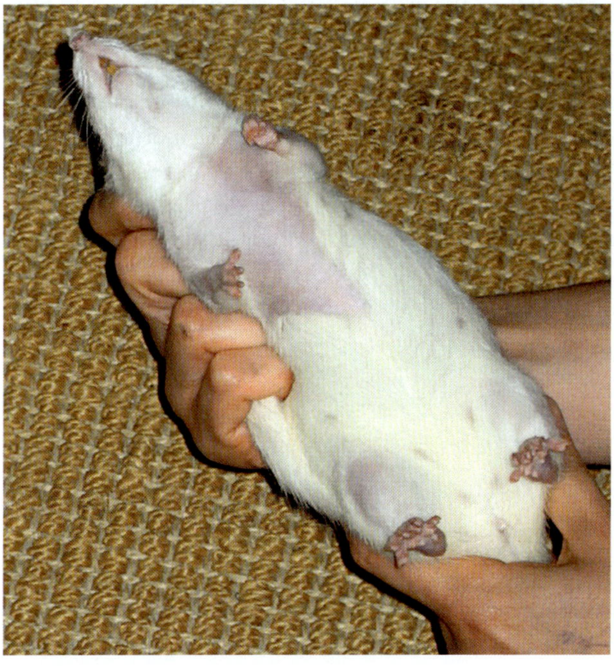

Abb. 1-1 Ratte, die die ersten 9 Monate ihres Lebens unter Laborbedingungen gehalten wurde und eine Alopezie entwickelte. Man beachte die kahlen Stellen an Brust, Bauch und Hinterbeinen. Nach 6 Wochen in optimierter, privater Haltung war das Fell wieder nachgewachsen.

Leider werden aber gerade die kleinen Heimtiere besonders häufig ohne jegliche Vorkenntnisse angeschafft. Dabei sind nicht nur die weniger bekannten Tierarten, sondern auch die „altbekannten" Heimtierarten wie Hamster, Kaninchen und Meerschweinchen aufgrund mangelnden Wissens um die Bedürfnisse häufig in suboptimalen Haltungen zu finden.

Der **Tierarzt** als erster Ansprechpartner muss über ein solides Wissen zum Normalverhalten und zur Haltung der behandelten Tierart verfügen. Nur so kann er dem Tierhalter sinnvoll beratend und aufklärend zur Seite stehen. Idealerweise darf der Tierarzt bereits **vor der Anschaffung** des Heimtiers beraten. Dies ist aber bedauerlicherweise nur überaus selten der Fall. Eine ausführliche Anamnese in Bezug auf die Haltungsbedingungen einer Heimtierart ist notwendig, um Probleme möglichst frühzeitig zu erkennen und/oder ihnen entsprechend vorzubeugen. Eine solche **Haltungsanamnese** sollte bei jedem neu vorgestellten Heimtier in der Praxis durchgeführt werden. Der Tierarzt muss dabei auch immer deutlich kommunizieren, dass eine Anpassung der Haltung in vielen Fällen extrem positive Auswirkungen auf das Verhalten und auch die Gesundheit bzw. Lebenserwartung des betroffenen Heimtiers hat.

Da fast alle kleinen Heimtiere Beutetiere sind, zeigen sie häufig nicht oder nur sehr subtil, wenn es ihnen schlecht geht. Das bedeutet, dass Besitzer tierschutzwidrige Bedingungen nicht immer selbst erkennen können, oder erst dann, wenn es bereits massive Probleme gibt. Daher muss der Tierarzt auch bei jeder Untersuchung auf diese subtilen Anzeichen des Unwohlseins (z. B. Rabbit Grimace Scale, ► Kap. 3.2.8; Mouse Grimace Scale, ► Kap. 6.2.6) achten.

Ein weiteres häufiges Problem der Heimtierhaltung ist, dass manchen Besitzern nicht klar ist, dass auch ein Tier, das in der Anschaffung relativ günstig war, eine kostenaufwändige Behandlung benötigen kann. Auch hier sollte der Tierarzt idealerweise vorab aufklären und zudem klarstellen, wie viel die einzelnen Punkte der Behandlung kosten und warum sie notwendig sind.

Doch erfreulicherweise gibt es immer mehr extrem gut informierte Heimtierhalter, die eine große Leidenschaft für die von ihnen gehaltene Tierart hegen und darauf bedacht sind, eine möglichst optimale Haltung zu gewährleisten. Um auch diesen schon recht gut vorinformierten Besitzern mit Rat und Tat zur Seite stehen zu können, sollte der Tierarzt über ein umfangreiches Wissen verfügen. Nur so wird er aufkommende Fragen beantworten können. Auch dafür soll das vorliegende Buch Hilfestellung leisten.

1.1 Haltungsvorbilder

Viele Eindrücke von außen beeinflussen – bewusst oder unbewusst – die Art, wie Heimtierbesitzer ihre Tiere halten. Im Folgenden wird ein knapper Überblick über die wichtigsten Haltungsvorbilder und mögliche Probleme gegeben.

Abb. 1-2 Haltung von Mäusen im Streichelzoo eines Wildtierparks im nordeuropäischen Ausland. Beachte, dass die Tiere in Standard Makrolon®-Käfigen aus der Labortierhaltung ohne jegliches Enrichment oder Rückzugsmöglichkeiten vor den Kindern gehalten werden.

Zoofachgeschäfte Sie sind sehr häufig die erste Anlaufstelle für zukünftige Heimtierbesitzer. Haltungseinheiten und Zubehör werden oft gemeinsam mit dem Tier im Geschäft erworben. Die Präsentation der Tiere im Geschäft sowie das dort vorhandene Zubehör und die Beratung durch das Fachpersonal bestimmen meist, wie die Tiere dann zu Hause gehalten werden. Daher sollte die Beratung durch wirklich qualifiziertes Personal erfolgen. Auch die angebotenen Haltungseinheiten sollten die Anforderungen an eine tiergerechte Haltung erfüllen. Dies ist jedoch leider häufig nicht der Fall. In der Regel werden nur Käfige in wenigen, meist nicht ausreichenden Größen speziell für bestimmte Tierarten angeboten. Auch die Präsentation der Tiere erfolgt in viel zu kleinen, gut einsehbaren und nicht sehr tiergerecht eingerichteten Haltungseinheiten. Zoofachgeschäfte, die Wert auf Qualität und tierschutzgerechte Haltung legen, sollten daher auch bei der Präsentation ihrer Tiere unbedingt auf eine optimierte Haltung achten.

Streichelzoos, Wildparks In diesen oder ähnlichen Einrichtungen werden Kaninchen, Meerschweinchen oder diverse andere kleine Heimtiere gehalten. Vor allem Kinder sollen dort lernen, wie solche Tiere gehalten werden können. Die vorherrschenden Bedingungen sind jedoch nicht immer optimal (► Abb. 1-2), was zu falschen Vorstellungen über die Bedürfnisse der Tiere führen kann.

Es kommt aber auch vor, dass in der gleichen Einrichtung, in der es bei wenigen Tierarten Haltungsmängel gibt, andere Tierarten gut gehalten werden (► Abb. 1-5, Frettchen aus demselben Wildtierpark wie die Mäusehaltung von Abbildung 1-2). Dies kann dazu führen, dass die Besucher davon ausgehen, nur gute Haltungen zu sehen.

Ein weiteres Problem kann die gemeinsame Haltung verschiedener Tierarten sein. So werden beispielsweise sehr häufig Kaninchen und Meerschweinchen gemeinsam in Tierparks etc. gehalten (► Abb. 1-3).

Abb. 1-3 Eine gemeinsame Haltung von Meerschweinchen und Kaninchen, wie hier in einem deutschen Stadtpark, ist weit verbreitet und kann Besucher denken lassen, dass eine solche gemeinsame Haltung immer akzeptabel sei.

Dies ist i. d. R. im Wildpark kein Problem, da meist von beiden Tierarten mehrere Tiere gehalten werden und somit Artgenossen zur Verfügung stehen. Meist sind auch die Gehege ausreichend groß und strukturiert, um eine solche gemeinsame Haltung zuzulassen. Daraus wird vom Besucher abgeleitet, dass Meerschweinchen und Kaninchen gerne zusammenleben und die Haltung eines einzelnen Meerschweinchens mit einem einzelnen Kaninchen zu Hause durchaus möglich ist, um sich z. B. Kosten für eine Kastration zu sparen. Meerschweinchen und Kaninchen sind jedoch recht unterschiedliche Tierarten, mit sehr unterschiedlichen Bedürfnissen und Verhaltensweisen (► Kap. 3.3.2). Leider ist es noch unüblich, dass in Streichelzoos Hinweise und Informationen zur Haltung der Tierarten angebracht sind, um solche gemeinsamen Haltungen zu erklären.

Da v. a. Kinder, die häufig Heimtierhalter sind, von Haltungen in Streichelzoos und Wildparks lernen, muss auch die Haltung aller Tiere dort so weit wie möglich optimiert werden. Diese Einrichtungen übernehmen dabei durchaus eine Vorbildfunktion.

Tierheime Bezüglich der Informationsvermittlung sind Tierheime häufig vorbildlicher. So ist es üblich, dass entsprechende Schilder oder das Personal die Besucher informieren. Man kann dann beispielsweise lesen, warum eine Haltung vom Optimum abweicht. Ein Grund kann sein, dass kürzlich aus einem Hoarding-Fall eine große Menge an Tieren übernommen wurde und diese aus Platzgründen vorübergehend in kleineren Haltungseinheiten bleiben müssen. Wichtig ist es, dass Tierheime auch zeigen, wie eine gute Heimtierhaltung aussehen kann (► Abb. 1-4) und zudem bei der Tiervermittlung Wert auf eine gute Beratung legen.

Auch auffällige Verhaltensweisen, die beispielsweise durch eine vorangegangene schlechte Haltung bedingt sind, müssen im Tierheim angesprochen und erklärt werden, um zukünftige Besitzer möglichst gut auf das Zusammenleben mit ihrem Tier vorzubereiten.

Abb. 1-4 Beispiel einer guten Kaninchenhaltung in einem Kaninchenzimmer im Tierheim München

Private Haltungen Auch sie sind Vorbild für eine eigene Heimtierhaltung. Die Qualität der Haltungen bei Freunden, Verwandten und Bekannten kann enorm schwanken. Bei einer Beratung vor Anschaffung muss daher abgefragt werden, wie die Vorstellung von der Haltung aussieht und auf welchen Beobachtungen diese Vorstellung basiert. So lässt sich detaillierter auf Vor- und Nachteile der geplanten Haltungseinheit eingehen.

PRAXISTIPP

Insgesamt müssen Haltungsempfehlungen durch den Tierarzt immer durch fundiertes Wissen um Ansprüche und Verhalten der Tierart untermauert werden. Auf diese Weise sind Besitzer dafür i. d. R. zugänglich und offen.

1.2 Häufige Fehler in der Heimtierhaltung

Die überwiegende Zahl der Verhaltensauffälligkeiten von kleinen Heimtieren, die von Besitzern berichtet werden, ist auf eine mangelhafte Haltung oder auf Managementfehler zurückzuführen. Im Folgenden sind häufige Fehler aufgeführt.

1.2.1 Artgenossen

Auf das Sozialverhalten einer Tierart wird oft nicht ausreichend Rücksicht genommen. So kommt es besonders häufig zu Verhaltensauffälligkeiten bei einzeln gehaltenen Tieren einer sozialen Tierart (z. B. Kaninchen oder Meerschweinchen) oder bei der Gruppenhaltung einer nicht sozialen Tierart (z. B. Hamster). Probleme gibt es meist auch, wenn je ein Tier einer sozialen Tierart mit einem Tier einer anderen sozialen Tierart zusammen gehalten wird, anstatt in einer Gruppe von Artgenossen z. B. ein Kaninchen und ein Meerschweinchen. Weder Tiere einer anderen Art noch menschliche Partner können den Artgenossen ersetzen und die sozialen Bedürfnisse einer Tierart befriedigen.

> Nur Artgenossen können **adäquates Sozialverhalten** zeigen und die sozialen Bedürfnisse einer sozial lebenden Tierart ausreichend befriedigen.

Zudem entstehen z. T. schwere Konflikte, wenn die Gruppenzusammensetzung ohne entsprechendes **Gewöhnungstraining** erfolgt, oder aber die Bedürfnisse der Individuen nicht beachtet werden. Ein Beispiel für letzteres Problem wäre z. B. die Vergesellschaftung zweier erwachsener, unkastrierter Männchen bei Mäusen.

1.2.2 Größe der Haltungseinheit

Der Bewegungsbedarf der Tiere wird oft unterschätzt und die Haltungseinheit zu klein ausgewählt. Einfache Hilfsmittel wie **Laufräder** oder **mehrere Ebenen** können den Bewegungsraum vergrößern. Manchmal sind aber auch selbst gebaute Gehege notwendig. Bei manchen der besprochenen Tierarten (z. B. Hamster, ► Kap. 5; Gerbil, ► Kap. 8) ist es äußerst schwierig, eine ausreichend große Haltungseinheit in der Wohnung zu schaffen. Bei diesen Tierarten muss dieser Mangel durch artgerechtes Enrichment und die tiergerechte Ausstattung der Haltung ausgeglichen werden. Auch Frettchen lassen sich schwer in einer Haltungseinheit in einer Wohnung halten. Sie sollten permanent Freilauf in einer frettchensicheren Wohnung haben oder in einem Außengehenge gehalten werden (► Abb. 1-5).

> Zusätzlich zu einer großen Haltung müssen alle im Buch besprochenen Tierarten **täglich kontrollierten Freilauf** bekommen, um sich optimal austoben zu können.

1.2.3 Ausstattung

Auch die Ausstattung einer Haltungseinheit hat großen Einfluss auf das Befinden der darin gehaltenen Tiere. Es muss zwingend darauf geachtet werden, dass sie der gehaltenen Tierart ermöglicht, ihr natürliches Verhalten auszuleben. Als Beispiele seien hier nur Unterschlupfmöglichkeiten für Meerschweinchen, erhöhte

Abb. 1-5 Beispiel für ein Frettchenaußengehege in einem europäischen Wildtierpark

Sitzgelegenheiten für Kaninchen, schallisolierte Schlafhäuschen für Hamster oder Aussichtspunkte für die Degus genannt.

Zudem sollten die Tiere eine artgerechte, abwechslungsreiche **Käfigausstattung** und entsprechendes **Spielzeugangebot** bekommen, um Langeweile vorzubeugen.

1.2.4 Umgang

Der Umgang mit den Tieren sollte mit Rücksicht auf die Bedürfnisse der jeweiligen Tierart erfolgen. Wichtig ist v.a. eine **tägliche, regelmäßige Beschäftigung**, um die Tiere an die Anwesenheit des Menschen und schließlich auch an notwendiges Handling zu gewöhnen. Dafür sollte auch schon der Züchter sorgen. Nur wenn sich die Tiere gut handeln lassen, können sie beispielsweise aus dem Freilauf wieder stressarm eingefangen und in den Käfig zurückgesetzt werden. Auch ein Gesundheitscheck lässt sich besser durchführen, wenn sie Handling gewöhnt sind. Die Gewöhnung an den Menschen und den Umgang erfolgt i. d. R. am einfachsten über **spezielle Leckerbissen**, die anfangs durch das Gitter und schließlich aus der Hand gegeben werden. Wichtig dabei ist, dass die Tiere ohne Zwang entscheiden können, ob sie sich der Person nähern. Je jünger die Tiere sind, desto einfacher ist meist auch die Gewöhnung an den Menschen. Bei älteren Tieren, die den Umgang nicht

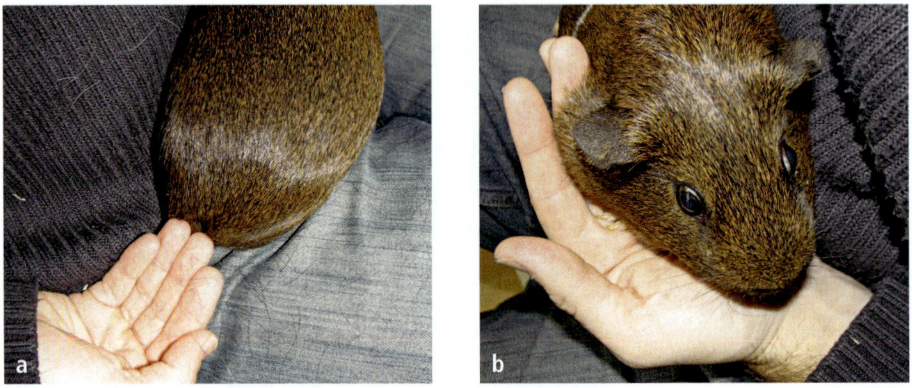

Abb. 1-6 Deutliche Stressanzeichen beim Streicheln durch den Besitzer bei einem Meerschweinchen, das den Umgang mit Menschen nicht gewöhnt ist: **a** Haarverlust, **b** durch Bluthochdruck hervortretende Augen

gewöhnt sind, oder die schlechte Vorerfahrungen haben, ist besonders viel Geduld notwendig (► Abb. 1-6).

Sind Tiere problematisch im Umgang mit Menschen, kann es zu einem **Teufelskreis** kommen: Wenn beispielsweise ein Tier aufgrund von Haltungsfehlern aggressive Verhaltensweisen gegen dem Besitzer zeigt, interagiert der Besitzer oft noch weniger mit dem Tier und betreut es auch weniger intensiv. Dadurch wird das Tier meist noch scheuer und aggressiver.

1.2.5 Auswahl der falschen Tierart

Immer wieder wählen Besitzer aufgrund mangelnder Kenntnisse die falsche Tierart aus. So ist es möglich, dass Meerschweinchen als Streichel- und Kuscheltiere angeschafft werden oder auch, dass nachtaktive Goldhamster für junge Kinder als Begleiter ausgewählt werden.

Wichtig bei der Beratung vor Anschaffung eines kleinen Heimtiers ist es, die Erwartungen der zukünftigen Besitzer an ihr Tier genau abzufragen. Auch die Persönlichkeit des Besitzers muss in die Beratung einbezogen werden. Altersempfehlungen für Kinder für bestimmte Tierarten sind weniger sinnvoll. Wichtiger ist es zu erfragen, wie zuverlässig und vernünftig das Kind ist, und ob es eher kuscheln oder beobachten will etc. Darüber hinaus müssen die Eltern selbstverständlich hinter der Anschaffung der Tiere stehen, da sie letztendlich die Verantwortung (und auch Kosten) tragen.

1.2.6 Auswahl nicht gesunder/anfälliger Tiere

Die Auswahl eines bestimmten Tiers geschieht i. d. R. aus dem Bauch heraus oder nach dem Aussehen des Tiers. Ganz besonders beliebt sind beispielsweise **weiße Tiere**. Diese haben jedoch häufig einen Gendefekt, der Taubheit bedingt (► Kap. 2.2.1).

Abb. 1-7 Albinos haben sehr lichtempfindliche Augen. Hier ist im Blitzlicht des Fotoapparats der gesamte Augenhintergrund zu erkennen.

Oder es handelt sich um Albinos (► Abb. 1-7), deren Lichtempfindlichkeit in ihrer Haltung entsprechend durch reduzierte Beleuchtung berücksichtigt werden muss.

Die Entscheidung für ein Tier aufgrund des Aussehens führt immer wieder dazu, dass Heimtierbesitzer sich auch **Qualzuchten** (► Kap. 2) zulegen, ohne sich dessen bewusst zu sein. Manche dieser Tiere können mit ausreichendem Wissen um die Problematik und entsprechender Pflege dennoch gut gehalten werden. Dies setzt aber voraus, dass sich die Besitzer der Problematik bewusst sind. Hier ist wieder einmal der Tierarzt als Berater gefragt.

1.3 Fazit

Durch eine **ausführliche Beratung** vor und auch nach der Anschaffung von kleinen Heimtieren kann der Haustierarzt den meisten Verhaltensproblemen in der Heimtierhaltung umfassend und effektiv vorbeugen bzw. diese behandeln. Voraussetzung für eine gute Beratung ist das **Wissen** um Normalverhalten, Haltungsansprüche und Lebensweise der einzelnen Tierarten. Diese werden in den folgenden Kapiteln für die häufigsten Heimtierarten vorgestellt.

Zusammenfassung

- Kleine Heimtiere können wunderbare Haustiere sein. Leider mangelt es Besitzern häufig an Wissen um Ansprüche und Normalverhalten einer Tierart. Dies ist aber Voraussetzung für eine tiergerechte Haltung.
- Der Tierarzt ist erster Ansprechpartner und muss den Besitzern beratend zur Seite stehen.
- Eine Haltungsanamnese ist immer wichtig, da die meisten Verhaltensauffälligkeiten auf Haltungsfehlern basieren.
- Zoofachgeschäfte, Wildtierparks, Streichelzoos, Tierheime und andere private Haltungen sind Vorbilder für viele Heimtierhalter. Nicht immer sind diese jedoch gute Vorbilder und wecken zudem falsche Erwartungen.
- Häufige Fehler in der Heimtierhaltung sind eine falsche Gruppenzusammensetzung, ungenügende Größe und/oder mangelhafte Ausstattung der Haltungseinheit, unsachgemäßer Umgang mit den Tieren, Auswahl einer ungeeigneten Tierart oder die Auswahl nicht gesunder Tiere.

2 Qualzucht

Barbara Schneider

Die systematische Zucht kleiner Heimtiere als Haustiere gibt es in der heutigen Form noch nicht allzu lange. Dennoch hat der Mensch auch bei diesen Tieren durch zielgerichtete Zucht z. T. schon recht großen Einfluss auf das Aussehen genommen. Dies ist mitunter auf Kosten der Lebensqualität der entsprechenden Tiere erfolgt und Qualzucht ist bedauerlicherweise ein wichtiges Thema bei den kleinen Heimtieren.

2.1 Rechtliche Lage

Die relevanten Passagen aus § 11b des Tierschutzgesetzes der Bundesrepublik Deutschland (zuletzt geändert 2015) lauten wie folgt:

„(1) Es ist verboten, Wirbeltiere zu züchten oder durch biotechnische Maßnahmen zu verändern, soweit im Falle der Züchtung züchterische Erkenntnisse oder im Falle der Veränderung Erkenntnisse, die Veränderungen durch biotechnische Maßnahmen betreffen, erwarten lassen, dass als Folge der Zucht oder Veränderung

1. bei der Nachzucht, den biotechnisch veränderten Tieren selbst oder deren Nachkommen erblich bedingt Körperteile oder Organe für den artgemäßen Gebrauch fehlen oder untauglich oder umgestaltet sind und hierdurch Schmerzen, Leiden oder Schäden auftreten oder
2. bei den Nachkommen
   a) mit Leiden verbundene erblich bedingte Verhaltensstörungen auftreten,
   b) jeder artgemäße Kontakt mit Artgenossen bei ihnen selbst oder einem Artgenossen zu Schmerzen oder vermeidbaren Leiden oder Schäden führt oder
   c) die Haltung nur unter Schmerzen oder vermeidbaren Leiden möglich ist oder zu Schäden führt."

Da dieses „Qualzuchtverbot" jedoch recht allgemein gehalten ist, wurde von einer Sachverständigengruppe ein Gutachten zur Auslegung von § 11 erstellt (BMEVL, 2002). Dieses, meist nur **„Qualzuchtgutachten"** genannte Dokument wird im Allgemeinen herangezogen, um zu klären, ob es sich bei einem bestimmten Merkmal tatsächlich um eine Qualzucht handelt. Es ist jedoch eher eine Richtlinie und bedauerlicherweise rechtlich nicht bindend. Zudem werden im Sachverständigengutachten von den in diesem Buch besprochenen kleinen Heimtierarten nur die Kaninchen explizit aufgeführt. Als spezielle Qualzüchtungen für diese Tierart werden u. a. die Punktscheckung, Zwergwüchsigkeit sowie überproportional lange Ohren und Kieferverkürzung genannt.

Die allgemeinen Abschnitte dieses Gutachtens sind jedoch auch auf **alle in diesem Buch besprochenen Heimtierarten** anzuwenden und bilden für den Praktiker eine Richtlinie für die Beurteilung von Qualzuchten.

Nicht alle Tiere, die unter den Begriff „Qualzucht“ fallen, haben auch zwangsläufig eine mangelhafte Lebensqualität. Viele Tiere können auch dann gut gehalten werden, wenn sie Träger eines problematischen Merkmals sind und in ihrer Haltung entsprechend **Rücksicht** darauf genommen wird. Dies setzt allerdings voraus, dass der Besitzer um die Problematik weiß und entsprechend handelt. Ist das nicht der Fall, können sich deutliche tierschutzrechtliche Probleme ergeben.

Manchmal handelt es sich auch um den tierschutzrechtlich bedenklichen „Ausschuss“ an Tieren, der produziert werden muss, um eine bestimmte Färbung oder Fellvariante zu erhalten. Dies gilt dann ebenfalls als Qualzucht im eigentlichen Sinne, aber das betreffende Tier kann u. U. völlig gesund und ohne körperliche Beeinträchtigungen sein.

Der Haustierarzt sollte daher nach bestem Ermessen versuchen, Besitzer und Züchter für die züchterischen Problematiken der jeweiligen Tierart zu sensibilisieren und detailliert darzulegen, was eine entsprechende weitere Zucht oder eine Merkmalsveränderung für das Normalverhalten sowie die Lebensqualität eines Tiers bedeuten würde. Zudem sollten Probleme von züchterischem „Ausschuss“ besprochen werden.

2.2 Häufige Probleme in der Heimtierzucht

Die im Folgenden angesprochenen züchterischen Problematiken werden recht allgemein gehalten und nur mit einigen Beispielen unterlegt. Bei den speziellen Kapiteln für die einzelnen Tierarten wird dann konkret und im Detail auf die artspezifischen tierschutzrelevanten Züchtungen eingegangen.

2.2.1 Weiße/helle Tiere

Allgemein scheinen weiße oder hellfarbige Tiere bei Heimtierbesitzern sehr beliebt und begehrt zu sein. Daher werden sie vermehrt gezüchtet.

Letalfaktor

Eine weiße oder helle Fellfärbung in verschiedenen Varianten ist bei manchen besprochenen Tierarten mit einem sog. Letalfaktor (siehe z. B. Meerschweinchen, ▸ Kap. 4.1; Goldhamster, ▸ Kap. 5.1) verknüpft. Das bedeutet, dass die entsprechend gefärbten Tiere **heterozygote Träger** des problematischen Genmaterials sind. Werden zwei solche Trägertiere miteinander verpaart, kommt es bei einem großen Prozentsatz der Nachkommen zu verminderter oder nicht vorhandener Lebensfähigkeit, schweren Fehlbildungen etc. Durch entsprechendes Wissen um diese Problematik, können i. d. R. solche letalen Paarungen vermieden werden. Nur in manchen Fällen ist nicht deutlich sichtbar, ob ein bestimmtes Tier Träger des Letalfaktors ist. Dann sollte man immer züchterische Vorsicht walten lassen und das Tier nur mit einem solchen Tier verpaaren, das sicher kein Träger ist. Der Tierarzt sollte hier idealerweise bereits vor der Zucht entsprechende Aufklärungsarbeit leisten.

Eine ähnliche Problematik findet sich bei den Punktschecken (▸ Abb. 2-1), einer Farbvariante der Kaninchen.

Auch hier ist die Färbung an einen Letal- bzw. Semiletalfaktor gebunden. Die **„Hell- oder Weißschecken"** haben den Semiletalfaktor homozygot. Bei diesen Tieren ist die Lebenserwartung verringert, nicht zuletzt aufgrund einer erhöhten Anfälligkeit für Magen-Darm-Probleme. Gewünscht sind aber i. d. R. die **Punktschecken** (▸ Abb. 2-1), die den Semiletalfaktor heterozygot tragen. Das bedeutet, dass bei einer Verpaarung von zwei Punktschecken zwangsläufig auch Weißschecken anfallen. Nur 50 % der Nachkommen verfügen über die gewünschte Punktscheckung. Da die Weißschecken mit entsprechend sorgfältigem Management

Abb. 2-1 Zwei Punktschecken. Beachte auch die verkürzten Ohren bei dem rechten, zwergwüchsigen Kaninchen.

eine fast normale Lebenserwartung erreichen können, sollten sie nur an äußerst verantwortungsvolle Halter abgegeben werden.

Eine Kreuzung einfarbiger Tiere mit Punktschecken umgeht zwar das Problem der Weißschecken, allerdings gibt es auch hier wieder Nachkommen, die sich aufgrund der unerwünschten Färbung nicht so gut verkaufen lassen.

Um all den genannten tierschutzrelevanten Problemen vorzubeugen, sollte auf eine Zucht auf rein farbliche Merkmale wie Punktscheckung bei Kaninchen verzichtet werden.

Taubheit

Bei vielen der in diesem Buch näher besprochenen Heimtierarten ist eine weiße Fellfarbe insofern als problematisch anzusehen, als sie häufig mit einer Taubheit verknüpft ist. Dies kann im Einzelfall durchaus mit einer Einschränkung der Lebensqualität einhergehen, v. a. bei Tierarten, die gerne über die Stimme kommunizieren, wie beispielsweise Meerschweinchen (► Kap. 4.2.3) oder Degus (► Kap. 9.2.3).

Albinos

Auch Albino-Tiere (► Abb. 1-7) sind aufgrund ihrer sehr hellen Färbung äußerst beliebte Heimtiere. Durch ihre Pigmentierungsstörung sind sie allerdings **extrem lichtempfindlich**. Schon bei relativ geringen Lichtintensitäten erleidet ihre Retina Schäden (u. a. Semple-Rowland und Dawson, 1987). Bei Albinos muss daher zwingend dafür gesorgt werden, dass die Lichtintensität nicht zu hoch ist. Somit kann es sein, dass von einer **Außenhaltung abzuraten** ist, zum einen aufgrund der Lichtintensität an sonnigen Tagen sowie auch aufgrund der meist erhöhten Anfälligkeit für Sonnenbrand bei Albinos. Dies muss dem zukünftigen Besitzer unmissverständlich kommuniziert werden. Werden diese Punkte beachtet, dann kann auch eine eigentlich problematische Züchtung wie ein Albino ein tiergerechtes Leben haben.

2.2.2 Weitere Farbvarianten

Auch weitere Farbvarianten, die stark von der Wildfarbe abweichen, können tierschutzrechtliche Probleme mit sich bringen. Bei den Mäusen sind z. B. **rote, orange** bzw. **gelbliche Mäuse** von genetischen Problemen betroffen (► Kap. 6.1). So kommt es bei Tieren, die dominant „Red“, „Yellow“, „Fawn“, „Sable“ oder „Marten Sable“ sind, zu einer genetisch bedingten **Fettleibigkeit**. Dieser Fettleibigkeit kann mit einer Ernährungsumstellung und Bewegungsprogrammen nicht entgegen gewirkt werden. Die betroffenen Tiere nehmen enorm zu, bekommen früh Herz-Kreislauf-Erkrankungen und haben eine deutlich reduzierte Lebenserwartung. Eventuell muss aufgrund der beeinträchtigten Lebensqualität eine frühzeitige Euthanasie in Betracht gezogen werden, um den Tieren unnötiges Leiden zu ersparen.

Gerade als Jungtiere lassen sich die dominant rötlichen Tiere rein optisch meist nicht von den rezessiv rötlichen Tieren (die nicht zur Fettleibigkeit neigen) unterscheiden, da die Adipositas oft erst im Erwachsenenalter evident wird. Dies ist unter anderem ein deutliches Problem bei der Zucht, da diese oft auch schon mit recht jungen Tieren erfolgt. Werden zwei dominant rötliche Tieren verpaart, so kommt es zu Embryonen, die bereits im Mutterleib absterben. Dies kann für das tragende Weibchen schwerwiegende gesundheitliche Probleme nach sich ziehen. Auf keinen Fall sollten somit zwei rötliche Tiere miteinander verpaart werden, von denen man nicht weiß, ob einer oder beide Träger des problematischen Gens sind. Insgesamt muss in der Zucht roter Farbmäuse auf eine Ausmerzung des problematischen Gens hingewirkt werden.

2.2.3 Langhaarigkeit

Nicht nur die Fellfarbe, auch die Fellbeschaffenheit ist teilweise Gegenstand züchterischen Ehrgeizes. So wird ein langes Fell häufig als schön und erstrebenswert angesehen, da es sich weich und kuschelig anfühlt. Langes Fell bringt aber auch deutliche Nachteile mit sich. So kann das Fell beispielsweise bei den Peruaner Meerschweinchen (▶ Kap. 4.1) bis zu 50 cm lang werden. Die Tiere sind bei einer solchen Haarlänge nicht in der Lage, ihr Fell angemessen sauber zu halten, geschweige denn sich damit artgerecht zu bewegen. Häufig verfilzt auch langes Fell schnell.

Wenn die Langhaarigkeit heterozygot vererbt wird (z. B. Satinhamster; ▶ Kap. 5.1), können sich weitere Probleme ergeben. Werden zwei solche Tiere miteinander verpaart, treten bei den entstehenden homozygoten Tieren möglicherweise eine starke Ausdünnung der Fellstruktur oder sogar Haarlosigkeit auf.

Die Langhaarigkeit kann sich darüber hinaus negativ auf weitere Haare am Körper der betroffenen Tiere auswirken. So bekommen beispielsweise Langhaar- und Angoramäuse oft im Alter deutliche Augenprobleme, da ihre Wimpern gebogen wachsen und dadurch die Augen ständig reizen (▶ Kap. 7.1). Dadurch kann es zu schweren chronischen Augenentzündungen kommen.

Zudem kann die Langhaarigkeit mit weiteren genetischen Defekten gepaart sein. So sind z. B. Angorafrettchen aufgrund unvollständig angelegter Milchleisten und/ oder nährstoffarmer Muttermilch oft nicht in der Lage, ihre Jungtiere aufzuziehen (▶ Kap. 12.1).

Die Langhaarigkeit muss somit als kritisch angesehen werden. Es sollte immer untersucht werden, ob es weitere **Änderungen in der Haarausbildung** (z. B. bei Wimpern, Nasenbehaarung etc.) gibt. Problematische Haare müssen dann evtl. prophylaktisch entfernt werden, um eine tiergerechte Haltung zu ermöglichen. Die Zucht sollte zudem sehr genau überlegt werden und verantwortungsvoll erfolgen. Eine Selektion auf gesunde, robuste Tiere ohne die genannten Probleme ist dringend anzuraten.

2.2.4 Gekräuseltes Fell

Häufig geht eine Änderung der Felllänge oder -struktur auch mit einer Kräuselung des Fells einher. Dies muss an sich kein Problem darstellen. Mit zunehmendem Alter

Lockenmaus mit gekräuseltem Fell sowie gekräuselten Tasthaaren

wächst sich die Lockung bei den Lockenmäusen z. B. auch aus und nur die Jungtiere sind wirklich gelockt.

Doch ähnlich wie bei den Langhaartieren kann es neben einer Kräuselung des Fells zur Veränderung weiterer Haare kommen. Diese Veränderungen sind jedoch permanent und verwachsen sich nicht. Bei den Lockenmäusen (► s. Zeichnung) oder Rex Ratten finden sich beispielsweise gekräuselte Tasthaare.

Dies ist als sehr kritisch einzustufen, da die betroffenen Tiere in einem wichtigen Sinnesorgan stark eingeschränkt sind. Ihre Fähigkeit, sich mithilfe der Tasthaare zu orientieren, wird vermindert oder – je nach Ausprägungsgrad der Kräuselung – unmöglich gemacht.

Die **Orientierung** mithilfe der **Tasthaare** ist für die meisten kleinen Heimtiere essenziell zur Erfassung ihrer Umgebung und damit für ihr Wohlbefinden.

Häufig sind bei den Lockentieren oder Rex Tieren auch die **Wimpern gekräuselt**, und es kommt vor, dass sie in die Augen hineinwachsen und chronische Augenentzündungen verursachen.

Wenn es zur Kräuselung von Tasthaaren und Wimpern kommt, ist eine Zucht von Lockentieren strikt abzulehnen. Vor allem wenn die gewünschte Lockung nur bei Jungtieren sichtbar ist, ist eine Zucht auf dieses Merkmal, das mit so vielen permanenten Problemen einhergeht, sinnfrei.

2.2.5 Nacktheit

Nackte Tiere gelten im Allgemeinen als **allergenärmer** und daher für Allergiker als Haustiere besser geeignet. Dies gilt auch als Hauptgrund für die Züchtung nackter Heimtiere. Da aber auch Hautproteine zu den häufig problematischen Allergenen gehören, kann diese Aussage nicht pauschal gültig sein.

Die Haarlosigkeit (► s. Zeichnung S. 17) bei kleinen Heimtieren kann zudem mit einer Vielzahl an Problemen einhergehen.

Nacktratte

Zum einen sind haarlose Tiere sehr **kälteanfällig** und haben dadurch meist auch einen höheren Metabolismus. Entsprechende Vorsichtsmaßnahmen in der Haltung sind daher essenziell, um eine Unterkühlung zu verhindern. Das erhöhte Wärmebedürfnis kann eine Außenhaltung, zusätzlich zur erhöhten Sonnenbrandanfälligkeit, bei haarlosen Heimtieren unmöglich machen. Da die Haut nicht durch ein Fell geschützt ist, kommt es auch leichter zu **Hautverletzungen**. Schon gängige Kleintiereinstreu aus Holzspänen kann hier problematisch sein. Häufig geht die Haarlosigkeit zudem mit einer insgesamt erhöhten Infektanfälligkeit (siehe z. B. Skinny Meerschweinchen; ▸ Kap. 4.1) einher. Auch die Lebenserwartung haarloser Tiere ist i. d. R. deutlich verringert (z. B. „Alien Hamster"; ▸ Kap. 5.1).

Insgesamt lässt sich zusammenfassen, dass die Haltung haarloser Heimtiere sehr anspruchsvoll ist. Eine gezielte Zucht solcher Tiere ist aufgrund der vielen Probleme abzulehnen.

2.2.6 Veränderte Ohren

Schlappohrigkeit

Schlappohrigkeit (z. B. bei „Widdern") ist v. a. dann ein Problem, wenn die Tiere überproportional lange Ohren haben (▸ Abb. 2-2). Es kann zu **Bewegungseinschränkungen** sowie zu einem erhöhten **Verletzungsrisiko** z. B. durch Tritte kommen.

Zudem können die Tiere ihre Schlappohren meist nicht richtig bewegen und verfügen somit über ein **eingeschränktes Hörvermögen**. Die Thermoregulation ist oft auch beeinträchtigt. Die durch extreme Langohrigkeit auftretenden Probleme lassen sich kaum durch Managementmaßnahmen regeln. Daher ist es am wichtigsten, züchterisch auf eine angemessene Ohrlänge hinzuwirken.

Verkürzte Ohren

Auch zu kurze Ohren können ein nicht zu unterschätzendes Problem darstellen. Bei Kaninchen dienen die Ohrmuscheln u. a. der Wärmeregulierung. Bei sehr zwerg-

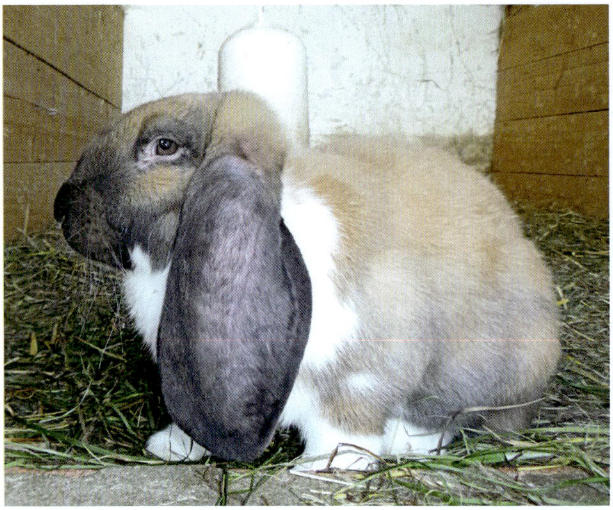

Abb. 2-2 Bei diesem auf einem Bauernhof gehaltenen Kaninchen ist deutlich zu erkennen, dass die Ohren nur dann den Boden nicht berühren, wenn der Kopf etwas erhöht getragen wird.

Abb. 2-3 Bei diesem Kaninchen sind die Ohren deutlich verkürzt, Probleme bei der Thermoregulation sind zu erwarten.

wüchsigen Tieren sind die Ohren oftmals so kurz und klein, dass die Tiere Gefahr laufen, schnell zu **überhitzen** (► Abb. 2-3). Dies ist besonders dann der Fall, wenn der Kopf sehr dem Kindchenschema entspricht. Ein entsprechendes Management mit besonderer Beachtung der Umgebungstemperatur ist zwingend notwendig. Züchterisch sollte auf eine sinnvolle Ohrlänge selektiert werden.

2.2.7 Zwergwuchs und Kieferverkürzung

Der Zwergwuchs ist bei kleinen Heimtieren mit verschiedenen Problemen behaftet. Zwergwuchs ist ein **Letalfaktor**. Homozygote Tiere sind nicht lebensfähig. Eine Verpaarung zweier heterozygoter Zwerge ist daher strikt abzulehnen.

Weitere Probleme verzwergter Tiere können die bereits oben besprochene Kurzohrigkeit sein sowie verschiedene Kopfdeformationen. Ein kleiner runder Kopf ist oft gewünscht, um dem Kindchenschema zu entsprechen und damit positive Affekte beim Menschen auszulösen. Eine solche Kopfform geht aber sehr häufig mit einer Beeinträchtigung der Atmung sowie einer **Kieferfehlstellung** einher. Das kann für kleine Heimtiere, deren Zähne lebenslang wachsen und auf einen Abrieb durch die Gegenstücke im gegenüberliegenden Kiefer angewiesen sind, höchst problematisch sein (► Abb. 2-4).

Wenn die Zähne nicht normal abgerieben werden, sind **regelmäßige Zahnbehandlungen** notwendig, um die Fähigkeit zur Futteraufnahme aufrecht zu erhalten, sowie um Verletzungen durch zu lange Zähne vorzubeugen. Diese Zahnbehandlungen sind aufgrund einer evtl. notwendigen Narkose sowie des insgesamt notwendigen Handlings stressig für die Tiere. Die Besitzer sollten daher das Handling mithilfe positiver Verstärkung üben. Zusätzlich sollten sie ihre Tiere regelmäßig wiegen (► Abb. 2-5), abtasten und beim Fressen beobachten. Der **Haustierarzt** sollte den Besitzern bei der Zahnbehandlung darlegen, wie sich eine beginnende Zahn-

Abb. 2-4 Deutlich erkennbare Zahnproblematik aufgrund einer Kieferfehlstellung bei einem Zwergkaninchen

Abb. 2-5 Rosettenmeerschweinchen, das aufgrund einer Kieferfehlstellung Zahnprobleme hat. Beachte, dass dieses ausgewachsene Männchen aufgrund dieser Problematik momentan nur 700 g wiegt.

problematik im Fressverhalten äußern kann und die Besitzer entsprechend schulen. Auf diese Weise kann möglichst früh und stressarm behandelt werden.

PRAXISTIPP

Besitzer von Tieren, die aufgrund ihres Aussehens (z. B. deutliches Kindchenschema) zu Zahnproblematiken neigen, sollten darin trainiert werden, ihre Tiere **regelmäßig** zu **wiegen** sowie durch **Beobachtung des Fressverhaltens** zu erkennen, wann das Tier Probleme zeigt.

Züchterisch sollte zwingend darauf hin gewirkt werden, dass solche Kieferfehlstellungen aus der Zuchtlinie verschwinden. Ein entsprechendes Feedback der Besitzer an die Züchter ist sehr hilfreich, da sich manche Zahnprobleme erst im Erwachsenenalter deutlich zeigen. Mit auffälligen Tieren darf nicht weitergezüchtet werden. Eine Zucht auf ein extremes Kindchenschema ist rigoros abzulehnen.

2.2.8 Extremformen

Zusätzlich zu den genannten Qualzuchten bzw. problematischen Merkmalen gibt es viele weitere züchterische Abarten. Diese sind im deutschsprachigen Raum erfreulicherweise eher selten anzutreffen. Im Folgenden werden zwei dieser züchterischen Extreme vorgestellt, damit behandelnde Tierärzte informiert sind und solchen, vielleicht auch hier in Mode kommenden Zuchtvorhaben, effektiver vorbeugen können.

Die Zucht und Haltung der aufgeführten Qualzüchtungen ist strikt abzulehnen.

Manx Ratten/Manx Mäuse Hierbei handelt es sich um schwanzlose Tiere. Da Ratten und Mäuse ihren Schwanz zur Balance beim Klettern sowie zur Regulierung ihrer Körpertemperatur benötigen, ist das Fehlen eines Schwanzes an sich schon hochproblematisch. Meist geht die Schwanzlosigkeit aber auch noch mit weiteren Wirbelsäulenfehlbildungen und Koordinationsstörungen einher. Betroffene Tiere leiden meist deutlich.

Tanzmäuse Diese Mäuse haben einen schweren Hirndefekt. Die kreiselnde Bewegung, die als „Tanzen" interpretiert wird, resultiert aus Defekten im Innenohr und einem damit verbundenen gestörten Gleichgewichtssinn. Die Tiere können nicht geradeaus laufen oder klettern, sind häufig taub, blind oder auch immunsupprimiert. Sie leiden zudem überdurchschnittlich häufig an Zwergwuchs. Der Nachwuchs von Tanzmäusen ist nicht überlebensfähig und verstirbt kurz nach der Geburt. Die Lebensqualität von Tanzmäusen ist meist so weit eingeschränkt, dass eine Euthanasie in Betracht gezogen werden muss.

Zusammenfassung

- Laut deutschem Tierschutzgesetz ist es verboten, Tiere zu züchten, bei denen Körperteile oder Organe für den artgemäßen Gebrauch fehlen oder untauglich oder so umgestaltet sind, dass hierdurch Schmerzen, Leiden oder Schäden auftreten.
- Das Qualzuchtgutachten wird häufig zur Auslegung des Tierschutzgesetzes in Bezug auf Qualzüchtungen herangezogen. Von den gängigen kleinen Heimtieren werden darin allerdings nur die Kaninchen detailliert aufgeführt.
- Der Haustierarzt sollte Besitzer und Züchter für die gängigen Problematiken der jeweiligen Tierart oder Farbausprägung sensibilisieren und ihnen beratend zur Seite stehen.
- Häufig gibt es Probleme bei weißen oder hellen Tieren. Die helle Fellfarbe kann mit einem Letal- oder Semiletalfaktor verknüpft sein, durch den es bei Nachkommen zu schweren Fehlbildungen oder einer verminderten Lebenserwartung kommt. Zudem sind weiße Tiere häufig taub.
- Albinos haben anfällige Augen und dürfen keiner zu hohen Lichtintensität ausgesetzt werden.
- Bei rötlichen Mäusen kommt es bei einer bestimmten genetischen Konstellation zu genetisch bedingter Fettleibigkeit. Diese führt zu entsprechenden Erkrankungen und einer geringen Lebenserwartung.
- Auch Langhaarigkeit kann durch Bewegungseinschränkung, eine Veränderung der Fellstruktur, der Beschaffenheit von Wimpern und weiterer Haare große Probleme verursachen.
- Gelocktes Fell geht meist mit gekräuselten Tasthaaren einher. Da sich die kleinen Heimtiere sehr stark mithilfe der Tasthaare orientieren, ist eine solche Einschränkung als hochproblematisch einzustufen. Zudem kann es zu gebogenen Wimpern kommen, die Augenentzündungen verursachen.

- Auch haarlose Tiere zählen aufgrund des deutlichen Wärmebedarfs sowie der Neigung zu Hautverletzungen und Infekten zu den Qualzuchten.
- Überproportional lange Ohren behindern Tiere im normalen Bewegungsablauf.
- Zwergwuchs ist ein Letalfaktor und kann weitere Probleme verursachen. Bei verkürzten Ohren ist keine gute Wärmeabgabe möglich. Durch die Zucht des Kopfes auf das Kindchenschema kann es zu Kieferfehlstellungen und daraus resultierenden Zahnproblemen kommen.
- Haltung und Zucht von Extremformen wie schwanzlose Ratten oder Tanzmäuse sind rigoros abzulehnen.

Literatur

BMVEL (2002): Gutachten zur Auslegung von § 11b des Tierschutzgesetzes (Verbot von Qualzüchtungen) (www.bmel.de/SharedDocs/Downloads/Tier/Tierschutz/Gutachten Leitlinien/Qualzucht.pdf?__blob=publicationFile; letzter Abruf 02.08.2016)

Semple-Rowland, S., Dawson, W. (1987): Retinal cyclic light damage threshold for albino rats. Lab Anim Sci 37: 289–298.

Tierschutzgesetz (2015): Tierschutzgesetz in der Fassung der Bekanntmachung vom 18. Mai 2006 (BGBl. I S. 1206, 1313), das zuletzt durch Artikel 8 Absatz 13 des Gesetzes vom 3. Dezember 2015 (BGBl. I S. 2178) geändert worden ist.

3 Kaninchen

Dorothea Döring

3.1 Einführung

Das Hauskaninchen (*Oryctolagus cuniculus forma domestica*) stammt vom Europäischen Wildkaninchen (*Oryctolagus cuniculus)* ab. Es gehört zur Ordnung der Hasenartigen (Lagomorpha) und Familie der Hasen (Leporidae) und ist die einzige Art in der Gattung Oryctolagus. Kaninchen zählen somit nicht zu den Nagetieren (Ordnung Rodentia).

Kaninchen haben ebenso wie alle Vertreter der Ordnung Lagomorpha – und im Gegensatz zu den Nagetieren – ein **zweites Paar Schneidezähne**, auch **Stiftzähne** genannt, die sich hinter ihren Haupt-Oberkieferschneidezähnen befinden.

Auch wenn es umgangssprachlich die Bezeichnungen „Stallhase", „Zwerghase" etc. gibt, stammen alle Hauskaninchen vom Wildkaninchen ab. Der Feldhase wurde nicht domestiziert.

Wildkaninchen waren ursprünglich über die Iberische Halbinsel und Nordafrika verbreitet. Sie wurden u.a. von den Römern nach Italien gebracht und in ummauerten Gehegen, sog. Leporarien, gehalten. Damit begann vermutlich die Domestikation (ca. 1. Jahrhundert vor Christus). Im Mittelalter wurden Kaninchen hauptsächlich in Gehegen und „Kaninchengärten" gehalten und die Zucht auf verschiedene Fellfarben und Formen nahm zu.

Steckbrief

- Gewicht: 1–7,5 kg je nach Rasse; Weibchen sind etwas schwerer als Männchen.
- Lebenserwartung: durchschnittlich 5–7 Jahre, in Einzelfällen 15 Jahre
- Geschlechtsreife: zwischen dem 3. und 8. Lebensmonat (abhängig von Rasse und Ernährungszustand), durchschnittlich 100 Tage, bei kleinen Rassen früher als bei großen
- Zuchtreife ca. 180 Tage
- Zykluslänge: 15–16 Tage; kein regelmäßiger Brunstzyklus, stets sprungbereite Eifollikel im Ovar, provozierte Ovulation: Ovulation erfolgt ca. 10 h nach der Begattung.
- Tragzeit: ca. 31 Tage (selten 23–34 Tage)
- Wurfgröße: ca. 3–9 Jungtiere (es gibt aber auch deutlich größere Würfe)
- Nesthocker (nackte, blinde Neugeborene)
- Säugezeit: 42–56 Tage (es sei denn, ein neuer Wurf wird vorher geboren)

(Weiß et al., 2003)

Die heutigen Rassen sind sehr vielgestaltig, es gibt Vertreter von Zwergrassen um ca. 1 kg bis zu Riesen von knapp 10 kg. Die Zucht auf bestimmte Merkmale, insbesondere die extreme Merkmalsausprägung mancher Rassen, bringt auch bei Kaninchen gesundheitliche Probleme mit sich (s. a. ▸ Kap. 2). Hierbei sind insbesondere als Problemfelder zu nennen (BMVEL, 2002):

- Zwergzucht: homozygot letal
- Punktscheckung: homozygot lebensschwach
- Brachygnathia: Es kann zu Zahnfehlstellungen, Atembeschwerden sowie vermehrtem Tränenfluss kommen.
- Zu große Ohren bei Widderkaninchen: Probleme mit der Thermoregulation, Verletzungsgefahr der Ohren durch Pfotentritt.
- Fellstruktur: langes Fell (wie z. B. bei Angora- und Teddyrassen) kann von den Tieren nicht gepflegt werden, es kann verfilzen und die Tiere beeinträchtigen.

3.2 Normalverhalten

3.2.1 Verhalten des Wildkaninchens

Wildkaninchen sind **soziallebende** Tiere, die in Familienverbänden leben, die sich zu großen Kolonien von mehreren hundert Tieren (Bays, 2006) zusammenschließen können. Das Leben in der Gruppe bietet Schutz vor Fressfeinden. Die Untergruppen (Familienverbände) bestehen aus mindestens einem Männchen und einem Weibchen, häufig gibt es jedoch mehrere, meist eng miteinander verwandte Weibchen. Insgesamt gehören nur selten mehr als acht Tiere zu einem Familienverband. Junge Männchen verlassen i. d. R. die Gruppe und suchen sich eine andere Gruppe oder Kolonie (McBride, 2008). Für die territoriale Verteidigung sind hauptsächlich die Männchen zuständig (Bays, 2006; McBride, 2008).

Wildkaninchen bauen ein ausgedehntes, **unterirdisches Gangsystem** mit untereinander verzweigten Gängen und mehreren Ausgängen, etwa bis zu 0,5 m tief (Kraft, 1978 a). Kraft (1978a) beobachtete, dass diese Gangsysteme hauptsächlich von den Weibchen gegraben wurden und die Männchen lediglich die lose Erde aus den Gängen schoben und oberirdisch verteilten. Nach McBride (2008) sind Kaninchenbaue komplizierte Netzwerke aus Tunneln und Höhlen mit vielen Ausgängen. Ein Bau von 100 m^2 Größe kann bis zu 50 Ausgänge besitzen. Die Eingangslöcher für die Baue werden von den Kaninchen von außen (also oberirdisch) gegraben. Die herausgegrabene Erde bildet dann meist einen Hügel. Die Kaninchen bauen außerdem innen vom Bau aus „Notausgänge“, die steiler sind und meist versteckt unter Büschen an die Oberfläche kommen. Die Baue enthalten Sackgassen, bei denen der Gang zu einem Wohnkessel erweitert ist. Ranghohe Weibchen legen nach McBride (2008) ihre Satzröhren (Wurfhöhlen) unterirdisch im Bausystem integriert an. Niederrangige Weibchen müssen ihre Satzröhren vom Hauptbau entfernt von der Erdoberfläche aus anlegen.

Kraft (1978a) stellte Unterschiede zwischen Wildkaninchen und Hauskaninchen (Holländer und Hermelin) bezüglich des Grabens und Benutzens der Baue fest. Die Röhren der Hauskaninchen waren nicht so lang und verzweigt wie die der Wildkaninchen. Während Wildkaninchen sich hauptsächlich während ihrer Ruheperioden tagsüber in ihren Bauen aufhielten und diese bei Gefahr aufsuchten, wurden diese bei den Hauskaninchen kaum genutzt, auch nicht als Zufluchtsort bei Gefahr. Außerdem scharrten die Hauskaninchen öfter ungezielt am Boden, sodass oberflächliche Mulden entstanden.

Hauskaninchen bauen zwar gerne unterirdische Gänge, diese sind jedoch nicht so verzweigt wie die der Wildkaninchen. Hauskaninchen scharren auch öfter ungezielt am Boden, sodass lediglich Mulden entstehen.

Wildkaninchen sind **nachtaktiv**. Sie halten sich tagsüber hauptsächlich in ihren interirdischen Bauen auf und kommen in der Abenddämmerung heraus (McBride, 2008). Hauskaninchen sind dagegen eher tagaktiv, wenn sie durch Geräusche und Fütterungszeiten am Tag dazu stimuliert werden (Bays, 2006). Allerdings haben auch sie ihre Aktivitätshochs in der Morgen- und Abenddämmerung.

Kaninchen sind vornehmlich **dämmerungsaktiv**.

Kraft beschrieb 1978 das **Ethogramm** von Wildkaninchen vergleichend zu dem zweier Hauskaninchenrassen: Hermelinkaninchen (ca. 1,1 kg) und Holländerkaninchen (ca. 2,2 kg). Er hielt die Tiere getrennt nach Rasse in drei Freigehegen. Die folgende Beschreibung des Normalverhaltens beruht hauptsächlich auf den Studien von Kraft (1978a, b).

3.2.2 Bewegungsverhalten (nach Kraft, 1978a)

Hoppeln Die häufigste Art der Fortbewegung ist das Hoppeln. Es kommt als schnelle Gangart vor, analog einem **Renngalopp** mit einer Schwebphase bei der maximalen Krümmung des Tiers oder auch als **langsames Hoppeln**, wobei die Schwebphase entfällt.

Springlaufen Das Springlaufen oder auch Flüchten ist die schnellste Fortbewegungsart des Kaninchens. Zusätzlich zur Schwebphase bei der maximalen Krümmung des Körpers, gibt es hier eine zweite Schwebphase bei der maximalen Streckung. Das Hoppeln wird sozusagen mit einem **raumgreifenden Sprung** kombiniert. Wildkaninchen können mit Springlaufen eine Geschwindigkeit bis über 30 km/h erreichen.

Schreiten Schreitende Fortbewegung (Kreuzganglaufen) tritt in der Ontogenese bei Jungtieren im zeitlichen Übergang vom „Krabbeln“ zum Hoppeln auf (bei Wildkaninchen ca. 10.–14. Lebenstag). Bei adulten Tieren wird es nur mit wenigen Schritten im Anschluss an ein Strecken des Hinterkörpers beobachtet.

Schreithoppeln Langsame Fortbewegungsart, auch „Rutschen“ genannt, bei der die Vorderläufe langsam schreiten und die Hinterläufe in einer Hoppelbewegung nachgeführt werden. Das Schreithoppeln wird bei Tieren beobachtet, die sich fressend vorwärts bewegen.
Klettern Die von Kraft beobachteten **Wildkaninchen** kletterten am Gehegezaun senkrecht bis zu ca. 2 m hoch. Die Hauskaninchen taten dies nicht.
Graben von Wohn- und Satzröhren Drei Verhaltenselemente werden kombiniert:

- **Scharrgraben:** schnelle, alternierende Bewegungen der Vorderbeine.
- **Schaufeln:** synchrones Rückschwingen beider Vorderläufe und damit Beförderung von lockerer Erde unter dem Körper nach hinten.
- **Schieben:** Das Kaninchen schiebt mit Brust und ausgetreckten Vorderbeinen lockere Erde nach vorne.

Im Video (► Video 3-1) ist ein Kaninchen zu sehen, das Scharrgraben, Schaufeln und auch kurz Schieben zeigt.

Video 3-1 Kaninchen beim Scharrgraben, Schaufeln und Schieben (ca. 35 sek)
www.schattauer.de/3112

Scharrgraben Kommt zusätzlich auch noch in anderen Situationen als beim Bau von Wohn- und Satzröhren vor:

- Wildkaninchen legen damit Pflanzen und Wurzeln frei, die sie anschließend verzehren.
- In Konfliktsituationen kann Scharrgraben als Übersprungshandlung gezeigt werden. (Übersprungshandlung definiert nach Immelmann, 1982: „unerwartete“ Bewegungen, die außerhalb der Verhaltensfolge, für die sie ursprünglich entwickelt wurden, und in Konfliktsituationen auftreten).

3.2.3 Sozialverhalten

Kaninchen sind **obligat sozial** (► Abb. 3-1). Sie verbringen bis zu 50 % ihres Gesamtverhaltens mit sozialen Verhaltensweisen, v. a. Kontaktliegen (Drescher, 1998).

Wild- und Hauskaninchen haben eine nach Geschlechtern getrennte, einfache lineare Rangordnung (Kraft, 1978a). Der Platz in der Hierarchie ist vom Alter abhängig (ältere Tiere sind meist ranghöher) (McBride, 2008).

Sowohl männliche als auch weibliche Kaninchen einer Gruppe haben untereinander jeweils eine **einfache, lineare Rangordnung.**

Soziopositive Verhaltensweisen (nach Kraft, 1978a)

Kontaktliegen Kaninchen verbringen viel Zeit mit Ruhen im Körperkontakt (► Abb. 3-2), entweder **zu zweit** oder **zu mehreren Tieren**. Bei Hauskaninchen kommt Kontaktliegen geschlechtsreifer Böcke nicht vor, bei Wildkaninchen jedoch durchaus, sogar während der Fortpflanzungsperiode.

Abb. 3-1 Kaninchen sind obligat sozial. Sie verbringen viel Zeit mit soziopositivem Verhalten.

Abb. 3-2 Kaninchen ruhen gerne mit Körperkontakt zueinander (Kontaktliegen).

Sich-Ducken Ein Tier senkt den Kopf, duckt sich mit dem Vorderteil vor dem anderen Tier auf den Boden und schiebt seinen Kopf unter den des anderen (► Abb. 3-3). Dieses Verhalten wird hauptsächlich gegen das andere Geschlecht und nicht in Zusammenhang mit aggressiven Auseinandersetzungen gezeigt. Es handelt sich also nicht um eine Demutsgeste. In etwa der Hälfte der Fälle reagiert der Artgenosse auf das sich duckende Tier mit Lecken dessen Kopfes.

Abb. 3-3 Das Tier links zeigt „Sich-Ducken", eine soziopositive Verhaltensweise. Häufig reagiert das andere Tier darauf mit sozialer Fellpflege.

Soziales Putzen Kaninchen belecken und beknabbern sich gegenseitig, evtl. auch gleichzeitig. Das soziale Putzen kommt bei Wildkaninchen ebenso häufig zwischen gleich- wie gegengeschlechtlichen Partnern vor. Bei Hauskaninchen dagegen putzen sich die geschlechtsreifen Rammler fast nie gegenseitig.

Kaninchen sind **sehr soziale Tiere**. Sozial freundliches Verhalten wie Kontaktliegen, Sich-Ducken und soziale Fellpflege nehmen einen großen Teil des Verhaltensbudgets ein.

Agonistisches Verhalten

Offensiv aggressives Verhalten

Vorstoßen Mit gesenktem Vorderkörper, vorgestrecktem Kopf und nach hinten angelegten Ohren stößt das Kaninchen auf den Artgenossen zu, ohne ihn zu berühren.

Aggressives Jagen Ein ranghöheres Tier jagt einem rangniedrigeren Kaninchen (meist nur wenige Meter) hinterher (► s. Zeichnung).

In-den-Rücken-Beißen Manchmal beißt das aggressiv jagende Tier dem verfolgten in den Rücken und lässt sich evtl. sogar so festgebissen mitschleppen.

Hochspringen Im Rahmen eines Kampfes springen die Kontrahenten ca. 0,5–0,75 m hoch, prallen in der Luft zusammen und versuchen, sich mit den Hinterläufen gegenseitig zu treten.

Treten mit den Hinterläufen Im Kampf treten sich die Kontrahenten – nebeneinander auf der Seite liegend – gegenseitig mit den Hinterläufen.

Beißen Bei Kämpfen können sich Kaninchen verletzende Bisse zufügen.

Aggressives Jagen: Der Verfolger legt die Ohren dabei eng an den Körper an.

In der Gruppe treten von diesen aggressiven Verhaltensweisen fast ausschließlich Jagen und Vorstoßen auf. Sie werden von Ranghöheren zu rangniedrigeren Artgenossen gezeigt. Rangniedrige Tiere wehren sich nicht gegen diese Angriffe, sondern reagieren mit Flucht.

Ernstkämpfe Diese treten mit Hochspringen, Hinterlauftreten und gegenseitigem Beißen sehr selten auf, z. B. wenn ein neues Tier in eine Gruppe gesetzt wird. Dann wird es i. d. R. von allen Gruppenmitgliedern angegriffen und nimmt den niedrigsten Platz in der Rangordnung ein. Wird das ranghöchste Männchen aus der Gruppe genommen, entstehen Rangordnungskämpfe zwischen den verbliebenen Männchen der Gruppe. Hochspringen und Hinterlauftreten wurde von Kraft (1978a) nur bei männlichen Tieren beobachtet.

Defensives Verhalten

Überspringen Wird ein Kaninchen von einem Artgenossen angegriffen, springt es evtl. über den Angreifer hinweg (► Video 3-2). Dies kann mehrmals hintereinander vorkommen (Kraft, 1978a).

Video 3-2 Überspringendes Kaninchen (ca. 15 sek)
www.schattauer.de/3112

Die Kaninchen im Video 3-3 sind aufgrund der Fütterung von Karottenstücken sehr aufgeregt. Es kommt zu einer beengenden Situation, aus der sich ein Tier mithilfe von Überspringen befreit.

Kraft (1978b) stellte fest, dass die Böcke der Hauskaninchen, insbesondere die Hermelinkaninchen, stärkeres Aggressionsverhalten als die männlichen Wildkaninchen zeigten; bei den Weibchen zeigten sich die Wildkaninchen aggressiver als die Hauskaninchen.

Akustische Kommunikation

Kaninchen geben nur sehr selten Lautäußerungen von sich.
Mahlgeräusch („Schnurren") Wenn Kaninchen „**zufrieden**" sind, reiben sie ihre Zähne aneinander und können so ein leises Mahlgeräusch verursachen (McBride, 2008).
Klicken Wenn ein besonders schmackhaftes Futter gefressen wird, machen Kaninchen manchmal leise Klickgeräusche (McBride, 2008).
Nasalgrunzen (aufeinanderfolgende Grunzlaute) Diese werden manchmal von Weibchen gezeigt, die außerhalb des Östrus von Männchen sexuell bedrängt werden (Kraft, 1978a). Nach McBride (2008) können Kaninchen knurren, grunzen und fauchen, wenn sie in Ruhe gelassen werden wollen. Dieser Drohlaut wird häufig kombiniert mit **angelegten Ohren** und **erhobenem Schwanz** (Bays, 2006).
Quiekgeräusch (oinking, honking) Geräusch, das beim **Werbeverhalten** gezeigt wird oder, um Aufmerksamkeit oder Futter zu erhalten (Bays, 2006).
Schreien Bei **Schmerz** oder großer **Angst** können Kaninchen mit weit aufgerissenem Maul schrille, langgezogene Schreie ausstoßen (Kraft, 1978a).
Lautes Zähneknirschen Kann bei **Abwehr** oder bei **Schmerz** gezeigt werden (McBride, 2008).

Olfaktorische Kommunikation

Duftkommunikation spielt bei Kaninchen eine große Rolle.
Kinndrüsen-Markieren Kaninchen besitzen eine „Kinndrüse", die unter der Zunge liegt und einen Ausführungsgang zum Kinn besitzt. Vor allem männliche Kaninchen reiben ihr Kinn an Gegenständen und markieren damit ihr Territorium (► Video 3-3). Selten werden mit Kinnreiben auch Artgenossen markiert. Hauskaninchen zeigen mehr Kinnreiben als Wildkaninchen, die dieses Verhalten hauptsächlich in der Fortpflanzungssaison ausführen (Kraft, 1978a).

Video 3-3 Kinndrüsen-Markieren (ca. 10 sek)
www.schattauer.de/3112

Inguinaltaschen Kaninchen besitzen beidseits des Perineums taschenförmige Vertiefungen, die Duftsekret bilden. Die **Pheromone** dienen vermutlich der sexuellen Kommunikation (Bays, 2006).
Harder-Drüse Diese ist um die Augen der Tiere herum lokalisiert. Es wird vermutet, dass ihr Sekret in Zusammenhang mit der **sexuellen Kommunikation** steht (Bays, 2006).
Urinmarkieren Vor allem im Rahmen des **Werbeverhaltens**.
Kotboli Der meiste Kot wird von Kaninchen zufällig verteilt. Da den Kotboli Analdrüsensekret anhaftet, dient Kot aber auch zur **geruchlichen Markierung**. Kaninchen setzen daher ihren Kot in Mulden ab, um die Reviergrenze des Baues zu markieren. Kaninchenkolonien legen außerdem große **Latrinenbereiche** an, die dicht mit Kotboli übersät sind. Diese befinden sich häufig etwas erhöht und damit

Abb. 3-4 Die Tiere haben in dieser Bodenhaltung Gruppen-Kotplätze an erhöhten Stellen angelegt. Auffällig ist, wie sauber die Streu am Boden aussieht.

für Gruppenfremde gut sichtbar, vermutlich um diese abzuschrecken (McBride, 2008) (► Abb. 3-4).

Die Größe der Duftdrüsen und die Häufigkeit des Markierens sind **androgenabhängig**. Männchen markieren mehr als Weibchen, ranghohe Tiere mehr als rangniedrige, und ranghohe Tiere markieren v. a. in Anwesenheit rangniedriger Artgenossen (Bays, 2006).

Muttertiere markieren den Satzröhreneingang sowie ihren Wurf mit Kinndrüsen- und Inguinalsekret. Sie akzeptiert nur Jungtiere, die nach ihr bzw. ihrer Kolonie riechen. Jungtiere mit fremdem Geruch werden angegriffen und getötet (Bays, 2006).

Körpersprache (nach Bays, 2006)

Körperhaltung Aufrichten bei Fernorientierung („Männchenmachen") und bei aggressiver Auseinandersetzung (angespannte aufrechte Haltung mit flach angelegten Ohren und abgestrecktem Schwanz). Flaches Ducken auf den Boden mit angelegten Ohren und evtl. herausgewölbten Augäpfeln bei Angst.

Ohrenhaltung Drohende Kaninchen legen die Ohren flach nach hinten an.

Schwanzhaltung Ein erhobener Schwanz kann ein Zeichen für Aufregung und positive Gestimmtheit sein oder aber vorkommen, wenn das Kaninchen bedroht wird. Ein Zucken des Schwanzes kommt im Rahmen des Werbeverhaltens vor und wird oft von Urinspritzen begleitet.

Schütteln des Kopfes/der Ohren/des Körpers Dies zeigen Kaninchen bei einem unangenehmen Geruch, oder um unerwünschtes Anfassen abzuwehren.

Fortpflanzungsverhalten

Kaninchen haben keinen festlegbaren Östruszyklus, sondern eine **provozierte Ovulation**. Das bedeutet, dass im Ovar reife Eifollikel vorhanden sind. Es kommt erst nach dem Reiz des Deckakts zur Ovulation, ca. 10 h später (Weiß et al., 2003). Die Ovulation kann auch ausgelöst werden, wenn Zibben sich gegenseitig bespringen oder wenn der Mensch das Kaninchen am Rücken streichelt. Dies kann u. a. Scheinträchtigkeiten zur Folge haben.

> Kaninchen haben eine **provozierte Ovulation**. Sie kann auch durch gegenseitiges Bespringen von Weibchen oder durch Streicheln am Rücken ausgelöst werden und zu einer Scheinträchtigkeit führen.

Weibliche Wildkaninchen zeigen während der Fortpflanzungsperiode Östrusverhalten und Paarungsbereitschaft in 7-tägigem Rhythmus, Hauskaninchen in 4-bis 6-tägigem Rhythmus.

Zum **Werbeverhalten** zählen (Kraft, 1978a):

Werbendes Treiben Das Männchen jagt i. d. R. hinter dem Weibchen her.

Blumeweisen Das Männchen geht hinten „hochbeinig“ und hält den Schwanz so erhoben, dass die weiße Unterseite zu sehen ist. Beim Umkreisen wird diese weiße Schwanzseite dem Weibchen präsentiert.

Umkreisen Der Rammler umkreist das Weibchen steifbeinig (McBride, 2008). Auch die Füße des Besitzers können umkreist werden (Bays, 2006). Das Umkreisen zeigen auch östrische Weibchen (Bays, 2006).

Anharnen Das Männchen schleudert sein Hinterteil ruckartig seitlich in Richtung auf das Weibchen. Dabei spritzt es einen Harnstrahl auf das Weibchen. Das Anharnen kann auch stattfinden, wenn das Männchen über das Weibchen hüpft.

Scharren am Rücken des Weibchens Vor dem Aufreiten scharrt das Männchen evtl. mit den Vorderläufen am Rücken des Weibchens.

Beim **Deckakt** legt sich das östrische Weibchen auf den Bauch und hebt das Hinterteil an (Lordose). Das Männchen beißt sich entweder mit den Incisivi am Nackenfell des Weibchens fest oder presst das geschlossene Maul auf dessen Nacken. Friktionsbewegungen dauern etwa 15–20 s. Nach der Ejakulation lässt sich das Männchen nach hinten oder zur Seite vom Weibchen fallen und gibt dabei häufig eine Lautäußerung (ähnlich einem Niesen) von sich (Kraft, 1978a).

Aufreiten Es kommt nicht nur im Zusammenhang mit der Paarung vor. Aufreiten wird von beiden Geschlechtern und auch von kastrierten Tieren häufig gezeigt und dient offenbar dem Demonstrieren der **Dominanz** (Bays, 2006).

Embryoresorption Sterben Embryonen oder Feten ab, kommt es nicht zu Aborten, sondern zur Resorption (McBride, 2008). Das Resorbieren der Embryos kann ausgelöst werden durch **Stress** infolge einer zu großen Besatzdichte (Overcrowding), durch **Beutegreifer** oder **Krankheit** (Bays, 2006).

Scheinträchtigkeit Scheinträchtigkeit kommt bei geschlechtsreifen Zibben sehr häufig vor. Sie kann durch das **Bespringen** durch Artgenossen **ohne Befruchtung**

oder aber durch das **Streicheln** durch die Besitzer ausgelöst werden. Die Tiere zeigen dann viele Elemente des physiologischen Trächtigkeits- und Brutpflegeverhaltens: Sie reißen sich Fell von Brust und Bauch, tragen Nistmaterial zusammen, ihr Gesäuge bildet sich an und produziert Milch. Die Scheinträchtigkeit hält ca. 17 Tage an. Kommt es wiederholt zur Scheinträchtigkeit, kann dies zu einer Hydro- oder Pyometra führen (Bays, 2006).

Aufzuchtverhalten

Nestbau Kaninchenzibben graben kurz vor der Geburt eine **Satzröhre** und sammeln Nistmaterial wie Gräser und tote Pflanzen, die sie in die Satzröhren eintragen. Sie rupfen sich ca. 1 h vor der Geburt Fell von Brust, Bauch und Flanken, um damit das Geburtsnest auszupolstern. Nach einer Tragezeit von ca. 1 Monat werden etwa 3–9 Jungtiere geworfen. Die Geburt findet meist in den frühen Morgenstunden statt und dauert selten länger als 30 min (Weiß et al., 2003; Bays, 2006). Vereinzelt kann sich die Geburt des letzten Jungtiers aber auch um einige Stunden verzögern (Weiß et al., 2003). Die Mutter nabelt die Jungen ab und frisst die Placenta.

Post-partum-Östrus Kurz post partum ist die Zibbe i. d. R. wieder paarungsbereit. Nach Hoy (2009) ist die **Überlagerung von Gravidität** und **Laktation** beim Kaninchen arttypisch. Nach mehreren Würfen in entsprechend dichter Folge kommt es dann jedoch zur biologischen Rastzeit, in der die Zibbe nicht mehr aufnimmt. In der Heimtierzucht sollte die enge Geburtenfolge vermieden werden und der Zuchtbock daher nicht direkt nach der Geburt des Wurfes Zugang zur Zibbe haben.

Säugen Die neugeborenen Jungtiere sind nackt und blind. Das Muttertier säugt sie nur 1-mal (manchmal auch 2- bis 3-mal) in 24 h, meist in der Abenddämmerung. Die Säugedauer beträgt nur wenige Minuten (ca. 3 min). Die fett- und proteinreiche Muttermilch lässt die Jungtiere bei dieser physiologischen, sehr niedrigen Säugefrequenz schnell wachsen und gedeihen.

> Kaninchenmütter säugen nur ca. 1-mal täglich für wenige Minuten ihren Wurf und halten den Rest des Tages Abstand von ihren Jungtieren. Für ahnungslose Besitzer sieht dies Verhalten so aus, als würde das Muttertier seine Jungen vernachlässigen.

Verschließen der Satzröhre Unmittelbar nach dem Werfen und nach jedem Säugen entfernt sich die Mutter vom Geburtsnest und verschließt die Satzröhre. Sie scharrt mit den Hinterläufen Erde in den Eingang der Satzröhre, dreht sich dann um und tritt mit den Vorderpfoten die Erde fest (**Wipptreten**, d. h. mit den Vorderläufen alternierend).

Das Verschließen der Satzröhre ist für Kaninchenmütter ein hochmotiviertes Verhalten. Wenn kein Substrat zur Verfügung steht, kann es vorkommen, dass es im Leerlauf in Form von Scharrbewegungen und Wipptreten auf den Gitterböden ausgeführt wird (Wieser-Froelicher, 1986).

Das Verschließen der Satzröhre ist für Kaninchenmütter sehr wichtig. Daher brauchen sie **geeignetes Substrat** (z. B. Heu), um den Eingang zu ihrem Nestbereich verschließen zu können. Anderenfalls könnte es sein, das die Kaninchenmütter das Verschließverhalten im Leerlauf ausführen.

Bis zu einem Alter von ca. 10 Tagen werden die Jungen in der Satzröhre gesäugt, d. h., die Mutter öffnet die Satzröhre, indem sie die Erde wegscharrt und -schiebt. Dann kriecht sie hinunter ins Geburtsnest. Ab einem Alter von ca. 10 Tagen kriechen die Jungtiere, sobald die Satzröhre von der Mutter geöffnet wird, an deren Eingang und werden dort gesäugt. Anschließend kriechen die Jungen wieder in ihr Nest zurück und die Mutter verschließt die Satzröhre. Im Alter von ca. 18–20 Tagen verlassen die Jungen die Satzröhre und werden nun außerhalb dieser gesäugt. Während des Säugens steht die Mutter über den Jungen, die beim Trinken auf dem Rücken oder der Seite liegen. Kraft (1978a) beobachtete Säugen bis zu einem Alter von 3 Monaten. Es kam auch vor, dass fremde Jungtiere und Jungtiere vorhergehender Würfe zusammen mit dem aktuellen Wurf gesäugt wurden. McBride (2008) beschreibt hingegen, dass nach 25 Tagen die Mutter nicht mehr zum Säugen zum Wurf kommt und die Jungen sich selbst überlassen sind.

Duftmarkierung Kaninchenmütter verteidigen aggressiv ihre Nester (Bays, 2006; McBride, 2008). Sie markieren ihre Jungen mittels **Duftsekret** aus **Kinn- und Inguinaldrüse**. Will man ihnen Jungtiere aus fremden Würfen unterlegen, muss man diese mit dem Geruch des Wurfes und Nestes des Muttertiers einreiben, sonst werden sie abgelehnt oder sogar getötet (Bays, 2006). Kaninchenmütter haben eine **Pheromondrüse** in der **Zitzenregion**, deren Duft die Jungtiere anzieht (Bays, 2006).

Entwicklung der Jungtiere

Gegenseitiges Wärmen Die Jungtiere öffnen im Alter von 9–12 Tagen ihre Augen (Weiß et al., 2003). Die Ohren sind nach 7 Tagen funktionsfähig (McBride, 2008). Die Jungtiere kuscheln sich im Geburtsnest aneinander, um sich zu wärmen, da sie sich noch nicht selbst warmhalten können. Das jeweils zuoberst liegende Jungtier krabbelt, wenn es zu stark abkühlt, nach unten unter seine Geschwister, sodass die Gruppe immer wieder in Bewegung ist.

Abwehrreaktion von Nestlingen Nach McBride (2008) gibt es eine gemeinsame Abwehrreaktion von Nestlingen gegen Störungen durch Beutegreifer: Die Jungen (auch wenn sie noch blind und taub sind) geben laute Geräusche von sich und springen gleichzeitig ein Stück hoch.

Nestpflege Die Jungtiere halten ihr Nest sauber und trocken, indem sie Urin nur direkt nach dem Säugen absetzen, d. h., wenn sie außerhalb des Nestzentrums sind. Die Mutter hinterlässt Kotboli im Nest, die von den Jungen gefressen werden. Vermutlich werden auf diese Art die Jungtiere mit der Darmflora versorgt, die sie zur Verdauung von Pflanzenkost benötigen (McBride, 2008).

Ab der 3.–4. Lebenswoche nehmen die Jungen neben der Muttermilch auch bereits feste Nahrung auf (Weiß et al., 2003; Bays, 2006).

Absetzen Das Absetzen erfolgt in der Versuchstierzucht mit ca. 6–7 Wochen. In der Heimtierhaltung wird empfohlen, Kaninchen erst mit 10 Wochen von der Mutter zu trennen (Morgenegg, 2005). Dabei sollte das Muttertier entfernt werden und die Jungtiere im vertrauten Käfig oder Gehege miteinander verbleiben.

Ein empfehlenswertes Absetzalter für Kaninchen beträgt **10 Wochen**.

Spielverhalten (nach Kraft, 1978a)

Beim Spielverhalten werden solitäre Bewegungsspiele bei Wildkaninchen bis zu einem Alter von 3 Monaten und bei Hauskaninchen bis 4 Monaten, manchmal auch bei Adulten beobachtet. Soziale Spiele (Verfolgungsspiele) wurden von Kraft (1978a) nur bei Hauskaninchen gesehen, und zwar bis ca. 3 Monaten.

Solitäre Bewegungsspiele

Hopsen Mit allen Vieren gleichzeitig wird senkrecht in die Luft gesprungen.

Plötzliches Losrennen Plötzliches, sehr schnelles Losrennen mit anschließendem abrupten Abstoppen.

Hoppeln und Hochspringen Hoppeln mit Hinterteil-Schleudern, zwischendurch Luftsprünge von ca. 0,5 m Höhe, wobei Kopf und Hinterteil geschüttelt werden.

Verfolgungsspiele

Sich-Verfolgen Zwei Jungtiere jagen einander mit hoher Geschwindigkeit und tauschen dabei die Rollen: Der Verfolger wird dann der Verfolgte.

Antiparallel-Kreisen Die Jungtiere umkreisen einander sehr schnell, jeweils mit dem Kopf am Schwanz des Partners.

3.2.4 Komfortverhalten (nach Kraft, 1978a)

Zu Komfortverhalten zählen Verhaltensweisen, die dem körperlichen Wohlbefinden dienen.

Sich-Putzen Dazu gehören das Sich-Belecken, Sich-Beknabbern, Sich-Kratzen, Waschen, großer und kleiner Putzritus. Das ►Video 3-4 zeigt Teile des großen Putzritus.

Video 3-4 Sich putzendes Kaninchen (ca. 1:30 min)
www.schattauer.de/3112

Sich-Strecken Man unterscheidet das **Sukzessivstrecken**, bei dem nach Vornstrecken des Vorderkörpers gleich das Hintenstrecken folgt, sowie das **Simultan-**

strecken, bei dem Vorder- und Hinterläufe gleichzeitig gestreckt werden und es zu einer Art „Katzenbuckel" des Rückens kommt. Auch ein Strecken der Vorderläufe im Sitzen kann vorkommen. Oft wird gleichzeitig gegähnt.

Sich-Schütteln Es gibt das Schütteln des Rumpfes, des Kopfes und der Hinterbeine (letzteres v. a. bei nassem Boden).

Sich-Wälzen Kaninchen scharren vor dem Wälzen evtl. ein paarmal am Boden, dann wälzen sie sich auf einer Körperseite, aber nicht über den Rücken von einer Seite zur anderen. Zum Schluss drehen sie evtl. Kinn- und Halspartie nach oben.

Nach Studien von McBride (2008) verbringen Hauskaninchen ca. 16 % ihrer Tagesaktivität mit Fellpflege.

3.2.5 Erkundungsverhalten, Orientierungsverhalten und Feindvermeidung

Nahorientierung

Beschnuppern Kombiniert mit vorgestrecktem Hals und aufgestellten, nach vorne gerichteten Ohrmuscheln.

Sich-lang-Machen Körper streckt sich, da Hinterläufe am Ort bleiben, während das Kaninchen mit den Vorderläufen nach vorne schreitet.

Fernorientierung

Sich-Aufrichten („Männchen machen") Das Kaninchen richtet den Körper in die Höhe, dabei verlassen die Vorderpfoten den Boden. Die Hinterfüße bleiben mit der ganzen Sohle am Boden. Dieses Verhalten wird von **Hauskaninchen** häufiger gezeigt als von Wildkaninchen, weil letztere eher in den Bau fliehen.

Nasenblinzeln Die Nasenfalte wird gehoben (dabei werden die Nasenlöcher entblößt) und wieder gesenkt, wodurch Luft in die Nasenlöcher gezogen wird, die durch die gespaltene Oberlippe befeuchtet wird. Durch das Anfeuchten der Luft werden Duftstoffe noch besser wahrnehmbar (McBride, 2008). In Ruhe/beim Schlafen ist die Frequenz des Naseblinzelns geringer als beim Sichern und Prüfen von Duftstoffen.

Schutz- und Verteidigungsverhalten (nach Kraft, 1978a)

Sichern Regungsloses Verharren mit weit geöffneten Augen und Fixieren der Gefahrenquelle. Wildkaninchen machen dabei einen deutlich angespannteren Eindruck als Hauskaninchen, die seltener und nur bei starker Beunruhigung sichern. Wildkaninchen zeigen das Sichern auch nach Flucht zum Baueingang.

In-den-Bau-Fliehen Wildkaninchen und junge (3–4 Monate alte) Hauskaninchen fliehen bereits bei geringer Bedrohung in den Bau. Mit zunehmendem Alter nimmt das Verhalten bei Hauskaninchen ab. Sie fliehen im Alter von über 3 Monaten nach

Beobachtungen von Kraft (1978a) nicht mehr in den Bau, sondern in andere Gehegebereiche. Wenn ein Wildkaninchen in den Bau geflohen ist, kommt es meist erst nach mindestens 10 min wieder heraus.

Sich-Feststemmen Wildkaninchen können sich in ihrem Bau feststemmen, sodass man sie nicht herausziehen kann. Hauskaninchen lassen sich viel leichter aus ihrem Bau (am Nackenfell) herausziehen.

Nach-oben-Schlagen der Hinterläufe Wird ein Kaninchen im Nackenfell festgehalten, kann es mit den Hinterbeinen mit gespreizten Zehen nach oben schlagen und den Angreifer kratzen. Dieser „**Befreiungsschlag**" dient vermutlich der Abwehr eines Beutegreifers und kommt sowohl bei Wild- als auch bei Hauskaninchen vor.

Trommeln Bei **Beunruhigung** stampfen Kaninchen mit beiden Hinterläufen auf dem Boden auf und erzeugen damit einen dumpfen Ton. Manchmal trommeln Kaninchen auch bei **aggressiven Auseinandersetzungen** oder Weibchen bei **sexueller Bedrängung**.

Nach Studien von McBride (2008) verbringen Hauskaninchen ca. 12 % ihres Verhaltensbudgets mit Sichern und Männchenmachen. Die Häufigkeit, mit der Kaninchen ihr Fressen unterbrechen, um zu sichern, ist vom Ort und von der Anzahl anderer Kaninchen abhängig. Wenn sich ein Kaninchen näher an seinem Bau befindet, oder wenn viele andere Kaninchen in der Nähe sind, dann zeigt es dies wachsame Verhalten weniger (McBride, 2008).

3.2.6 Ruheverhalten

Es werden folgende **Körperhaltungen** beschrieben: Ruhesitzen, Kauerlage, gestreckte Bauchlage, gestreckte Seitenlage, eingerollte Seitenlage, Bauch-Seitenlage, Rückenlage (selten). Während des Schlafens sind die Augen teilweise oder ganz geschlossen, das „Nasenblinzeln" erfolgt sehr langsam.

Wildkaninchen verbringen ihre Ruhephasen hauptsächlich in ihren Bauen, wohingegen Hauskaninchen mehr an der Oberfläche ruhen (Kraft, 1978a).

McBride (2008) stellte fest, dass Hauskaninchen ca. 60 % ihres Verhaltensbudgets mit Ruhen (Sitzen und Liegen) verbringen.

3.2.7 Nahrungsaufnahme- und Ausscheidungsverhalten

Kaninchen haben sich im Laufe der Evolution an eine nährstoff- und kalorienarme Ernährung angepasst. „Sie sind dafür geschaffen, Gras zu fressen" (McBride, 2008). Wildkaninchen halten sich etwa 12 h des Tags (v. a. nachts) außerhalb ihres Baus auf und verbringen den Großteil dieser Zeit mit Fressen (McBride, 2008). Hauskaninchen fressen v. a. in der Morgen- und Abenddämmerung (Bays, 2006). Sie sollten quasi kontinuierlich fressen und Kot absetzen.

Nahrungsaufnahmeverhalten

Nahrungsaufnahme Das Aufnehmen von Futter geschieht mit den Lippen und ohne Zuhilfenahme der Vorderpfoten. Gras- und Heuhalme werden einzeln gefressen und nach und nach zerkaut (d. h., sie verschwinden der Länge nach im Maul). Kaninchen machen ca. 120 Kauschläge pro Minute (Bays, 2006). Durch dieses ausgiebige Kauen und Reiben der Schneidezähne aneinander geschieht der natürliche Zahnabrieb. Im ▸ Video 3-5 ist ein Tier zu sehen, das trotz Zahnfehlstellung artgemäß Heu frisst.

Video 3-5 Nahrungsaufnahme beim Kaninchen (ca. 35 sek)
www.schattauer.de/3112

Benagen Gegenstände wie Äste, Apfel etc. werden mit den Incisivi benagt.
Trinken Kaninchen trinken 50–150 ml pro kg Körpergewicht pro Tag, was – verglichen mit anderen Säugern – viel ist (Bays, 2006).

Ausscheidungsverhalten

Kotabsatz Bei waagerecht gehaltenem Schwanz Abgabe einzelner Hartkotboli. Nach McBride (2008) wird Hartkot hauptsächlich nachts, während der Aktivitätsphase außerhalb der Baue abgesetzt.
Caecotrophie Kaninchen nehmen ab der 3.–4. Lebenswoche „Blinddarmkot“ direkt vom After ab und verzehren ihn. Dieser Kot ist weich, traubenförmig und von einer grauen Schleimschicht umgeben. Er enthält etwa doppelt so viel Protein und Vitamine und nur halb so viel Rohfaser wie die „normalen“, voll verdauten Kotboli (Weiß et al., 2003). Die Schleimschicht verhindert den Angriff der Magensäuren, sodass der Blinddarmkot beim Verzehr in den Dünndarm gelangen kann, wo er verdaut wird (Bays, 2006).
Harnabsatz Das Absetzen von Harn auf den Untergrund erfolgt bei Männchen und Weibchen gleich: Der Schwanz wird nach oben auf den Rücken gebogen und das Hinterteil wird leicht angehoben.
Spritzharnen Ein Harnstrahl kann in hohem Bogen bis zu 0,75 m weit gespritzt werden. Dies kommt vor, wenn ein Tier z. B. durch die Annäherung eines Artgenossen erschreckt wird und dann zur Flucht ansetzt. Somit hat es die Bedeutung einer Art **Abwehr- oder Fluchtharnen**. Außerdem ist das Urinspritzen Teil des **Werbeverhaltens** (Kraft, 1978a, ▸ Kap. 3.2.3). Nach McBride (2008) spritzen männliche Tiere auch Urin auf rangniedrige Männchen.

3.2.8 Erkennen von Schmerzen und Leiden

Das Erkennen von Belastungen ist für den Laien schwierig, da Kaninchen auch bei schmerzhaften Zuständen keine auffälligen Anzeichen für ihr Leiden zeigen (Weiß et al., 2003). Dieses **„stumme Leiden“** hatte vermutlich den evolutiven Vorteil, Beutegreifern nicht aufzufallen. Nach Weiß et al. (2003) ist meist als erstes Anzeichen für Stress das **Einstellen der Caecotrophie** zu werten. Bei Schmerzen kommt es zu **Lichtempfindlichkeit** und einer **verringerten Futter- und Wasseraufnahme**.

Nach Gärtner und Militzer (1993) sind **Hauptmerkmale** für Schmerzen und Leiden:

- Teilnahmslosigkeit
- Hockhaltung
- Frisst oder trinkt nicht
- Gibt bei Berührung durchdringende Schmerzlaute von sich

Erkennen von Schmerzen und Leiden

Einzelmerkmale für Schmerzen und Leiden beim Kaninchen nach Gärtner und Militzer (1993) sind:

- **Körperhaltung:** bei Bauchschmerzen ungewohntes Strecken des Körpers und flaches, seitliches Liegen; Kopfschiefhaltung bei gereiztem Gehörgang oder Innenohr; Körpergewichtsverlagerung nach vorne oder hinten bei „wunden Pfoten"
- **Körperlicher Zustand:** Gewichtsverlust, Dehydratation, Kotflecken auf dem Fell, Rückbildung der Rückenmuskulatur (durch sorgfältige Palpation feststellbar)
- **Augen:** Tränenfluss mit Hervortreten der Nickhaut
- **Atmung:** erhöhte Atemfrequenz bei Aufregung oder Lungenerkrankung; evtl. schleimig-eitriger Nasenausfluss bei Infektionen der Atemwege
- **Ausscheidung:** gestörte Caecotrophie, Obstipation und Diarrhoe als Reaktionen bei Schmerzen oder Leiden; fehlender Harnabsatz als Hinweis auf Infektionen der Harnwege, Harnsedimente oder eine Nachhandlähmung
- **Verhalten:** zunehmender Rückgang aller umweltbezogenen Reaktionen; vermindertes Fressen und Trinken; verminderte Fortbewegung, Lahmen; Kaninchen wendet sich vom Licht ab zur Käfigrückwand; gestörtes Explorationsverhalten; häufiges Fellputzen, evtl. mit Bezoarbildung („Haarsteine") im Magen, kann zu Obstipation führen
- **Lautäußerungen:** Plötzliche Schmerzen können für kurze Zeit schrille Lautäußerungen provozieren.

Weitere klinische Signale, die Kaninchen bei Schmerzen zeigen können, sind nach Bays (2006):

- Halb geschlossene oder matte Augen, ungerichteter Blick
- Angespannter Gesichtsausdruck, Vorwölben der Augäpfel
- Zähneknirschen
- Aggression eines sonst sanften Tiers
- Schnelle, flache Atmung oder abdominale Atmung
- Weniger oder gar kein Kotabsatz, kleinere Kotboli
- Polydipsie und Polyurie (bei gastrointestinalem Schmerz)
- Fellsträuben
- Ausreißen von Fell am eigenen Körper, Automutilation
- Zu- oder Abnahme des Körperpflegeverhaltens

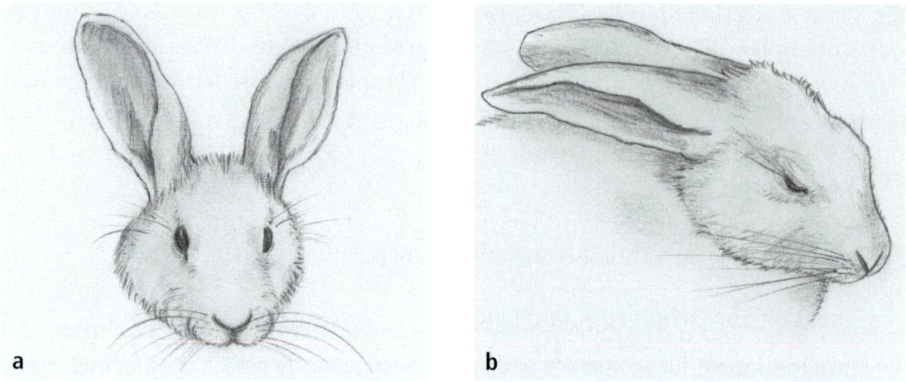

Rabbit Grimace Scale nach Keating et al. (2012). Zusammenfassende Darstellung der fünf Ausdrucksregionen (Augen, Wangen, Nasenform, Vibrissen, Ohren). **a** Score = 0 = Normalzustand. **b** Score = 2 = offensichtliche Veränderungen der Ausdrucksregionen, d. h. Augenlidschluss, Wangenabflachung, Nase v-förmig (statt u-förmig), horizontal gestreckte Vibrissen (statt kurvig nach unten geneigt), eingerollte, angelegte Ohren

Zur **Erkennung und Bewertung von Schmerzen** wurde der Rabbit Grimace Scale (RbtGS) entwickelt (Keating et al., 2012). Er bezeichnet den Normalzustand mit dem Score 0, leichte Veränderungen mit 1 und offensichtliche Veränderungen mit 2 (► s. Zeichnung). Folgende Elemente sind enthalten:

Augen Die Augenlider werden geschlossen, evtl. die Augäpfel eingezogen, d. h., sie treten nicht so stark hervor. Wenn die Augenlider die Augäpfel mehr als die Hälfte verdecken, wird dies mit Score 2 bewertet.

Wangen Die Muskeln um die Schnauze herum werden angespannt, sodass sich die Wangen abplatten. Der rund gewölbte Teil des vorderen Schnauzenbereichs verliert somit seine Rundung.

Nasenform Die Nasenlöcher werden vertikal gezogen, evtl. wird die Nasenspitze nach unten gezogen, sodass so die Nase eher statt einer U-Form eine V-Form annimmt.

Position der Vibrissen Normalerweise machen die Vibrissen eine leichte Kurve nach unten. Bei Schmerzen werden sie entweder horizontal gestreckt oder nach hinten zu den Wangen gezogen.

Ohrposition Die Ohren werden bei Schmerzen eher nach hinten gelegt, näher an Rücken bzw. die Körperseiten genommen und werden eher eingefaltet/eingerollt (röhrenartig).

> **!** In der tierärztlichen Praxis sollten Kaninchen mit **Schmerzmitteln** behandelt werden, wenn der Verdacht besteht, dass sie Schmerzen haben, oder wenn schmerzhafte Eingriffe erfolgen. Man sollte nicht erst abwarten, bis das Tier eindeutig Schmerzen zeigt.

3.2.9 Erkennen von Angst, Stress und gesundheitlichen Beeinträchtigungen

Erkennen von Angst Ein ängstliches Tier zeigt **Freezing** (Erstarren) mit einer geduckten Körperhaltung, angelegten Ohren und hervorstehenden Augäpfeln (Bays, 2006).

Erkennen von Stress Bei Stress kommt es zu einer Ausschüttung von Catecholaminen, was zu einer Erhöhung der Herz- und Atemfrequenz, renaler Ischämie sowie einer verminderten Körpertemperatur führt (Bays, 2006).

Erkennen gesundheitlicher Beeinträchtigungen Ein Kaninchen mit **Anorexie** und **vermindertem oder fehlendem Kotabsatz** ist als akuter Notfall zu betrachten und muss sofort tierärztlich behandelt werden (Bays, 2006). Anorexie und gastrointestinale Stasis kommen auch oft sekundär bei anderen medizinischen Problemen vor (Bays, 2006).

Wird festgestellt, dass ein Kaninchen seine **Futterpräferenzen ändert** und bestimmtes Futter, was es sonst mochte, nicht mehr frisst, kann ein medizinisches Problem von Maulhöhle oder Zähnen vorliegen (Malokklusion, Abszesse etc.). Ist das Problem weiter fortgeschritten, wird es durch weitere Symptome erkennbar: vermehrtes Speicheln, Pfotenbewegungen zum Maul, vermindertes Putzverhalten, Zähneknirschen, Anorexie (Bays, 2006).

Bei **verfetteten und geriatrischen Kaninchen** mit Erkrankungen des Bewegungsapparats (Arthritis, Diskusspondylosen) kommt es vor, dass sie keine Caecotrophie ausführen können, da sie mit dem Maul nicht mehr an ihre Analregion gelangen können. Ebenso wenig können sie sich dann die Analregion oder die Inguinaltaschen säubern (Bays, 2006). Manche Tiere können auch nicht mit ihren Hinterläufen ihre Ohren putzen. Normalerweise entfernen Kaninchen mit den Hinterläufen Ohrschmalz und fressen dieses. Ist bei einem Tier vermehrt Schmalz im Ohr sichtbar, spricht dies dafür, dass das Kaninchen eine Bewegungseinschränkung der Hinterbeine hat und daher dies Normalverhalten nicht ausführen kann (Bays, 2006).

Bei bestimmten Pflanzenfarbstoffen im Futter oder auch bei Stress oder unter Antibiotikagabe kann der **Urin orange bis bräunlich** aussehen (Bays, 2006).

Bei Kaninchen sind Schmerzen und Leiden nur schwer erkennbar. Die Tiere werden teilnahmslos, fressen und trinken weniger und stellen die Caecotrophie ein. Genaues Beobachten und Überprüfen des Körpergewichts sind notwendig, um Leiden festzustellen. Zum Erfassen von Schmerzen kann der Grimace Scale verwendet werden.

3.3 Haltungsansprüche und Haltungsbeispiele

3.3.1 Rechtliche Anforderungen

Kaninchen haben wie alle Tiere nach § 2 des Tierschutzgesetzes Anspruch auf eine „verhaltensgerechte" Unterbringung. Konkretisiert wurden die Anforderungen an das Halten von Kaninchen als landwirtschaftliche Nutztiere zu Erwerbszwecken durch Aufnahme in die Tierschutz-Nutztierhaltungsverordnung (2014). Die dort festgelegten Haltungsparameter (► Tab. 3-1) sind als Minimalanforderung zu betrachten. In der Heimtierhaltung sollten den Tieren selbstverständlich deutlich größere Flächen zur Verfügung stehen.

Für die Haltung von Kaninchen als Versuchstiere gibt die EU-Richtlinie 2010/63/EU (2010) Mindestanforderungen vor. Die Mindesthaltungsflächen sind vom Körpergewicht des erwachsenen Tiers abhängig. So beträgt die Mindesthaltungsfläche

Tab. 3-1 Vorschriften der Tierschutz-Nutztierhaltungsverordnung

Bereich	Vorschriften laut TierSchNutztV
Käfiggrundfläche	• Für **Mastkaninchen:** mindestens 8000 cm^2 • Für **Zuchtkaninchen:** mindestens 6000 cm^2 (bei ≤ 5,5 kg) bzw. 7400 cm^2 (bei > 5,5 kg)
Käfighöhe	• Für **Mastkaninchen:** mindestens 40 cm, bei mind. 70 % der Bodenfläche 60 cm • Für **Zuchtkaninchen:** mindestens 60 cm, bei mind. 70 % der Bodenfläche 80 cm
Käfigboden	Höchstens ⅔ der Fläche dürfen einen Perforationsgrad von mehr als 15 % aufweisen.
Käfigausstattung	• Trockener Liegebereich • Abgedunkelter Bereich • Erhöhte Ebene mit einer Mindestgrundfläche von 30 cm × 50 cm (Mast) bzw. 30 cm × 60 cm (Zucht) und einer Mindesthöhe von 27 cm (Mast) bzw. 35 cm (Zucht) • Verschließbare Nestbox für Zucht (1 Woche a. p. bis zum Absetzen der Jungtiere), geeignetes Nestmaterial wie Stroh etc.
Weitere Haltungsvorschriften	• Mastkaninchen dürfen nicht einzeln gehalten werden (außer, wenn es gesundheitliche oder verhaltensbedingte Gründe erfordern, dann aber wenigstens Sicht-, Riech- und Hörkontakt zu Artgenossen). • Kaninchen müssen jederzeit Zugang zu grob strukturiertem Raufutter wie Stroh oder Heu und zu geeignetem Nagematerial haben. • Kaninchen müssen jederzeit Zugang zu Tränkwasser haben. • Absetzen frühestens mit > 28 Tagen • Die Tiere müssen mind. 2-mal täglich in Augenschein genommen werden. • Die Tränke muss mind. 1-mal täglich auf Dichtigkeit geprüft werden. • Mindestfensterfläche bzw. mind. 40 Lux tagsüber auf Kopfhöhe der Kaninchen • Umgruppierungen sollen möglichst vermieden werden.

für 1–2 „harmonisierende Tiere“ im Alter über 10 Wochen 3500 cm² (< 3 kg Körpermasse), 4200 cm² (3–5 kg) bzw. 5400 cm² (> 5 kg), die Mindestkäfighöhe 45 cm (≤ 5 kg) bzw. 60 cm (> 5 kg). Ein erhöhter Bereich (Podest) ist auch in der Haltung von Versuchskaninchen vorgeschrieben.

3.3.2 Empfehlungen für die Heimtierhaltung

Kaninchen benötigen einen **ausreichend großen** und **gut strukturierten Haltungsbereich**, möglichst ein Gehege im Freien. Bei der Wohnungshaltung sollten die Tiere nicht in einem Käfig, sondern in einem Zimmergehege gehalten werden. Bei zu kleinen Käfigen besteht die Gefahr, dass es durch die Bewegungseinschränkung zu **Verhaltensstörungen** und **körperlichen Schäden** kommen kann. Dies ist für Versuchs- und Fleischkaninchen nachgewiesen, bei denen es aufgrund zu kleiner Käfige u. a. zu Knochengewebshypoplasien und Wirbelsäulenverkrümmungen kam (Rothfritz et al., 1992). Zur Vermeidung von Schäden muss ein Käfig mindestens drei „Hoppelsprünge“ zulassen, d. h., seine Länge sollte das 4,5-Fache der Körperlänge des Tiers betragen (Drescher, 1998). Diese Größenangabe ist für die Privathaltung als zu wenig anzusehen. Morgenegg (2005) vertritt die Ansicht, dass unter tiergerechten Bedingungen nur ein großes Gehege im Freien verstanden werden kann und dass dies die Voraussetzung für eine Neuanschaffung von Kaninchen sein sollte.

Es reicht nicht aus, Kaninchen eine große Haltungsfläche zur Verfügung zu stellen. Die nutzbare Fläche wird durch eine sinnvolle Strukturierung, z. B. durch Häuschen und Unterschlüpfe bestimmt. Außerdem benötigen Kaninchen vielfältige **Beschäftigungsmöglichkeiten**.

Gruppenhaltung

Kaninchen sind soziallebende Tiere, die man in sozial stabilen Gruppen halten muss. Leider ist in der Heimtierhaltung nach wie vor die Einzelhaltung von Kaninchen verbreitet, wie u. a. eine Studie von Rooney et al. (2014) in Großbritannien zeigte: 58 % der 1254 befragten Kaninchenhalter hielten ihr Tier ohne Artgenossen.

> Aus Tierschutzgründen ist die **Einzelhaltung abzulehnen.**

Ab der Geschlechtsreife können unkastrierte Männchen nicht miteinander gehalten werden, weil sie sich schwere Verletzungen zufügen. Daher sollte man – soweit man nicht züchtet – Böcke kastrieren lassen, um ihnen ein tiergerechtes Leben mit Artgenossen zu ermöglichen.

Morgenegg (2005) empfiehlt die gemeinsame Haltung von **3–5 Kaninchen in einem Gemeinschaftsgehege**. Es sollten mindestens drei sein, da sich mehrere Tiere zu aktiverem Verhalten stimulieren, und weil bei Versterben eines Tiers das Partnertier nicht allein zurückbleibt. Dann hat man mehr Zeit, behutsam ein neues Tier in die Gruppe zu integrieren. Stirbt bei einer Paarhaltung ein Tier, sollte man

Tab. 3-2 Mögliche Gruppenzusammenstellungen

Gruppe	Besonderheiten
Gemischte Gruppe	Beste Haltungsform. Ideal sind Gruppen von einem kastrierten Männchen mit zwei Weibchen oder zwei kastrierten Männchen mit 2–4 Weibchen (Morgenegg, 2005).
„Pärchen": Bock und Zibbe	Geht i. d. R. gut (Männchen muss kastriert werden, es sei denn, es soll zur Zucht eingesetzt werden). Bei der Zucht kann bei tiergerechter Gehegehaltung der unkastrierte Rammler bei Häsin und Jungen verbleiben (McBride, 2008).
Weibchengruppe	Bei frühzeitiger Zusammenstellung meist gut, aber es kann auch plötzlich zu Unverträglichkeitsproblemen kommen. Dann sollten die Haltung sowie das soziale Gefüge der Gruppe überprüft werden. Eventuell kann das Zugesellen eines kastrierten Bocks oder das Kastrieren der Weibchen Abhilfe schaffen.
Bockgruppe	Kastration essenziell; kastrierte Böcke vertragen sich meist gut.

keine „Trauerzeit" für das zurückgebliebene Tier abwarten, sondern lieber gleich einen neuen, passenden Artgenossen anschaffen und behutsam eingewöhnen. Selbst kranke Kaninchen sollten nicht separiert werden, um den Tieren Stress durch Alleinsein und das Wiedereingliedern in die Gruppe zu ersparen, es sei denn, es ist für den Schutz des Tiers erforderlich (Morgenegg, 2005).

Kastrierte Böcke sind in kleinen Gruppen ohne Weibchen meist gut miteinander verträglich (► Tab. 3-2). In reinen Zibbengruppen kann es nach Morgenegg (2005) häufiger zu Auseinandersetzungen kommen. Diese treten weniger auf, wenn ein kastrierter Bock in der Zibbengruppe lebt. **Gute Kombinationen** nach Morgenegg (2005): ein kastrierter Bock mit 1–3 Zibben oder zwei kastrierte Böcke mit 2–4 Zibben. Die Eingliederung von Jungtieren in Gruppen erwachsener Kaninchen ist als kritisch anzusehen, denn es kann aufgrund des territorialen Verhaltens der Adulten zu schweren Verletzungen des Jungtiers kommen. Jungtiere sollten außerdem immer ein Gleichaltriges dabei haben, damit Spielverhalten ausgeübt werden kann.

Kaninchen sollten möglichst als Jungtiere bis zu einem Alter von **3 Monaten vergesellschaftet** werden (Drescher, 2002). Eine Vergesellschaftung adulter Tiere erfordert ein behutsames und geduldiges Vorgehen (Gewöhnungstraining, ► Kap. 3.5.3).

Raufereien kommen auch in ansonsten harmonischen Gruppen gelegentlich vor. Wichtig ist, dass der Haltungsraum groß genug ist und genügend Rückzugsmöglichkeiten bietet, damit sich die Kaninchen aus dem Weg gehen können.

Kaninchen müssen **mindestens zu zweit**, besser in **Kleingruppen** gehalten werden. Für eine tiergerechte Haltung geschlechtsreifer Männchen ist die **Kastration** unumgänglich.

Gemeinsame Haltung mit Meerschweinchen

Eine artgemäße Haltung erfordert bei den obligat sozialen Tierarten Kaninchen und Meerschweinchen die Anwesenheit von Artgenossen. Unterschiedliche Tierarten haben **unterschiedliche Bedürfnisse** und **verschiedene Arten der Kommunikation**.

- Während Kaninchen sich **gegenseitig lecken**, kommt dieses Verhalten zwischen adulten Meerschweinchen nicht vor. Ein Meerschweinchen kann das Bedürfnis eines Kaninchens nach sozialer Körperpflege somit nicht erfüllen.
- Kaninchen geben kaum **Lautäußerungen** von sich, wohingegen Meerschweinchen sehr „stimmfreudige" Tiere sind, die u. a. häufig mit Stimmfühlungslauten miteinander in Kontakt treten.
- Ein großer Teil der Kommunikation sowohl bei Kaninchen als auch bei Meerschweinchen erfolgt über **Duftbotschaften**. Da Pheromone jedoch tierartspezifisch sind, können nur die arteigenen Duftstoffe genutzt werden. Das Kaninchen kann somit mit den Duftbotschaften des Meerschweinchens nichts anfangen und umgekehrt.
- Es kann dazu kommen, dass Meerschweinchen durch aktive Kaninchen bedrängt werden, auf sie aufgeritten wird etc. Meerschweinchen laufen daher Gefahr, bei einer gemeinschaftlichen Haltung **drangsaliert** zu werden und sich nicht den Zugriffen der Kaninchen entziehen zu können.
- Durch **unterschiedliche Tagesrhythmik** könnte es sein, das sich die Tiere gegenseitig stören (Kaninchen eher dämmerungsaktiv, Meerschweinchen eher tagaktiv)

Kaninchenbesitzern, die zur Gesellschaft ihres Heimtiers ein Meerschweinchen anschaffen wollen, sollte vermittelt werden, dass die Tiere in Gegenwart eines artfremden „Partners" dennoch einsam sind. Für artgemäßes Verhalten ist der Artgenosse essenziell.

Die gemeinsame Haltung mehrerer Kaninchen zusammen mit mehreren Meerschweinchen in **Gehegen** wird unterschiedlich gesehen. Manche Experten sehen darin kein Problem, wenn das Gehege groß genug ist und es ausreichend Rückzugsmöglichkeiten gibt. Dabei sollte es hinreichend Unterschlüpfe für die Meerschweinchen und erhöhte Ebenen für die Kaninchen geben. So soll gewährleistet werden, dass sich die Meerschweinchen vor den Kaninchen zurückziehen können. Zunehmend wird jedoch geraten, von dieser gemeinsamen Gehegehaltung abzusehen, da sich Meerschweinchen ungestörter verhalten können, wenn sie ein eigenes Gehege bewohnen.

Nach Bays (2006) ist außerdem zu beachten, dass sich die unterschiedlichen Tierarten gegenseitig mit **Krankheitserregern** anstecken können: Kaninchen können subklinisch *Bordetella bronchiseptica* tragen und damit die Meerschweinchen infizieren. Andererseits können Meerschweinchen Pasteurella-Erreger auf Kaninchen übertragen.

Kaninchen müssen **mit Artgenossen vergesellschaftet** werden. Nur der Artgenosse ermöglicht artgemäßes Verhalten. **Meerschweinchen** sind **keine adäquaten Partner**. Sie haben andere Bedürfnisse und Verhaltensweisen als Kaninchen.

Bewegungsraum

Ruth Moregnegg (2005) hat mit ihrem Buch „Artgerechte Haltung – ein Grundrecht auch für (Zwerg-) Kaninchen" die Haltung von Kaninchen als Heimtiere revolutioniert. Statt der Haltung in üblichen Käfigen in der Wohnung propagiert sie die **Haltung in Gehegen**. Kaninchen sollten auf keinen Fall in umgebauten Aquarien gehalten werden, da sie viel Harn absetzen und es zu einer gesundheitsschädlichen Anreicherung von Ammoniak kommen kann (Bays, 2006).

In der Wohnung gehaltene Kaninchen sollten **täglich Freilaufmöglichkeiten** erhalten. Morgenegg (2005) empfiehlt sogar, dass die Tiere im „Kaninchenzimmer" ständigen Freilauf mit Zugang zu einem „**Vivarium**" haben sollten. Unter „Vivarium" wird z. B. eine eingestreute Plastikunterwanne mit einer Mindestgröße von 1,5 m × 0,75 m verstanden, angereichert mit Unterschlüpfen, erhöhten Sitzflächen, Nagematerial, Heu etc. Die Wohnung bzw. die den Kaninchen zugänglichen Bereiche müssen gesichert werden, z. B. mit Kindergittern (Bays, 2006). Stromkabel müssen aus dem Aufenthaltsbereich der Kaninchen entfernt oder durch z. B. Kabelkanäle gesichert werden.

Die TVT (2014) empfiehlt als **Mindestmaße für Käfige** (zwei Tiere, kleine Rassen) 150 cm Breite × 60 cm Tiefe × 50 cm Höhe bei täglichem Freilauf.

Enrichment

Reize und Strukturen Die Anreicherung der Haltungsumwelt mit Reizen und Strukturen, die artgemäßes Verhalten ermöglichen, ist essenziell für eine tiergerechte Heimtierhaltung. Enrichment ermöglicht den Tieren, zwischen verschiedenen Reizqualitäten auszuwählen, z. B. hell oder dunkel, warm oder kühl, weich oder hart. So haben die Tiere eine Möglichkeit der Kontrolle über ihre Umgebung und sind nicht bestimmten vorgegebenen Umweltbedingungen ausgeliefert. Eine geeignete Strukturierung der Haltung ermöglicht außerdem, dass die Tiere das Verhalten unterschiedlicher Funktionskreise an unterschiedlichen Orten ausführen können, und dass sie sich von Artgenossen oder Stressoren zurückziehen können. **Unterschlupf- und Versteckmöglichkeiten** erhöhen damit das Sicherheitsgefühl der Tiere. Außerdem dient Enrichment einer artgemäßen Beschäftigung.

Die wichtigsten Formen von Enrichment in der Kaninchenhaltung sind Unterschlüpfe, erhöhte Ebenen sowie als Beschäftigungsmaterial grob strukturiertes, rohfaserreiches **Futter**. Werden Kaninchen artgemäß ernährt (s. u. „Fütterung") und sind daher lange Zeit des Tages mit Fressen „Halm um Halm" beschäftigt, wird ihnen nicht langweilig und der Entwicklung von Verhaltensstörungen wird vorgebeugt. Heu und Stroh zählen daher zu den wichtigsten Beschäftigungsobjekten.

Unterschlüpfe Sie sollten so groß sein, dass sich Kaninchen darin bequem umdrehen können. Sie sollten zwei Öffnungen (► Abb. 3-5) besitzen, sodass der Unterschlupf nicht zu einer Sackgasse wird, sondern dass ein verfolgtes Tier daraus fliehen könnte. Die **Eingänge** müssen so groß sein, dass das größte Kaninchen der Gruppe bequem durchpasst. Diese Voraussetzung ist bei einigen handelsüblichen

Abb. 3-5 Beispiel eines empfehlenswerten Unterschlupfs mit zwei Ausgängen und Flachdach, das als erhöhter Sitzplatz genutzt werden kann. Die zusätzlichen Wände sind sinnvolle Strukturen zum Anschmiegen, die hier von den Tieren allerdings bereits stark abgenagt wurden.

„Häuschen" mit zu kleinen Fenstern nicht unbedingt gegeben. Unterschlüpfe sollen so **stabil** stehen, dass sie nicht umgeworfen werden, und ihr Dach sollte möglichst als zusätzliche erhöhte Fläche nutzbar sein.

Erhöhte Ebenen Kaninchen halten sich sehr gerne auf erhöhten Ebenen auf. Es muss jedoch darauf geachtet werden, dass **keine Absturz- und Verletzungsgefahr** besteht. Das Gehege bzw. Vivarium muss so eingerichtet sein, dass es keine Engpässe gibt, sondern dass die Tiere überall, wo sie sich begegnen, voreinander ausweichen können. Zu erhöhten Plätzen, die nicht per Sprung erreicht werden können, sollten daher auch mehrere **Rampen** führen, sodass es nicht nur einen Auf-, sondern auch einen Abgang gibt, und sie müssen breit genug sein. Die erhöhten Plätze sollten ein Anschmiegen beim Liegen ermöglichen, d. h. entweder an eine Wand anschließen oder ein seitliches Brett o. ä. aufweisen (► Abb. 3-5).

Beschäftigung

Wechselnde Objekte, kreative Ideen Die artgemäße Fütterung, die Haltung in sozial stabilen Gruppen und das Enrichment der Haltungsumwelt dienen der Beschäftigung der Tiere. Zusätzlich kann durch wechselnde Objekte und kreative Ideen Abwechslung in die Kaninchenhaltung gebracht werden. Die Voraussetzung dafür ist allerdings, dass die Kaninchen nicht erschreckt oder überfordert werden und dass von Gegenständen und Material keine Gefahren für die Tiere ausgehen können. Zur weiteren Beschäftigung dienen **belaubte Zweige** z. B. von Obst- und Nussbäumen und **Naturmaterialien** wie Rindenstücke, Zapfen etc. (Morgenegg,

2005). Auch **Pappkartons und Papiertüten**, z. B. gefüllt mit Heu, Stroh oder Papierschnipseln, Papierrollen, Küchenpapier, Zellstoff etc. können verwendet werden. Bays (2006) empfiehlt außerdem robustes **Hartplastikspielzeug**, wie es im Handel für Papageien angeboten wird. Im Handel ist mittlerweile auch unlackiertes Holzspielzeug für Kaninchen verfügbar. Solange es verletzungssicher ist und vom Kaninchen gerne benutzt wird, ist dagegen nichts einzuwenden. Es sollte jedoch nicht vergessen werden, dass die Hauptbeschäftigung von Kaninchen in der Aufnahme von Heu besteht und dass jede Art von Spielzeug die artgemäße Fütterung nicht ersetzen kann.

Futter verstecken Um die Aktivität von Kaninchen zu steigern, kann man Futter wie grünes Blattgemüse an verschiedenen Orten verstecken oder man bietet einen mit Papierschnipseln gefüllten großen Karton an, in dem z. B. Karottenstückchen versteckt werden.

Beschäftigung mit dem Menschen Sie bringt weitere Abwechslung. Kaninchen sind sehr neugierig und lernfähig und lassen sich gerne kleine Kunststücke beibringen. Voraussetzung ist, dass die Tiere freiwillig mitmachen. Mithilfe positiver Verstärkung (z. B. Belohnung mit kleinen Stücken von Karotte oder Löwenzahn) können Kaninchen motiviert werden. Das erwünschte Verhalten muss sofort belohnt werden, damit ein Lernerfolg eintreten kann. Auch kann ein sekundärer Verstärker (z. B. Clicker) hilfreich sein.

Ganzjährige Haltung im Freien

Nach Morgenegg (2005) sollte man sich Kaninchen nur anschaffen, wenn man ihnen eine Haltung im Außengehege bieten kann. Dieses Außengehege ist so zu bauen, dass es als ganzjährige Haltung verwendet werden kann und die Kaninchen es permanent nutzen können, ohne z. B. abends in einen Stall gesperrt werden zu müssen. Denn Kaninchen sind auch abends und nachts aktiv.

Anforderungen an ein **Außengehege** nach Morgenegg (2005):

- In der Nähe des Wohnhauses, sodass man es jederzeit von der Wohnung aus einsehen kann
- Höhe: Ein Mensch muss aufrecht darin stehen können.
- Gute Zugänglichkeit für die Besitzer und einfache Handhabung aller Elemente
- Gitter Maschengröße 17 mm, zumindest in Tierhöhe
- Seitengitter im Boden eingraben, sodass das Gehege ausbruchsicher ist aber kein Drahtgitter auf oder unter den Gehegeboden verlegen (Verletzungsgefahr für die Tiere, außerdem sollen sie im Gehege graben können).
- Möglichst überdacht, damit keine Beutegreifer eindringen können (Netze reichen nicht, lieber Maschendraht)
- Mindestfläche 6 m^2 bei 2–3 Tieren, je weiteres Tier 2 m^2
- Gestaltung mit ausreichend „luftigen“ Schattenplätzen (z. B. mit überhängenden Zweigen), Schutz vor Regen, Witterungs- und Kälteschutz (isolierendes Material, Einstreu)

- Futterhaus (z. B. außerhalb des Geheges befüllbar und mit Röhre mit Gehege verbunden) oder gedeckte/geschützte Futterstelle, damit das Futter (Heu, Grünfutter) trocken bleibt und die Tiere witterungsgeschützt fressen können
- Wasserfeste Schlafhütte mit mehreren, mindestens drei Kompartimenten, mit Satteldach und „Dachkammer", die auf einer Seite offen ist, sodass es bei Hitze nicht zu einem Hitzestau kommt
- Weiteres Enrichment wie Kisten, Röhren, hohle Baumstämme, Äste, Wurzeln, Erdhügel etc., mindestens zwei große Unterschlüpfe pro Tier
- (Teile des) Gehegebodens evtl. mit Rindenmulch einstreuen; vielfältige Bodenstruktur anbieten (Boden nicht betonieren).
- Wassernapf erhöht z. B. auf einen Backstein stellen.
- Umgebaute Garagen oder Gartenhäuser sind nicht geeignet.

Konkrete Bauanleitungen finden sich bei Morgenegg (2005).

Die Versorgung der Tiere sowie Gehegepflege erfordert viel Zeit, man muss mit ca. **1 h pro Tag** rechnen. Insbesondere bei **feuchtem Wetter** ist die Gehegepflege wichtig (Morgenegg, 2005).

> Ein konventioneller **Käfig für die Heimtierhaltung** bietet **keine artgemäße Haltung** und darf nie zur Haltung im Freien (Balkon oder Garten) verwendet werden, da die Tiere darin Witterungseinflüssen wie Hitze und Kälte schutzlos ausgeliefert sind (Morgenegg, 2005).

Fütterung

Die artgemäße Fütterung spielt eine große Rolle in der Kaninchenhaltung und in der Verhaltenstherapie. Kaninchen sind **selektive Herbivore** (Bays, 2006). Sie sind auf eine kontinuierliche Aufnahme von strukturiertem Futter (Gras, Heu) angewiesen.

Heu- und Frischfutter Kaninchen sollten **täglich** mit frischem, qualitativ hochwertigem Heu sowie Frischfutter (Grünfutter, grünes Blattgemüse, Obst) gefüttert werden. Obst und Gemüse sollten nur in Maßen und behutsam angewöhnt gegeben werden. Auf **kohlenhydratreiche oder zuckerhaltige Produkte** sollte **verzichtet** werden: Knabberstangen, bei denen Körner mit Honig festgeklebt sind, Joghurt-Drops, Kekse, Haferflocken, Müsli, Mais, Popcorn, Kartoffelschalen, Brot etc. dürfen Kaninchen auf keinen Fall bekommen. Wenn man Kaninchen mit „Leckerlis" dressieren will, kann man grünes Gemüse, kleine Stücke Karotte oder Apfel (Bays, 2006) oder kleine Stückchen von Haselnusskernen verwenden.

Körner Diese sollten nur in besonderen **Einzelfällen** gefüttert werden. Nach Morgenegg (2005) ist dies bei Tieren mit besonderem Energiebedarf der Fall: bei Außenhaltung im Winter, bei Tieren im Wachstum, bei trächtigen oder säugenden Muttertieren, bei untergewichtigen, gestressten oder kranken Tieren. Tiere, die unter Diarrhoe leiden, dürfen jedoch keine Körner erhalten.

Gesundheitliche Aspekte der artgemäßen Fütterung

Zahnabrieb Die artgemäße Ernährung ist für den Zahnabrieb von Bedeutung, da die Zähne ca. 1–2 mm pro Woche wachsen (Bucher, 1994; Korn, 2015). Beim Heufressen reiben sich die Incisivi gegenseitig ab, sodass Probleme mit übermäßigem Zahnwachstum vermieden werden können.

Mehrere kleine Portionen Kaninchen haben einen verhältnismäßig kleinen Magen, sodass sie über den Tag verteilt mehrere kleinere Portionen aufnehmen müssen. Nach Morgenegg (2005) suchen Wildkaninchen etwa 80-mal pro Tag ihre Futterplätze auf. Dieses beinahe kontinuierliche Fressen ist wichtig auch wegen der **Magen-Darm-Passage**, da die Magenwand nur schwach bemuskelt ist und der Mageninhalt nicht durch Peristaltik, sondern mechanisch durch neu gefressenes Futter weitergeschoben wird (Morgenegg, 2005). Wenn Kaninchen bei der Nahrungsaufnahme **viel kauen** müssen, wird der Nahrungsbrei mit viel Speichel vermengt, was sich positiv auf die Verdauung auswirkt.

Hoher Rohfasergehalt Dieser ist sehr wichtig für die **Darmflora**, die **Darmmotilität** und die Bildung eines **gitterartigen Futterballs** im Magen, der von der Magensäure durchdrungen werden kann. Wenn Kaninchen mit zu wenig Rohfaser gefüttert werden, sinkt die Darmmotilität, es bildet sich ein harter Futterkloß im Magen, der nicht richtig von Magensäure durchdrungen wird, was zu Verstopfungen führen kann (Bays, 2006). Die verzögerte Darmpassage bei konzentriertem, energiereichem und rohfaserarmem Futter kann bedingen, dass sich pathogene Keime stärker vermehren können und es zu Durchfall kommt. Durch **kohlenhydratreiches Futter** ist das Risiko einer **Enterotoxämie** erhöht. Außerdem besteht die Gefahr von Adipositas, von der mittlerweile sehr viele Kaninchen in der Heimtierhaltung betroffen sind (Bays, 2006).

Ethologische Gründe für eine artgemäße Fütterung

Eine artgemäße Fütterung mit Heu/Gras **beugt Verhaltensstörungen vor** oder kann sie zumindest vermindern. Studien zeigen, dass Heufütterung signifikant Stereotypien wie Gitternagen, exzessive Fellpflege und Fellfressen reduziert (Mulder et al., 1992; Lidfors, 1996; Berthelsen und Hansen, 1999). Aber auch auf viele Verhaltensprobleme, z. B. mangelnde Zahmheit, aggressives Verhalten, Unverträglichkeit mit Artgenossen, hat die artgemäße Ernährung mit Heu einen positiven Effekt. Das liegt daran, dass zum einen Kaninchen über längere Zeit des Tages mit der Futteraufnahme Halm für Halm beschäftigt sind, was sich ausgleichend auf das Verhalten auswirkt. Zum anderen kann mit einer Erhöhung des Raufutteranteils auch eine Erhöhung der Konzentration von Tryptophan in der Ration erreicht werden (Lebelt, 1998). Die Aminosäure Tryptophan ist die Vorstufe des Neurotransmitters Serotonin und kann eine ausgleichende, beruhigende Wirkung mit begünstigen.

Fütterungsempfehlungen Bays (2006) empfiehlt, **Heu** ad libitum und 2-mal täglich Grünfutter/frisches Blattgemüse anzubieten. Nach Morgenegg (2005) sollte morgens immer als erstes frisches Heu gereicht werden. Das Heu muss von guter Qualität sein, d. h. grün und frei von Staub oder Schimmel. Erst einige Stunden später, gegen Mittag, wird frisches **Grünfutter** gereicht. Dies darf auf keinen Fall gleich morgens

Abb. 3-6 Kaninchen sollten jeden Morgen reichlich frisches Heu erhalten.

gegeben werden, um Verdauungsstörungen (Magenüberladung, Fehlgärungen) vorzubeugen. Nur bei Kaninchen, die permanent Zugang zu einer Wiese haben, hat sich das Verdauungssystem inkl. Darmflora an die ständige Grünfutteraufnahme angepasst, sodass das Risiko von Verdauungsstörungen bei ihnen minimal ist. Aber auch bei dieser Haltung sollte man morgens frisches Heu geben (Morgenegg, 2005).

Das Heu sollte **haufenweise auf den Boden** gegeben werden(▸ Abb. 3-6). Wird eine Raufe verwendet, sollte diese breit genug für alle Tiere und bodennah gelegen sein, sodass die Kaninchen nicht mit erhöhtem Kopf fressen müssen: Außerdem muss die Raufe oben abgedeckt sein, sodass kein Tier in die Raufe springen und sich verletzen kann.

Luzerne-Produkte sind für erwachsene Kaninchen nicht empfehlenswert, da sie zu viel Protein und Calcium enthalten, was zu einer Hypercalciurie führen kann. Da die Calciumausscheidung hauptsächlich über den Urin erfolgt (Bays, 2006), kann es bei Hypercalciurie zu Harnsteinen kommen.

Wasser Kaninchen sollten es jeden Morgen **frisch** in einem **Napf** (z. B. schweres Tongefäß) erhalten. Trinkflaschen haben viele Nachteile: Die Kaninchen müssen mit einer unphysiologischen, gestreckten Kopfhaltung trinken. Außerdem sind diese Flaschen schwer sauber zu halten, insbesondere die Trinknibbel, sodass sich Algen vermehren können (Morgenegg, 2005).

Kaninchen sind **selektive Herbivore**. Sie sollten mit **Heu** (aus Gras) ad libitum und mit **frischem Grünfutter** gefüttert werden:

- Morgens frische Portionen von Heu im Käfig/Gehege verteilen.
- Erst nach 2–3 h Grünzeug geben.
- Auch, wenn es beliebt ist: Brot (auch harte Kanten oder Knäcke) ist ungeeignet für Kaninchen! Dem Abschleifen der permanent nachwachsenden Zähne dienen die artgemäße Ernährung mit Heu sowie das Anbieten von Naturmaterialien (z. B. Äste, Wurzeln).
- Keine Kräcker, Yoghurtdrops, Kekse etc.
- Körner (Kraftfutter) nur bei besonderem Energiebedarf, z. B. Winterfütterung bei Haltung im Freien
- Eine Futterumstellung sollte nie abrupt, sondern behutsam nach und nach erfolgen.

Pflege

Fellpflege Gesunde Kaninchen mit „normaler" Felllänge und rohfaserreicher Fütterung haben i. d. R. kein Problem mit den Haaren, die sie durch das Sich-Belecken aufnehmen. Sie sollten nach Bays (2006) jedoch insbesondere zu Zeiten des Fellwechsels **regelmäßig gebürstet** werden. Kaninchen mit **langem Fell** müssen dagegen täglich gebürstet werden. Besser ist es, wenn ihr Fell geschnitten wird, damit es sich nicht verfilzt. Am besten kauft man keine langhaarigen Rassen (► Kap. 2.2.3).

! Da Kaninchen **nicht erbrechen können**, kann es zu Obstruktionen des Magen-Darm-Trakts kommen, wenn zu viele Haare aufgenommen werden.

Tierkontrolle Zur notwendigen Pflege gehört auch die regelmäßige, gezielte Tierkontrolle, insbesondere, wenn man die Tiere nicht ständig um sich hat, sondern im Freien hält: **Täglich** sollte man sich vergewissern, dass alle Tiere am Futterplatz erscheinen, einen „munteren Eindruck" machen und normales Fressverhalten zeigen. **Wöchentlich** sollten die Tiere in die Hand genommen werden, um insbesondere Maulbereich und Analregion zu überprüfen (Morgenegg, 2005), und um Probleme wie Durchfall, mangelnde Caecotrophie oder ggf. Fliegenmadenbefall rechtzeitig erkennen zu können. Feuchte Maulwinkel oder ein feuchtes Kinn können ein Zeichen für Zahnprobleme sein. Ausgewachsene Tiere sollten **1-mal monatlich gewogen** werden, um Fettleibigkeit sowie mit Abmagerung einhergehende Probleme frühzeitig feststellen zu können (Morgenegg, 2005).

Reinigung der Haltung Urinfeuchte Stellen sollten **täglich gereinigt** werden (Bays, 2006), ebenso sollten die Kothaufen täglich entfernt werden (Morgenegg, 2005). Das Gehege wird **1- bis 2-mal wöchentlich ausgemistet**. Kaninchen reagieren sehr empfindlich auf Schadgase wie Ammoniak, das sich bei unzureichender Entmistung bildet (Drescher, 2002).

Impfung Kaninchen sollten unabhängig von der Haltungsform, also auch bei reiner Wohnungshaltung, **gegen Myxomatose und RHD** (Rabbit Haemorrhagic Disease, Chinaseuche) geimpft werden. Zumindest in großen Beständen und Zuchten ist auch eine Impfung gegen Kaninchenschnupfen empfehlenswert.

Der ideale Halter

Der ideale Kaninchenhalter muss seinen Tieren eine **tiergerechte Haltung** bieten können, möglichst in einer Außengehegehaltung oder mit Vivarium und Freilauf in der Wohnung. Er muss bereit sein, Zeit für die Beschäftigung mit den Tieren zu investieren.

Für **Kinder** sind Kaninchen nur geeignet, wenn die Eltern die volle Verantwortung für die Haltung und Pflege übernehmen und die Kinder zu rücksichtsvollem Verhalten zu den Tieren anleiten. Dazu gehört, dass sie die Kaninchen **nicht hochheben und tragen** und nie zum Schmusen zwingen dürfen. Kinder sollen Kaninchen deshalb nicht tragen, weil sie die Tiere womöglich fallen lassen. Da Kaninchen einen „sehr zerbrechlichen Körperbau" haben, kommt es dann leicht zu **Knochenbrüchen** (Morgenegg, 2005).

Zusammenfassung

Die wichtigsten Haltungsempfehlungen

- Gruppenhaltung (mind. 2, besser 3 oder mehr Tiere)
- Genug Platz, am besten Gehegehaltung im Freien; keine Käfighaltung
- Enrichment: Unterschlüpfe, erhöhte Ebenen
- Artgemäße Fütterung mit Heu, Gras und Grünzeug

3.4 Umgang mit Kaninchen

Im Umgang mit Kaninchen sind **ruhige Bewegungen**, das **freundliche Ansprechen** und das **Vermeiden von Anstarren** empfehlenswert. Es kann vertrauensfördernd sein, wenn man sich die Hände mit benutzter Streu der Kaninchen einreibt.

Grundsätzlich sollte man es vermeiden, sich über Kaninchen zu beugen oder sie von oben greifen zu wollen. Dieses beutegreiferartige Verhalten löst evtl. Fluchtverhalten aus. Besser ist es, insbesondere bei ängstlichen Tieren, man hockt sich hin oder setzt oder legt sich auf den Boden (Morgenegg, 2005; Bays, 2006). Außerdem sollte man Kaninchen nicht hinterherrennen, um sie einzufangen. Wenn Kaninchen das Hochheben noch nicht gewöhnt sind, ist es besser, sie ihn Röhren oder Kisten laufen zu lassen und sie damit hochzuheben. Allerdings sollte das Hochheben insbesondere bei Kaninchen, die im Freien gehalten werden, geübt werden, damit sie sich problemlos fangen und auf Fliegenmaden kontrollieren lassen.

Wenn ein Kaninchen **auf den Schoß** gesetzt wird zum Streicheln und es sich dort still verhält und keine Gegenwehr zeigt, kann es sein, dass es sich nicht um Genießen, sondern um **Freezing**, d.h. eine Angststarre handelt. Am besten ist es daher, wenn das Kaninchen freiwillig kommt und auf den Schoß z.B. mit Grünfutter gelockt wird (► Kap. 3.5.1).

Kaninchen als Patienten in der Tierarztpraxis

Stressreduktion beim Transport

Tierärzte können Kaninchenhaltern Empfehlungen geben, wie sie die mit dem Tierarztbesuch verbundene Belastung der Tiere vermindern können.

- **Gewöhnung an die Transportbox:** Die Transportbox sollte zu Hause immer geöffnet im Aufenthaltsbereich der Kaninchen stehen und Heu und begehrtes Futter enthalten, sodass die Tiere daran gewöhnt sind, in sie hinein zu gehen. Behutsam in kleinen Schritten kann man die Kaninchen dann daran gewöhnen, dass sie kurz darin eingesperrt und herumgetragen werden.
- Das kranke Kaninchen sollte zusammen mit seinen **Partnertieren** zum Tierarzt gebracht werden. Zum einen reduziert das den Stress des kranken Tiers, zum anderen vermeidet man, dass es nach der Heimkehr des behandelten Kaninchens zu Unverträglichkeitsreaktionen der zu Hause gebliebenen Tiere kommt. Dies ist besonders wichtig, wenn ein Kaninchen aufgrund seiner Erkrankung stationär aufgenommen werden muss (Bays, 2006).
- Morgenegg (2005) empfiehlt, in die **Transportbox** ein **helles, weiches Tuch** zu legen, sodass der Tierarzt anschließend Kot/Urin des kranken Tiers beurteilen kann. Morgenegg rät davon ab, Heu oder Stroh mit in die Transportbox zu geben, um Augenverletzungen zu vermeiden.
  Da es für das Tier jedoch weniger beängstigend ist, wenn es in der Transportbox vertraut riecht, ist es empfehlenswert, das Tuch entweder vorab mit etwas benutzter Streu abzureiben oder etwas benutzte Streu mit in die Box zu geben.

Umgang mit Kaninchen als Patient

In der Tierarztpraxis kann man einige Maßnahmen beachten, die zur Stressreduktion beitragen:

- Im **Wartezimmer** sollte es ruhige Bereiche für Kaninchen geben, wo die Transportbox erhöht abgestellt werden kann, und wo die Tiere keinen Kontakt zu Hunden oder Katzen haben.
- **Tuch** oder **Decke** auf den **Behandlungstisch** legen (evtl. von Besitzer mitbringen lassen).
- Hände mit (von diesem Kaninchen) **benutzter Streu einreiben**, bevor man das Tier anfasst.
- **Langsame Annäherung** an das Tier, ruhige Bewegungen, leise Stimme
- Bei **stationärer Aufnahme** des Kaninchens gemeinsame Haltung mit Partnertier(en) und Bereitstellung von Unterschlupf und eingestreutem Bereich als „Kaninchentoilette“

Handling

Nase und Kopf Da Kaninchen obligate **Nasenatmer** sind, mögen sie es nicht, wenn sie an der Nase angefasst werden (Bays, 2006). Untersucht man z. B. die Maulhöhle, sollte man daher darauf achten, dass man die Lippen so umfasst, dass man die Nase nicht berührt oder bedeckt. Ganz wichtig ist außerdem, dass der **Kopf** des Kaninchens **nie überstreckt** werden darf, da sonst die Atemwege verlegt werden können (Bays, 2006). Am besten achtet man daher darauf, den Kopf des Kaninchens auch bei der Untersuchung und Behandlung von Maul und Zähnen in Normalposition zu belassen.

Überhitzung Werden Kaninchen länger auf dem Arm gehalten, z. B. für eine tierärztliche Untersuchung, und geraten sie dabei in Stress, kann es zu einer gefährlichen Überhitzung kommen (Bays, 2006). Dies ist daran zu erkennen, dass das Kaninchen beginnt zu **hecheln**. Darauf muss sofort reagiert werden, indem das Kaninchen abgesetzt und der Raum gut belüftet wird.

Hochheben Wenn man Kaninchen hochhebt, muss man beachten, dass sie sich mit ausladenden Tretbewegungen der Hinterläufe dagegen wehren könnten (Beutegreifer-Befreiungsschlag, ► Kap. 3.2.5). Diese starke **Abwehrbewegung** kann zu Verletzungen an den Läufen oder der Wirbelsäule führen. Daher sollte man beim Hochheben und Tragen von Kaninchen immer deren **Hinterteil** bzw. ihre **Hintergliedmaßen fixieren** (proximal im Becken-Oberschenkel-Bereich, also nicht nur die Füße festhalten) und sie mit dem Hinterteil voran in ihren Käfig oder die Transportbox setzen (Bays, 2006). Selbstverständlich darf man die Tiere nie an den Ohren hochheben. Auch darf man sie nicht am Nackenfell hochheben und halten, ohne das Gewicht z. B. mit der anderen Hand abzustützen.

Es werden verschiedene Methoden des Handlings in der Literatur beschrieben. Man kann z. B. das Kaninchen anheben, indem man mit der einen Hand das Hinterteil umgreift und mit der anderen Hand von unten den Körper hinter den Vorderbeinen hält. Dann kann man das Tier tragen oder festhalten, indem man es sanft an seinen Oberkörper drückt, wobei der Kopf des Kaninchens in der Ellbogenbeuge versteckt ist (Bays, 2006).

Strampelt das Kaninchen stark, sollte man versuchen, seine **Augen abzudecken**, und das Tier auf eine sichere Unterlage absetzen (Bays, 2006).

„C-Position" Wenn man den Bauch oder die Perianalgegend des Kaninchens untersuchen, rektal die Temperatur messen oder die Krallen schneiden möchte, kann man das Kaninchen in der „C-Position" fixieren (Bays, 2006): Dabei „sitzt" das Kaninchen auf der einen Hand, die andere umschließt den Vorderkörper unterhalb der Vorderbeine, und der Rücken des Kaninchens wird sanft an den Oberkörper gedrückt (► s. Zeichnung).

Fixieren von Kaninchen auf dem Arm: „C-Position"

PRAXISTIPP

Handling in der Tierarztpraxis

- Die Hände mit benutzter Streu des Kaninchens einreiben, um einen vertrauten Geruch herzustellen.
- Beim Fixieren ist zu beachten, dass Kaninchen einen „Beutegreifer-Befreiungsschlag" mit ihren Hinterläufen machen können, um sich aus dem Nackengriff zu befreien. Daher sollte man entweder das Hinterteil (bzw. die Hinterbeine proximal) fixieren oder das Kaninchen in der „C-Position" halten.
- Um ein Kaninchen einzufangen, sollte man es nicht verfolgen und es auch nie von oben greifen, sondern in eine Röhre/Box laufen lassen und diese samt Kaninchen hochheben.
- Auf dem Behandlungstisch können ängstliche Tiere ihren Kopf in einen Unterschlupf oder unter ein Handtuch verstecken, damit sie sich sicherer fühlen.
- Nie die Nase berühren.
- Nie den Kopf des Kaninchens (über-)strecken.

„Hypnose"-Trick Manche Tierärzte wenden bei Kaninchen den „Hypnose"-Trick an. Dazu wird das Kaninchen auf den Rücken gelegt, mit gestrecktem Kopf und leicht gestreckten Hinterbeinen, und es wird sanft über den Bauch gestreichelt. Viele Kaninchen reagieren darauf mit einer Verlangsamung der Atemfrequenz und bleiben ohne Fixation evtl. minutenlang liegen. Es wird vermutet, dass es sich dabei um eine Form des Freezings („Totstellens") handelt (McBride, 2008). Die Tiere bleiben in dieser Position **schmerzempfindlich**, daher dürfen schmerzhafte Eingriffe selbstverständlich auf keinen Fall durchgeführt werden, auch wenn das Kaninchen aussieht, als sei es „hypnotisiert".

3.5 Verhaltensprobleme

Die Behandlung von Verhaltensproblemen richtet sich immer nach den zugrunde liegenden Ursachen. In der Regel muss die Haltungssituation überprüft werden: Sind Haltungsumwelt und Fütterung tiergerecht, d. h. artgemäß und verhaltensgerecht? Kann durch eine Vergesellschaftung mit einem geeigneten Partnertier oder mit einer entsprechenden Strukturierung die Haltung verbessert werden?

In jedem Fall ist eine **genaue Anamnese** nötig. Dazu bewähren sich entsprechende Fragebögen, die man vorab an die Kunden abgibt. Wenn man keinen Hausbesuch macht, muss man sich Fotos der Haltung und evtl. Videos vorab zuschicken oder zum Beratungsgespräch mitbringen lassen.

Methoden der Verhaltensmodifikation Ebenso wie in der Verhaltensmedizin bei Hunden und Katzen kommen auch Methoden der Verhaltensmodifikation wie **Desensibilisierung** und **Gegenkonditionierung** zum Einsatz (Definitionen s. Kasten). Diese beiden Methoden lassen sich auch sinnvoll kombinieren, z. B. bei der Behandlung von mangelnder Zahmheit. Bestrafungsmaßnahmen sind aus Tierschutzgründen abzulehnen. Auch die „anonyme Strafe“ wie Anspritzen mit der Wasserpistole sollte möglichst nicht angewendet werden, weil das Kaninchen dadurch erschreckt wird und sich in seiner Haltungsumgebung nicht sicher fühlt.

Definition

Methoden der Verhaltensmodifikation

Unter **Habituation** versteht man das Nachlassen einer Reaktion auf einen Stimulus aufgrund der wiederholten Exposition mit diesem Stimulus ohne angenehme oder unangenehme Assoziation (Voith und Borchelt, 1985).

Die **systematische Desensibilisierung** ist eine gezielte Habituation (Gewöhnung) in einem entspannten Zustand durch schrittweise Exposition eines Reizes mit langsam steigender Intensität (Schroll und Dehasse, 2009).

Die **Gegenkonditionierung** ist eine Technik zur Elimination einer konditionierten Antwort, indem der konditionierte Stimulus mit einem unkonditionierten Stimulus gepaart wird, um eine neue Antwort zu konditionieren (Liebermann, 2000). So kann z. B. im Sinne einer „klassischen“ Gegenkonditionierung durch den Einsatz von Futter (unkonditionierter Stimulus) eine neue emotionale Bewertung eines bislang mit Angst verbundenen (konditionierten) Stimulus bewirkt werden.

Kastration Nach dem Deutschen Tierschutzgesetz (2015) ist es erlaubt, wenn „zur weiteren (…) Haltung des Tieres eine Unfruchtbarmachung vorgenommen wird“, unter der Voraussetzung, dass tierärztliche Bedenken nicht entgegenstehen. Tierärzte sollten Kaninchenbesitzer hierzu kompetent beraten und für jeden Einzelfall abwägen, ob die Kastration sinnvoll ist.

Die Kastration **männlicher Kaninchen** ist notwendig, um eine **artgemäße soziale Haltung** zu ermöglichen.

Den positiven Effekt der Kastration auf die Verträglichkeit zwischen Rammlern wurde von Kalagassy et al. (1999) belegt. Morgenegg (2005) empfiehlt dazu die Frühkastration mit einem Körpergewicht von ca. 600–900 g (Alter ca. 8–10 Wochen). Bei der Kastration von geschlechtsreifen Rammlern ist zu beachten, dass sie noch einige Zeit nach der Kastration Spermien haben können und daher noch mindestens 4–6 Wochen von geschlechtsreifen Weibchen getrennt gehalten werden sollten. Haben Rammler bereits Deckerfahrung, kann es monatelang bis zu einem halben Jahr dauern, bis sie kein Sexualverhalten mehr zeigen (Bays, 2006).

Weibliche Kaninchen haben mit zunehmendem Alter eine sehr hohe Wahrscheinlichkeit, eine Neoplasie, insbesondere ein uterines Adenokarzinom, zu entwickeln. Verschiedene Studien geben eine Inzidenz von bis zu 80 % nach dem 3. Lebensjahr an, sodass zu einer präventiven **Ovariohysterektomie** geraten wird (Streicher und Hach, 2006). Im Zusammenhang mit dieser Erkrankung kann es auch zu gesteigertem aggressiven Verhalten der Tiere kommen (Bays, 2006). Die Kastration kann eine bessere Verträglichkeit mit Artgenossen bewirken und Probleme im Zusammenhang mit hormonellem Verhalten, Territorialverhalten sowie Markieren mit Kot und Urin positiv beeinflussen. Bays (2006) empfiehlt, grundsätzlich weibliche Tiere im Alter von 4–6 Monaten zu kastrieren.

3.5.1 Mangelnde Zahmheit

Kaninchen, die immer die Flucht ergreifen, sobald das Gehege betreten wird, entsprechen nicht den Erwartungen der meisten Besitzer. Außerdem widerspricht es dem Tierschutz, wenn die Heimtiere ständig unnötig Angst und Stress ausgesetzt sind.

Prophylaxe

Um späteres Angstverhalten und Angstaggression gegen Menschen zu vermeiden, sollten Kaninchen bereits **als Jungtier Kontakt mit Menschen** im Sinne einer Sozialisierung haben. Bereits die 1. Lebenswoche scheint „sensitiv“ für eine Gewöhnung an den Menschen zu sein. Dies zeigen Studien von Csatadi et al. (2005; 2007). Werden Kaninchenjunge in der 1. Lebenswoche innerhalb von 30 min nach dem Säugen einem kurzen Handling unterzogen, reagieren sie in einem Annäherungsversuch im Alter von 4 Wochen signifikant „kontaktfreudiger“ als Tiere ohne Handling. Allein der menschliche Geruch reicht dabei bereits aus, um einen entsprechenden Effekt zu erreichen (Ducs et al., 2009). Allerdings ist nicht bekannt, ob die Effekte tatsächlich noch länger anhalten und damit relevant für die Beziehung zum späteren Besitzer sind. Zum anderen ist zu beachten, dass ein Anfassen der Nestlinge die Gefahr birgt, dass die Jungtiere vom Muttertier aufgegeben oder getötet werden. Daher ist

Abb. 3-7 Man sollte Kaninchen anschaffen, die den Kontakt zum Menschen suchen und ihn genießen. Diese Jungtiere sind von klein auf an Kinderbesuch gewöhnt.

hier behutsam vorzugehen. Am besten wird in der 1. Lebenswoche, kurz nachdem der Wurf gesäugt wurde, und wenn die Mutter dadurch nicht beunruhigt wird, die Hand in die Nähe des Wurfs gehalten, um die Jungtiere an den menschlichen Geruch zu gewöhnen, ohne sie zu berühren.

Auch wenn eine „sensible Phase" der Sozialisierung auf den Menschen bisher nicht sicher durch Studien umgrenzt wurde, kann empfohlen werden, die Kaninchenjungen, wenn sie ihr Nest verlassen, insbesondere im Alter von **4–6 Wochen** (McBride, 2008), behutsam durch freundlichen Kontakt an Menschen zu gewöhnen. Zukünftige Kaninchenhalter sollten beim Kauf darauf achten, nur Kaninchen zu wählen, die an Menschen, insbesondere auch Kinder, gewöhnt sind und daher den Kontakt mit ihnen genießen (► Abb. 3-7). Außerdem sollen Kaninchenjunge bereits behutsam an diverse **Umweltreize** (Alltagsgegenstände und -geräusche) gewöhnt werden.

Gewöhnungstraining

Zeigt ein Kaninchen ängstliches Verhalten oder Angstaggression (► Kap. 3.5.2) gegen den Besitzer, kann eine **Desensibilisierung** und (klassische) **Gegenkonditionierung** durchgeführt werden. Dieses Gewöhnungsprogramm kann individuell sehr zeitaufwändig sein. Vorab sollte man die Hände mit benutzter Streu (oder auch

Urin) der Tiere einreiben, sodass ein vertrauter Geruch entsteht. Zeigt das Kaninchen bereits bei der Annäherung des Besitzers Fluchtverhalten, setzt man sich erst einmal ruhig vor den Käfig oder in das Gehege und füttert das Tier (notfalls zuerst durch das Gitter) mit begehrtem Futter wie Löwenzahn oder Karottenstücken. Frisst es nicht aus der Hand, kann man das Futter in die Nähe des Tiers legen und erst einmal ruhig abwarten. Nach und nach kann dann der Abstand des Futters zum Menschen verringert werden. Schritt für Schritt wird das Kaninchen immer näher am Körper gefüttert, bis es aus der Hand frisst und schließlich auf dem Schoß oder neben dem Besitzer sitzt, um sein Futter zu fressen.

Das **Hochheben von Kaninchen** sollte man schrittweise über positive Verstärkung trainieren. Während des Trainings darf das Tier nicht überfordert oder geängstigt werden. Muss man das Tier einfangen, solange es sich noch nicht angstfrei greifen lässt, sollte man es in ein Behältnis locken (z. B. Röhre, Box) und damit hochheben, damit man nicht den Trainingserfolg zunichtemacht.

Fallbeispiel

Scheues Kaninchenweibchen

Barbara Schneider

Vorstellungsgrund

Zwergkaninchenweibchen Lilly ist seit Beginn der Geschlechtsreife deutlich scheuer geworden.

Anamnese

Lilly ist 2 Jahre alt und wurde gemeinsam mit ihren Brüdern Max und Moritz im Alter von ca. 10 Tagen übernommen. Die Tiere kamen von einem Tierschutzverein zusammen mit über 100 weiteren Kaninchen aus einem Hoarding-Fall. Die Besitzerin arbeitet als ehrenamtliche Helferin in besagtem Tierschutzverein. Sie päppelte ihre Kaninchen von Hand auf. Im Alter von 12 Wochen wurden die beiden Böckchen kastriert. Lilly ist intakt. Die drei Kaninchen lebten in einem geräumigen Käfig im Wohnzimmer und hatten dort täglich Auslauf. Als die Tiere ca. 6–7 Monate alt waren, zog die Besitzerin um. Seither leben die 3 Tiere in einem extra Kaninchenzimmer (6 m^2). Dort stehen den Tieren sechs große Holzhäuschen sowie drei erhöhte Ebenen zur Verfügung. Zusätzlich wurde das Zimmer mit Apfelbaumzweigen und einer Heuraufe ausgestattet. Auch eine sehr große Buddelkiste steht ständig zur Verfügung. Als Lilly erste Zeichen der Scheu zeigte (kurze Zeit nach dem Umzug), begann die Besitzerin das Kaninchenzimmer nur noch zur Fütterungszeit zu betreten, um Lilly nicht zu erschrecken. Max, der sehr futteraggressiv ist, beißt Lilly immer bei der Fütterung. Meist beginnt er damit, sobald die Türe zum Kaninchenzimmer geöffnet wird. Diese ist tagsüber immer zu und nur abends eine Zeit lang geöffnet (ein Kindergitter verhindert das Entkommen der Kaninchen). Auch das Säubern des Zimmers ist ein Problem, da sich dann alle Kaninchen in der Schaufel verbeißen.
Die Besitzerin erhielt den Rat, dass sie Lilly „Zwangskuscheln" soll, damit sie „dominiert" wird, da sie nicht wirklich ängstlich sei, sondern nur die Besitzerin nicht akzeptiere. Die Besitzerin möchte dies aber nicht durchführen und hat es nach wenigen Tagen gelassen.

Diagnose
Angstproblematik aufgrund von verringerter Beschäftigung mit Besitzerin nach Umzug, der zufällig zeitgleich mit Beginn der Geschlechtsreife erfolgte.

Behandlung

- „Zwangskuscheln" und jede Art von „Dominieren" sofort unterlassen.
- Mehrmals täglich ruhige und sanfte Beschäftigung mit den Tieren: ruhig im Kaninchenzimmer auf dem Boden sitzen und Leckerchen aus der Hand anbieten.
- Kaninchenzimmer optimieren: zwei weitere Heuraufen, um Futterneid zu reduzieren; Boden des Zimmers einstreuen.
- Türe zum Kaninchenzimmer auch tagsüber offen lassen, damit Kaninchen mehr von Besitzerin mitbekommen.
- Während der Säuberung des Kaninchenzimmers die Tiere in der kaninchensichern Wohnung laufen lassen.
- Anbieten von Intelligenzspielzeugen für alle 3 Tiere

Verlauf
Rückmeldung nach 3 Wochen: Besitzerin hat die Empfehlungen alle umgesetzt. Alle Kaninchen sind seither entspannter, und Lilly lässt sich wieder freiwillig streicheln und anfassen. Sie kommt auf Zuruf zur Besitzerin.

3.5.2 Aggression gegen Menschen

Aggressives Verhalten gegen Menschen kann viele Ursachen haben: Häufig beißen Kaninchen, weil sie **Angst** vor Menschen haben und sich verteidigen wollen. Greift der Besitzer in den Käfig, um den Futternapf herauszuholen, und wird dann angeknurrt, gekratzt oder gebissen, kann dies auch **Territorialverhalten** oder aber **Futteraggression**, also die Verteidigung der Ressource Futter, zur Ursache haben (McBride, 2008). Aggressives Verhalten in Zusammenhang mit der Brutpflege bei der Jungenaufzucht oder auch bei Scheinträchtigkeit kann **hormonell** beeinflusst sein. Auch **schmerzbezogene** Aggression kann vorkommen.

Auf aggressives Verhalten von Kaninchen sollte der Mensch auf keinen Fall mit physischer Strafe reagieren, da dies die häufig der Aggression zugrunde liegende Angst verstärken kann und einem Vertrauensverhältnis zwischen Tier und Mensch nicht dienlich ist.

Angstaggression Manche Kaninchen machen die Erfahrung, dass ihre Angstreaktion „Freezing“ (Erstarren) dazu führt, dass sie erst recht angefasst, nämlich gestreichelt werden. Mit aggressivem Verhalten haben sie besseren Erfolg, Menschen auf Abstand zu halten. Es ist darauf zu achten, dass das Kaninchen nicht bedrängt wird, sondern dass ein behutsames **Gewöhnungstraining** durchgeführt wird, um die Angst abzubauen und die Anwesenheit des Menschen mit positiven Empfindungen zu verbinden (► Kap. 3.5.1).

Territoriale Aggression Auch wenn ein Kaninchen bestimmte Bereiche des Geheges, der Wohnung oder den Balkon gegen (bestimmte) Menschen verteidigt, bewährt sich das **Gewöhnungstraining** (► Kap. 3.5.1), damit das Kaninchen die Anwesenheit des Menschen positiv bewertet. Außerdem kann es hilfreich sein, wenn der Mensch diese verteidigten Bereiche vor dem Kaninchen betritt: Erst geht der Mensch auf den Balkon, dann lässt er das Kaninchen hinterher kommen. Territoriale Aggression ist meist hormonabhängig, wird v.a. von unkastrierten männlichen Kaninchen und Weibchen in der Paarungszeit gezeigt, richtet sich zwar meist gegen Artgenossen, kann aber auch Menschen betreffen (McBride, 2008).

Futteraggression Futterbezogene Aggression kommt häufig vor. Meist greift das Tier die Hand an, die den mit Körnern gefüllten Napf in den Käfig stellen will. Das Kaninchen lernt, dass sich die angegriffene Hand schnell zurückzieht und es in Ruhe fressen kann (McBride, 2008). Abhilfe schafft eine **Umstellung auf artgemäße Fütterung** (Heu/Grünfutter) und das breite Verteilen begehrten Futters. Außerdem kann die **Handfütterung langer Futterteile** (z.B. Gras, Möhrenstreifen, Löwenzahn) eine positive Verbindung mit der futterreichenden Hand schaffen.

Zartes Beißen Kaninchen „kneifen", also beißen ihre Besitzer zart, um Aufmerksamkeit zu erhalten oder um sie dazu zu bewegen, beiseite zu rücken oder sie, falls sie hochgehoben wurden, wieder hinunter zu setzen. Falls das Kaninchen dabei zu stark zubeißt, sollte der Besitzer **laut aufschreien** (Bays, 2006). Physische Strafe darf gegenüber Kaninchen jedoch nicht eingesetzt werden.

3.5.3 Aggression gegen Artgenossen

Gewöhnungstraining bei Neuzugängen

Will man ein Kaninchen mit einem anderen vergesellschaften, muss man behutsam vorgehen. Denn es ist zu erwarten, dass es zu aggressiven Auseinandersetzungen kommt. Ursachen dafür sind **Revierverteidigung** oder die **Klärung der Rangordnung**. Nach Morgenegg (2005) gibt es unter Kaninchen keine Einzelgänger, d.h., mit viel Geduld kann man für jedes Tier einen passenden Artgenossen finden und es erfolgreich vergesellschaften. Vorab sollten Fütterung und Haltung überprüft werden. Wenn noch nicht geschehen, sollte die Fütterung auf Heu und Grünfutter umgestellt werden, damit die Tiere ruhiger und ausgeglichener werden. Die Haltung muss groß genug und sinnvoll mit ausreichend Rückzugsmöglichkeiten strukturiert sein.

In der Literatur sind sehr unterschiedliche Empfehlungen für das Vorgehen bei der Vergesellschaftung beschrieben. Üblicherweise werden die Tiere auf „**neutralem Terrain**", d.h. in einem großen, strukturierten, den Tieren fremden Raum, zusammengesetzt, in dem begehrtes Futter breit verteilt ist (Morgenegg, 2005; McBride, 2008). Valuska und Mench (2013) haben in ihren Experimenten an Weißen Neuseeländer Kaninchenzibben gezeigt, dass es für den Erstkontakt entscheidend ist, auf welcher **Haltungsfläche** er stattfindet. Auf kleinen Flächen reagierten die Tiere aggressiver als auf großen. Für den weiteren Kontakt dagegen war der Ablauf des Erstkontakts wichtiger als die Haltungsfläche. Daraus lässt sich für die Heimtierhaltung ableiten, dass ein erstes Zusammenführen der Tiere immer auf einer größeren Fläche stattfinden muss. Allerdings kann es bei der Methode des Zusammensetzens ohne vorhergehendes Gewöhnungstraining zu Kämpfen mit Verletzungsgefahr kommen.

Will man von Vornherein lieber vorsichtig vorgehen oder kommt es beim Zusammenführen zu Kämpfen, kann man ein **langsames Gewöhnungstraining** durchführen. Es besteht aus einem **Geruchsaustausch** zwischen den Käfigen und einer **Desensibilisierung**, bevor das Zusammensetzen in einem geräumigen „neutralen Terrain" stattfindet. Dieses Gewöhnungstraining kann sich über mehrere Tage oder in schwierigen Fällen auch über mehrere Wochen hinziehen. Zuerst sollte der Käfig mit dem Neuzugang in eine Entfernung zum Käfig/Gehege des anderen Kaninchens gestellt werden, in der beide Tiere noch keine Zeichen aggressiver Aufregung zeigen. Täglich sollte man etwas benutzte Streu, die Urin und Kotboli enthalten sollte, zwischen den Käfigen tauschen, um eine Geruchsgewöhnung herzustellen. Die Käfige sollten dann schrittweise aneinander angenähert werden, bzw. der Käfig mit dem Neuzugang an das Gehege der bereits vorhandenen Tiere. Wichtig ist, dass die Käfige Rückzugsmöglichkeiten (z. B. „Häuschen") enthalten, damit sich die Tiere aus dem Blick gehen können. Zeigen die Tiere im jeweiligen Käfig Anspannung oder aggressives Drohverhalten, muss die Distanz wieder vergrößert werden. Man kann zusätzlich besonders begehrtes Futter in Anwesenheit des anderen anbieten, sodass beide Tiere gleichzeitig – nur vom Käfiggitter getrennt – nebeneinander fressen. Schließlich sollte die erste Begegnung zwischen den Tieren nicht in einem der Käfige oder Gehege, sondern auf „neutralem Terrain" erfolgen, wobei ausreichend Versteckmöglichkeiten, ohne Sackgassen oder Engpässe, vorhanden sein und begehrtes Futter reichlich ausgestreut sein sollte. Erst wenn die Tiere miteinander sicher verträglich sind, dürfen sie in einem geräumigen, gut strukturierten, frisch eingerichteten Gehege zusammen gehalten werden.

Aggressionsprobleme innerhalb einer bestehenden Gruppe

Kommt es in Kaninchengruppen zu stärkeren Auseinandersetzungen, sollte überprüft werden, welche Ursache diese haben könnten. Ist die Haltung geräumig genug und tiergerecht strukturiert? Gibt es limitierten Zugang zu Ressourcen (z. B. Futter in einer kleinen Raufe oder einem Napf statt breit verteilt), Sackgassen oder Engpässe? Haben die Tiere ausreichend Beschäftigungsmöglichkeiten? Werden sie artgemäß gefüttert? Wenn es sich um **unkastrierte, geschlechtsreife Zibben** handelt, könnte entweder das Vergesellschaften mit einem kastrierten Bock oder aber die Kastration der Weibchen Abhilfe schaffen. Denn mit Erreichen der Geschlechtsreife zeigen weibliche Kaninchen manchmal zunehmende Aggression und „Stimmungsschwankungen" (Bays, 2006), die auch in Zusammenhang mit einer Scheinträchtigkeit stehen können.

Überprüfen des schwächsten Gruppenmitglieds

Eventuell werden Neuzugänge bei der Eingliederung so gestresst, dass sie an Gewicht verlieren. Das „schwächste Gruppenmitglied" ist daher gut zu überwachen und muss evtl. mit speziellem Futter eine Extraversorgung erhalten.

Auch in bereits bestehenden Gruppen kann es vorkommen, dass besonders ängstliche Kaninchen permanent in einem Unterschlupf sitzen und sich nicht hervortrauen. Dann kann es sein, dass sie auf ihren Ausscheidungen sitzen oder liegen, was zu Hautentzündungen führen kann. Möglich ist auch, dass sie zu wenig fressen und an Gewicht verlieren. Daher müssen die Tiere sorgfältig beobachtet werden. Fällt auf, dass sich ein Kaninchen nicht frei bewegen kann, muss eine Lösung gefunden werden (z. B. Umstrukturierung des Geheges, notfalls Umgruppierung).

Zusammenfassung

Vorgehensweise bei der Vergesellschaftung

- Auswahl eines passenden Partnertiers
- Überprüfung der Haltungsbedingungen
- Enrichment, insbesondere jede Menge Rückzugsmöglichkeiten anbieten
- Gewährleitung einer tiergerechten Fütterung (Futterumstellung auf Heu/Grünzeug), breite Futterverteilung
- Duftaustausch zwischen den Käfigen
- Schrittweises Gewöhnungstraining
- Erstes Zusammensetzen auf „neutralem Terrain" mit Rückzugsmöglichkeiten und breit ausgestreutem Futter
- Überprüfung des „schwächsten Gruppenmitglieds"

Fallbeispiel

Unverträglichkeit mit einem neuen Kaninchen

Vorstellungsgrund

Kaninchenweibchen Mona greift neues Kaninchen an.

Anamnese

Mona ist 1 Jahr alt und wurde mit 8 Wochen zusammen mit ihrem Bruder in den Haushalt übernommen. Beide haben sich immer sehr gut verstanden, leckten sich gegenseitig, lagen zusammen, sie hoppelte ihm überall hin hinterher. Als das Männchen vor 8 Wochen starb, wurde das kastrierte Männchen Lino aus dem Tierheim übernommen. Mona griff Lino sofort an. Das tat sie auch, als die Besitzer die beiden auf „neutralem Terrain" in der Wohnung einer Bekannten zusammenführen wollten. Daher werden die Kaninchen bislang getrennt gehalten. Stellt man die Käfige weniger als 1 m zusammen, regt sich Mona sehr auf, springt herum und ist dabei bereits mit dem Fuß im Gitter hängen geblieben, sodass die Käfige wieder weiter auseinander gestellt wurden.

Diagnose

Territoriales Verhalten von Mona.

Behandlung
- Umstellung der Fütterung auf Heu/Grünfutter, Körner weglassen.
- Duftaustausch: Streuwechsel zwischen den Käfigen
- Käfige langsam aneinander annähern, sodass Mona keine Zeichen von Aggression oder Aufregung zeigt.
- Mit leckerem Futter (z.B. Löwenzahn) Mona in die Nähe von Linos Käfig locken und dort füttern.
- Erstes Zusammenführen außerhalb der Käfige auf „neutralem Terrain"

Verlauf
Rückmeldung nach 3 Wochen: Besitzerin hat die Empfehlungen umgesetzt. Die Kaninchen sind nun zusammen, vertragen sich gut, Lino wird von Mona beleckt.

3.5.4 Kronismus

Das Töten von Jungtieren durch Muttertiere kann nach Mc Bride (2008) drei **Ursachen** haben:
- Unerfahrene (Haus-)Kaninchenmütter verletzten manchmal beim Abknabbern der Placenta und Nabelschnur ihr Junges, das dann sterben kann.
- Bei Stress, Störung der Mutter im Nest, zu großem Populationsdruck etc. kann es vorkommen, dass Muttertiere ihren Wurf auffressen.
- Muttertiere können fremde Junge (anderer Mütter) töten, auch wenn sie derselben Kolonie angehören. McBride (2008) vermutet, dass dies Verhalten biologisch sinnvoll ist, da die eigenen Nachkommen Vorteile haben, wenn es nicht zu viel Konkurrenz durch andere Jungtiere gibt.

Nach Hoy (2009) neigen Zibben, die Kronismus gezeigt haben, auch in den **Folgewürfen** dazu und sollten daher aus der Zucht genommen werden.

3.5.5 Stubenunreinheit

Werden Kaninchen in der Wohnung gehalten, ist ihre Stubenreinheit beim Freilauf wünschenswert. Kaninchen wählen sich häufig spezielle Ausscheidungsorte. Hier kann man **Toiletten** (z.B. flache Wannen mit Einstreu) bereitstellen. In diese sollte man etwas benutzte Streu, d.h. ein paar frische Kotboli und etwas Urin der Tiere (evtl. mit Küchenpapier aufgesaugt) geben, damit sie sich geruchlich orientieren können.

Die Gewöhnung an eine **eingestreute Toilettenwanne** kann nach Bays (2006) auch im Käfig bzw. Gehege des Tiers erfolgen. Dazu stellt man die Toilettenwanne in den Bereich, den die Kaninchen als Ausscheidungsort selbst gewählt haben, und man legt an eine Seite der Wanne frisches Heu. Wenn die Tiere dann längere Zeit in der Wanne sitzen, um das Heu zu fressen, setzen sie i.d.R. dort auch Kot ab. Kaninchen können unterschiedliche Untergrund-Vorlieben bezüglich ihres Ausscheidungsverhaltens haben. Daher kann man **unterschiedliche Arten von**

Streu ausprobieren (Weichholzspäne, Zeitungspapierpellets, Stroh etc., aber keine Katzenstreu). Die Toilettenwannen müssen regelmäßig gesäubert werden, da sie nicht benutzt werden, wenn sie zu stark verdreckt sind. Zur Reinigung sollten nur heißes Wasser und etwas Essig verwendet werden.

Setzen die Kaninchen Kot oder Urin an anderen Stellen in der Wohnung ab, dürfen sie auf keinen Fall bestraft werden. Die unerwünschten Ausscheidungen sollte man sofort beseitigen und die Stellen gut reinigen.

Nicht jedes Kaninchen wird sicher stubenrein, da Ausscheidungsverhalten auch **Markierfunktion** hat. Sowohl bei männlichen als auch bei weiblichen Tieren kann es insbesondere mit der Geschlechtsreife zu Urinspritzen und vermehrtem Kotabsatz außerhalb der Toiletten kommen. Die Kastration vermindert i. d. R. dieses Verhalten (Bays, 2006).

3.5.6 Unerwünschtes Benagen von Gegenständen

Gibt es Probleme durch Benagen von Gegenständen in der Wohnung, sollten als Erstes Haltung und Fütterung überprüft werden. Eine Futterumstellung auf hochwertiges Heu, das Anbieten von Erkundungs- und Knabbermaterial (z. B. Zweige von Obstbäumen, Anbieten von Kartons, die mit Papierschnipseln gefüllt sind) können Abhilfe schaffen.

> ! **Stromkabel** sollten in jedem Fall unzugänglich gemacht, z. B. mit Plastiktunnels abgedeckt werden.

Fallbeispiel

Abfressen der Tapete

Vorstellungsgrund
Kaninchen reißt die Tapete von der Wand und frisst sie teilweise.

Anamnese
Schwarzlohkaninchen Hopsi, männlich, 10 Monate, einzeln gehalten bei Ehepaar, Freilauf in Wohnung. Hopsi reißt im Wohnzimmer die Tapete von der Wand. Wenn er dabei erwischt wird, bekommt er einen Klaps mit dem Finger auf seine Nase.

Diagnose
- Rohfasermangel, da Hopsi nicht mit Heu, sondern mit Körnerfutter und „Grünrollies" gefüttert wird
- Beschäftigungsmangel

Behandlung
- Futterumstellung: Heu und Grünfutter statt Körnern und „Grünrollies"
- Erkundungs- und Beschäftigungsmöglichkeiten schaffen: z. B. Pappkarton mit Papierschnitzeln füllen, Karottenstücke etc. darin verstecken; Papiertüte anbieten.

- Tapete unzugänglich machen (z. B. Holzverkleidung auf Kaninchenhöhe).
- Am besten mit Artgenossen vergesellschaften.

Verlauf

Die Besitzer haben die Empfehlungen z. T. umgesetzt (u. a. Holz unten an Wände angebracht), sodass sich das Verhaltensproblem dann gegeben hat.

3.5.7 Stereotypien

Kaninchen zeigen unter Haltungsbedingungen, in denen ihre Anpassungsfähigkeit überfordert ist, die Entwicklung von Verhaltensstörungen. Zu diesen zählen Stereotypien wie Gitternagen, exzessives Scharren, Haare ausrupfen und fressen (Trichophagie), Lecken an Objekten (z. B. Käfigboden, Wänden), Kopfwiegen, wiederholtes Stoßen mit der Nase durch das Gitter, Kreisbewegungen und Kicken mit den Hinterbeinen an die Käfigwände (Gunn und Morton, 1995; Drescher, 1998).

Trichophagie kann ein Anzeichen für Stress, Langeweile oder eine zu rohfaserarme Fütterung sein (Bays, 2006). Eine entsprechende Umstellung der Fütterung (Heufütterung, siehe Studie von Mulder et al., 1992) und Haltung kann Abhilfe schaffen.

Zusammenfassung

Verhaltensprobleme

- In der Kleintierpraxis wird der Praktiker selten mit echten Verhaltensstörungen wie Stereotypien, sondern vielmehr mit Verhaltensproblemen (v. a. Aggressionsproblemen) konfrontiert.
- Eine artgemäße Fütterung mit Heu/Grünfutter beugt Verhaltensproblemen vor und ist eine der wichtigsten Maßnahmen bei Stereotypien.
- Unter tiergerechten Haltungsbedingungen kommt es kaum zu Verhaltensstörungen oder -problemen. Daher ist immer die Haltung zu überprüfen, wenn Probleme auftreten. Meist können bereits Managementmaßnahmen wie eine Umstrukturierung der Haltung Abhilfe schaffen.
- Bei Problemen der Angst und Aggression sind verhaltensmodifizierende Maßnahmen wie Desensibilisierung und Gegenkonditionierung angezeigt.
- Jungtiere sollten frühzeitig positiven Kontakt mit Menschen haben und behutsam an Alltagsreize gewöhnt werden, um späteren Problemen vorzubeugen.

Literatur

Bays, T. B. (2006): Rabbit behavior. In: Bays, T. B., Lightfoot, T., Mayer, J. (Hrsg.): Exotic Pet Behavior: Birds, Reptiles, and Small Mammals. St. Louis, Missouri: Saunders, Elsevier; 1–49.

Berthelsen, H., Hansen, L. T. (1999): The effect of hay on the behavior of caged rabbits (oryctolagus cuniculus). Anim Welfare 8: 149–157.

BMVEL (2002): Gutachten zur Auslegung von § 11b des Tierschutzgesetzes (Verbot von Qualzüchtungen) www.bmel.de/SharedDocs/Downloads/Tier/Tierschutz/Gutachten Leitlinien/Qualzucht.pdf?__blob=publicationFile (letzter Abruf 02.08.2016)

Bucher, L. (1994): Fütterungsbedingte Einflüsse auf Wachstum und Abrieb von Schneidezähnen bei Zwergkaninchen. Diss. med. vet., Freie Universität Berlin.

Csatadi, K., Kustos, K., Eiben, C. et al. (2005): Even minimal human contact linked to nursing reduces fear responses toward humans in rabbits. Appl Anim Behav Sci 95: 123–128.

Csatadi, K., Bilko, A., Altbäcker, V. (2007): Specificity of early handling: Are rabbit pups able to distinguish between people? Appl Anim Behav Sci 107: 322–327.

Drescher, B. (1998): Verhalten und Verhaltensstörungen bei Hauskaninchen. Ganzheitliche Tiermedizin 12: 129–132.

Drescher, B. (2002): Tiergerechte Haltung von Kaninchen. In: Methling, W., Unshelm, J. (Hrsg.): Umwelt- und tiergerechte Haltung von Nutz-, Heim- und Begleittieren. Berlin, Hamburg: Verlag Paul Parey.

Ducs, A., Bilko, A., Altbäcker, V. (2009): Physical contact while handling is not necessary to reduce fearfulness in the rabbit. Appl Anim Behav Sci 121: 51–54.

EU-Richtlinie 2010/63/EU (2010): Richtlinie 2010/63/EU des Europäischen Parlaments und Rates vom 22. September 2010 zum Schutz der für wissenschaftliche Zwecke verwendeten Tiere. Amtsblatt der Europäischen Union L 276: 33–79.

Gunn, D., Morton, D. B. (1995): Inventory of the behaviour of New Zealand White rabbits in laboratory cages. Appl Anim Behav Sci 45: 277–292.

Hoy, S. (2009): Verhalten der Kaninchen. In Hoy, S. (Hrsg.): Nutztierethologie. Stuttgart: Verlag Eugen Ulmer.

Immelmann, K. (1982): Wörterbuch der Verhaltensforschung. Berlin, Hamburg: Verlag Paul Parey.

Kalagassy, E. B., Carbone, L. G., Houpt, K. A. (1999): Effect of castration on rabbits housed in littermate pairs. J Appl Anim Welf Sci 2: 111–121.

Keating, S. C. J., Thomas, A. A., Flecknell, P. A., Leach, M. C. (2012): Evaluation of EMLA Cream for Preventing Pain during Tattooing of Rabbits: Changes in Physiological, Behavioural and Facial Expression Responses. PLOS one 7, issue 9. doi: 10.1371/journal.pone.0044437. (www.plosone.org; letzter Abruf 02.08.2016).

Korn, A. K. (2015): Zahn- und Kieferveränderungen beim Kaninchen. Diagnostik, Auftreten und Heritabilitäten. Diss. med. vet., Justus-Liebig-Universität Gießen. (http://geb.uni-giessen.de/geb/volltexte/2016/11921/pdf/KornAnneKarin_2015_12_04.pdf; letzter Abruf 02.08.2016).

Kraft, R. (1978a): Vergleichende Verhaltensstudien an Wild- und Hauskaninchen. Das Verhaltensinventar von Wild- und Hauskaninchen. Z Tierzüchtg Züchtgsbiol 95: 140–162.

Kraft, R (1978b): Vergleichende Verhaltensstudien an Wild- und Hauskaninchen. II. Quantitative Beobachtungen zum Sozialverhalten. Z Tierzüchtg Züchtgsbiol 95: 165–179.

Lebelt, D. (1998): Problemverhalten beim Pferd. Stuttgart: Enke Verlag.

Lieberman, D. A. (2000): Learning: Behavior and cognition. Belmont: Wadsworth/Thomson Learning.

Lidfors, L. (1997): Behavioural effects of environmental enrichment for individually caged rabbits Appl Anim Behav Sci 52: 157–169.

McBride, A. (2008): Kaninchen verstehen. Ein Ratgeber für die artgerechte Haltung. Darmstadt: Pala-Verlag.

Morgenegg, R. (2005): Artgerechte Haltung – ein Grundrecht auch für (Zwerg-) Kaninchen. Bozen: tb-Verlag.

Mulder, A., Nieuwenkamp, A. E., Vanderpalen, J. G. P. et al. (1992): Supplemental hay reduces fur chewing in rabbits. Tijdschr Diergenees 117: 655–658.

Rooney, N. J., Blackwell, E. J., Mullan, S. M. et al. (2014): The current state of welfare, housing and husbandry of the English pet rabbit population. BMC Res Notes. 22; 7:942. doi: 10.1186/1756-0500-7-942.

Rothfritz, P., Loeffler, K., Drescher, B. (1992): Einfluss unterschiedlicher Haltungsverfahren und Bewegungsmöglichkeiten auf die Spongiosastruktur der Rippen sowie Brust- und Lendenwirbel von Versuchs- und Fleischkaninchen. Tierärztl Umschau 47: 758–768.

Schroll, S., Dehasse, J. (2009): Verhaltensmedizin bei der Katze: Leitsymptome, Diagnostik, Therapie und Prävention. Stuttgart: Enke Verlag.

Streicher, M., Hach, V. (2006): Das Uterus-Adenokarzinom des Kaninchens. Kleintierpraxis 51: 3–8.

Tierschutzgesetz (2015): Tierschutzgesetz in der Fassung der Bekanntmachung vom 18. Mai 2006 (BGBl. I S. 1206, 1313), das zuletzt durch Artikel 8 Absatz 13 des Gesetzes vom 3. Dezember 2015 (BGBl. I S. 2178) geändert worden ist.

Tierschutz-Nutztierhaltungsverordnung in der Fassung der Bekanntmachung vom 22. August 2006 (BGBl. I S. 2043), die zuletzt durch Artikel 1 der Verordnung vom 5. Februar 2014 (BGBl. I S. 94) geändert worden ist.

TVT (2014): Kaninchen. Merkblatt für Tierhalter, Stand Juli 2014. Tierärztliche Vereinigung für Tierschutz e. V. (www.tierschutz-tvt.de; letzter Abruf 02.08.2016).

Valuska, A. J., Mench, J. A. (2013): Size does matter: the effect of enclosure size on aggression and affiliation between female New Zealand White rabbits during mixing. Appl Anim Behav Sci 149: 72–76.

Voith, V. L., Borchelt, P. L. (1985): Fears and phobias in companion animals. Comp Cont Educ Pract Vet 7: 209–218.

Weiß, J., Maeß, J., Nebendahl, K. (Hrsg.) (2003): Haus- und Versuchstierpflege. Stuttgart: Enke Verlag (2. Auflage).

Wieser-Froelicher, R. v. (1986): Funktionale Analyse des Verhaltens als Grundlage zur Beurteilung der Tiergerechtheit. Diss., Universität Bern.

Informationsmaterial für Tierhalter findet sich u. a. als Download bei:

Bundesamt für Lebensmittelsicherheit und Veterinärwesen BLV der Schweiz: www.blv.admin.ch/blv/de/home/tiere/tierschutz/heim-und-wildtierhaltung/kaninchen.html (letzter Abruf: 21.11.2016).

Tierärztliche Vereinigung für Tierschutz e. V. TVT: www.tierschutz-tvt.de (letzter Abruf 02.08.2016).

Bücherempfehlung für Kaninchenhalter u. a.:

Morgenegg, R. (2005): Artgerechte Haltung – ein Grundrecht auch für (Zwerg-) Kaninchen. Bozen: tb-Verlag.

McBride, A. (2008): Kaninchen verstehen. Ein Ratgeber für die artgerechte Haltung. Darmstadt: Pala-Verlag.

4 Meerschweinchen

Barbara Schneider

4.1 Einführung

Die Hausmeerschweinchen gehören zur Ordnung Rodentia (Nagetiere), Unterordnung Hystricomorpha (Stachelschweinverwandte) und Familie der Meerschweinchen (Caviidae). Bei den Hausmeerschweinchen handelt es sich um die domestizierte Form des Wildmeerschweinchens (► Abb. 4-1).

Man geht davon aus, dass das Meerschweinchen ca. 2000 v. Chr. domestiziert wurde. Vermutlich wurde es anfangs hauptsächlich als Fleischlieferant gehalten. Allerdings wurden die Meerschweinchen von den Inkas auch als Opfertiere verwendet. So beschreibt Guaman Poma de Ayala, ein Chronist des 17. Jahrhunderts, wie die Inkas jedes Jahr im Juli auf dem zentralen Platz von Cuzco ihren Göttern 1000 weiße Meerschweinchen sowie 100 Lamas opferten, um eine gute Ernte zu erzielen (Nachdruck 2006).

In ihrem gesamten Verbreitungsgebiet sind die „Cuy", wie sie von den Ureinwohnern der Anden u. a. genannt werden, auch heute noch weit verbreitet. Wildmeerschweinchen gelten in ihrem natürlichen Lebensraum daher als nicht gefährdet.

Das Meerschweinchen wird durch den Menschen auf vielfältige Weise „genutzt". So sind Meerschweinchen in Südamerika auch heute noch teilweise Fleischlieferanten. Des Weiteren werden Meerschweinchen als Labortiere, Futtertiere (z. B. für Krokodilartige, Raubtiere etc.) oder auch als reine Haustiere gehalten.

Abb. 4-1 Wildmeerschweinchen in einem deutschen Wildtierpark

Steckbrief

- Größe: ca. 20–35 cm, Männchen meist größer als Weibchen
- Gewicht: 900–1600 g
- Lebenserwartung: 6–8 Jahre
- Ausgewachsen: mit ca. 6–8 Monaten
- Geschlechtsreife: mit 4–8 Wochen
- Zykluslänge: 14–18 Tage
- Tragzeit: 65–75 Tage
- Wurfgröße: 2–3 (selten: 5)
- Extreme Nestflüchter (bleibendes Gebiss, Aufnahme festes Futter in 24 h)
- Säugezeit: 2–3 Wochen

Meerschweinchen haben einen eher plump und kompakt anmutenden Körperbau. Dennoch sind sie sehr zarte und verletzliche Tiere. Auf eine anatomische Besonderheit muss daher hingewiesen werden: Die letzten Rippen enden frei und nicht am Sternum.

Im **Brustbereich** dürfen Meerschweinchen nicht zu fest gehalten werden, da ihre dort frei endenden Rippen stark zusammengedrückt werden können.

Es gibt Meerschweinchen mittlerweile in verschiedenen Farb- und Behaarungsvarianten, von denen einige eine gewisse **Tierschutzrelevanz** haben.

Das sind zum einen die **Nacktmeerschweinchen**, die zuerst in den USA populär wurden. Diese werden häufig in „Skinny" und „Baldwin" unterteilt. Die „Skinny" Tiere sind dabei von Geburt an beinahe komplett haarlos. „Baldwin" Meerschweinchen dagegen besitzen anfangs noch Haare, verlieren diese aber i. d. R. innerhalb der ersten Lebenswochen. Haarlose Meerschweinchen haben ein ausgeprägtes Wärmebedürfnis und einen erhöhten Stoffwechsel. Es wird auch eine stärkere Infektanfälligkeit als bei behaarten Tieren beschrieben. Aufgrund ihrer ausgeprägten Anfälligkeit für Sonnenbrand sind sie für eine tiergerechte Außenhaltung nicht geeignet. Zudem ist es schwierig, in der Außenhaltung adäquate Temperaturen zu garantieren, die dem Wärmebedürfnis der Tiere entgegenkommen. Haarlose Meerschweinchen sind aufgrund der vielen Probleme daher als Qualzucht (► Kap. 2.2.5) einzustufen.

Ebenfalls als tierschutzrelevant sind verschiedene **Fellvarianten** einzuordnen. Problematisch ist beispielsweise die oft extreme Felllänge beim langhaarigen **Peruaner** Meerschweinchen. Haarlängen von bis zu 50 cm sind bei diesen Tieren möglich. Bei ihnen sollten die Haare regelmäßig gestutzt werden, um eine ordentliche Pflege zu ermöglichen und eine starke Verschmutzung zu verhindern. Bei einigen Meerschweinchenrassen, wie z. B. den **Rex** Meerschweinchen, finden sich gekräuselte bzw. gelockte Haare. Diese Kräuselung kann auch die Tasthaare betreffen und wichtige Funktionen erheblich beeinträchtigen.

Bei verschiedenen überwiegend weißen Färbungen ist zu beachten, dass diese Tiere Träger eines Letalfaktors sein können. Beispiele sind die sog. **Schimmel**- und **Dalmatiner**-Meerschweinchen. Bei diesen Tieren ist das für die Färbung bestimmende Allel heterozygot vorhanden. Bei einer Verpaarung kommen 25 % Jungtiere zustande, die das letale Allel homozygot tragen. Sie sterben häufig im Mutterleib, oder werden mit teils schweren Fehlbildungen geboren. Ihre Lebenserwartung ist i. d. R. sehr gering. Daher dürfen niemals zwei Schimmel, zwei Dalmatiner oder aber auch ein Schimmel mit einem Dalmatiner verpaart werden. Grundsätzlich können aber alle Tiere mit einer Weißscheckung Träger des entsprechenden Allels sein und sollten nicht mit Schimmel- oder Dalmatiner-Tieren verpaart werden.

Sogenannte **Schimmel-** und **Dalmatiner-Meerschweinchen** dürfen nicht miteinander verpaart werden, da sie Träger eines Letalfaktors sind, der bei Homozygotie zu Totgeburten bzw. zu behinderten Jungtieren führt.

4.2 Normalverhalten

Wildmeerschweinchen haben ihren natürlichen Lebensraum im südöstlichen Südamerika. Ihr Lebensraum sind Bergwiesen und Hänge in bis zu 4000 m Höhe. Wildmeerschweinchen leben meist in kleinen Gruppen, die sich in der überwiegenden Zahl aus einem männlichen Tier und einem oder wenigen Weibchen sowie deren Nachkommen zusammensetzen (Asher und Sachser, 2004). Diese Gruppen halten sich v. a. in ihrem jeweiligen Gruppenterritorium auf; begehrte Futter- und Wasserstellen können jedoch auch mit anderen Gruppen geteilt werden. Die Beziehungen zwischen Männchen und Weibchen sind stabil und langanhaltend. Auch beim Hausmeerschweinchen findet sich diese Art der sozialen Organisation.

Im natürlichen Lebensraum der Wildmeerschweinchen, den Hochlagen der Anden, herrschen gemäßigte Temperaturen. Der Wohlfühlbereich von Meerschweinchen liegt bei 15–22 (25) °C. Mit großer Hitze kommen die Tiere nicht zurecht. Gut belüftete Schattenplätze sind bei einer Außenhaltung daher v. a. im Hochsommer essenziell (► Abb. 4-2).

Meerschweinchen sind sehr **hitzeempfindlich**!

Wilde Meerschweinchen sind überwiegend tagaktiv mit Aktivitätsspitzen in der Dämmerung. In der Heimat der Wildmeerschweinchen finden sich die Tiere überwiegend in mit hohem Gras bewachsenen Gebieten. Da die Tiere sich dort nur schwer sehen können, bleiben sie über Lautgebung in permanentem Kontakt. Durch

Abb. 4-2 Selbstgestaltetes temporäres Außengehege mit mehreren belüfteten Versteckmöglichkeiten im Hochsommer. Beachte zudem die schattige Lage auf einer überdachten Veranda.

diese Stimmfühlungslaute und durch die überwiegende Fortbewegung im Gänsemarsch wissen sie über den genauen Standort ihrer Gruppenmitglieder genau Bescheid. Futtersuchmärsche werden immer wieder von schnellem Aufsuchen von Deckung unterbrochen. Sucht ein Tier Deckung, folgen meist die anderen Tiere der Gruppe, besonders wenn ein Alarmruf ausgestoßen wurde. Wildmeerschweinchen graben selbst keine Baue, nutzen jedoch gerne verlassene Baue.

4.2.1 Unterschiede Wild- und Hausmeerschweinchen

Domestizierte Meerschweinchen unterscheiden sich nicht nur in ihren Verhaltensweisen, sondern auch in ihren Anpassungsreaktionen deutlich von Wildmeerschweinchen (Künzl und Sachser, 2000). Die domestikationsbedingten Unterschiede sind ähnlich wie die anderer domestizierter Tierarten. So zeigen domestizierte Meerschweinchen weniger aggressives und mehr soziopositives Verhalten als Wildmeerschweinchen. Zudem schenken sie ihrer Umgebung weniger Aufmerksamkeit und führen vermehrt Werbe- und Sexualverhalten aus im Vergleich zur Wildform. Zudem ist das Hypophysen-Nebennierenrinden-System deutlich reaktionsärmer als bei den Wildtieren, und die Tiere können sich so besser den von Menschen geschaffenen Bedingungen anpassen.

4.2.2 Bewegungsverhalten

Gehen, Laufen Meerschweinchen bewegen sich hauptsächlich am Boden durch Gehen oder Laufen fort. In freier Wildbahn legen sie bei der Nahrungssuche täglich durchaus längere Strecken zurück. Im Käfig gehaltene Meerschweinchen benötigen ebenfalls viel Bewegung, sind aber oft träge und müssen zu ausreichender Bewegung animiert werden. Dies geschieht i. d. R. am einfachsten dadurch, dass nicht der ganze Käfig auf einmal zum Überblicken ist, er also um die Ecke oder über mehrere Stockwerke geht. Da die meisten Meerschweinchen nicht sehr gut klettern können, müssen verschiedene Stockwerke mit entsprechend großzügigen Treppen miteinander verbunden werden (► Abb. 4-3).

Klettern Meerschweinchen sind in geringem Maße zum Klettern fähig. So klettern sie z. B. gelegentlich in die Futterraufe. Daher, muss diese – beispielsweise durch weite Zugänge an den Seiten – so gestaltet sein, dass die Tiere nicht im Gitter der Raufe hängenbleiben können (► Abb. 4-4).

Popcorning Meerschweinchen können auch richtig herumtoben. Vor allem bei Jungtieren, aber auch bei übermütigen oder sexuell erregten erwachsenen Meerschweinchen lassen sich regelrechte **Hüpfanfälle** beobachten (Rood, 1970). Im eng-

Abb. 4-3 Mehrstöckiger Käfig für zwei Meerschweinchen. Beachte, dass eine Treppe aus Holzbrettchen geschaffen wurde, um die Stockwerke des als Frettchenkäfig angebotenen Käfigs meerschweinchengerecht zu verbinden.

Abb. 4-4 Manche Meerschweinchen klettern gerne in Heuraufen. Diese müssen entsprechend sichere Ein- und Ausstiege gewährleisten.

lischen Sprachraum wird diese Verhaltensweise sehr treffend „popcorning" genannt, da die Bewegungen der Tiere an das Hüpfen von Popcorn in der Pfanne erinnern.

Im ▸ Video 4-1 ist das Popcorning bei zwei Jungtieren zu sehen.

Video 4-1 Popcorning (ca. 25 sek)
www.schattauer.de/3112

4.2.3 Sozialverhalten

Meerschweinchen sind **obligat sozial** und haben ein komplexes Sozialverhalten. Die soziale Organisation ändert sich beispielsweise mit der Gruppengröße und der Populationsdichte (Sachser, 1986). In kleinen Gruppen kommt am häufigsten eine lineare Rangordnung unter den männlichen Tieren vor. Es ist keine Territorialität zu beobachten: das ranghöchste Männchen verteidigt alle Weibchen vor allen Männchen. In größeren Gruppen organisieren sich Meerschweinchen dagegen anders, vermutlich da es für ein einzelnes Männchen sehr unökonomisch ist, alle Weibchen ständig zu verteidigen. Ein dominantes Männchen hat dabei bis zu sieben Weibchen in einer Gruppe. Die Territorien dominanter Männchen überlappen dabei nicht (Sachser, 1986). In diesen Gruppen gibt es auch subdominante Männchen, die sich vermutlich nicht fortpflanzen, aber gute Beziehungen zu Weibchen aufbauen und sich teilweise wie „Pseudoweibchen" verhalten. Solche Männchen mit guten Beziehungen zu den Weibchen werden i. d. R. die neuen dominanten Männchen beim Wegfall des ursprünglich ranghöchsten Tiers (Sachser, 1986).

Die **Kommunikation** von Meerschweinchen erfolgt v. a. über Vokalisation, Körpersprache und Gerüche.

Soziopositive Verhaltensweisen

Nasonasaler Kontakt, Anogenitalkontrolle Die Beziehungen zwischen Meerschweinchen bleiben i. d. R. jahrelang stabil und werden u. a. durch soziopositiven Interaktionen gepflegt. Eine Kontaktaufnahme erfolgt dabei mit einem freundlichen nasonasalem Kontakt. Auch die Anogenitalkontrolle gehört zum freundlichen Begrüßungsverhalten, wird von den Meerschweinchen jedoch im Vergleich mit anderen kleinen Heimtieren wie z. B. der Ratte nicht sehr ausgeprägt gezeigt.

Meerschweinchen zeigen mit Ausnahme des Beleckens der Jungtiere in den ersten Tagen durch ihre Mutter keine soziale Fellpflege und empfinden daher auch ein Streicheln durch Menschen nicht als angenehm. Das häufig beim Streicheln gezeigte Heben des Kopfes bedeutet somit keineswegs, dass das Tier genüsslich den Kopf zum Streicheln hebt. Es handelt sich bei dieser Verhaltensweise vielmehr um ein Drohverhalten (s. u. „Agonistisches Verhalten").

Meerschweinchen zeigen **keine gegenseitige Fellpflege** und sind somit keine Tiere, die es genießen gestreichelt zu werden!

Kontaktliegen, Stimmfühlung Liegen im Körperkontakt wird als soziopositives Verhalten unter bekannten Meerschweinchen durchaus gezeigt. Der Kontaktruf und die Stimmfühlung, wenn der Partner außer Sichtweite ist, sind ebenfalls soziopositive Interaktionen.

Social Support Bei Meerschweinchen gibt es das Phänomen des „social support". Das bedeutet, dass der Stress bei einem Meerschweinchen in einer schwierigen Situation durch die Anwesenheit eines Bindungspartners deutlich reduziert werden kann (Sachser et al., 1998). Bei weiblichen Tieren ist sogar die Anwesenheit eines bekannten Tiers effektiv, wenn auch nicht in dem Ausmaß wie bei der Anwesenheit des Bindungspartners (Kaiser et al., 2003).

PRAXISTIPP

Da sich durch die Anwesenheit des **sozialen Bindungspartners** der Stress eines Meerschweinchens deutlich reduzieren lässt, sollte bei **Tierarztbesuchen**, insbesondere bei Klinikaufenthalten, das entsprechende Bindungstier mit anwesend sein.

Agonistisches Verhalten

Zwischen den Geschlechtern gibt es bei den Meerschweinchen i.d.R. kein agonistisches Verhalten. Gerade unkastrierte männliche Tiere können aber deutliche Auseinandersetzungen untereinander haben.

Drohverhalten Die meisten Konflikte werden jedoch durch Drohen geregelt. Typische Verhaltensweisen beim Drohen sind das Fixieren des Gegenübers sowie das Schnauze-Heben (▶ Abb. 4-5).

> Beim **Schnauze-Heben** handelt es sich um Drohverhalten!

Zum Drohen **wetzen** Meerschweinchen darüber hinaus ihre **Schneidezähne** gegeneinander. Manche Tiere sträuben auch das Fell, reißen das Maul auf oder zeigen ein gegen den Gegner gerichtetes **Gähnen**. Auch **Kreischen** oder ein sehr angespanntes, steifes abwechselndes Treteln mit den Hinterbeinen gehört zum arteigenen Drohrepertoire. Dem Gegner wird drohend die Breitseite zu gewandt. Das „**Blitzen**", also das Hervordrücken der Hoden ist ebenfalls zum Drohverhalten zu rechnen. Manchmal lässt sich auch ein gegen den Widersacher gerichtetes **Scharren** beobachten.

Eine weitere agonistische Verhaltensweise ist das **Vorstoßen des Kopfes**. Der Gegner wird dabei regelrecht geboxt. Ein Schnappen mit offenem Maul in Richtung Gegenüber ist auch eine aggressive Verhaltensweise. Zur Abwehr wird ausgeschlagen, evtl. begleitet von Quietschen, Kreischen oder gar von **Abwehrharnen**. Weibliche Tiere zeigen weitaus häufiger das Abwehrharnen als Männchen. Dabei

Abb. 4-5 Auseinandersetzungen beim Füttern von Leckerchen: Das ranghöhere Männchen links droht dem rangniedrigeren Tier auf der rechten Seite.

kann der Urin bis zu einem halben Meter weit gespritzt werden. Auch wenn Meerschweinchen einen Ruf als eher ruhige und umgängliche Tiere haben, können sie dennoch **beißen** und sich dadurch teils schwere Verletzungen zufügen. Auch das Beißen wird deutlich häufiger von weiblichen Tieren gezeigt.

▸ Video 4-2 zeigt eine kurze Auseinandersetzung zwischen zwei zusammenlebenden Meerschweinchen. Das unkastrierte, ranghöhere Männchen hinten im Bild möchte das braune, unkastrierte Männchen nicht vorbeilassen und schlägt aus:

Video 4-2 Auseinandersetzung zwischen zwei Meerschweinchen (ca. 15 sek)
www.schattauer.de/3112

Markierverhalten

Meerschweinchen orientieren sich, wie viele kleine Heimtiere, sehr stark olfaktorisch. So erkennen sie z. B. sippenfremde Tiere am Geruch. Markierverhalten spielt daher auch eine große Rolle. Es dient den Meerschweinchen zum einen dazu, ihr Territorium abzugrenzen und zum anderen aber auch, den Gruppengeruch zu bilden. Die Bulbektomie bei Meerschweinchen und der daraus resultierende Verlust des Geruchssinns führen zu einem verminderten Markierverhalten und einer fast vollständigen Einstellung von Aggressionen zwischen männlichen Tieren (Beauchamp et al., 1977). Allerdings sind bulbektomierte Tiere auch nicht in der Lage, stabile Rangbeziehungen zu bilden (Beauchamp et al., 1977).

Perianaldrüsen-Markieren Meerschweinchen zeigen verschiedene Arten des Markierens. Zum einen markieren sie mithilfe des Sekrets der zwei Perianaldrüsen. Diese Drüsen, die in Afternähe lokalisiert sind, sind mit einem öligen Sekret gefüllt. Dieses wird im Territorium an strategisch wichtigen Punkten verteilt. Dabei schleift das markierende Tier seine Afterregion in typischer Weise über den Boden (▸ s. Zeichnung). Vor allem Männchen markieren so ihr Revier, aber auch Weibchen können mit Perianaldrüsensekret markieren. Sie tun dies besonders dann, wenn sie paarungsbereit sind.

Typische Haltung beim Markieren mit Perianaldrüsensekret

Das Männchen zeigt während des Paarungsverhaltens „Flanken" gegenüber dem Weibchen (links).

Scharrmarkieren Dabei wird mit den Vorderbeinen im Untergrund gescharrt. Das Scharrmarkieren wird v.a. in Auseinandersetzungen unter männlichen Tieren gezeigt.
Flanken Aber Meerschweinchen markieren auch mit Urin. Eine Besonderheit ist dabei das „Flanken", das im Rahmen des Werbeverhaltens auftritt. Dabei geht das Männchen am Weibchen vorbei, hebt ein Hinterbein oder klettert mit beiden Hinterbeinen über den Rumpf und markiert das Weibchen mit einem Urinstrahl (► s. Zeichnung)

Akustische Kommunikation

Eine Besonderheit vor den meisten anderen kleinen Heimtieren ist bei den Meerschweinchen, dass sie **sensibler** auf akustische Stimuli reagieren und eine deutlich längere Latenzzeit aufweisen, bis sie nach einem entsprechenden Stimulus wieder Normalverhalten zeigen. Daher sollte bei der Haltung von Meerschweinchen unbedingt darauf geachtet werden, dass der Geräuschpegel nicht zu laut ist und es v.a. nicht zu plötzlichen lauten Geräuschen kommt. Diese erschrecken die Meerschweinchen und die Tiere erstarren und/oder verstecken sich.

Das Hörvermögen von Meerschweinchen wurde in vielen verschiedenen Studien mit den unterschiedlichsten Methoden dokumentiert. Die meisten Autoren sind sich einig, dass die beste Sensitivität im Bereich 4–8 kHz liegt. Sie können aber in einen Bericht von bis zu 46 kHz hören (Heffner et al., 1971), also deutlich in den Ultraschallbereich hinein. Eventuell können sie auch in diesem Bereich kommunizieren. Der überwiegende Teil der Kommunikation findet aber im für Menschen hörbaren Bereich statt. Es können verschiedenste Laute unterschieden werden:
Gurgeln **Zufriedenheit** wird durch ein leises, gurgelndes Geräusch ausgedrückt. Die Körperhaltung des Tiers ist dabei entspannt.

Futterruf Die meisten Besitzer lernen auch sehr schnell den Futterruf kennen, den die Tiere v. a. in Erwartung eines besonderen Leckerbissens ausstoßen. Es handelt sich dabei um ein häufig recht lautes Pfeifen. Manchmal wird dieser Laut auch in Erwartung eines geschätzten Sozialpartners gezeigt.
Angst- oder Warnruf Dieser ist ebenfalls ein hoher, lauter Pfeifton, der allerdings noch deutlich schriller klingt als der Futterruf.
Positionslaut Am häufigsten ist sicher der Positionslaut zu hören, mit dem die Meerschweinchen in Stimmfühlung bleiben. Es handelt sich dabei um ein leises auf und ab schwellendes, purrendes Quietschen. Der Laut wird v. a. dann ausgestoßen, wenn **kein Sichtkontakt** zu den restlichen Gruppenmitgliedern mehr besteht.
Gurren Auch dieser ist in einer Meerschweinchengruppe häufiger zu hören. Es handelt sich um ein leises, brummendes Gurren. Es soll andere Tiere beruhigen oder sie auf Abstand halten. Gurren kann somit auch im Zusammenhang mit Auseinandersetzungen gezeigt werden.
Brommseln oder Purren Es handelt es sich um einen Laut, der beinahe ausschließlich im Rahmen des Seuxalverhaltens eines umwerbenden Männchens abgegeben wird (s. u. „Fortpflanzungsverhalten"). Es ist ein eher knatterndes, teils gurrendes Geräusch und dem Gurren sehr ähnlich.
Drohlaute Zähneklappern, Zähnewetzen oder gar Zischen sind allesamt als Drohlaute zu werten. Vor allem das Zähneklappern ist dabei eine unmissverständliche Angriffswarnung, sollte sich der Gegner nicht zurückziehen.
Zwitschern oder Zirpen Der hohe Laut, der meist in einer sehr monotonen Art wiederholt wird, erinnert an Vogelgezwitscher. Die genaue Funktion ist noch unbekannt. Am wahrscheinlichsten ist es, dass er in Zusammenhang mit Beunruhigung ausgestoßen wird. Weitere Tiere in der unmittelbaren Umgebung reagieren meist mit einem initialen Erstarren, das sich aber i. d. R. bald auflöst. Dieser Laut wird nicht von allen Meerschweinchen und insgesamt auch nur selten – meistens nachts – ausgestoßen. Video 4-3 zeigt ein zwitscherndes Meerschweinchen.

Video 4-3 Zwitscherndes Meerschweinchen (ca. 15 sek)
www.schattauer.de/3112

Fortpflanzungsverhalten

Meerschweinchen sind **asaisonal polyöstrisch**. Die Zykluslänge beträgt 13–21 Tage, wobei der Östrus aber nur ca. 8 h andauert. Meerschweinchen kommen zudem 3–15 h nach der Geburt wieder in einen Östrus und können sofort wieder gedeckt werden. Somit sind bis zu 4 Würfe pro Jahr möglich.

Im etwa 2 Tage dauernden Proöstrus beginnt das weibliche Meerschweinchen Verhaltensweisen aus dem männlichen **Werbe- und Sexualverhalten** zu zeigen. Es reitet auf andere Meerschweinchen auf und tanzt die „Rumba". Gleichzeitig zeigt es aber starke defensive Aggression gegen Männchen (Young et al., 1939). Der Beginn des Östrus ist durch ein sprunghaftes Ansteigen des Aufreitens des Weibchens und durch einen kompletten Wegfall des antagonistischen Verhaltens gegen das Männchen gekennzeichnet. Bei einer taktilen Stimulation ihrer Beckengegend wird das Weibchen nun in Lordose gehen. Ist ein Weibchen jedoch noch nicht vollständig paarungsbereit, wird es ein werbendes Männchen mit Urin anspritzen.

Umkreisen, Belecken Das Männchen umkreist beim Werbeverhalten das Weibchen und beschnüffelt und beleckt es v. a. in der Anogenitalregion.

„Rumba" Als Nächstes geht das Männchen dem Weibchen hinterher und berührt es dabei in der Rumpfgegend mit seiner Nase. Schließlich beginnt das Männchen sich langsam mit gesenktem Kopf und schwingenden Rumpfbewegungen dem Weibchen zu nähern (Lee, 2010). Dieses Werbeverhalten wird auch „Rumba" genannt, da es an einen Tanz erinnern. Dabei purrt das Männchen und drückt seine Hoden hervor („Blitzen"). Auch das Flanken (s. u., „Markierverhalten") wird manchmal gezeigt.

Aufreiten Wenn das Weibchen schließlich die Lordose-Position einnimmt, reitet das Männchen auf und es kommt nach mehreren Beckenstößen schnell zur Ejakulation. Nach mindestens 1 min Pause kann eine erneute Paarung stattfinden. Meist paaren sich Meerschweinchen mehrmals in kurzen Abständen. Anschließend verschließt das Männchen die Vagina mit einem Schleimpfropf. Man geht davon aus, dass dies sicherstellen soll, dass sich kein anderes Männchen mit dem Weibchen paaren kann.

Trächtigkeit Während der Trächtigkeit kann sich der Bauchumfang von Meerschweinchen verdoppeln. Zudem kann es sein, dass das tragende Weibchen bilaterale Alopezie im Bereich des Rückens und der Flanken zeigt.

Nestbau und Geburt Meerschweinchen zeigen **kein Nestbauverhalten**. Da das Weibchen praktisch keine Verhaltensänderungen in den Stunden vor der Geburt zeigt, ist es überaus schwierig eine Meerschweinchengeburt zu beobachten. Zur Geburt zieht sich das Weibchen i. d. R. in eine ruhige Ecke im Gehege zurück. Wie extrem der Fluchttrieb bei Meerschweinchen ist, zeigt sich u. a. darin, dass die Jungtiere im Hocken geboren werden. Die Mutter zieht die Neugeborenen zwischen ihren Hinterbeinen hervor, öffnet die Eihäute und leckt die Babys trocken. Zwischen den Geburten der einzelnen Jungen liegen meist nur 5 min und die Geburt ist normalerweise innerhalb von 30 min beendet.

> Meerschweinchen sind direkt nach der Geburt wieder empfängnisbereit!

Aufzuchtverhalten und Entwicklung der Jungtiere

Nestflucht Meerschweinchen sind Nestflüchter und kommen vollständig behaart, mit geöffneten Augen und mit bleibendem Gebiss auf die Welt. Bald nach der Geburt beginnen sie schon mit der Körperpflege. Auch wenn sie in den ersten Tagen auf Muttermilch angewiesen sind, nehmen sie innerhalb der ersten 24 h nach der Geburt auch festes Futter zu sich.

Säugen Meerschweinchenjunge werden von ihrer Mutter etwa 2–3 Wochen lang gesäugt. Dies Säugeperioden sind dabei tagsüber häufiger und meist auch länger als nachts. Das Muttertier säugt die Jungen dabei immer im Stehen oder Sitzen, um ihre Fluchtbereitschaft aufrecht zu erhalten. Ein Meerschweinchenweibchen hat nur **zwei Zitzen** in der Leistengegend. Daher müssen einige Jungen warten bis sie an der Reihe sind, wenn der Wurf mehr als zwei Tiere umfasst. Ist allerdings ein weiteres säugendes Weibchen in der Gruppe, dann bedienen sich die Jungen auch gerne mal bei ihr. Dies wird von der fremden Mutter toleriert (Porter et al., 1973).

Stimmfühlungslaute, Stressrufe Geschwister bilden eine kleine, feste Gruppe, die in gerne in engem Körperkontakt ruht und mit Stimmfühlungslauten ständig in Kontakt bleibt. Bei den typischen Stressrufen der Jungtiere kommt die Mutter sofort und kümmert sich um ihren Nachwuchs.

Absetzen Auch wenn Meerschweinchen im Alter von etwa 3 Wochen schon nicht mehr Muttermilch trinken, ist es zu diesem Zeitpunkt dennoch zu früh, die Tiere abzugeben. Meerschweinchen, die mit 3 Wochen abgegeben wurden, zeigen überdurchschnittlich häufig Verhaltensauffälligkeiten, u. a. im Sozialverhalten. Idealerweise bleiben die Jungtiere **6–8 Wochen** im Familienverband, bevor sie abgegeben werden. Vor allem männliche Tiere lernen in dieser Zeit noch wichtige Spielregeln in der Gruppe und angemessenes Sozialverhalten. Allerdings ist zu beachten, dass die Geschlechtsreife schon mit ca. 4 Wochen eintreten kann, v. a. bei männlichen Tieren. Daher sollten die männlichen Tiere evtl. ab dem Alter von 4 Wochen mit dem Vater zusammen in einer Männchengruppe gehalten werden.

4.2.4 Komfortverhalten

Fellpflege Meerschweinchen pflegen ihr Fell selbst sehr sorgfältig. Die allgemein eher plump wirkenden Tiere sind erstaunlich gelenkig und können alle Regionen ihres Körpers (außer dem Nackenbereich) gut erreichen (► Abb. 4-6a und b), es sei denn, sie sind krank oder übergewichtig.

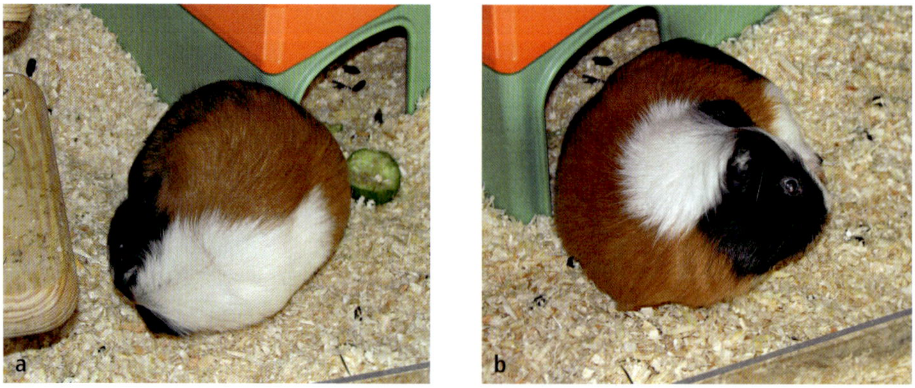

Abb. 4-6 Meerschweinchen sind erstaunlich gelenkig und können sich normalerweise hervorragend selbst putzen. **a** Belecken des rechten Hinterbeins. **b** Kratzen des Gesichts

Wie erwähnt, können langhaarige Meerschweinchen deutliche Probleme damit haben, sich ausreichend zu putzen. Gerade bei Felllängen von mehreren Zentimetern muss das Fell auch entsprechend geschnitten werden, um Verfilzungen und Verschmutzungen zu vermeiden.

> Als Besonderheit bei den Meerschweinchen gilt, dass es praktisch **nicht** zum **Allogrooming** kommt. Das Beknabbern von Artgenossen ist fast immer pathologisch.

Am Rücken haben Meerschweinchen Talgdrüsen, deren Sekrete beim Putzen im Fell verteilt werden. Diese produzieren v. a. bei älteren, übergewichtigen, unkastrierten Männchen oder bei Tieren mit einer Milbeninfektion größere Mengen fettigen Talgs, der nicht verteilt wird und gut erkennbar ist (Bradley Bays 2006).

Ruhephasen Meerschweinchen haben sowohl tagsüber als auch nachts verteilte Ruhephasen. Die höchste Aktivität findet während der Dämmerung statt. Da Meerschweinchen Fluchttiere sind, ruhen sie häufig mit offenen Augen in Deckung (z. B. unter der Heuraufe). Die Tiere ruhen dabei meist in Bauchlage. Aber auch die gestreckte Seitenlage ist eine arttypische Ruheposition.

4.2.5 Erkundungsverhalten und Feindvermeidung

Fluchtverhalten Meerschweinchen sind grundsätzlich eher vorsichtige Tiere, die ausgeprägtes Fluchtverhalten zeigen. Sie fühlen sich nur dann wirklich sicher, wenn es auf ihren Laufwegen in kurzen Abständen Unterschlupfmöglichkeiten gib, in die sie sich beim kleinsten Anzeichen von Gefahr zurückziehen können. Sind solche Versteckmöglichkeiten in ihrer Haltungsumwelt gegeben, dann sind Meerschweinchen durchaus gerne damit beschäftigt, ihre Umgebung ausgiebig zu erkunden.

Thigmotaxis Fehlen dagegen Versteckmöglichkeiten oder sind sie nicht über das ganze Gehege verteilt, so ist die sog. Thigmotaxis zu beobachten. Dies bedeutet, dass sich die Tiere v. a. in der Nähe von Strukturen (z. B. Wänden, Häuschen etc.) aufhalten und nicht das gesamte Platzangebot nutzen (► Abb. 4-7).

Feindvermeidung Im Gegensatz zu Kaninchen (► Kap. 3.2.5) oder Ratten (► Kap. 7.2.4) sind Meerschweinchen wenig wehrhaft gegen Fressfeinde. Zur Feindvermeidung zeigen sie daher überwiegend das Verstecken oder auch das **Freezing**, also die Schreckstarre.

4.2.6 Nahrungsaufnahme- und Ausscheidungsverhalten

Meerschweinchen sind pflanzenfressende Nagetiere, die auf die Aufnahme von Vitamin C angewiesen sind, da sie es nicht selbst bilden können. Sie verfügen über 20 Zähne, die alle **lebenslang wachsen**. Die weißen Schneidezähne werden zum Nagen und Abbeißen verwendet. Mit den Backenzähnen wird die Nahrung zermahlen.

Abb. 4-7 Ausschnitt aus einem großen Gehege für Meerschweinchen und Hühner in einem Wildtierpark. Die rote Tonne ist ein Unterschlupf, in dessen direkter Nähe sich die Meerschweinchen aufgrund mangelnder weitere Versteckmöglichkeiten überwiegend aufhalten.

Nahrungsaufnahmeverhalten

Nahrungsaufnahme Meerschweinchen sind in freier Wildbahn die meiste Zeit mit Futtersuche in losen sozialen Gruppen beschäftigt. Die Zeiten intensivster Nahrungssuche und -aufnahme sind dabei jeweils in der Morgen- bzw. Abenddämmerung. Große Futterstücke wie z. B. eine Karotte werden meist problemlos mit Gruppenmitgliedern geteilt.

Wasser-Nahrungsbrei Meerschweinchen neigen dazu, ihr Futter im Maul mit Wasser zu vermischen. Ein solcher Wasser-Nahrungsbrei ist praktisch immer in der Maulhöhle von Meerschweinchen vorhanden und kann die Untersuchung der Maulhöhle behindern.

Die Abwesenheit von Nahrungsbrei in der Maulhöhle deutet auf ein **gestörtes Fressverhalten** hin.

Kontinuierliche Futteraufnahme Aufgrund ihres hohen metabolischen Umsatzes und der Tatsache, dass der Magen sowie auch der Darm schwach bemuskelt sind, müssen Meerschweinchen praktisch ständig fressen. Nur durch eine fast kontinuierliche Futteraufnahme wird der Nahrungsbrei im Verdauungssystem ausreichend weitergeschoben. Eine verminderte Futteraufnahme sollte daher immer Anlass für eine Untersuchung der Ursachen sein. Schmerzen, allgemeines Unwohlsein, aber auch Zahnprobleme etc. können hierfür Ursachen sein. **Zahnprobleme** sind leider insgesamt ein sehr häufiges Problem bei Meerschweinchen.

PRAXISTIPP

Verhaltensweisen, die auf Zahnprobleme bzw. Probleme in der Maulhöhle hinweisen, sind nach Bradley Bays (2006) u. a.:

- Anorexie oder Dsyphagie
- Gewichtsverlust
- Hypersalivation
- Periorale Dermatitis oder Dermatitis in der Kinn- und Halsregion
- Mangelndes Putzen sowie Flecken auf den Vordergliedmaßen
- Bepföteln des Mauls
- Zähneknirschen
- Verlangsamtes Fressen
- Vermehrtes Kauen auf einer Seite
- Polydipsie
- Aufnehmen von Futter und Fallenlassen ohne es zu fressen
- Vermeidung bevorzugter Nahrung

Ausscheidungsverhalten

Caecotrophie Der Blinddarm von Meerschweinchen ist sehr groß und enthält ca. 70–80 % des gesamten gastrointestinalen Inhalts. Die gesamte Magen-Darm-Passage dauert ca. 20 h (die Verdauung von Blinddarmkot nicht miteingerechnet). Meerschweinchen zeigen, wie viele andere Nagetiere, auch Caecotrophie und nehmen den helleren, feuchteren und nährstoffreichen Blinddarmkot meist direkt vom After auf. Blinddarmkot ist eine wichtige Proteinquelle für die Nager.

Kot- und Harnabsatz Aufgrund ihrer hohen metabolischen Rate und der fast kontinuierlichen Nahrungsaufnahme setzen Meerschweinchen sehr häufig Kot und Urin ab. Meerschweinchen werden nicht stubenrein und verteilen ihre Ausscheidungen meist überall in ihrer Haltungsumwelt. Wenn ihnen jedoch sehr viel Platz zur Verfügung steht und die Ausscheidungen regelmäßig entfernt werden, lässt sich beobachten, dass Meerschweinchen bevorzugt Orte in der Peripherie ihrer Haltungsumwelt als Ausscheidungsorte verwenden.

4.2.7 Erkennen von Schmerzen, Leiden und Stress

Auch die Meerschweinchen zeigen als kleine Beutetiere Schmerzen nicht überdeutlich.

Erkennen von Schmerzen und Leiden

Einige Anzeichen für Schmerzen beim Meerschweinchen sind nach Bardley Bays (2006):

- Anorexie
- Absatz von weniger, kleineren oder keinen Kotboli
- Polydipsie (v. a. bei gastrointestinalem Schmerz)
- Erniedrigte Körpertemperatur

- Sich kühl anfühlende Ohren und Gliedmaßen
- Schonhaltung nach Palpation der betroffenen Stelle
- Quietschen bei Palpation der betroffenen Stelle
- Schnelles, flaches Atmen
- Kauen an betroffener Stelle, evtl. mit Alopezie
- Angestrengter Gesichtsausdruck mit hervortretenden Augen
- Drücken des Abdomens auf den Boden
- Kopf vorgestreckt
- Leerer, unfokusierter Blick und/oder halbgeschlossene Augen
- Immobilität
- Blasse Schleimhäute
- Aggression bei normalerweise freundlichem Tier
- Lethargie, mangelnde Abwehr beim Handling

Eine Einschätzung wird deutlich erleichtert, wenn der Tierarzt mit dem Verhalten des betreffenden Tiers vertraut ist, wenn es keine Schmerzen hat.

Eine gute **Schmerzbehandlung** ist essenziell für eine schnelle Erholung von Meerschweinchen nach Traumata, Erkrankungen und Operationen. Bei guter Analgesie fressen die Tiere schneller wieder normal und leiden seltener an lebensbedrohlicher gastrointestinaler Stase (Bradley Bays, 2006).

4.3 Haltungsansprüche und Haltungsbeispiele

4.3.1 Empfehlungen für die Heimtierhaltung

Meerschweinchen sind ganz besonders gut an ein Leben in hohem Gras mit gemäßigten Temperaturen angepasst. Zudem sind sie **nicht sehr wehrhafte** kleine Beutetiere und haben einen starken **Fluchttrieb**. Schnelle, plötzliche Bewegungen von oben erschrecken die Tiere sehr. Daher sollte ein Meerschweinchengehege in der Wohnung immer erhöht stehen, z. B. auf einer Kommode etc. Zudem muss darauf geachtet werden, dass mehrere Unterschlupf- und Versteckmöglichkeiten über das ganze Gehege verteilt sind, sodass sich die Tiere sicher fühlen können. Da Meerschweinchen hitzeempfindlich sind, sollte die Temperatur im Gehege 25 °C nicht übersteigen. Das Gehege darf keiner langanhaltenden, direkten Sonneneinstrahlung ausgesetzt sein. Bei einer Haltung im Freien müssen v. a. im Sommer zwingend mehrere gut belüftete Schattenplätze zur Verfügung stehen. Zusätzlich sollte darauf geachtet werden, dass das Gehege nicht nur vor Raubvögeln, sondern auch gegen das Eindringen von Mardern, Füchsen und Katzen gesichert ist. Aufgrund der **Lärmempfindlichkeit** von Meerschweinchen dürfen sie nicht in solchen Räumen gehalten werden, in denen es häufig laut wird (z. B. durch Stereoanlagen etc.).

Gruppenhaltung

Meerschweinchen sind **obligat soziale** Tiere. Eine Einzelhaltung ist daher rigoros abzulehnen.

Es sollten idealerweise 2–6 Tiere gemeinsam gehalten werden. Die Gruppenzusammensetzung kann dabei unterschiedlich sein (► Tab. 4-1),

Meerschweinchen sind nur in der Gruppe glücklich. Bleibt also nach dem Tod eines Tiers ein einzelnes Meerschweinchen übrig, sollte ein **Ersatzpartner** gefunden werden. Die Zusammengewöhnung zweier Tiere oder die Integration eines neuen Tiers in eine bestehende Gruppe muss langsam und schrittweise durchgeführt werden. In der Regel ist es nicht sehr schwierig, auch erwachsene Tiere miteinander zu vergesellschaften. Nur bei Männchengruppen kann sich dies als durchaus sehr schwierig erweisen und hat eine vorsichtige Prognose (► Kap. 4.5.3, „Fallbeispiel"). Es sollten nach Möglichkeit Tiere gleichen oder ähnlichen Alters vergesellschaftet werden. Grundsätzlich sollten Meerschweinchen immer mithilfe eines Gewöhnungstrainings aneinander gewöhnt werden.

Gewöhnungstraining

Das Gewöhnungstraining wird bei den Meerschweinchen ähnlich wie bei den Kaninchen (► Kap. 3.5.3) durchgeführt. Wichtig ist dabei, dass alle beteiligten Tiere immer **entspannt** bleiben und Auseinandersetzungen vermieden werden. Die Schweinchen müssen jeweils in tiergerecht ausgestatteten Haltungseinheiten mit genügend Versteckmöglichkeiten untergebracht sein. Beide Haltungseinheiten sollten anfangs

Tab. 4-1 Mögliche Gruppenzusammenstellungen

Gruppe	Besonderheiten
Geschwister	Sie vertragen sich i. d. R. sehr gut. Wenn die Tiere nicht gleichgeschlechtlich sind, müssen Böckchen kastriert werden, um eine Fortpflanzung zu verhindern.
Weibchengruppe	Haltung i. d. R. problemlos, besonders wenn sie zusammen aufgewachsen sind
Bockgruppe	Kann bei gutem Management funktionieren, erfordert aber erfahrene Halter und sollte nicht grundsätzlich empfohlen werden; eine Kastration der Männchen ist empfehlenswert. Wenn es sich um Wurfbrüder handelt, ist auch die Haltung unkastrierter Böckchen möglich; Weibchen sollten allerdings niemals in direkter Nähe oder Riechnähe sein.
Gemischte Gruppen	Funktionieren i. d. R. gut mit mehreren Weibchen und nur einem Böckchen; zur Verhinderung von unerwünschter Fortpflanzung sollte das Böckchen kastriert werden. Werden mehrere kastrierte Böckchen mit Weibchen gehalten, sollte die Gruppe so zusammengestellt sein, dass auf ein Böckchen immer zwei Weibchen kommen; die Haltungseinheit muss viel Platz und ausreichend Rückzugsmöglichkeiten bieten.

in der kleinstmöglichen Entfernung, in der die Tiere gerade nicht aufeinander reagieren, aufgestellt werden. Zwischen beiden Käfigen sollten 1- bis 2-mal täglich ein paar Handvoll benutzter Streu ausgetauscht werden, um einen Geruchsaustausch zu unterstützen. Schrittweise – abhängig von den Reaktionen der Tiere – werden die Käfige über mehrere Tage immer näher aneinander geschoben (bzw. der Käfig mit dem neuen Tier an den des alteingesessenen heran geschoben). Es ist weiterhin darauf zu achten, dass die Tiere nicht gestresst aufeinander reagieren. In Anwesenheit des jeweils anderen Tiers sollten besondere Leckerbissen angeboten werden. Wenn es problemlos möglich ist, beide Käfige direkt nebeneinander stehen zu haben, kann das erste wirkliche Zusammentreffen erfolgen. Dies muss immer auf **neutralem Terrain** geschehen. Das bedeutet, dass dort normalerweise kein Tier Auslauf hat. Das Areal sollte mit vielen Ausweich- und Rückzugsmöglichkeiten ausgestattet sein und Sackgassen sollten vermieden werden. Alle Unterschlupfmöglichkeiten sollten über einen zweiten Ausgang verfügen. Die Begegnungen dürfen nur unter kontinuierlicher Aufsicht erfolgen, sodass ein Eingreifen notfalls möglich ist. Dieser gemeinsame Auslauf sollte, wenn die Tiere miteinander auskommen, über die nächsten Tage immer weiter ausgedehnt werden. Wenn es auch über 1 h lang oder länger keine Probleme über mehrere Tage gibt, dann kann eine Haltung in einer gemeinsamen Haltungseinheit versucht werden. Diese Haltungseinheit sollte frisch und umfassend gesäubert sein, sodass sie nicht nur nach einem Tier bzw. nur nach der alten Gruppe reicht.

Gemeinsame Haltung mit anderen Tierarten

Wie bei allen Nagetieren gilt: Eine **Vergesellschaftung** mit anderen Tierarten ist strikt **abzulehnen.**

Jede Tierart hat ihre eigenen, speziellen Bedürfnisse, besonders im Sozialverhalten. Nur ein Mitglied derselben Art kann diese Bedürfnisse erfüllen.

Gemeinsame Haltung von Kaninchen und Meerschweinchen Die Haltung von einem Kaninchen als Sozialpartner für ein Meerschweinchen ist aufgrund der unterschiedlichen Bedürfnisse und Verhaltensweisen ebenso strikt abzulehnen (► Kap. 3.3.2). Nur wenn sowohl mehrere Kaninchen als auch mehrere Meerschweinchen gemeinsam gehalten werden, das Gehege entsprechend groß genug und so strukturiert ist, dass beide Arten ihre artgemäßen Verhaltensweisen ausüben können, ist eine gemeinsame Haltung dieser Tierarten prinzipiell möglich. Bei hoher Besatzdichte und schlechter Strukturierung des Geheges kommt es häufig zu Auseinandersetzungen (► Abb. 4-8).

Insgesamt verhalten sich Meerschweinchen i. d. R. ungestörter, wenn sie nur mit Artgenossen und ohne Kaninchen gehalten werden.

Das Zusammenleben mit Hunden oder Katzen kann für Meerschweinchen zudem stressig sein, v. a. wenn sie entgegen den oben genannten Empfehlungen nicht in einer erhöht angebrachten Haltungseinheit untergebracht sind. Hunde und Katzen dürfen daher keinen Zugang zum Meerschweinchenzimmer haben.

Abb. 4-8 Mangelhafte Haltungsbedingungen in einem Streichelgehege eines nordeuropäischen Wildtierparks. Das vorbeihoppelnde Kaninchen wird vom Meerschweinchen links bedroht.

Bewegungsraum

Größe des Käfigs

Auch wenn Meerschweinchen weniger aktiv erscheinen als die meisten anderen kleinen Nagetiere, sind sie doch sehr bewegungsfreudig. Bei mangelnden Bewegungsmöglichkeiten verfetten sie sehr schnell. Bewegungsanreize und -möglichkeiten sind somit wichtig.

Die meisten als Meerschweinchenkäfige oder Außengehege angebotenen Haltungseinheiten sind für zwei Tiere zu klein. Es sollten als Faustregel immer mindestens zwei solche **Käfige** aneinandergebaut werden für die Haltung von zwei Tieren. Die gesamte verfügbare Bodenfläche sollte für zwei Tiere 200 cm × 55 cm nicht unterschreiten. Die Höhe des Geheges kann variabel sein. Meerschweinchen sind keine guten Kletterer. Sollen also mehrere Ebenen übereinander angebracht werden, müssen diese durch entsprechende Treppen, Rampen etc. (► Abb. 4-3) verbunden werden, damit die Tiere sie auch erreichen können. Gitter sollten idealerweise waagrecht verlaufende unlackierte Stangen haben, da sich die Meerschweinchen beim Erkunden gerne mit ihren Vorderfüßen auf waagrechten Strukturen abstützen.

Eigene **Meerschweinchenzimmer** sind eine weitere gute Variante, den Tieren genügend Platz zur Verfügung zu stellen. Hier ist jedoch darauf zu achten, dass die Tiere beim Öffnen der Türe nicht zu sehr erschreckt werden. Dies kann i. d. R. recht einfach durch das Entfernen der Türe mit Anbringung eines Kindergitters etc. geschehen. Dann können die Tiere die Annäherung an das Zimmer besser hören und entsprechend reagieren. Zudem haben sie auch mehr Teil am Familienleben der Besitzer.

Eine ganzjährige **Außenhaltung** von Meerschweinchen ist ebenfalls möglich. Daran müssen die Tiere aber gewöhnt werden. Das bedeutet, dass sie mit Beginn der wärmeren Jahreszeiten nach draußen verbracht werden sollen.

Gehegestrukturierung

Neben der Größe ist selbstverständlich auch die Strukturierung des Geheges wichtig. Da sich in der Wohnung gehaltene Meerschweinchen häufig nicht ausreichend bewegen, muss das Gehege so gestaltet sein, dass es zur Bewegung und Erkundung einlädt. Dies geschieht am einfachsten dadurch, dass die Tiere nicht das gesamte Gehege auf einmal einsehen können. Eine **Aufteilung** in mehrere durch Treppchen erreichbare **Etagen** ist hierfür eine Möglichkeit, ebenso wie das L-förmige Zusammenfügen länglicher Käfige.

Als Material für Treppchen, Rampen, Sitzbretter oder Zwischenetagen eignet sich unbehandeltes, ungiftiges Holz. Dieses Material besitzt eine bessere Griffigkeit für die Meerschweinchenfüße als z. B. Plastik. Alle Holzgegenstände müssen aufgrund des Urinabsatzes der Meerschweinchen regelmäßig ausgetauscht bzw. erneuert werden. Weidenbrücken, Zwischenetagen etc. sollten auch ab und zu umgebaut werden, sodass die Tiere wieder etwas Abwechslung im Alltag haben.

Der Boden eines Meerschweinchengeheges sollte mit staubarmer, ungiftiger Einstreu versehen sein. Eine häufige Reinigung, v. a. der Toilettenecken, wenn die Tiere diese denn anlegen, ist selbstverständlichen notwendig. Der Käfig sollte idealerweise große Türen besitzen, die zum Reinigen und Herausholen der Tiere geöffnet werden. Auf diese Weise kann vermieden werden, die scheuen Tiere von oben herab zu erschrecken.

Freilauf

Zusätzlich zu einem ausreichend großen und gut strukturierten Gehege benötigen Meerschweinchen, v. a. wenn sie in der Wohnung gehalten werden, noch täglichen Freilauf. Dieser regt sie zur Bewegung an und gibt ihnen die Möglichkeit neue Dinge zu erkunden. Auf diese Weise wird Langeweile vorgebeugt.

Gefahrenquellen Zu beachten ist, dass der Freilauf nur in solchen Bereichen stattfinden sollte, in denen den Meerschweinchen keine Gefahren drohen. Das bedeutet z. B., dass **keine elektrischen Kabel** herumliegen dürfen, oder dass eine **Katze** keinen Zugang hat etc. Selbstredend dürfen die Tiere während des Auslaufs auch keinen Zugang zu **Putz- und Reinigungsmitteln** jeglicher Art sowie zu **giftigen Zimmerpflanzen** haben. Zusätzliche Gefahrenquellen können Türen sein. Diese sollten daher in der Zeit des Freilaufs festgestellt werden, damit sie sich nicht aus Versehen über ein Meerschweinchen schieben.

Enrichment Der Freilauf bietet zudem die Möglichkeit, immer wieder neue **interessante Gegenstände** für die Tiere bereitzulegen. So können den Meerschweinchen z. B. Töpfchen mit selbstgezogenem Gras angeboten werden. Das Verstecken von besonderen Leckerbissen in einem mit Heu gefüllten Karton ist ebenfalls spannend. Damit der Auslauf auf der ganzen Fläche genutzt wird, müssen in regelmäßigen, kurzen Abständen **Unterschlupfmöglichkeiten** für die Meerschweinchen zur Verfügung stehen. Dies kann durch das Aufstellen mehrerer unbedruckter Pappkartons, in die 1–2 Eingänge geschnitten wurden geschehen. Aber auch Transportboxen können eine gute Versteckmöglichkeit darstellen.

Unabhängig davon, in welcher Art Haltungseinheit die Meerschweinchen in einer Wohnung gehalten werden, benötigen sie zusätzlich täglich die Möglichkeit zum **kontrollierten Freilauf** in der Wohnung oder aber in der warmen Jahreszeit auch im Garten oder auf Balkon oder Veranda (► Abb. 4-2).

Häuschen

Häuschen sind in jedem Meerschweinchengehege Pflicht, da die Tiere sich verstecken können müssen. Als Faustregel sollte mindestens **ein Häuschen pro Tier** zur Verfügung stehen. Häuschen aus unbehandeltem Holz sind besonders gut geeignet, da die Tiere diese auch benagen können. Plastikhäuschen lassen sich dagegen besser hygienisch sauber halten. Bei größeren Meerschweinchengruppen, oder in Gruppen, in denen es hin und wieder zu Auseinandersetzungen kommt, ist es sinnvoll, möglichst viele Häuschen mit **zwei Eingängen** aufzustellen, sodass im Unterschlupf keine Sackgasse entsteht. Die Häuschen dürfen bei jeder Käfigreinigung umgesetzt werden, um den Tieren etwas Abwechslung zu bieten.

Fütterung

Heu Meerschweinchen sind reine Pflanzenfresser und müssen praktisch kontinuierlich fressen. Das bedeutet, dass sie mehrere kleine Portionen über den Tag verteilt bekommen sollen, zusätzlich zum **Heu**, was ständig ad libitum zur Verfügung stehen muss. Darüber hinaus sollte mindestens 1-mal am Tag etwas frisches Heu nachgelegt werden. Dies animiert die Tiere wieder zum Fressen. Es ist wichtig, den Besitzern zu erklären, dass sie **qualitativ hochwertiges Heu** verwenden sollten, und wie sie dies erkennen können. Gutes Heu riecht würzig und nicht muffig. Es ist nicht staubig, schimmelig oder in kleine Einzelteile zerfallen. Heu, das der Fütterung dient, sollte in Heuraufen dargeboten werden, sodass es nicht verschmutzt. Heu zur Anreicherung der Haltungsumwelt kann auch auf dem Gehegeboden dargeboten werden. Dieses muss aber regelmäßig entfernt bzw. erneuert werden, damit es nicht gefressen wird wenn es bereits verschmutzt ist.

Frischfutter Da Meerschweinchen starke Futterpräferenzen bilden können und häufig Frischfutter, das sie als Jungtiere nicht kennengelernt haben, als Erwachsene ablehnen, muss in der Jungtierzeit auf eine besonders abwechslungsreiche Ernährung geachtet werden. Meerschweinchen fressen i. d. R. besonders gerne Gurken, Karotten, Paprika, Zucchini, Löwenzahn oder frisches Gras. Obst wird meist nicht so gerne angenommen, darf aber ab und zu angeboten werden. Gärende und blähende Gemüsesorten wie z. B. Chicoree etc. dürfen, wenn überhaupt, nur in kleinen Mengen verfüttert werden. Frischfutter sollte 2-mal täglich in kleinen Portionen verfüttert werden. Dies stellt u. a. die Versorgung mit lebenswichtigem Vitamin C sicher. Hauptnahrung muss aber insgesamt Heu bleiben.

Fertigfutter Speziell für Meerschweinchen sollte hergestelltes Fertigfutter ebenfalls täglich in kleinen Mengen über den Tag verteilt gegeben werden. Ein bis maximal 2 Esslöffel pro Tier und Tag sind hier ausreichend. Fertigfutter ist v. a. für die Sicherstellung der Fettversorgung wichtig.

Zu vermeiden ist die Fütterung mit tierischem Protein, also z. B. Quark oder Joghurt etc. Meerschweinchen sind strikte Pflanzenfresser und vertragen tierisches Protein nicht.

Wasser Frisches, sauberes Wasser muss selbstverständlich ständig zur freien Verfügung stehen. Momentan sind Diskussionen im Gange, ob Trinkflaschen oder Wassernäpfe zu bevorzugen sind. Beide Varianten haben Vor- und Nachteile. Auch wenn sie nicht die anatomisch perfekte Trinkposition erlauben, sind die klassischen Nippeltränken ideal, da in diesen das Wasser länger hygienisch sauber bleibt. Einer Algenbildung ist durch Befestigung außerhalb direkter Sonneneinstrahlung und regelmäßige gründliche Reinigung entgegenzuwirken. Schwere tönerne Wassernäpfe sind ebenfalls geeignet, gerade weil sie die physiologische Kopfhaltung zum Trinken erlauben. In ihnen verschmutzt das Wasser allerdings sehr schnell und sie sollten mehrmals täglich gereinigt werden. Kann diese häufige Reinigung nicht gewährleistet werden, sollten Trinkflaschen verwendet werden.

Der ideale Halter

Meerschweinchen sind **keine Streicheltiere**. Aber sie zeigen v. a. in einer größeren Gruppe ein interessantes und abwechslungsreiches Sozialverhalten. Sie sind daher besonders für solche Personen geeignet, die gerne beobachten. Das bedeutet, dass sie nicht grundsätzlich für Kinder ungeeignet sind. Allerdings müssen Eltern immer die Verantwortung tragen und die Kinder im Umgang anleiten.

Zusammenfassung

Wichtigste Haltungsempfehlungen

- Gruppenhaltung (mind. 2, besser 3–5 Tiere)
- Die Gehegegrundfläche sollte mindestens 2 m × 0,55 m für 2–3 Tiere betragen.
- Vielfältige Unterschlupf- und Versteckmöglichkeiten über die gesamte Haltungseinheit verteilt (mind. so viele wie Anzahl der Tiere)
- Täglicher, kontrollierter Freilauf
- Fütterung mit Heu ad libitum und 2-mal täglich Frischfutter
- Für Kinder, die gerne beobachten, durchaus als Haustiere geeignet

4.4 Umgang mit Meerschweinchen

Meerschweinchen müssen **vorsichtig** an den Umgang mit Menschen gewöhnt werden. Dies ist zum einen notwendig, um einen täglichen Gesundheitscheck durchzuführen. Zum anderen erleichtert dies das Handling der Tiere zum Reinigen des Käfigs etc.

Die Beschäftigung mit Meerschweinchen sollte ohne Zwang erfolgen (► Abb. 4-9). Anfangs sollten sich Besitzer vor den Käfig setzen und die Tiere einfach nur **beobachten**. Sehr bald werden die Tierchen neugierig werden und sich witternd am Käfigrand aufstellen. Der Meerschweinchenhalter sollte sich nie hektisch bewegen und auch nur ruhig mit den Tieren sprechen. Bei der täglichen Fütterung mit Frischfutter bietet sich die Gelegenheit, die Gewöhnung zu beschleunigen. Die Frischfutterstücke sollten sehr klein sein und nur aus der Hand gegeben werden. So müssen sich die Tiere herantrauen und erhalten sofort eine schmackhafte Belohnung, die aber auch bald verzehrt ist. Daher müssen die Tiere nochmals herkommen. Ein Anfassen oder Streicheln sollte in der ersten Kennenlernphase unterbleiben. Erst wenn die Tiere sofort vertrauensvoll kommen, wenn der Besitzer den Raum betritt oder den Käfig öffnet, können die Tiere auch angefasst werden, während sie an begehrtem Futter knabbern.

Um eine einmal erfolgte Gewöhnung aufrecht zu erhalten, ist weiterer regelmäßiger täglicher Kontakt zu den Tieren notwendig. Werden sie nicht immer wieder

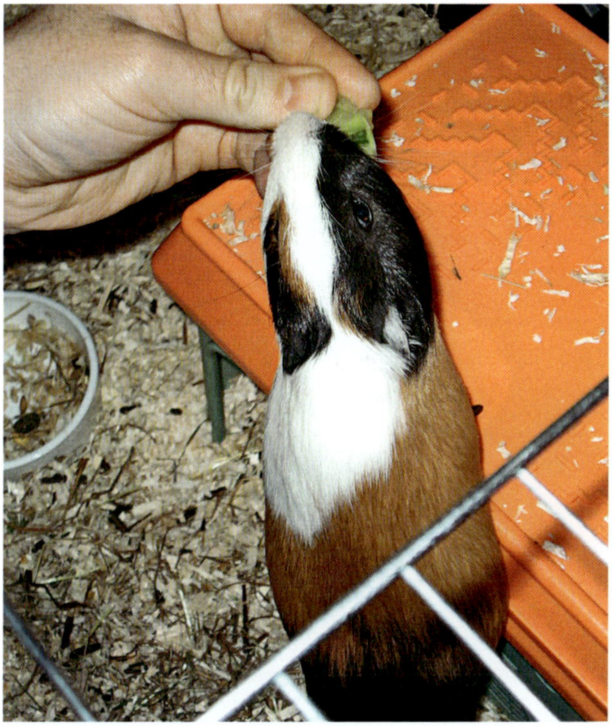

Abb. 4-9 Hier wird ein scheues Jungtier, das bislang wenig Kontakt mit Menschen hatte durch die Fütterung von Gurkenstückchen aus der Hand an den neuen Besitzer gewöhnt. Es wird dabei noch nicht angefasst.

aus der Hand gefüttert, von ihren Besitzern ruhig beobachtet und angesprochen, dann werden auch eigentlich zahme Tiere schnell wieder scheu.

Insgesamt müssen Meerschweinchen vor jedem Anfassen angesprochen und mit sanfter Stimme und einem Leckerbissen auf den Menschen aufmerksam gemacht und herangelockt werden. Ein plötzliches Greifen erschreckt die zarten Fluchttiere sehr, zerstört auf Dauer das Vertrauensverhältnis zum Menschen und bedeutet unnötigen Stress.

Der **Fluchtreflex** und die **Angst vor Beutegreifern** sind bei Meerschweinchen sehr stark ausgeprägt. Sie dürfen daher niemals plötzlich von oben angefasst werden.

Meerschweinchenhalter sollten sich darüber im Klaren sein, dass es sich bei Meerschweinchen nicht um Streicheltiere handelt. Streicheln, besonders des Kopfes, wird häufig mit drohendem Kopfheben quittiert. Da einige Tiere den Kopf dabei nur erhoben halten, wird das manchmal von Besitzern fehlinterpretiert als ein „Genießen" des Streichelns. Manche Tiere schieben die streichelnde Hand aber auch regelrecht mit dem Kopf weg. Im ► Video 4-4 tut ein unkastriertes Meerschweinchenböckchen seine Abneigung gegen das Streicheln sehr deutlich kund.

Video 4-4 Abneigung gegen Streicheln (ca. 15 sek)
www.schattauer.de/3112

Beim **Handling** ist darauf zu achten, dass das Tier mit beiden Händen gehalten werden muss. Eine Hand umfasst dabei sanft den Schultergürtel (ohne die letzten, lose endenden Rippen zu quetschen) und die zweite Hand stützt das Becken (► Abb. 4-10).

Abb. 4-10 Ein Meerschweinchen muss mit beiden Händen gehalten werden. Die zweite Hand unterstützt das Becken.

4.4.1 Clickertraining

Eine wunderbare Art sich mit Meerschweinchen zu beschäftigen, ist das Clickertraining. Die Tiere können dabei verschiedene Tricks lernen, wenn es richtig durchgeführt wird. Prinzipiell ist das Clickertraining mit nur einem Tier einfacher durchzuführen, aber Meerschweinchen sind entspannter und zugänglicher für Training, wenn sie ihre gewohnte Gruppe oder wenigstens ihren Bindungspartner um sich haben. Sollen mehrere Tiere auf den Clicker konditioniert werden, sollte für jedes Tier ein unterschiedliches Geräusch verwendet werden. Zudem sollte das Clickertraining in einem Bereich stattfinden, den die Tiere in Ruhe erkunden können, der aber nicht zu viele Ablenkungen bietet. Als **Clicker** sollte schließlich für die geräuschempfindlichen Meerschweinchen eine besonders leise Variante wie z. B. der Deckel eines Babygläschens verwendet werden. Wichtig ist, dass nach jedem einzelnen Click zwingend eine Belohnung erfolgen muss. Als Belohnung eigenen sich kleine besonders begehrte Frischfutterleckerbissen. Es bietet sich an, die Konditionierung auf den Clicker zu einer Zeit durchzuführen, zu der normalerweise die Fütterung mit Frischfutter erfolgt, sodass das zu trainierende Tier eine höhere Motivation hat am Training teilzunehmen.

Konditionierung

Im ersten Schritt wird, wie bei jeder Art von Clickertraining üblich, der Clicker konditioniert: Es wird geclickt und direkt anschließend an das Geräusch die individuell ausgesuchte Belohnung gegeben. Dieser Vorgang wird über mehrere Tag in kurzen Trainingseinheiten so oft wiederholt, bis das Tier verstanden hat, was der Click bedeutet. Meist lässt sich dann beobachten, dass das Tier den Clicker erwartungsvoll anschaut oder sich nach dem Click sofort in die Richtung orientiert, aus der die Belohnung kommt.

Kommandos erlernen

Ist der Clicker konditioniert, können damit verschiedene Kommandos beigebracht werden. Zu Beginn bietet sich z. B. das **Target-Training** (Meerschweinchen berührt einen Gegenstand mit der Schnauze) an oder die **Verstärkung von Verhaltensweisen**, welche die Meerschweinchen von sich aus zeigen. Das kann z. B. das Steigen auf die dargebotene flache Hand mit beiden Vorderpfoten sein. Sobald der Clicker sicher konditioniert ist, wird mit ihm das gewünschte Verhalten markiert und die Belohnung gegeben. Beim Target-Training muss das Target ggf. anfangs sehr nahe vor die Nase gehalten werden, um eine Berührung schneller zu provozieren. Es kann sein, dass das Clickertraining bei Meerschweinchen länger dauert als man das vom Training mit Hunden oder Katzen gewöhnt ist. Doch mit Geduld verstehen auch die kleinen Nager mit der Zeit, was ihnen einen Click mit Belohnung einbringt. Sie werden dann das Verhalten sehr viel häufiger von sich aus anbieten. Ist dieses Stadium erreicht, kann das gewünschte Kommando eingeführt werden und das

Meerschweinchen wird nur noch dann geclickt und belohnt, wenn es das Verhalten auf Kommando ausführt.

4.4.2 Handling in der Tierarztpraxis

- Um den Stress für ein Meerschweinchen in der Tierarztpraxis zu minimieren, sollten die Besitzer nach Möglichkeit vorab gebeten werden, den Bindungspartner des zu untersuchenden/zu behandelnden Tiers ebenfalls mitzubringen.
- Am besten die Hände mit (vom Patienten) benutzter Einstreu einreiben, bevor man das Tier anfasst. Ruhige Bewegungen und eine leise, sanfte Stimmlage sind ebenfalls hilfreich.
- Am besten werden Meerschweinchen am Schultergürtel gefasst und unter dem Becken mit der zweiten Hand gestützt.
- Merke: Meerschweinchen beißen zwar i. d. R. seltener als andere Nagetiere, können es aber durchaus ebenfalls tun.
- Zur Abwehr können Meerschweinchen ausschlagen, kreischen und mit Urin spritzen. Dies ist normalerweise bei Weibchen häufiger zu beobachten.
- Die orale Eingabe von Medikamenten oder die Zwangsfütterung kann auch einhändig erfolgen. Dabei wird das Meerschweinchen nur am Schultergürtel fixiert und hochgehoben, während die Hinterbeine auf einer griffigen Unterlage stehen. So kann mit der freien Hand die Spritze ins Maul gegeben werden. Ist das Tier unruhig, dann kann es mit dem Hinterteil sanft gegen den Körper des Behandelnden gedrückt werden (► s. Zeichnung).

Sanftes Handling bei der oralen Eingabe von Medikamenten oder Futter

4.5 Verhaltensprobleme

Voraussetzung für eine korrekte Diagnose und erfolgreiche Behandlung der Verhaltensprobleme ist eine **sorgfältige Anamnese**. Dafür muss entsprechend Zeit eingeplant werden. Die meisten Probleme lassen sich durch eine Optimierung der Haltung und des Handlings beheben. Sollten mit den unten aufgeführten Tipps und Behandlungsempfehlungen keine ausreichenden Erfolge erzielt werden, so sollten die Besitzer an tierärztliche Spezialisten für Verhaltenstherapie und -medizin überwiesen werden. Eine aktuelle Liste einiger in Deutschland tätigen tierärztlichen Verhaltenstherapeuten findet sich unter www.gtvmt.de im Bereich „Info Besitzer".

4.5.1 Gitternagen/Stangennagen

Wenn Meerschweinchen das Käfiggitter benagen, kann das verschiedene Ursachen haben. In jedem Fall ist genau zu eruieren, in welchem Zusammenhang das Gitternagen auftritt.

Stereotypie Es kann sich dabei um eine Stereotypie handeln, die auf eine mangelhafte Haltung hinweist. In diesem Fall wird das Benagen in einer sehr gleichförmigen und wenig variablen Art und Weise meist nur an einem ganz bestimmten Ort gezeigt. Ist die Stereotypie schon weiter fortgeschritten, kann es schwer sein, das Tier dabei zu unterbrechen. Eine sorgfältige Überprüfung und Optimierung der Haltung sowie des Umgangs mit dem betroffenen Tier sind essenziell. In den meisten Fällen von stereotypem Gitternagen ist die Haltungsumwelt zu klein, zu eintönig ausgestattet oder es liegt eine Einzelhaltung vor. Es muss besonderer Wert auf viel Abwechslung und geistige Anregung in der Haltungsumwelt gelegt werden. Beispiele für solches **Enrichment** ist das Füttern von Fertigfutter oder besonderen Leckerbissen in selbst gebastelten Futterspielzeugen. Dies können z. B. befüllte Klopapierpapprollen sein oder auch das Auffädeln von begehrtem Saftfutter auf ein ungiftiges Seil, das dann quer in den Käfig gehängt wird. Letzteres sollte nur unter Aufsicht gegeben werden, damit sich kein Tier im Seil verhängen kann. Eine Vergesellschaftung mit einem weiteren Tier sollte immer nur mit einem sorgfältigen Gewöhnungstraining durchgeführt werden. Bei manifesten Stereotypien ist ein vollständiges Abstellen des auffälligen Verhaltens oft auch in optimaler Haltung nicht möglich, sondern nur eine deutliche Reduktion des Verhaltens. Darauf müssen die Besitzer vorab vorbereitet werden, um Frust zu vermeiden.

Fehlen von ausreichend Nagemöglichkeiten Mangelnde Nagemöglichkeiten können ebenfalls zum Benagen von Gitterstäben führen. In einem solchen Fall sollte vermehrt darauf geachtet werden, dass die Tiere qualitativ hochwertiges **Heu ad libitum** zur Verfügung haben sowie zusätzliche Nagemöglichkeiten, z. B. in Form von Ästen ungespritzter Obstbäume.

Übersprungshandlung Das Benagen der Gitterstäbe kann zudem auch ein Zeichen von Erregung sein und eine Art Übersprungshandlung darstellen. Besonders häufig wird das Gitternagen in Erwartung der Fütterung mit Leckerbissen oder Saftfutter gezeigt (► Abb. 4-11). In diesem Fall ist i. d. R. **keine Behandlung** notwendig. Nur im

Abb. 4-11 Das stereotype Stangen- oder Gitternagen ist vom Gitternagen aus Erregung bzw. als Übersprungshandlung abzugrenzen. Das abgebildete Tier beißt in die Käfigstangen in Erwartung der täglichen Frischfutterfütterung.

Einzelfall muss geprüft werden, ob die Fütterung auf mehrere Male am Tag verteilt werden kann, um die Erregung im Zusammenhang damit zu reduzieren.

Aufmerksamkeitsforderndes Verhalten Je nachdem, wie Besitzer auf das Gitternagen reagieren, kann sich daraus auch ein aufmerksamkeitsforderndes Verhalten entwickeln. Daher ist es sinnvoll, im Rahmen der Anamnese genau zu eruieren, was vor, während und nach dem auffälligen Verhalten aufseiten des Tiers und auch des Besitzers passiert. Fühlt dieser sich durch das aufmerksamkeitsfordernde Verhalten gestört, sollte auf eine **Extinktion (= Löschung)** hingearbeitet werden. Das bedeutet, dass der Besitzer das Gitternagen strikt ignorieren muss. Jedes Mal, wenn er darauf reagiert, wird das Meerschweinchen in seinem Verhalten bestärkt. Deshalb sollte das Tier Aufmerksamkeit erhalten, wenn es nicht am Gitter nagt. Dieser Prozess kann eine Weile dauern und erfordert vom Besitzer viel Konsequenz und Geduld.

4.5.2 Fressen unangemessener Objekte

Das Fressen unangemessener Objekte wie z. B. Tapeten kann auf einen Mangel an Nagemöglichkeiten oder eine mangelhafte Ernährung hinweisen. Es gibt aber auch Meerschweinchen, die trotz optimaler Ernährung und vieler Nagemöglichkeiten beim Freilauf Tapeten anfressen. Da das Fressen von Tapete nicht ungefährlich für die Nager ist und zudem die Besitzer stört, ist eine **Behandlung** notwendig. Es sollte darauf geachtet werden, viele **abwechslungsreiche Nagemöglichkeiten** zu bieten.

Das bedeutet, dass zum einen mehrmals täglich das Heu in der Raufe nachgefüllt werden sollte, um zum weiteren Nagen und Knabbern anzuregen. Zudem sollten immer wieder wechselnde Äste ungespritzter Obstbäume angeboten werden. Im Zoofachhandel sind ferner speziell für Nager gefertigte ungiftige Knabberspielzeuge aus Weichholz erhältlich. Auch das Füttern aus **Futterspielzeugen**, die aus Papprollen gefertigt wurden, hilft den Knabbertrieb der Meerschweinchen zu befriedigen. Der Auslauf sollte zudem besonders viele interessante erlaubte Nagemöglichkeiten beinhalten. Die Ernährung sollte optimiert werden und v.a. aus Raufutter bestehen. Zudem sollte der Zugang zur Tapete verhindert werden, entweder durch das Absperren mit Gittern, das Anbringen von Plexiglas, das Verlegen des Auslaufs in einen nicht tapezierten Raum etc.

4.5.3 Aggression gegen Artgenossen

Prinzipiell sind agonistische Verhaltensweisen sowie kleinere Auseinandersetzungen Teil des **normalen Verhaltens** von sozial lebenden Meerschweinen. Kleinere Kabbeleien ohne Einsatz der Zähne sind daher meist kein Grund zur Sorge. Kommt es jedoch immer wieder zu Kämpfen zwischen bestimmten Tieren oder sind diese heftig, sollte eine entsprechende Behandlung erfolgen. Meist ist eine ungünstige Gruppenzusammenstellung oder eine ungute Veränderung in der Gruppe (z.B. Tod des ranghöchsten Tieres) die Ursache. Eventuell können sich auch bestimmte Änderungen der Haltungsumwelt wie z.B. eine Verkleinerung des Geheges oder eine Verringerung des Auslaufs, eine Verringerung der Unterschlupfmöglichkeiten mit zwei Eingängen etc. negativ auf das Gruppenleben auswirken. In jedem Fall ist eine genaue **Analyse der Gruppenzusammenstellung** sowie der **Haltungseinheit** und **kürzlich erfolgter Veränderungen** notwendig.

Die Haltung muss entsprechend der in ► Kapitel 4.3.1 aufgeführten Vorgaben optimiert werden. Besonders Augenmerk ist auf die Schaffung von angemessenen Rückzugsmöglichkeiten und einer vergrößerten Grundfläche zu legen. Zudem müssen Sackgassen vermieden und Engpässe entschärft werden. Die **Gruppenzusammenstellung** sollte gemäß dem Absatz „**Gruppenhaltung**" erfolgen (► Kap. 4.3.1). Idealerweise leben mehrere Weibchen mit einem oder mehreren kastrierten Männchen zusammen. Es empfiehlt sich zudem, möglichst gleichalterige Jungtiere oder Geschwistertiere zusammen zu halten. Die Gruppen sollten stabil belassen werden. Wurde ein neues Tier zu schnell hinzugefügt und es kommt zu Auseinandersetzungen, sollte eine Trennung mit anschließendem Gewöhnungstraining erfolgen. Insgesamt sollten neue Gruppenmitglieder immer mithilfe einer langsamen Eingewöhnung in die Gruppe integriert werden. Siehe dazu auch Absatz „**Gewöhnungstraining**" in ► Kapitel 4.3.1. Ist eine (Wieder-)Eingewöhnung nicht möglich, empfiehlt es sich, mit dem herausgenommenen Tier eine neue Gruppe in einer anderen Haltungseinheit aufzubauen.

Fallbeispiel

Eingewöhnung in eine Gruppe

Vorstellungsgrund

Die beiden 4,5 Jahre alten unkastrierten Meerschweinchenböcke Fili und Kili sollen mit dem 5 Jahre alten kastrierten Meerschweinchenbock Simba zusammengewöhnt werden.

Anamnese

Fili und Kili leben bei einem jungen Ehepaar. Sie wurden im Alter von 6 Wochen zusammen mit ihrem Bruder Balin aus einer privaten Haltung übernommen. Dort wurden die Tiere im Keller gehalten und hatten, außer zum Zeitpunkt der Fütterung, keinen Kontakt mit Menschen.

Die Besitzer waren sich bei der Übernahme bewusst, dass die gemeinsame Haltung unkastrierter Meerschweinchenmännchen ein Problem darstellen kann. Sie achteten sehr darauf, dass immer mindestens drei Unterschlupfmöglichkeiten sowie zwei Heuraufen vorhanden waren, sowie dass die drei Männchen nie in Geruchskontakt oder direkten Kontakt mit weiblichen Meerschweinchen kamen. Die aus zwei handelsüblichen Käfigen gebaute Käfiglandschaft stand bei den Besitzern von Beginn an erhöht im Wohnzimmer, damit die Tiere viel Kontakt zu den Besitzern haben. Fili, Kili und Balin wurden nach wenigen Tagen so zahm, dass sie von den Besitzern problemlos aus dem Käfig genommen und angefasst werden konnten. Laut den Besitzern war Balin der Ranghöchste, Kili der zweite in der Rangfolge und Fili der unterste in der Hierarchie. Es gab nie nennenswerte Auseinandersetzungen zwischen den Tieren. Alle drei leiden aufgrund einer Kieferfehlstellung an Zahnproblemen und müssen regelmäßig zum Zähnekürzen gebracht werden. Balin hatte die größten Probleme. Vor einem guten Jahr dann erholte sich Balin nicht mehr von der Zahnoperation und verstarb. Die Rangordnung unter Kili und Fili blieb stabil. Kili war nun der Ranghöchste.

Der kastrierte Simba gehört einer Freundin der Besitzerin und lebte bis vor 4 Wochen mit einem weiteren kastrierten Meerschweinchenmännchen, Mufasa, zusammen. Mufasa war dabei deutlich ranghöher laut Angaben der Besitzerin. Leider musste Mufasa aufgrund einer Tumorerkrankung vor 4 Wochen eingeschläfert werden. Simbas Besitzerin möchte keine weiteren Meerschweinchen, wünscht sich aber eine Gruppenhaltung für Simba. Daher wurde er von den Besitzern von Kili und Fili übernommen, wo er momentan seit 3 Tagen in einem getrennten Käfig lebt. Die Besitzer haben bereits mit dem Geruchsaustausch angefangen und tauschen jeweils morgens eine Schaufel benutzter Einstreu zwischen den Käfigen aus. Sie wünschen eine Beratung, um Probleme und Aggressionen zu vermeiden.

Aufgabe

Eingewöhnung eines kastrierten Meerschweinchens in eine bestehende Gruppe unkastrierter Männchen.

Prognose

Die Prognose ist als vorsichtig zu sehen, da alle drei Tiere bereits älter sind. Zudem sind Kili und Fili unkastriert und leben schon seit einem guten Jahr nur zu zweit zusammen. Eine erfolgreiche Zusammengewöhnung wird auf jeden Fall viel Zeit und Geduld erfordern.

Behandlung

- Weiterhin täglich Geruchsaustausch, morgens und auch abends
- Schrittweises Annähern (wenige Zentimeter pro Tag) der Käfige aneinander, zur Zeit der Fütterung mit Frischfutter, immer auf Reaktion der Tiere achten, bei Aggression wieder 1–2 Schritte zurück.
- Wenn beide Käfige direkt nebeneinander stehen, Handfütterung mit Leckerchen und kleinen Stücken Frischfutter direkt an gemeinsamer Käfigwand; große Stücke Frischfutter oder Leckerchen sollen nicht liegen bleiben, um Konflikte am Gitter zu vermeiden.
- Wenn die Käfige einige Tage problemlos nebeneinanderstehen, dann täglichen gemeinsamen Freilauf auf neutralem Terrain, wo noch keines der Tiere Freilauf hatte. Auf viele Ausweich- und Rückzugsmöglichkeiten achten, dabei bleiben, zur Not trennen und erst in einigen Tagen wieder probieren.
- Wenn der Freilauf einige Tage funktioniert, dann Vergesellschaftung in frisch gereinigtem großem Käfig mit mindestens 4 Häuschen, die alle jeweils 2 Ausgänge haben.
- Tagebuch schreiben und engen Kontakt halten.

Verlauf

Die Besitzer zeigen im Großen und Ganzen gute Compliance, melden sich jedoch nur selten zurück. Innerhalb von 1,5 Wochen können beide Käfige nebeneinander stehen, ohne dass die Besitzer Auseinandersetzungen beobachten können. Das Füttern kleiner Leckerchen auf beiden Seiten des gemeinsamen Gitters klappt problemlos. Daher probieren die Besitzer nach 2 Wochen den ersten gemeinsamen Auslauf. Simba wird dabei ständig von Kili und Fili verfolgt, sobald er sich aus einem Häuschen heraus wagt. Dennoch probieren die Besitzer über mehrere Tage den gemeinsamen Freilauf auf neutralem Terrain. Es kommt mehrmals zu heftigem Auskeilen und Kreischen zwischen Fili und Simba, sodass die Besitzer die Tiere trennen müssen. Es wird geraten, zunächst wieder eine Pause in Bezug auf den Freilauf einzulegen und noch intensiver an der Belohnung mit Futter in Anwesenheit des anderen Tiers zu arbeiten. Zudem muss der von den Besitzern vernachlässigte Geruchsaustausch wieder 2-mal täglich durchgeführt werden. Nach 1 Woche ohne gemeinsamen Freilauf klappt dieser mit nur kleineren Auseinandersetzungen um ein bestimmtes Häuschen. Als dieses entfernt wird, kommt es nur noch zu wenigen, milden Auseinandersetzungen. Nach insgesamt 4 Wochen beschließen die Besitzer die drei Tiere zusammen in einem Käfig zu halten. Das Zusammenleben ist relativ harmonisch, es kommt nach 2 und 4 Monaten jeweils 1-mal nachts zu einer lautstarken Auseinandersetzung zwischen Simba und Fili, bei der aber niemand verletzt wird. Simba nimmt den untersten Platz in der Rangordnung ein. Die Gruppe bleibt stabil, auch als Kili aufgrund eines Lungenproblems eingeschläfert werden muss und Fili der Ranghöchste wird.

4.5.4 Aggression gegen Menschen

Im Vergleich mit anderen kleinen Nagetieren kommt eine Aggression gegen Menschen bei den Meerschweinchen **seltener** vor. Eine frühe Gewöhnung an den Menschen über viele positive Interaktionen und Erfahrungen ist auch für Meerschweinchen wichtig und hilft Aggressionen vorzubeugen.

Stresssituationen Die häufigsten Gründe für aggressives Verhalten eines Meerschweinchens gegen Menschen sind sicherlich Stresssituationen, v. a. im Zusammenhang mit Handling. Hauptgründe dafür sind wieder die enorme Schreckhaftigkeit und angeborene Panik vor Beutegreifern beim Meerschweinchen. Wenn ein Meerschweinchen sich z. B. beim Hochheben erschreckt, kann es zubeißen. Hier ist es wichtig, dem Halter zu erklären, dass ein Meerschweinchen zunächst an Handling gewöhnt werden muss (► Kap. 4.4).

Angstaggression Tritt das aggressive Verhalten erstmals nach einem für das Tier negativen Erlebnis im Zusammenhang mit einem Menschen auf, so kann es sich um eine spezifische Angstaggression handeln. In einem solchen Fall muss eine ausführliche **Verhaltensberatung** mit genauer Analyse des Geschehenen erfolgen. Dies geschieht am besten außerhalb der regulären Sprechstunde in aller Ausführlichkeit. In der Regel können solche Probleme mit einer entsprechenden auf die individuellen Ursachen für das Verhalten abgestimmten Desensibilisierung und Gegenkonditionierung behoben werden.

Vorbeugend sollten Meerschweinchen schon als Jungtiere sanft an den Umgang mit Menschen gewöhnt werden. Dieser ruhige und sanfte Umgang muss lebenslang beibehalten werden.

PRAXISTIPP

Meerschweinchen sollten **nie plötzlich von oben** angefasst werden und insgesamt immer vor jeglichem Handling angesprochen werden.

4.5.5 Fellrupfen

Psychogenes Fellrupfen kommt bei Meerschweinchen eher selten vor, kann aber durchaus ein Problem darstellen. Ein Tier kann sich selbst das Fell ausrupfen oder auch einem anderen Tier die Haare ausreißen. Es bilden sich kahle Stellen, an denen kein Fell oder nur sehr kurze Haaren zu sehen sind. Zudem kann es schnell zu Hautverletzungen und nachfolgenden Infektionen kommen. Aufgrund der Seltenheit von Fellrupfen aufgrund rein psychischer Ursachen muss immer eine **komplette medizinische Untersuchung** erfolgen. Es sollte dabei z. B. abgeklärt werden, ob Juckreiz vorliegt z. B. durch Milbenbefall oder eine Pilzinfektion. Außerdem muss immer abgeklärt werden, ob es sich nicht um schmerz- oder trächtigkeitsbedingte Alopezie handelt (► Kap. 4.2.3, „Fortpflanzungsverhalten").

Gruppeninstabilitäten Ursächlich für ein nicht medizinisch bedingtes Fellrupfen können Gruppeninstabilitäten sein, sowie allgemeine Langeweile oder wieder ein Mangel an tiergerechten Nagemöglichkeiten. Ist die Gruppendynamik ein Problem, dann sollte diese genauer **analysiert** werden. Wenn die Gruppengröße z. B. zu groß ist, sollte die Gruppe sinnvoll geteilt werden oder ein deutlich größeres und besser strukturiertes Gehege zur Verfügung gestellt werden. Kommt es zu Aggressionen zwischen dem rupfenden Tier und einem anderen Tier in der Gruppe, dann sollte eine Trennung der beiden mit anschließendem Gewöhnungstraining erfolgen.

Mangel an Nagemöglichkeiten In jedem Fall sollte aber wieder auf viele und abwechslungsreiche Nagemöglichkeiten sowie täglich wechselnde interessante **Beschäftigungsmöglichkeiten** geachtet werden.
Genetische Prädisposition Diese kommt im Einzelfall als Ursache für das Fellrupfen infrage. In einem solchen Fall werden die genannten Behandlungsstrategien daher nicht oder nur bis zu einem gewissen Grad erfolgreich sein. Ziel muss es aber dennoch sein, das Verhalten so weit wie möglich zu reduzieren. Eine Zucht mit fellrupfenden Tieren sollte unterbleiben.

Literatur

Asher, M., de Oliveria, E., Sachser, N. (2004): Social system and spatial organization of wild guinea pigs (Cavia aperea) in a natural population. J Mammal 85: 788–796.

Beauchamp, G., Magnus, J., Shmunes, N., Durham, T. (1977): Effects of olfactory bulbectomy on social behavior of male guinea pigs (Cavia porcellus). J Comp Physiol Psychol 91: 336–346.

Bradley Bays, T. (2006): Guinea pig behavior. In: Bradley Bays, T., Lightfoot, T., Mayer, J. (Hrsg.): Exotic pet behavior – birds, reptiles, and small mammals. Elsevier, St. Louis.

Guaman Poma de Ayala, F. (Nachdruck 2006): El primer nueva crónica y buen gobierno. Hackett Publishing, abridged edition.

Heffner, R., Heffner, H., Masterson, B. (1971): Behavioral measurements of absolute and frequency difference thresholds in guinea pig. J Acoust Soc Am 94: 1888–1895.

Kaiser, S., Kirtzeck, M., Hornschuh, G., Sachser, N. (2003): Sex-specific difference in social support – a study in female guinea pigs. Physiol Behav 7: 297–303.

Künzl, C., Sachser, N. (2000): Auswirkungen der Domestikation auf Verhalten und endokrine Anpassungsreaktionen beim Meerschweinchen. Arch. Tierz, Dummerstorf 43: 153–158.

Lee, Y. (2010): Guinea pigs. In: Tynes, V. (Hrsg.): Behavior of exotic pets. Sussex, UK: Blackwell Publishing.

Porter, R., Fullerton, C., Berryman, J. (1973): Guinea-pig maternal-young attachment behaviour. Z Tierpsychol 32: 489–495.

Rood, J. (1972): Ecological and behavioural comparisons of three genera of Argentene cavies. Animal Behaviour Monographs. BaillieÌre, Tindall.

Sachser, N. (1986): Different forms of social organization at high and low population densities in guinea pigs. Behaviour 97: 253–242.

Sachser, N., Dürschlag, M., Hirzel, D. (1998): Social relationships and the management of stress. Psychoneuroendocrinology 23: 891–904.

Young, W., Dempsey, E., Hagquist, C., Boling, J. (1939): Sexual behavior and sexual receptivity in the female guinea pig. J Comp Psychol 27: 4–68.

Informationsmaterial für Tierhalter findet sich u. a. als Download bei

Bundesamt für Lebensmittelsicherheit und Veterinärwesen BLV der Schweiz: www.blv.admin.ch/blv/de/home/tiere/tierschutz/heim-und-wildtierhaltung/meerschweinchen.html (letzter Abruf: 21.11.2016).

Tierärztliche Vereinigung für Tierschutz e. V. TVT: www.tierschutz-tvt.de (letzter Abruf 02.08.2016).

Bücherempfehlung für Meerschweinchen: u. a.

Birmelin, I. (2011): Mein Meerschweinchen. München: Gräfe und Unzer Verlag (6. Aufl.).

Morgenegg, R. (2003): Artgerechte Haltung – ein Grundrecht auch für Meerschweinchen. Bozen: tb-Verlag.

5 Goldhamster und Besonderheiten bei Zwerghamstern

Dorothea Döring und Barbara Schneider

5.1 Einführung

Der Goldhamster gehört zur Ordnung Rodentia (Nagetiere), Unterordnung Myomorpha (Mäuseverwandte) und Familie der Cricetidae (Wühler). Der Goldhamster stammt ursprünglich aus Syrien, daher wird er auch oftmals „Syrischer Goldhamster" genannt. Sein natürlicher Lebensraum ist das große Steppengebiet von Aleppo im Norden des Landes. Goldhamster wurden von dem britischen Zoologen George Robert Waterhouse im Jahr 1839 beschrieben und offiziell benannt. Doch erst 100 Jahre später wurde der Goldhamster als Haus- und Versuchstier entdeckt. Alle gezüchteten Goldhamster stammen von einem Muttertier mit Wurf ab, den der Zoologieprofessor Israel Aharoni 1930 in Syrien ausgrub, und mit dem er dann an der Universität Jerusalem züchtete (Schmidt, 1985). Der Syrische Goldhamster wurde erst nach dem Zweiten Weltkrieg nach Deutschland gebracht, wo er bald ein populäres Heimtier wurde. Auch als Versuchstier wird der Goldhamster ab und zu eingesetzt. Der Tierschutzbericht der Bundesregierung für das Jahr 2015 führt 4792 im Tierversuch eingesetzte Hamster für das Jahr 2013 auf (Tierschutzbericht, 2015). In seiner Heimat ist die Population abnehmend. Daher wird der Goldhamster momentan auf der roten Liste der IUCN auch als gefährdet („vulnerable") geführt (IUCN, 2015).

Steckbrief

- Größe: 17–19 cm lang
- Gewicht: 80–160 g (Männchen), 90–180 g (Weibchen)
- Lebenserwartung: 2–3 Jahre
- Ausgewachsen: mit 12–15 Wochen
- Geschlechtsreife: ab dem 30. Lebenstag, Männchen ab 6 Wochen
- Zykluslänge: 4 Tage
- Tragzeit: 16–18 Tage
- Wurfgröße: 7–14
- Nesthocker (blinde, nackte und taube Neugeborene)
- Säugezeit: 20–25 Tage

Besonderheiten bei Zwerghamstern

Zwerghamster liegen im Gewicht zwischen 30–50 g (außer Roborowski: 25–35 g) und haben folgende Lebenserwartungen (Albright und de Matos, 2010):
- Dsungarischer Zwerghamster (*Phodopus sungorus*): 9–15 Monate
- Campbell-Zwerghamster (*Phodopus sungorus campbelli*): 9–15 Monate
- Roborowski-Zwerghamster (*Phodopus roborovskii*): 3–3,5 Jahre
- Chinesischer Streifenhamster (*Cricetulus griseus*): 17–20 Monate

Die Wildform des Goldhamsters ist meist in der **Agouti Färbung** zu finden. Typische Merkmale sind hierbei: schwarze Augen, dunkelgraue Ohren und Backenstreifen, elfenbeinfarbene Halbmonde, ein helles Brustband, ein elfenbeinfarbener Bauch und ein schiefergraues Unterfell (► Abb. 5-1).

Die Zucht der Goldhamster für die Heimtierhaltung hat mittlerweile vielfältige Farb- und Fellvarianten hervorgebracht. Allerdings haben einige dieser Züchtungen **Tierschutzrelevanz**.

So muss z. B. bei den **Roan** Hamstern eine Verpaarung zweier solcher Tiere miteinander strikt vermieden werden. Roan Hamster sind Tiere mit einem weißen Bauch bzw. einer sehr hellen Körperfärbung und kräftigerer Färbung im Kopfbereich. Diese auch oft als Weißbauch bezeichnete Färbung wird vom dominanten

Abb. 5-1 Die typisch goldene Färbung dieses Hamsters entspricht weitgehend der Wildfärbung.

Wh-Gen verursacht. Hamster, die homozygot das Wh-Gen besitzen, werden mit verschiedenen Fehlbildungen geboren. Sie sind i. d. R. völlig weiß und besitzen keine oder nur rudimentäre Augen. Eventuell werden die Tiere auch ohne Zähne geboren. Die Lebenserwartung ist mit 6–12 Monaten deutlich reduziert. Das Vermeiden einer entsprechenden Paarung zweier heterozygoter Wh-Tiere kann problematisch sein, da man das Wh-Gen nicht immer deutlich an der Zeichnung erkennen kann. Von einer Zucht auf Weißbäuche ist klar abzuraten.

Bei den **Satin** Hamstern gibt es ähnliche Probleme. Das Sa-Gen, das für das seidige, glänzende Haarkleid der Satin Hamster zuständig ist, ist dominant. Bei Tieren mit zwei Sa-Genen wird das Fell sozusagen doppelt satiniert. Dadurch wird es sehr dünn und struppig. Manchmal sind die Tiere auch komplett haarlos. Solche Hamster können Wärme schlechter regulieren, haben häufiger Hautverletzungen und sind meist anfälliger für Erkrankungen. Daher muss die Verpaarung zweier Trägertiere des Sa-Gens untereinander vermieden werden.

Auch die eher selten vorkommenden **haarlosen** Hamster (auch „Alien Hamster") sind zu den Qualzuchten zu rechnen. Da den Tieren das schützende Fell fehlt, ziehen sie sich extrem leicht Hautverletzungen zu. Schon normale Kleintiereinstreu aus Holzspänen kann zu solchen Verletzungen führen. Zudem haben die Tiere Probleme ihre Körpertemperatur zu halten. Das bedeutet, dass sie schneller in den Winterschlaf fallen können, wenn die Raumtemperatur nicht angepasst wird. Weibliche haarlose Hamster produzieren zudem nur wenig oder gar keine Milch für ihre Jungen. Aus diesem Grund kommt es bei haarlosen Müttern anscheinend überdurchschnittlich häufig zu **Kronismus** (= Verspeisen der eigenen Jungen). Die Lebenserwartung haarloser Hamster ist i. d. R. deutlich reduziert.

Eine Zucht haarloser Hamster ist rigoros abzulehnen.

Rex Hamster sind aufgrund ihres gewellten bzw. gelockten Fells beliebt. Bei ihnen kommt es aber auch zur Kräuselung und somit zu einer Funktionseinschränkung der Tasthaare. Da diese für den Hamster und seine Orientierung im Bau und in der Dunkelheit essenziell sind, ist bei Tieren mit gekräuselten Tasthaaren von einer deutlich eingeschränkten Lebensqualität auszugehen. Es wird auch diskutiert, ob der Wärmehaushalt dieser Tiere verändert ist, da durch die Lockung das Fell nicht mehr dicht anliegen kann. Rex Hamster werden somit zu den Qualzuchten gerechnet. Von einer Zucht ist ebenfalls abzuraten.

5.2 Normalverhalten

Wie bereits erwähnt, sind wilde Syrische Goldhamster in den Steppen Syriens beheimatet. Sie graben dort **Röhrenbauten**, in denen sie schlafen, Futter horten und ihre Jungen großziehen. Diese Baue können bis zu 2,5 m unter die Erdoberfläche reichen. Im Mittel sind sie 65 cm (36–106 cm) unter der Erdoberfläche (Gattermann et al., 2001). In den Erdbauen herrschen kühle Temperaturen vor. Daher vertragen Goldhamster Kälte besser als Wärme. Die Wohlfühltemperatur liegt bei 20–26 C°. Ab Temperaturen von 34 C° besteht Lebensgefahr für den Hamster (Albright und de Matos, 2010). Die Schlafhöhle der Goldhamster liegt mindestens in 80 cm Tiefe. Dort ist es schallisoliert, dunkel und die Tiere können in Ruhe schlafen. Goldhamster brauchen eine ungestörte Tagesruhe, um für ihre langandauernde nächtliche Futtersuche genug Energie zu haben.

> Goldhamster sind **nachtaktiv** und benötigen tagsüber strikte Ruhe. Werden sie nachts regelmäßig gestört, so wirkt sich das verkürzend auf die Lebenszeit aus!

Bei der nächtlichen **Futtersuche** legen sie lange Strecken zurück. In seminatürlicher Haltung verlassen die Tiere etwa 10-mal pro Nacht den Bau für die Futtersuche (Larimer et al., 2011). Die jeweiligen Ausflüge sind nur wenige Minuten lang, denn als kleines Beutetier ist der Goldhamster in seinem Bau am sichersten vor Beutegreifern. Das entdeckte Futter wird in den großen Backentaschen in den Bau transportiert. Die Sinne der Goldhamster sind aufgrund ihrer nächtlichen Aktivität auf die Orientierung bei Dämmerung bzw. Dunkelheit eingestellt.

5.2.1 Bewegungsverhalten

Goldhamster sind sehr bewegungsaktiv. Da sie in freier Wildbahn in einer eher kargen Gegend leben, müssen sie u. U. lange Strecken zurücklegen, um eine ausreichende Menge Futter zu sammeln. Dieser Bewegungsdrang wohnt auch noch den Hamstern inne, die als Haustiere gehalten werden, und muss bei der Größe und Ausstattung der Haltungseinheit beachtet werden.

Klettern Goldhamster klettern zudem gerne. Allerdings ist zu beachten, dass sie dabei nicht immer besonders geschickt vorgehen. Es kommt daher relativ häufig vor, dass Hamster beim Klettern abstürzen oder von Tischkanten fallen etc. Dabei können sie sich schwer verletzen oder gar sterben. Bei der Einrichtung des Hamsterheims sowie beim Freilauf muss folglich dafür gesorgt werden, dass dem Hamster sichere Klettermöglichkeiten zur Verfügung stehen.

Graben Dieses ist für Hamster eine überaus wichtige Verhaltensweise, schließlich legen sie in freier Wildbahn komplexe unterirdische Verstecke an. Goldhamster sollten daher die Möglichkeit haben, in ihrer Haltungseinheit zu graben. Dies hilft auch das Auftreten von Stereotypien zu reduzieren (► Kap. 5.5.4).

5.2.2 Sozialverhalten

Der Goldhamster ist – im Gegensatz zu allen anderen in diesem Buch besprochenen Tierarten – ein strikter **Einzelgänger**. Sogar die meisten Zwerghamster sind – außer dem Chinesischen Streifenhamster – noch ein wenig sozialer und können im

Einzelfall auch paarweise oder in kleinen Gruppen gehalten werden (Albright und de Matos, 2010). Das Sozialverhalten von Goldhamstern hängt aber offenbar auch von der Zuchtlinie, den Aufzuchtbedingungen und der Haltungsform ab. Arnold und Estep (1990) stellten z. B. bei Laborhamstern des Lakeview-Stamms fest, dass sie sich in einer Testapparatur nicht aus dem Weg gingen, sondern eher die Nähe zueinander suchten. Dies war insbesondere bei solchen Tieren der Fall, die sozial aufgezogen und gehalten worden waren. Unter anderem schliefen diese Hamster auch in der Nähe eines anderen Tiers. Hamster aus Einzelhaltung zeigten dagegen signifikant mehr aggressives Verhalten als Tiere aus Gruppenhaltung.

Goldhamster bewohnen in freier Wildbahn Einzelreviere, die sie vehement gegen Artgenossen verteidigen. Diese solitäre Lebensweise ist u. a. durch die relativ kargen Lebensbedingungen in ihrem Verbreitungsgebiet zu erklären. Futter ist nicht im Überfluss zu finden und es müssen meist lange Wegstrecken bei der Futtersuche zurückgelegt werden. So sind Baue einzelner Hamster nach Gattermann et al. (2001) mindestens 118 m voneinander entfernt. Nur zur Paarungszeit und bei der Aufzucht der Jungen leben Goldhamster für kurze Zeit sozial. Zusammenkünfte zwischen erwachsenen Tieren außerhalb der Paarungszeit führen zwangsläufig zu aggressiven Auseinandersetzungen.

Die Weibchen dulden ein Männchen i. d. R. nur während ihrer kurzen Brunst im Revier (s. u. „Fortpflanzungsverhalten"). Sie markieren dann den Untergrund mit einem Duftsekret aus der Klitorisspitze. Nach der Paarung muss das Männchen das Revier auch bald wieder verlassen.

Soziopositive Verhaltensweisen

Wie bereits erwähnt sind Goldhamster Einzelgänger. Es gibt also kaum Bedarf für soziopositive Verhaltensweisen. Goldhamster zeigen eigentlichen nur bei der Jungenaufzucht deutlich soziopositive Interaktionen (s. u. „Aufzuchtverhalten und Entwicklung der Jungtiere"). Begegnen sich zwei unbekannte Hamster, beschnüffeln sie meist erst den Kopf und evtl. danach die Anogenitalregion (Albright und de Matos, 2010).

Während der Paarungsphase werden die Männchen von den Weibchen geduldet. Bei der Haltung unter seminatürlichen Bedingungen konnte beobachtet werden, dass die Männchen dann den Weibchen in den Bau folgen und dieser verschlossen wird (Albright und de Matos, 2010). Männchen und Weibchen bleiben für einen Schlafzyklus zusammen, bevor das Weibchen das Männchen wieder attackiert.

Agonistisches Verhalten

Kampf Eindringlinge in das Revier werden von Goldhamstern umgehend angegriffen. Im Gegensatz zu den Kampfspielen der Jungtiere, bei denen sie Angriffe gegen den Kopf führen (Goldman et al., 1975), (► s. Zeichnung), werden ernste Attacken gewöhnlich mehr gegen Bauch und Rücken gerichtet.

Bei Kampfspielen junger Goldhamster werden bevorzugt Angriffe gegen den Kopf geführt.

Bei Ernstkämpfen zweier erwachsener Hamster versuchen sich die Tiere gegenseitig zu beißen.

Beißen Kämpfe beginnen meist damit, dass ein Hamster den anderen zu Boden wirft. Daraufhin versuchen beide Tiere i. d. R. vehement, den Gegner in Haut oder Fell zu beißen (► s. Zeichnung).

Demutsposition Der Kampf zwischen zwei Männchen endet häufig damit, dass das unterlegene Tier eine Art Demutsposition einnimmt. Dabei wird der Rücken hochgedrückt und das Schwänzchen steil nach oben gestellt, während das Tier sich mit sehr steifen Beinen fortbewegt (Albright und de Matos, 2010). Eventuell reitet der überlegene Hamster auch auf den Unterlegenen auf.

Drohverhalten Wenn sich ein Hamster in Rückenlage mit aufgeblasenen Backentaschen befindet, so hat er eine Abwehr-Droh-Haltung eingenommen. Das Entblößen der Zähne und Heben der Pfoten mit nach vorne weisenden Pfoteninnenflächen im Stehen ist ebenfalls eine Droh- bzw. Abwehrhaltung und stellt eine direkte Beißdrohung dar.

Akustische Kommunikation

Ultraschalllaute Der Großteil der akustischen Kommunikation von Hamstern findet im für Menschen nicht hörbaren Ultraschallbereich zwischen 20 kHz und 60 kHz statt (Johnston, 1985). Diese Ultraschalllaute werden v. a. von Männchen und Weibchen während der Paarungszeit ausgestoßen, um sich gegenseitig schneller finden zu können. Weibchen rufen dabei nur zu der Zeit, in der sie sexuell empfänglich sind. Die Anwesenheit, aber auch der Geruch des anderen Geschlechts regen diese Kontaktrufe bei beiden Geschlechtern an (Johnston, 1985). Auch die Jungtiere stoßen Laute im Ultraschallbereich mit evtl. zusätzlichen hörbaren Komponenten aus. Diese Rufe dienen vermutlich dazu, die Aufmerksamkeit der Mutter zu erregen und Brutpflegeverhalten auszulösen (Johnston, 1985).

Abwehr-, Droh-, Angstlaute Zusätzlich geben Goldhamster aber auch für das menschliche Ohr hörbare Laute von sich. Dabei handelt es sich v. a. um Abwehr- und Drohlaute wie Knurren, Fauchen oder Zähnewetzen. Letzteres ist ein deutliches Zeichen für agonistische Spannungen. Typische Angstlaute sind Quieken und Schreien.

Olfaktorische Kommunikation

Da sich Hamster insgesamt stark geruchlich orientieren, ist auch die olfaktorische Kommunikation ein wichtiger Aspekt bei der Regelung des Soziallebens. Die Gerüche sind wichtig für die individuelle Erkennung sowie das Sexualverhalten (Johnston, 1985). Gerüche werden über die Sekrete der Flankendrüsen, Vaginalsekrete und zu einem kleinen Teil auch über die Harder-Drüsen, Urin, Fäzes etc. abgegeben.

Flankendrüsensekret Die Flankendrüsen sind normalerweise bei männlichen Tieren stärker ausgeprägt als bei Weibchen. Es handelt sich dabei um dunkel pigmentierte Flecken mit rauer Haut und groben Haaren. Hamster nehmen bei der Abgabe des Sekrets eine typische Körperhaltung ein. Sie krümmen den Rücken und reiben ihre Flanken an vertikalen Gegenständen wie z. B. dem Eingang zum Bau. Zusätzlich kann auch Flankendrüsensekret auf dem Boden der Haltungseinheit bzw. des Reviers abgesetzt werden (Johnston, 1985). Die Sekrete der anderen Drüsen können sich beim Markieren vertikaler und horizontaler Flächen mit denen der Flankendrüsen vermischen (Johnston, 1985). Hamster markieren mit Geruch sowohl in **sozialem Kontext** (Fortpflanzungs- und Territorialverhalten) als auch im **nicht sozialen Kontext**. Letzteres geschieht seltener und z. B., wenn die Tiere ihre Umgebung erkunden, den Bau betreten oder verlassen sowie nach dem Putzen.

Vaginalsekret Es enthält eine Vielzahl von Gerüchen, abhängig v. a. vom Zyklusstand des Weibchens. Zur Abgabe des Sekrets drückt das Weibchen die Anogenitalregion auf den Boden und bewegt sich vorwärts (Johnston, 1985).

Fortpflanzungsverhalten

Goldhamster sind **saisonal polyöstrisch**. Im Winter, wenn die Tage kürzer werden und das Futter knapp ist, ruht die Fortpflanzung. Wird jedoch mithilfe künstlichen Lichts eine gleichmäßige Lichtperiode beibehalten, können sich Goldhamster ganzjährig fortpflanzen. Der Östruszyklus dauert ca. 4 (4–6) Tage und die Brunst beginnt typischerweise in den Abendstunden. Im Proöstrus zeigt das Weibchen vermehrtes Markieren mit Vaginalsekret und ruft im Ultraschallbereich nach Männchen. Am zweiten Tag des Östrus zeigt das Hamsterweibchen weißen, fädigen, dickflüssigen Vaginalausfluss, der nicht mit einem infektiös bedingten Ausfluss verwechselt werden sollte. Die Ovulation erfolgt spontan. Sie findet meistens 8 h nach Beginn des Zeigens von Lordose statt. Letzteres ist das Anzeichen für die Empfänglichkeit beim weiblichen Goldhamster. Wie bereits unter dem Punkt „Soziopositive Verhaltensweisen" (s. o.) beschrieben, dürfen die Männchen zur Paarung den Weibchen in den Bau folgen und dort auch einen Schlafzyklus verbringen (Albright und de Matos, 2010). Hamsterweibchen sind nur für recht kurze Zeit empfänglich und innerhalb weniger Stunden nach der Kopulation zeigen sie gegen das Männchen wieder agonistische Verhaltensweisen. Das Männchen wird angegriffen und muss den Bau wieder verlassen.

Zur Zucht hat es sich bewährt, das brünstige Weibchen etwa 1 h vor Beginn der Dunkelheit in den Käfig des Männchens zu setzen. Empfehlenswert ist es, den Heimatkäfig des Männchens zu verwenden sowie darauf Wert zu legen, dass mit einem **älteren, größeren Männchen** gezüchtet wird. Dies reduziert die Wahrscheinlichkeit, dass das Weibchen Aggressionen zeigt (Hollmann, 1998; Kuhnen, 2002).

Lordoseposition Nach einer kurzen Kennenlernphase, in der das Männchen das Weibchen beleckt und beschnüffelt, bewegt sich das Weibchen in einer typischen Art mit schnellen, kurzen Schritten. Danach nimmt sie die Lordoseposition ein und behält diese für mehrere Minuten bei. Dies tut das Hamsterweibchen sogar, wenn das Männchen nicht präsent ist (Johnston, 1985). Das Männchen beleckt und beschnüffelt das Weibchen in der Lordoseposition mehrfach. Die Paarung erfolgt mit mehrfachen Kopulationen und dauert insgesamt ca. 30 min.

Aggressives Weibchen Aufgrund der bald nach der Paarung beginnenden Aggression des Weibchens gegen ihren Partner, sollte das Hamsterweibchen relativ bald nach der beobachteten Paarung wieder aus dem Gehege des Männchens entfernt werden. Insgesamt empfiehlt es sich, die Paarung zu beobachten, sodass bei auftretender Aggression sofort eingegriffen werden kann.

Trächtigkeit, Nestbauverhalten Eine Trächtigkeit kann am besten aufgrund der Zunahme des Bauchumfangs und der raschen Gewichtszunahme innerhalb von 10 Tagen nach der Paarung festgestellt werden. Typische Verhaltensänderungen beim trächtigen Weibchen, wie z. B. eine vermehrte Aggression, sind ebenfalls zu beobachten. Dazu gehört auch, dass tragende Tiere weniger Zeit im Laufrad verbringen, dafür mehr Zeit mit Fressen sowie mit Graben im Nestbereich (Gebhardt-Henrich et al., 2005). Etwa 4 Tage vor der Geburt beginnt das Weibchen starkes Nestbauverhalten zu zeigen. Trächtige Hamsterweibchen sollten aus diesen Gründen reichlich Gelegenheit zum Graben und passende Materialien für den Nestbau zur Verfügung gestellt bekommen.

Geburt Direkt vor der Geburt wird das Weibchen unruhig und blutet aus der Vagina. Zudem kann eine erhöhte Atemfrequenz beobachtet werden. Während der Geburt leckt sich die werdende Mutter häufig in der Anogenitalregion. Nach der Geburt werden die Nabelschnüre und Plazenten gefressen. Letztere werden oft auch in den Backentaschen oder bei den Vorräten gelagert, um zu einem späteren Zeitpunkt verspeist zu werden (Albright und de Matos, 2010).

Kronismus Da Goldhamster sehr sensibel auf Gerüche oder Eindringlinge in ihr Revier reagieren, müssen weibliche Goldhamster mit ihren Jungtieren immer zwingend alleine gehalten werden ohne weitere Artgenossen im Käfig. Zudem sollten weibliche Hamster v.a. in den Tagen um die Geburt (2 d a.p. bis 7 d.p.p.) nicht angefasst und gestört werden, weil es sonst zu Kronismus (= Verspeisen der eigenen Jungtiere, ▸ Kap. 5.5.3) kommen kann (Kuhnen, 2002). Da es bei Versuchen einer **Ammenaufzucht** häufig zu **Kannibalismus** kommt, wobei meist sowohl die fremden als auch eigene Jungtiere aufgefressen werden, ist von Ammenaufzucht abzuraten.

Aufzuchtverhalten und Entwicklung der Jungtiere

Kronismus, Verlassen des Wurfs Goldhamster sind **Nesthocker** und werden nackt, blind und taub geboren. Die Ohren öffnen sich i.d.R. nach 4–5 Tagen und die Augen nach etwa 14–16 Tagen. Im Alter von etwa 9 Tagen beginnt auch das Fell der Hamsterbabys zu wachsen. Gerade in den ersten Tagen nach der Geburt ist die Hamstermutter sehr empfindlich gegenüber Störungen von außen. Es kann zu einem Verlassen oder gar Verspeisen des Wurfs oder einzelner Tiere des Wurfs kommen. Letzteres kann z.B. auch auftreten, wenn der Wurf von Menschen angefasst wurde und sich dadurch geruchlich verändert hat. Daher ist jegliches Handling von Hamsterbabys nur nach strenger Indikation durchzuführen.

> Ein Hamsterwurf sollte nach Möglichkeit **nicht angefasst** werden, um den Geruch der Tiere nicht zu beeinflussen und Kronismus vorzubeugen.

Mit ca. 7–10 Tagen beginnen die Jungtiere festes Futter sowie Wasser aufzunehmen. Es sollte darauf geachtet werden, dass Wasser und Futter zu dieser Zeit besonders gut für die Jungen erreichbar sind.

Demutshaltung der Jungtiere Die Jungtiere werden von der Mutter im Alter von etwa **3 Wochen** abgesetzt. Sie zeigt dann in zunehmendem Maße agonistisches Verhalten gegen ihre Jungen. Meist ignoriert sie jedoch die abgesetzten Jungtiere. Junge Goldhamster zeigen die bereits oben erwähnte typische „Demutshaltung“ bei der Begegnung mit adulten Artgenossen (gestelzter Gang mit erhobenem Schwanz).

Kampfspiele Die Jungtiere sind häufig mit Kampfspielen beschäftigt, die ab dem 15. Lebenstag zu beobachten sind. Dabei werden Angriffe überwiegend gegen den Kopf von Wurfgeschwistern gestartet. Zudem werden die Spielpartner auf den Boden gedrückt (Goldman et al., 1975). Insgesamt sind Jungtiere aber deutlich weniger aggressiv als adulte Goldhamster. Mit Beginn der Pubertät jedoch werden aus den Kampfspielen ernste Kämpfe.

5.2.3 Komfortverhalten

Gähnen, Sich-Strecken, Sich-Putzen Als Komfortverhalten zeigen Hamster v.a. Gähnen und Strecken. Aber auch das Putzen des eigenen Körpers gehört in diesen Funktionskreis. Dabei wird das Fell beleckt und mit den Vorderpfoten auch regelrecht durchkämmt. Das Putzritual nach dem Aufstehen ist für die Hamster wichtig. Zu dieser Zeit sollten sie noch nicht gestört werden. Zu beachten ist allerdings, dass Putzen auch eine Übersprungshandlung darstellen kann. So wird es oft bei Unsicherheit und in Stresssituationen gezeigt.

Goldhamster nehmen zur Körperpflege auch gerne ein **Sandbad** (idealerweise in quarzfreiem Chinchillasand ► Kap. 10.3.2 bzw. ► Abb. 10-5).

5.2.4 Erkundungsverhalten

Goldhamster erkunden aufmerksam ihre Umwelt, wenn sie sich darin sicher fühlen und sich zur Not schnell zurückziehen können. Sie orientieren sich dabei v.a. geruchlich und markieren Gegenstände in ihrem Revier. Dieser Reviergeruch gibt ihnen Sicherheit. Aufgrund ihrer vorwiegenden geruchlichen Orientierung empfinden es Goldhamster durchaus als Stress, wenn die Haltungseinheit auf einmal komplett gesäubert wird. Es empfiehlt sich daher immer einen Teil benutzter Einstreu im Käfig zu lassen und nicht jedes Mal alle Gegenstände zu säubern (► Kap. 5.3.2, „Säuberung der Haltung“)

Aber auch der Seh- und Tastsinn helfen den Goldhamstern bei der Orientierung und Erkundung.

5.2.5 Nahrungsaufnahme- und Ausscheidungsverhalten

Goldhamster sind typische Nagetiere und verfügen über insgesamt 16 Zähne. Die vier kräftigen Schneidezähne **wachsen lebenslang** und müssen durch regelmäßiges Nagen einen entsprechenden Abrieb erfahren.

Backentaschen Als Besonderheit verfügen Goldhamster beidseits entlang des Unterkiefers über Ausstülpungen der Mundschleimhaut, die Backentaschen. Die Öffnung der Taschen befindet sich auf Höhe der zahnfreien Lücke des Gebisses. In den Backentaschen werden große Mengen an Nahrung auf einmal in den Bau transportiert. Sie können sich in der Größe verdoppeln oder auch verdreifachen, wenn sie mit Futter gefüllt sind. Beim Syrischen Goldhamster geht man von einem Fassungsvermögen von ca. 20 g aus. Zum Entleeren streichen die Tiere mit den Pfoten von hinten nach vorne über die Backentaschen.

> Falls ein **Nackengriff** beim Goldhamster unumgänglich ist, muss darauf geachtet werden, den gesamten Bereich der Hautausstülpung der Backentaschen gut zu umfassen, damit man den Hamster sicher hält.

Bei der Aufnahme von unsachgemäßen Futtermitteln können die Backentaschen verstopfen und müssen manuell entleert werden.

Einweichen der Nahrung Der zweikammerige Magen des Hamsters besteht aus dem verhornten Vormagen, der dem Einweichen der Nahrung und erster mikrobieller Aufspaltung der Cellulose dient (Deininger und Mackensen, 2008). Dort wird sehr hochwertiges Protein gebildet. Im Hauptmagen, der viele Drüsen besitzt, wird die Nahrung schließlich weiter aufgespalten, ebenso wie im Dünndarm und Blinddarm.

Caecotrophie Auch Goldhamster zeigen Caecotrophie. Häufig wird jedoch dabei der Kot vom Boden aufgenommen und nicht immer zwangsläufig direkt vom After weg.

5.2.6 Erkennen von Schmerzen und Leiden

Goldhamster gehören zu den kleinen Heimtieren, die als Beutetiere nicht davon profitieren, Schmerzen und Leiden deutlich zu zeigen. Daher ist es wichtig, auch **subtile Anzeichen** für Schmerzen beim Hamster zu kennen, um so rechtzeitig Probleme zu erkennen und entsprechend therapeutisch tätig zu werden. Gerade kleine Tiere wie der Syrische Goldhamster haben meist keine großen Energiereserven mehr übrig, wenn es offensichtlich ist, dass es ihnen nicht gut geht.

Nach Gärtner und Militzer (1993) sind **Hauptmerkmale** für Schmerzen und Leiden:

- Gewichtsverlust
- Gesteigerte Aggressivität (zunehmend aggressive Reaktionen bei Berührung)
- Reduziertes Verhalten trotz deutlicher Außenreize (apathisch, „depressiv"), „Trägheit" bei Berührung, Explorationsverhalten reduziert
- Stark veränderte Schlafzeiten

Erkennen von Schmerzen und Leiden

Einzelmerkmale für Schmerzen und Leiden beim Hamster nach Gärtner und Militzer (1993) sind:

- Körperhaltung und Bewegung: zusammengerollte Lage, zögernde/verminderte Bewegungen bei Erkrankung der Bauchorgane, gestelzter Gang evtl. bei Schmerzen im Bauchraum; Gangbild verändert bei Schmerzen am Bewegungsapparat
- Augen: Schwellungen, Verklebungen durch Exsudat, Konjunktivitis

- Atmung: Frequenz erhöht, evtl. starke Atembewegungen
- Anus/Schwanz: „nasser Schwanz" („wet tail") aufgrund von Diarrhoe, verschmutzte Perinealregion
- Sinken der Körpertemperatur
- Schwellungen oder Ulcera an Lippen oder Pfoten
- Quieken oder Zähnewetzen bei Annäherung (kommt aber auch bei gesunden Tieren vor)

Hamsterbesitzer sollten nach Möglichkeit schon vor der Anschaffung auf diese Anzeichen hingewiesen und ermutigt werden, den Tierarzt immer schon sehr früh aufzusuchen.

5.3 Haltungsansprüche und Haltungsbeispiele

5.3.1 Rechtliche Anforderungen

Neben der allgemeinen Forderung des § 2 des Tierschutzgesetzes nach einer verhaltensgerechten Unterbringung, gibt es auch spezielle Anforderungen an das Halten von Hamstern als Versuchstiere. Diese sind in Anhang III der EU-Richtlinie 2010/63/EU (2010) beschrieben, auf den sich auch die Tierschutz-Versuchstierverordnung bezieht. Die hier geforderten Mindestflächen sind jedoch als viel zu klein für die Heimtierhaltung anzusehen (► Kap. 5.3.2, „Bewegungsraum").

5.3.2 Empfehlungen für die Heimtierhaltung

Dank mehrerer ethologischer Untersuchungen u. a. an den Universitäten Bern (unter Leitung von Herrn Prof. Dr. Andreas Steiger) und Halle (Prof. Dr. Rolf Gattermann) hat in den letzten Jahren das Wissen über das Verhalten und die Haltungsansprüche von Goldhamstern beträchtlich zugenommen. So ist zu hoffen, dass die Haltung von Goldhamster unter nicht-tiergerechten Bedingungen, wie sie bisher weit verbreitet waren, bald der Vergangenheit angehört.

Einzelhaltung

Adulte Goldhamster sind streng solitär. Wilde adulte Goldhamster leben allein in ihren Bauen (Gattermann et al., 2001). Daher sollten adulte Goldhamster nur in Einzelhaltung gehalten werden. Insbesondere die naturfarbenen und gescheckten Goldhamster sind unverträglich und können blutige Kämpfe führen (Schmidt, 1985).
Territorialverhalten Aber auch wenn in einer großzügigen Haltung keine Kämpfe zu beobachten sind, kann eine gemeinschaftliche Haltung Dauerstress für das unterlegene Tier bedeuten. Dies belegte Gattermann (2000): Er hielt Labor-Goldhamster ganzjährig in einem etwa 8 m^2 großen Gewächshaus. Trotz dieser großen Grund-

fläche und ad libitum Fütterung konnte sich immer nur eines der Tiere etablieren. Dieses legte einen arttypischen **Überwinterungsbau** an, in dem es allein lebte. Es war nur nachts außerhalb des Baus aktiv für durchschnittlich 3–4 h. Die anderen Hamster waren dagegen 12–14 h aktiv und versuchten abzuwandern. Sie legten jeweils vor Sonnenaufgang einen „**Notbau**" flach unter der Erdoberfläche an, der in der Folgenacht vom etablierten, ranghohen Tier geplündert und zerstört wurde. Die subordinierten Tiere mussten jeweils nach ca. 1–2 Wochen aus Tierschutzgründen wegen Unterernährung und Erschöpfung aus dem Gewächshaus genommen werden. Sie wiesen keine Bissverletzungen auf. Gattermann bezeichnet das Verhalten des jeweils etablierten Goldhamsters als Form des Territorialverhaltens.

Goldhamster sind **Einzelgänger**. Insbesondere bei wildfarbigen Tieren bedeutet die Haltung mit einem Artgenossen Stress.

Verpaarung Will man Tiere verpaaren, so sollte man das Weibchen zum Männchen setzen und nicht umgekehrt, weil zu erwarten ist, dass das Weibchen sonst aggressiv reagiert (Hollmann, 1998; Kuhnen, 2002). Das Männchen hat dann eine Art „Heimvorteil", da es sich in seinem vertrauten Revier mit seinen eigenen Duftmarken aufhält. Mehrere Unterschlupfmöglichkeiten mit mehreren Ausgängen sollten vorhanden sein, damit sich die Tiere voreinander zurückziehen können. Das Weibchen akzeptiert das Männchen i. d. R. nur während seiner Brunst alle 5–6 Tage (Hollmann, 1998). Ansonsten kann es vorkommen, dass das Weibchen das Männchen schwer verletzt.

Besonderheiten bei Zwerghamstern

Grundsätzlich sollten auch Zwerghamster einzeln gehalten werden. Die Dsungarischen Zwerghamster sowie die Campbell-Zwerghamster und Roborowski-Zwerghamster können allerdings auch in kleinen Gruppen leben. Idealerweise werden dazu zwei Männchen oder ein Männchen mit mehreren Weibchen zusammen gehalten (Albright und de Matos, 2010). In letzterem Fall muss das Männchen allerdings kastriert werden, wenn Nachwuchs nicht erwünscht ist. Reine Weibchengruppen sind i. d. R. nicht friedlich. Für eine möglichst erfolgreiche und friedliche Haltung in sozialen Gruppen, sollten die Tiere bereits als Jungtiere zusammengesetzt werden. Dennoch kann es auch bei eigentlich harmonischen Paar- oder Gruppenhaltungen zu plötzlichen Aggressionen kommen, die eine Einzelhaltung erfordern.

Der Chinesische Streifenhamster ist wie der Syrische Goldhamster ein strikter Einzelgänger und zeigt hohe Aggression gegenüber Artgenossen.

Standort der Haltung

Wilde Goldhamster leben in unterirdischen Bauen, in denen es dunkel und lärmgeschützt ist. Für Goldhamster ist es daher essenziell, dass sie tagsüber einen ungestörten Schlafplatz haben, wobei Licht, Geräusche und Erschütterungen vermieden werden müssen. Der Käfigstandort muss daher sorgfältig ausgewählt werden. Das bedeutet, dass der Käfig weder neben einem Kühlschrank, noch neben der Spülmaschine oder einem Fernseher stehen darf. Der typische Standort für Hamsterkäfige ist das Kinderzimmer. Dieses ist jedoch absolut ungeeignet, da die Kinder den Hamster tagsüber stören, und der Hamster wiederum durch seine Aktivität die Nachtruhe der Kinder stören kann.

Ein **ruhiger, erschütterungsfreier Käfigstandort** ist essenziell für Hamster.

Klimatische Anforderungen

Goldhamster sind echte **Winterschläfer** (Kuhnen, 2002). Wenn die Haltungstemperatur zu niedrig wird, besteht die Gefahr, dass der Goldhamster in Winterschlaf fällt. Dies sollte vermieden werden, indem die Zimmertemperatur mindestens 18 °C beträgt. Gärtner und Militzer (1993) beschreiben, dass Goldhamster bei kurzen Belichtungszeiten und trockener Luft auch unter normalen Temperaturen in winterschlafähnliche Zustände fallen können. Aufgrund der Hitzeempfindlichkeit von Goldhamstern, dürfen die Gehege keiner langanhaltenden direkten Sonneneinstrahlung ausgesetzt werden.

Um eine Anreicherung von **Schadgasen** zu vermeiden, sollten Goldhamster nicht in geschlossenen Vollplastik-Behältnissen gehalten werden. Am besten eignen sich (ca. 50 cm tiefe) Plastikunterwannen mit Gitteraufsatz.

Das **Käfigmaterial** sollte glatt, feuchtedicht, korrosionsbeständig, leicht zu reinigen, und widerstandsfähig gegen Beknabbern sein (Kuhnen, 2002).

Bewegungsraum

Goldhamster sind nachts sehr aktiv. Sie legen große Wegstrecken zur Futtersuche zurück. Goldhamster müssen daher die Möglichkeit zum Bewegen und Erkunden erhalten. Sinnvoll sind ein gut strukturierter, großer Käfig und der tägliche, kontrollierte Freilauf.

Größe des Käfigs

Die gesetzliche **Mindesthaltungsfläche** für Laborhamster liegt bei 800 cm^2 (EU-Richtlinie 2010/63/EU, 2010), die Mindestkäfighöhe bei 14 cm. Auf dieser Fläche dürfen bis zu fünf Jungtiere bis 60 g KG oder bis zu vier Jungtiere bis 100 g KG oder drei Tiere über 100 g KG gehalten werden. Die Abhängigkeit der Mindestflächenanforderung vom Körpergewicht der Tiere berücksichtigt nicht, dass Jungtiere bewegungsaktiver sind als adulte Tiere.

Diesen Mindestflächen stehen die Dimensionen von Hamsterbauen und Reviergrößen wilder Goldhamster gegenüber. Nach Untersuchungen von Gattermann et al. (2001) beträgt die mittlere Tunnellänge der unterirdischen Baue 200 cm und die Mindestentfernung zwischen Bauen 118 m.

Werden Goldhamster in zu kleinen Käfigen gehalten, kommt es zu **Stress**, der in Form von physiologischen Abweichungen feststellbar ist. Dies beschrieb Kuhnen (1999a; 1999b) in Bezug auf die rektale Körpertemperatur, die bei einer Haltung in kleinen Käfigen stressbedingt signifikant erhöht war. Aufgrund seiner Studien zur Fieberreaktion von Laborhamstern fordert Kuhnen (2002), dass Käfige auf keinen Fall kleiner als 800 cm^2 sein dürfen.

Hamster streben danach, ihr Verhalten räumlich aufzuteilen (Kuhnen 2002), d. h., sie wählen für Verhaltensweisen unterschiedlicher Funktionskreise unterschiedliche Orte. Damit diese **Verhaltensaufteilung** gelingen kann, muss ausreichend Platz vorhanden sein.

Fischer (2005) untersuchte das Verhalten von einzeln gehaltenen Goldhamstern in vier verschiedenen Käfiggrößen von 1800 cm^2 bis 1 m^2. Stereotypes **Gitternagen** kam zwar in allen Käfigen vor, jedoch nahm mit zunehmender Käfiggröße die Häufigkeit von Gitternagen signifikant ab. Aufgrund dieser Ergebnisse empfehlen Fischer et al. (2007) als Mindestfläche für die Haltung von Goldhamstern als Heimtiere 1 m^2.

Besonderheiten bei Zwerghamstern

Bei den Zwerghamstern ist zu beachten, dass diese aufgrund ihrer sehr geringen Größe auch durch sehr enge Spalten im Gitter entkommen können. Das bedeutet, dass der Gitterabstand höchstens bei 0,6–0,7 cm liegen sollte, oder dass eine Haltung im Terrarium/Aquarium erfolgen muss. Bei einer Haltung im Aquarium bzw. Terrarium ist zwingend für eine gute Belüftung zu sorgen.

Freilauf

Erkundungsfläche Freilauf kann dem Goldhamster entweder in der möglichst hamstersicheren Wohnung unter Aufsicht oder auf einer eigens dafür eingerichteten, ausbruchsicheren Erkundungsfläche („**Hamster-Abenteuerspielplatz**") gewährt werden. Letzteres hat den Vorteil, dass der Hamster in einem gesicherten Areal immer wieder Neues erkunden kann, ohne dabei ständig beaufsichtigt werden zu müssen. Man sollte die Tiere jedoch nicht dort hinein setzen, da dies mit Stress verbunden ist. Besser ist es, man ermöglicht den freiwilligen Zugang zu diesem Erkundungsbereich.

Erkundungsobjekte, Futter Als Beschäftigung bieten sich wechselnde Erkundungsobjekte an, z. B. Rindenteile, Pappkartons mit verschiedenen Öffnungen, eine „Wühlbox" (mit Papierschnipseln oder Laub gefüllter Karton, in dem z. B. Körner versteckt werden) etc. Eine weitere Beschäftigungsidee ist, dem Hamster in der Wohnung verstreut Futter auszulegen, das er dann in den Käfig eintragen kann.

Hamster sind zwar bemüht, Kot und Urin getrennt von ihren Ruheorten abzusetzen und haben damit eine natürliche Tendenz zur Reinhaltung bestimmter Käfigbereiche. Was jedoch den Freilauf in der Wohnung angeht, kann man nicht erwarten, dass der Hamster „stubenrein" wird. Man muss davon ausgehen, dass er Kot und Urin auch auf dem Teppich absetzen wird.

Hamster sind sehr **bewegungsaktive** Tiere und brauchen daher eine ausreichende Haltungsfläche. Experten empfehlen mindestens 1 m^2. Zusätzliche Bewegungs- und Erkundungsmöglichkeiten sollten über kontrollierten Freilauf oder hamstersichere Erkundungsflächen angeboten werden.

Enrichment

Käfigstrukturierung und -ausstattung

Die Anreicherung und Strukturierung der Haltungsumwelt (Enrichment) hat positive Auswirkungen auf Physiologie und Verhalten von Goldhamstern, z. B. bewirkt sie eine Verminderung von Angstverhalten und eine Verbesserung der Orientierung in Verhaltenstests (Kuhnen, 2002). Der Käfig sollte daher verschiedene, sinnvoll angeordnete Elemente enthalten, welche die Haltungsumwelt für den Hamster „anreichern" und den Käfigraum dreidimensional strukturieren. So kann der für das Tier nutzbare Raum vergrößert werden. Denn Hamster zeigen **Thigmotaxis**, d. h., sie bewegen sich entlang von Strukturen wie Wänden. Daher ist es sinnvoll, nicht nur eine große Grundfläche zur Verfügung zu stellen, sondern diese auch durch Anreicherung mit z. B. Unterschlüpfen besser nutzbar zu machen. Außerdem erhält der Hamster dadurch noch mehr Möglichkeiten, Verhaltensweisen unterschiedlicher Funktionskreise räumlich voneinander zu trennen.

Zur Käfigausstattung gehören „Häuschen" (s. u.) oder ähnliche Unterschlüpfe, breite, rutschsichere Rampen zu erhöhten Ebenen, Äste, Röhren, ein Laufrad etc. Einrichtungsgegenstände sollten möglichst nicht aus Plastik, sondern aus Holz, Kork etc. sein, damit die Tiere keine Plastikteile abknabbern und verschlucken können. Röhren sollten einen Mindestdurchmesser von 4 cm haben (Kuhnen, 2002). Hamster klettern zwar gerne, können aber auch leicht abstürzen und sich dabei schwer verletzen. Wirbelsäulenbrüche sind dabei nicht selten. Daher sollte man zwar viele Klettermöglichkeiten anbieten, diese aber immer absturzsicher gestalten.

Alle Klettermöglichkeiten müssen auf **Sicherheit** überprüft werden, damit der Hamster nicht abstürzen und sich verletzen kann. Daher sollten Rampen, Äste etc. nicht zu hoch angebracht werden, und unter ihnen sollte sich immer eine weiche Unterlage (z. B. Streu) befinden.

Häuschen

Wilde Goldhamster legen ihre unterirdischen Baue mit jeweils einer mit trockenen Pflanzen **gepolsterten Nestkammer** und **Gängen** für Vorräte an. Gattermann et al. (2001) beschrieben auch, dass die von ihnen untersuchten Hamsterbaue einen blind endenden Gang besaßen, der als „**Latrine**" für Urinabsatz verwendet wurde. Kot fand sich überall in den Bauen verstreut. Um die räumliche Trennung der Bereiche Schlafen, Elimination und Vorratshaltung auch dem Heimtier zu ermöglichen, sollten mehrere Unterschlüpfe bzw. „Häuschen" zur Verfügung stehen. Insbesondere das „Schlafhäuschen" muss groß genug sein, damit sich der Hamster darin mit Nistmaterial ein gepolstertes Nest bauen kann.

Helles, direktes Licht muss vermieden werden, dunkle Rückzugsbereiche sind für den Hamster auch aus Gründen der **Lichtscheue** essenziell.

Nistmaterial

Hamster brauchen Nistmaterial. Sie bauen sich daraus meist **kugelige Schlafnester**. Nach Kuhnen (2002) ist Nistmaterial von ähnlicher Bedeutung wie Futter und Wasser, denn Hamster arbeiten dafür, zu Nistmaterial Zugang zu erhalten. Als Nistmaterial können Heu, Stroh, Zellstoff, Toilettenpapier, Papiertaschentücher, Küchenpapier, Packpapierschnipsel etc. verwendet werden. Wichtig ist, dass die Papierartikel nicht parfümiert sind. Ungeeignet sind Fasern oder Fäden, in denen sich der Hamster verfangen könnte bzw. die sich um seine Gliedmaßen schnüren können. Daher sollte man Hamstern keine Kokosfasern, Woll- oder Bastfäden geben (Hollmann, 1998). Auch von handelsüblicher „Hamsterwatte", die nicht voll verdaulich ist, muss abgeraten werden. Manchmal steht der Hinweis „voll verdaulich" auf der Packung, obwohl dies nicht zutrifft.

Einstreu: Möglichkeiten zum Graben

Hamster zeigen eine deutliche Bevorzugung von eingestreutem, planem Boden gegenüber Drahtgitterboden (Arnold und Estep, 1994). Streu soll den Hamster sauber und trocken halten, saugfähig sein und Ammoniakbildung verhindern sowie Feuchte, Gerüche und Schadgase binden (Kuhnen, 2002). Als Einstreu eignet sich Kleintierstreu, jedoch kein Sägemehl und keine Katzenstreu (Hollmann, 1998).

Die **Einstreutiefe** sollte das Graben von Bauen ermöglichen. Gattermann (2000) stellte in seinen Untersuchungen fest, dass Laborgoldhamster arttypische Baue unter der Erde anlegen, wenn sie dazu die Möglichkeit haben, und dass sich ihr Verhalten nicht von dem von Wildhamstern unterscheidet. Am allgemeinen Verhaltensrepertoire lassen sich keine Defizite oder Degenerationen erkennen. Hauzenberger (2005) untersuchte das Verhalten von Heimtiergoldhamstern in Einzelhaltung in unterschiedlichen Streutiefen: 10 cm, 40 cm und 80 cm. Alle Käfige waren zudem ausgestattet mit Unterschlupf, Nistmaterial, Laufrad, Toilettenrolle, Haselnusszweig und Sandbad. Alle Hamster, die in 40 cm und in 80 cm Tiefstreu gehalten wurden, bauten darin bereits ab dem ersten Tag der Haltung Gänge und Höhlen, in denen sie sich die meiste Zeit aufhielten. Sie nutzen diese selbstgebauten Höhlen mehr als ihr „Häuschen". Die Hamster in den Käfigen mit 10 cm Streu zeigten signifikant mehr

Gitternagen und eine höhere Laufradaktivität als die Hamster in 40 und 80 cm Streutiefe. Bei den Tieren in 80 cm Streutiefe kam überhaupt kein Gitternagen vor (Hauzenberger, 2005; Hauzenberger et al., 2006). Allerdings wiesen die Hamster in 80 cm Streu mehr Körperfett auf als die Tiere der anderen Gruppen, sie waren scheuer und bissen bei Provokation mehr. Aus den Ergebnissen dieser Studie lässt sich schließen, dass die Heimtierhaltung einen Käfigunterbau erfordert, der etwa 40 cm Tiefstreu enthält, damit sich Goldhamster entsprechende Baue anlegen können.

Goldhamster sind hoch motiviert, **Baue** zu graben. Sie sollten in der Heimtierhaltung die Möglichkeit dazu erhalten, indem sie in ca. **40 cm Tiefstreu** gehalten werden.

Laufrad

Lange war umstritten, ob man Hamstern Laufräder anbieten sollte. Manche Autoren vermuteten, dass es sich beim Gebrauch des Laufrads um eine Bewegungsstereotypie handeln könnte (Hollmann, 1998; Kuhnen, 2002). Diese Vermutung wird jedoch durch Untersuchungen von Gebhardt-Henrich et al. (2005) widerlegt. Es zeigte sich, dass weibliche Goldhamster die Laufradnutzung an ihren physiologischen Zustand anpassten, d. h. während der Tracht weniger und während der Jungenaufzucht gar nicht mehr im Laufrad liefen. Die Tiere mit Laufrad hatten sogar größere Würfe, die sie erfolgreich aufzogen. Das Laufrad bewirkte außerdem eine signifikante Verringerung von (stereotypem) Gitternagen. Auch Gattermann et al. (2004) empfehlen aufgrund ihrer Studie ein Laufrad als sinnvolles Enrichment, da die physiologische Kondition von Hamstern verbessert wird.

Im Gegensatz zu Fischer et al. (2007), stellte Kuhnen (2002) fest, dass der Gebrauch des Laufrads in größeren Käfigen abnimmt. Außerdem verringert auch das Anbieten von Tiefstreu (s. u.) die Laufradnutzung (Hauzenberger, 2005). Daraus kann man schließen, dass durch eine tiergerechte Haltung mit der Befriedigung der Bedürfnisse nach Bewegung und Graben die Bedeutung eines Laufrads für den Hamster reduziert wird. Vermutlich erfüllt der **tägliche kontrollierte Freilauf** ähnliche Funktionen. Über die entsprechenden Auswirkungen des Freilaufs gibt es bislang jedoch keine Studien. In den Arbeiten von Fischer (2005) und Hauzenberger (2005) nutzen die Tiere trotz sehr großräumiger und angereicherter Käfige die angebotenen Laufräder häufig. Fischer (2005) stellte fest, dass die Hamster durchschnittlich 8,3 km pro Tag auf dem Laufrad zurücklegten. Als maximale Laufstrecke wurden 18,6 km pro Tag gemessen. Die Laufradnutzung nahm signifikant zu, wenn die Tiere einem Stressor ausgesetzt waren (Fischer, 2005; Hauzenberger, 2005). Daraus lässt sich schließen, dass nach Stressoreinwirkung Hamster das Bedürfnis haben, mehr zu laufen, entweder, um durch das Laufen Stress abzubauen, oder um Fluchtverhalten auszuüben.

Als Fazit aus all diesen Untersuchungen kann abgeleitet werden, dass Laufräder keine Haltungsmängel kompensieren können, aber sowohl **ethologische** als auch **physiologische Vorteile** für die Hamster bieten und bei einer tiergerechten Haltung

Abb. 5-2 Goldhamster in einem empfehlenswerten Laufrad

als zusätzliches Element angeboten werden sollten. Dafür müssen sie allerdings bestimmte Anforderungen (► Abb. 5-2) erfüllen (s. Kasten): Ein Laufrad muss groß genug sein, damit der Hamster nicht in lordotischer Haltung darin laufen muss, und es muss achsseitig verschlossen sein, dass keine Verletzungsgefahr besteht. Die Lauffläche sollte nicht aus offenen Sprossen bestehen, sondern geschlossen sein.

PRAXISTIPP

Anforderungen an ein Laufrad

- Achsseitige feste Verankerung am Käfig, kein Laufrad mit Ständer
- Die Seite mit der Befestigung (achsseitig) muss komplett geschlossen sein.
- Die andere Seite muss komplett offen sein (ohne Streben etc.).
- Lauffläche geschlossen, d. h. keine offenen Sprossen oder Gitter
- Unschädliches Material: Holz ist besser als Plastik, das angeknabbert werden könnte.
- Ausreichende Größe, die dem Hamster ermöglicht, ohne Lordose zu laufen; i. d. R. sollte der Durchmesser daher mindestens 30 cm betragen.
- Das Laufrad sollte sich geräuscharm bewegen.

Positive Effekte eines Laufrads (wissenschaftlich belegt) sind:

- Verbessert die körperliche Fitness
- Verringert (stereotypes) Gitternagen
- Verbessert die Zuchtergebnisse
- Wird nach einem Stressor verstärkt benutzt, kann daher vermutlich zum Stressabbau dienen

Sandbad

Goldhamster nehmen gerne ein Sandbad an. In der Studie von Fischer (2005) zeigte sich, dass Goldhamster – unabhängig von der Größe des Käfigs – ein Sandbad sehr häufig nutzen, insbesondere, um sich darin zu wälzen. Die Schale sollte mit Chinchillasand gefüllt sein. Man sollte darauf achten, dass es sich nicht um quarzhaltigen Sand, sondern um Sepiolith, Attapulgus bzw. Attapulgith handelt (► Kap. 10.3.2 bzw. ► Abb. 10-5).

Als kritisch anzusehendes bzw. tierschutzwidriges Zubehör

Da Hamster vorwiegend von Kindern gehalten werden, gibt es im Handel jede Menge Zubehör, das Kinder ansprechen soll, jedoch als kritisch oder sogar tierschutzwidrig anzusehen ist.

„Hamsterkugel" Sie wird auch manchmal „Joggingball" genannt und erscheint auf den ersten Blick wie eine praktische „Verpackung" des Hamsters während seines Auslaufs. Das mühsame Einfangen des freilaufenden Tiers entfällt damit. Dieses Plastikbehältnis ist jedoch mit einem großen Verletzungsrisiko für die Tiere verbunden. Hamster finden darin keine Rückzugsmöglichkeit. Beim Versuch zu entfliehen, setzen sie die Kugel immer schneller und unkontrollierter in Gang. Sie können dann gegen Wände oder Möbel schlagen oder die Treppe hinunterfallen. Allein der Aufenthalt in dieser Kugel bedeutet für den Hamster i. d. R. **Stress**. Hinzu kommt, dass Kinder zu unverantwortlichem Spiel verleitet werden könnten, indem sie den Ball rollen oder wie einen Fußball benutzen. Vermutlich ist auch keine ausreichende Sauerstoffversorgung gewährleistet. „Hamsterautos", die der Hamster bei seinem Fluchtversuch in Bewegung setzt, sind aus denselben Gründen als tierschutzwidrig zu bewerten.

Plastikröhrensysteme etc. Auch sie können – je nach Konstruktion und Anwendung – tierschutzrelevant sein. Kurze Verbindungsrohre zwischen Käfigen können als unproblematisch angesehen werden, wenn sie einen ausreichenden Durchmesser haben. Hersteller zielen jedoch darauf ab, dass die Halter, insbesondere Kinder, komplizierte, labyrinthartige Aufbauten herstellen. Bei senkrecht gestellten Röhren kann **Absturzgefahr** bestehen. Außerdem ist ein Feuchtigkeits- und Hygieneproblem denkbar, da die Röhrensysteme meist kaum belüftet sind, d. h. keine Luftlöcher enthalten. Kinder werden durch die Werbung in Broschüren oder auf der Verpackung dazu verleitet, immer wechselnde, komplexe Labyrinthe für den Hamster zu bauen, ihn tagsüber dort hineinzusetzen um zu beobachten, wie er durch die Röhren klettert. Die Röhren sind jedoch durchsichtig, sodass sich der Hamster nicht zurückziehen kann. Auf der Suche nach einer Rückzugsmöglichkeit oder dem Rückweg zum Käfig klettert der Hamster durch das Röhrensystem, was niedlich und munter aussieht, aber für den Hamster eine belastende Situation darstellt, aus der er sich nicht selbst befreien kann. Womöglich wird das Tier von den Kindern in diesen Röhren sich selbst überlassen, vergessen, und muss tagsüber Stunden im Labyrinth verbringen.

> Im Handel gibt es eine große Auswahl an **tierschutzwidrigem Zubehör** zu kaufen. Umso wichtiger ist es, dass der Tierarzt Besitzer über eine verhaltensgerechte Unterbringung aufklärt. Listen von tierschutzwidrigem Zubehör gibt es bei der Tierärztlichen Vereinigung für Tierschutz e. V. (TVT: www.tierschutz-tvt.de) sowie dem Zentralverband für Zoologische Fachbetriebe Deutschlands e. V. (ZZF: www.zzf.de).

Säuberung der Haltung

Die geruchliche Gestaltung ihrer Haltungsumgebung spielt eine wichtige Rolle für das Sicherheitsempfinden des Goldhamsters. Werden im Zuge der Käfigsäuberung alle Duftmarken entfernt, wird der Hamster stark verunsichert und fühlt sich so, als wäre er „in der Fremde" statt „zu Hause". Dass Wechsel von Streu bzw. Käfig Hamster **stresst**, zeigten mehrere Studien (u. a. Gattermann und Weinandy, 1996). Diese Information sollte den Tierhaltern möglichst anschaulich vermittelt werden: Da für Hamster der Geruch eine wesentlich größere Rolle spielt als für Menschen, ist die Entfernung des Geruchs ein ähnlich großer Eingriff, wie wenn jemand in unserer Abwesenheit unser Haus komplett ausräumen, d. h. alle persönlichen Gegenstände entfernen sowie umbauen würde. Der Hamster muss sich nach jeder Reinigung komplett neu geruchlich einrichten und seine Umgebung vertraut machen. Der Spagat zwischen Hygiene und Dufterhalt für den Hamster kann am besten verwirklicht werden, indem nicht alle Käfigbestandteile auf einmal erneuert werden: Wird die Streu ausgetauscht, sollten nicht auch Häuschen, Laufrad, Etagen und Rampen gesäubert werden. Bei Käfigen mit artgemäßer Tiefstreu, in der der Hamster Gänge und Höhlen gebaut hat, braucht man nur selten die komplette Streu zu wechseln. Vielleicht gelingt es, eine Latrinenhöhle ausfindig zu machen, falls diese vom Hamster angelegt wurde, und nur diese auszugraben und mit frischer Streu zu füllen.

> Hamster orientieren sich in ihrem Revier v. a. **geruchlich**. Wird ihr Käfig samt Zubehör komplett gereinigt und werden damit alle Duftmarken entfernt, wird der Hamster unnötig gestresst.

Fütterung

Hamster ernähren sich in freier Wildbahn überwiegend **granivor**. Das bedeutet, dass sie spezialisierte Samenfresser sind. Allerdings fressen sie in der Wildnis auch Insekten und Kerbtiere und nehmen somit tierisches Protein zu sich.

Futtermittel Geeignete Futtermittel für Hamster sind verschiedene Getreidearten, Sonnenblumenkerne, Kürbiskerne, und Nüsse. Als Saftfutter eignen sich Karotten, Obst, Löwenzahn, Salat, sowie Mais in Milchreife (Kamphues et al., 1999). Als

Nagematerial eignen sich Zweige mit Knospen oder junge Triebe von ungespritzten Obstbäumen. Es können auch Hundekauknochen als Nagematerial angeboten werden (Kamphues et al., 1999). Eine Anreicherung der Ration mit dem notwendigen tierischen Protein kann auch mit Insekten, Quark, Ei, Bachflohkrebsen und Fleisch an manchen Tagen erfolgen. Es sind allerdings auch gute Alleinfuttermittel im Handel erhältlich. Diese sollten unbedingt immer mit Frischfutter und den erwähnten Nagemöglichkeiten angereichert werden. Zudem sollte Hamstern auch Heu angeboten werden. Es wird nicht nur als Nistmaterial verwendet, sondern auch z. T. gefressen. Futterumstellungen sollten immer nur langsam über viele Tage hinweg erfolgen.

Goldhamster vertagen **abrupte Futterumstellungen** nur schlecht. Sie müssen daher strikt vermieden werden, um intestinalen Problemen vorzubeugen.

Futter sollte möglichst im ganzen Käfig verstreut angeboten werden, damit der Hamster seinem Bedürfnis nach dem Suchen und Sammeln von Nahrung nachkommen kann.

Vorratshäuschen Da Hamster **Vorratshaltung** betreiben, muss das Vorratshäuschen in regelmäßigen Abständen kontrolliert werden, um verdorbenes Futter zu entfernen, bevor es der Hamster aufnimmt und Anorexie sowie Verdauungsstörungen die Folge sind.

Wasser Selbstverständlich muss frisches, sauberes Wasser ständig zur freien Verfügung angeboten werden. Es kann in einer Nippeltränke oder in einem schweren, gegen Umstürzen gesicherten Wassernapf angeboten werden. Auf Vor- und Nachteile beider Darreichungsformen wurde in ► Kapitel 4.3.1 eingegangen.

Der ideale Halter

Goldhamster werden üblicherweise für (kleine) Kinder angeschafft, die sich ein eigenes Tier wünschen. Diese Spezies eignet sich jedoch überhaupt **nicht** als Heimtier **für Kinder**. Zum einen liegt das an ihrer Nachtaktivität, zum anderen an ihrem Einzelgängerwesen. Kinder möchten gerne kuschelige Streicheltiere. Der solitär lebende Goldhamster hat jedoch keinerlei Bedürfnis nach Kuscheln und sozialer Körperpflege. Diese Verhaltensweisen gibt es nicht in seinem Verhaltensrepertoire. Daher bedeutet das Wecken am Tag und das Angefasst-werden und „Spielen“ für den Hamster Stress, der lebensverkürzend sein kann und als tierschutzrelevant angesehen werden muss. Die Anschaffung eines Goldhamsters sollte daher frühestens für Kinder ab 10 Jahren erfolgen (Hollmann, 1998). Die Verantwortung für das Wohlergehen des Tiers tragen jedoch immer die Erwachsenen. Der ideale Hamsterhalter ist jemand, der gerne beobachtet, keine Ambitionen zum Streicheln oder „Spielen“ hat, Geduld für das Zähmen aufbringt und die Eigenheiten dieses Heimtiers respektiert.

Hamster sind **keine „Streicheltiere“** und ungeeignet für kleine Kinder.

Anschaffung

Zukünftige Halter sollten sich vor der Anschaffung gründlich über die Besonderheiten des Hamsters und dessen Haltungsansprüche informieren. Selbstverständlich sollten nur gesunde Hamster aus einer verantwortungsvollen Zucht und verhaltensgerechten Unterbringung ausgewählt werden. Nach Hollmann (1998) sind männliche Tiere etwas friedlicher als Weibchen und werden eher handzahm.

Wie für die Anschaffung aller Tiere, so gilt auch für den Goldhamster, dass erst das Haltungszubehör angeschafft und der Käfig zu Hause aufgebaut sowie eingerichtet wird. Erst, wenn alles bereit ist, sollte der Hamster erworben werden. Dabei ist zu beachten, dass aufgrund der strengen Nachtaktivität Hamster möglichst erst am späten Nachmittag, besser noch am Abend kurz vor Ladenschluss erworben werden sollten. Da sich Goldhamster in besonderem Maße geruchlich orientieren, sollte etwas benutzte Streu und Nistmaterial aus dem bisherigen Käfig im Zoogeschäft/Tierheim oder beim Züchter mit in die Transportbox gegeben werden sowie zu Hause auf die neue Einstreu ausgebracht werden (Hollmann, 1998). Man kann auch etwas vom gewohnten Futter mitnehmen.

Zu Hause sollte der Hamster die ersten Tage in Ruhe gelassen werden, sodass er sein neues Heim erkunden und mit Duftstoffen markieren kann. Eventuell sollte ein Teil des Käfigs anfangs mit einem Tuch abgedeckt werden, um dem Hamster eine ruhige und lichtgeschützte Umgebung zu gewähren (Hollmann, 1998). Wenn der Hamster nach einiger Zeit ruhiger wird, sich putzt, gähnt und streckt, sind dies Zeichen dafür, dass er sich in seiner neuen Umgebung entspannt.

Zusammenfassung

Die wichtigsten Haltungsempfehlungen

- Einzelhaltung
- Käfigfläche möglichst groß (1 m^2)
- Tiefstreubereich (mind. 30–40 cm tief)
- Einrichtungsgegenstände möglichst aus Naturmaterialien und nicht aus Plastik: Etagen, Unterschlüpfe, Wurzeln, umgedrehte Rindenstücke etc.
- Klettermöglichkeiten immer absturzgesichert (d. h. nicht zu hoch angebracht, darunter weiche Unterlage)
- Mindestens ein geräumiges Schlafhäuschen sowie ein Vorratshäuschen
- Verletzungssicheres Laufrad, Mindestdurchmesser 30 cm
- Sandbad mit quarzfreiem Chinchillasand
- Täglicher, kontrollierter Freilauf
- Fütterung mit einem ausgewogenen Alleinfuttermittel, Körnern und Sämereien sowie Frischfutter, Nagematerialien und Heu
- Nicht für Kinder als Haustiere geeignet
- Nie beim Schlafen stören; Beschäftigung, Käfigsäubern, Tierarztbesuche etc. erst am Abend.
- Absolut ruhiger, erschütterungsfreier Käfigstandort

- Mindesttemperatur der Haltung 18 °C
- Bei der Käfigsäuberung nicht alle Duftspuren entfernen, d. h., nicht zum gleichen Zeitpunkt Streu wechseln und komplettes Zubehör reinigen.

5.4 Umgang mit Goldhamstern

Hamster sind durch ihr „einzelgängerisches Wesen" gegen den Menschen nicht so kontaktfreudig wie z. B. Ratten und sie sind keine „Streicheltiere". Dies ist zu respektieren. Mithilfe von Futter und einer behutsamen Gewöhnung ohne Zwang kann eine Zahmheit jedoch erreicht werden.

Goldhamster sind streng nachtaktiv. Sie dürfen keinesfalls tagsüber geweckt werden. Mit der Beschäftigung muss der Halter warten, bis der Hamster ausgeschlafen hat und von sich aus seine Höhle verlässt. Gattermann und Weinandy (1996) zeigten in einer Studie, dass Goldhamster eine sehr viel stärkere Stressreaktion zeigen, wenn ein Stressor tagsüber, d. h. während der Ruhezeit, erfolgt. Daher sollte man auch mit dem Säubern des Käfigs etc. warten, bis der Hamster von alleine am Abend wach wird.

Goldhamster reagieren auf **Stressoren** sehr viel stärker, wenn diese **tagsüber** während ihrer Ruhephasen erfolgen. Daher sollten alle Aktivitäten mit dem Hamster, inkl. Käfigsäuberung, Fütterung etc., erst abends nach dessen Aufwachen erfolgen.

Um einen **vertrauenserweckenden Geruch** an den Händen zu erreichen, sollte man diese mit benutzter Streu des Hamsters (d. h. mit dessen Uringeruch) einreiben (Hollmann, 1998).

Hamster sollte man anfassen und hochheben, indem man mit den Händen eine Höhle bildet. Dafür hält man zuerst die gewölbten Hände über den Hamster und schließt sie dann um ihn. Zum Einfangen entlaufener Hamster kann man ein Behältnis verwenden, in das man das Tier laufen lässt.

PRAXISTIPP

Handling in der Tierarztpraxis

- Der Hamsterhalter sollte erst am späten Nachmittag bzw. möglichst erst am Abend in die Praxis bestellt werden.
- Die Halter sollten wissen, dass sie benutzte Streu und benutztes Nestmaterial des Hamsters mit in die Transportbox geben sollen, damit dieser von seinem vertrauten Geruch umgeben ist.
- Bevor der Hamster angefasst wird, sollten die Hände mit der benutzten Streu aus der Transportbox (oder dem mitgebrachten Käfig) eingerieben werden.

- Der Hamster vorsichtig mit beiden Händen aus Transportbox/Käfig genommen werden. Die Hände sollten dabei zu einer Höhle geformt sein (erst beide Hände über das Tier als Dach formen, dann eine Hand unter den Hamster schieben).
- Der Nackengriff ist möglichst zu vermeiden. Wenn das Tier fixiert werden muss, dann möglichst nah am Kopf, sodass sich der Hamster nicht umdrehen und beißen kann.
- Hamster sollten nur wenige Zentimeter hochgehoben werden, sodass die Wahrscheinlichkeit, dass sie sich verletzen, reduziert wird, sollten sie dennoch entkommen und fallen.
- Entwischt der Hamster in der Praxis, sollte er mit einer Plastikbox oder Röhre etc. eingefangen werden (ihn hineinlaufen lassen).

5.5 Verhaltensprobleme

Die meisten Verhaltensprobleme von Goldhamstern in der Heimtierhaltung lassen sich durch eine Optimierung der Haltungsumwelt und des Managements lösen. Wenn entsprechende Problematiken jedoch nicht mit den genannten Tipps behandelt werden können, oder wenn es weiter Probleme gibt, empfiehlt sich die Überweisung an einen tierärztlichen Spezialisten für Verhaltenstherapie und -medizin. Eine aktuelle Liste der in Deutschland tätigen tierärztlichen Verhaltenstherapeuten findet sich unter www.gtvmt.de.

5.5.1 Aggression gegen Menschen

Die Aggression gegen Menschen ist ein häufiges Problem, das von Hamsterbesitzern beschrieben wird. Auch in der Tierarztpraxis bei der Untersuchung sind Hamsterpatienten oft auffällig aggressiv. Die Gründe für das aggressive Verhalten von Goldhamstern können dabei sehr vielfältig sein. Unter anderem können grobes Handling, Unwohlsein sowie Schmerz zu aggressivem Verhalten führen. Aber auch plötzliche Störungen (v. a. des Schlafs), eine Störung von Muttertieren oder der Kontakt mit anderen Hamstern können zu einer aggressiven Grundstimmung führen. Hamster gehen dann häufig in Abwehrhaltung (► s. Zeichnung).

Laut Hollmann (1998) ist die häufigste Ursache für Aggressionen gegen Menschen die **Störung des Schlafs**. Daher sollten sie nach Möglichkeit niemals während ihrer Schlafphase gestört werden. Das bedeutet, dass sämtliches Handling, auch in der Tierarztpraxis auf den späten Nachmittag bzw. auf die frühen Abendstunden gelegt werden sollte. Wie bereits oben erwähnt, sollte auch eine Käfigreinigung immer nur abends durchgeführt werden, wenn der Hamster ausgeschlafen hat. Insgesamt sollte ein Hamster nur geweckt werden, wenn es wirklich absolut nötig ist. Das Wecken muss so sanft wie möglich durchgeführt werden. Es empfiehlt sich z. B. in der Nähe des Schafhäuschens mit der Einstreu zu rascheln, oder mit den Fingern sanft (!) an die Gitterstäbe zu tippen, bis das Tier erwacht ist. Erst wenn

Ein Hamster, der nicht zahm ist, kann sich bei Annäherung der menschlichen Hand erschrecken und in Abwehrhaltung gehen.

der Goldhamster die Augen geöffnet hat, sollte er hochgehoben werden. Dabei ist darauf zu achten, ihn sicher aber dennoch locker zu halten. Die meisten Hamster mögen es gerne, wenn die Hände zu einer Höhle geformt werden und sie in dieser „Höhle" hochgehoben werden.

Um Aggressionen vorzubeugen, sollten Hamsterbesitzer zudem immer dazu angehalten werden, sich regelmäßig mit ihrem Hamster zu beschäftigen und ein **Handling** häufig aber immer sanft und möglichst ohne Zwang durchzuführen. Eine kleine Futterbelohnung während und auch nach jedem Handling lässt Hamster schneller zahm werden. Gerade die ersten Handling-Übungen sollten immer im Heimkäfig und bei gedämpftem Licht erfolgen, da sich Hamster dann sicherer fühlen. Erst wenn der Hamster es gewohnt ist, hochgenommen zu werden, und wenn er bereitwillig zur dargereichten Hand kommt, kann auch ein Handling außerhalb des Heimkäfigs durchgeführt werden.

Wenn ein Hamster regelmäßig Aggression zeigt, sollte zusammen mit dem Besitzer genau eruiert werden, auf welchen Trigger der Hamster reagiert. Ist es bereits der Anblick der Hand, die Annäherung der Hand oder erst die Berührung? Abhängig davon sollte dann eine entsprechende **Desensibilisierung und Gegenkonditionierung** durchgeführt werden. Am einfachsten funktioniert die Gegenkonditionierung durch das Anbieten von speziellen Futterbelohnungen. Während der Desensibilisierungs- und Gegenkonditionierungsphase sollte der Hamster nach Möglichkeit nicht anderweitig gehandelt werden.

Wichtig ist es, den Besitzern auch mitzugeben, wie sie sich am besten verhalten, wenn sie doch einmal von ihrem Hamster gebissen werden. **Verbeißt** sich der Goldhamster z. B. in der Hand, wenn man ihn hochhebt, dann sollte man ihn keinesfalls abschütteln, sondern behutsam auf eine Unterlage absetzen (Hollmann, 1998). Beim Abschütteln besteht die Gefahr, dass der Hamster loslässt und dann gegen einen Gegenstand oder auf den Boden geschleudert wird. Dabei kann er sich tödliche Verletzungen zuziehen.

PRAXISTIPP

In der Tierarztpraxis hat es sich bewährt, einem Hamster einen **Holzspatel** hinzuhalten, in den er sich bei Aggression verbeißen kann. So bleiben die Hände von Helfer und Tierarzt meist verschont.

5.5.2 Aggression gegen Artgenossen oder andere Tiere

Goldhamster sind strikte Einzelgänger und dürfen nicht mit Artgenossen oder anderen Tieren (z. B. Zwerghamstern) zusammen in einer Haltungseinheit gehalten werden. Wie bei der Zucht von Goldhamstern vorgegangen werden muss, um Aggressionen zwischen Männchen und Weibchen vorzubeugen, wurde bereits in ► Kapitel 5.2.2 „Fortpflanzungsverhalten" beschrieben.

5.5.3 Kronismus

Kronismus, also das Verspeisen der eigenen Jungtiere, ist bei in Gefangenschaft gehaltenen Goldhamstern ein durchaus häufig zu beobachtendes Phänomen. Inwieweit es auch von wild lebenden Hamstern gezeigt wird, ist nicht bekannt. Die Ursachen für Kronismus können vielfältig sein. Als gesichert gilt, dass es beim ersten Wurf etwas häufiger zu Kronismus kommt. Mögliche **Ursachen** für das Fressen der eigenen Jungtiere durch die Mutter sind nach Hollmann (1998):

- **Fehlender Hemmschrei des Jungtiers:** Gesunde Jungtiere stoßen einen Hemmschrei aus, wenn ihre Mutter die Nabelschnur abfrisst und die Nabelpforte erreicht. Lebensschwache oder tote Jungtiere werden gefressen.
- **Störungen** durch den Menschen, menschlicher Geruch an den Jungtieren
- **Stress** des Muttertiers, evtl. daraus resultierender Milchmangel
- **Proteinmangel** des Muttertiers, evtl. bedingt durch zu frühes Decken (zu junge Mutter) oder zu hohe Geburtenfolge

Als weitere mögliche Ursachen werden diskutiert, dass das Nest mit den Jungtieren zu ungeschützt ist, oder dass laute Geräusche in der Nähe des Käfigs sind.

Als wichtigste präventive Maßnahme gilt es, die Mutter und den Wurf mehrere Tage vor der Geburt und in der ersten Woche nach der Geburt nicht zu stören.

Ein Muttertier mit Wurf darf man **nicht unnötig stören**; den Wurf sollte man nicht anfassen.

5.5.4 Stereotypien

Vor allem wenn Hamster ihre natürlichen Verhaltensweisen wie graben, sich verstecken, laufen und Futter suchen nicht richtig ausführen können, kann dies zu **stereotypen Verhaltensweisen** führen. Bei Hamstern ist hauptsächlich das stereotype **Gitternagen** zu beobachten. Viele Studien zeigen, dass dieses Verhalten haltungsabhängig ist. Es wird durch das Vorhandensein eines Laufrads (Gebhardt-Henrich, 2005), durch eine zunehmende Käfigfläche (Fischer, 2005) und eine zunehmende Einstreutiefe (Hauzenberger, 2005) signifikant reduziert. Tritt Gitternagen auf, ist dies als wichtiges Warnsignal anzusehen, dass die Haltungsbedingungen suboptimal sind. Daher sollten diese sowie die Beschäftigungsmöglichkeiten für den Hamster entsprechend so weit wie möglich verbessert werden. Es sollte z. B. dafür gesorgt werden, dass der Käfig mindestens 40 cm tief eingestreut ist, um das Graben und Bauen kleiner Verstecke zu ermöglichen. Ebenso muss die Käfiggrundfläche vergrößert werden sowie ein passendes Laufrad zur Verfügung gestellt werden. Als Beschäftigungsmöglichkeiten können Pappröhren, Zweige ungespritzter Obstbäume etc. dienen. Es ist jedoch zu bedenken, dass Stereotypien residual-reaktiv sind, d. h., auch bei verbesserter Haltung bis zu einem gewissen Ausmaß bestehen bleiben können.

Literatur

Albright, J., de Matos, R. (2010): Hamsters. In: Tynes, V. (Hrsg.): Behavior of exotic pets. Sussex, UK: Blackwell Publishing.

Arnold, C. E., Estep, D. Q. (1990): Effects of housing on social preference and behaviour in male golden hamsters (mesocricetus auratus). Appl Anim Behav Sci 27: 253–261.

Arnold, C. E., Estep, D. Q. (1994): Laboratory caging preferences in golden hamsters (mesocricetus auratus). Lab Anim 28: 232–238.

BMEL (2015): Tierschutzbericht der Bundesregierung 2015 – Bericht über den Stand der Entwicklung des Tierschutzes (www.bmel.de/SharedDocs/Downloads/Broschueren/Tierschutzbericht-2015.pdf?__blob=publicationFile; letzter Abruf 02.08.2016).

Deininger, E., Mackensen, H. (2008): Kleine Heimtiere – artgerechte Haltung im Tierheim und Zuhause. Deutscher Tierschutzbund e. V., Bonn.

EU-Richtlinie 2010/63/EU (2010): Richtlinie 2010/63/EU des Europäischen Parlaments und Rates vom 22. September 2010 zum Schutz der für wissenschaftliche Zwecke verwendeten Tiere. Amtsblatt der Europäischen Union L 276: 33–79.

Fischer, K. (2005): Behaviour of golden hamsters (mesocricetus auratus) kept in four different cage sizes. Dissertation med. vet, Vetsuisse-Fakultät, Bern.

(www.tierschutz.vetsuisse.unibe.ch/unibe/portal/fak_vetmedizin/c_dept_dcr-vph/e_inst_tierschutz/content/e191756/e224004/e224515/e239751/Diss_Fischer_ger_eng.pdf; letzter Abruf 15.08.2016).

Fischer, K., Gebhardt-Henrich, S. G., Steiger, A. (2007): Behaviour of golden hamsters (Mesocricetus auratus) kept in four different cage sizes. Anim Welfare 16: 85–93.

Gärtner, K., Militzer, K. (1993): Zur Bewertung von Schmerzen, Leiden und Schäden bei Versuchstieren. Schriftenreihe Versuchstierkunde Heft 14. Berlin, Hamburg: Verlag Paul Parey.

Gattermann, R. (2000): 70 Jahre Goldhamster in menschlicher Obhut – wie groß sind die Unterschiede zu seinen wildlebenden Verwandten? Tierlaboratorium 23: 86–99.

Gattermann, R., Fritzsche, P., Neumann, K. et al. (2001): Notes on the current distribution and ecology of wild golden hamsters (mesocricetus auratus). J Zool, 254: 359–365.

Gattermann, R., Weinandy, R. (1996): Time of day and stress response to different stressors in experimental animals. 1. Golden hamster (mesocricetus auratus waterhouse, 1839). J Exp Anim Sci 38: 66–76.

Gattermann, R., Weinandy, R., Fritzsche, P. (2004): Running-wheel activity and body composition in golden hamsters (mesocricetus auratus). Physiol Behav 82: 541–544.

Gebhardt-Henrich, S. G., Vonlanthen, E. M., Steiger, A. (2005): How does the running wheel affect the behaviour and reproduction of golden hamsters kept as pets? Appl Anim Behav Scie 95: 199–203.

Goldman, L., Swanson, H. (1975): Developmental changes in pre-adult behavior in confined colonies of golden hamster. Dev Psychobiol 8: 137–150.

Hauzenberger, A. (2005): The influence of bedding depth on behaviour in golden hamsters (mesocricetus auratus). Dissertation med. vet, Vetsuisse-Fakultät, Bern (www.zb.unibe.ch/download/eldiss/05hauzenberger_a.pdf; letzter Abruf 02.08.2016).

Hauzenberger, A., Gebhardt-Henrich, S. G., Steiger, A. (2006): The influence of bedding depth on behaviour in golden hamsters (mesocricetus auratus). Appl Anim Behav Sci 100: 280–294.

Hollmann, P. (1998): Der Hamster. Artgerecht halten, gesund ernähren, richtig verstehen. München: Gräfe und Unzer Verlag.

IUCN (2015): The IUCN Red List of Threatened Species (www.iucnredlist.org/; letzter Abruf: 02.08.2016).

Johnston, R. (1985): Communication. In: Johnston, R., Siegel, H. (Hrsg.): The hamster: reproduction and behavior. New York: Plenum Press.

Kamphues, J., Schneider, D., Leibetseder, J. (1999): Supplemente zu Vorlesungen und Übungen in der Tierernährung. Hannover: Schaper-Verlag.

Kuhnen, G. (1999a): The effect of cage size and enrichment on core temperature and febrile response of the golden hamster. Laboratory animals 33: 221–227.

Kuhnen, G. (1999b): Housing induced changes in the febrile response of juvenile and adult golden hamsters. J Exp Anim Sci 39: 151–155.

Kuhnen, G. (2002): Comfortable quarters for hamsters in research institutions. In: Reinhardt, V., Reinhardt, A. (Hrsg.): Comfortable quarters for laboratory animals. Animal Welfare Institute, Washington, 89. Ausgabe 33–37 www.blv.admin.ch/blv/de/home/tiere/tierschutz/heim-und-wildtierhaltung/goldhamster.html (letzter Abruf: 21.11.2016).

Larimer, S., Fritzsche, P., Song, Z. et al. (2011): Foraging behavior of golden hamsters (Mesocricetus auratus) in the wild. J Ethol 9: 275–283.

Schmidt, G. (1985): Hamster, Meerschweinchen, Mäuse und andere Nager. Stuttgart: Verlag Eugen Ulmer; 119–133.

Informationsmaterial für Tierhalter findet sich u. a. als Download bei:

Bundesamt für Lebensmittelsicherheit und Veterinärwesen BLV der Schweiz: www.meinheimtier.ch/de/goldhamster (letzter Abruf 02.08.2016).

Tierärztliche Vereinigung für Tierschutz e. V. TVT: www.tierschutz-tvt.de (letzter Abruf 02.08.2016).

6 Mäuse

Barbara Schneider

6.1 Einführung

Alle als Haustiere gehaltenen Mäuse, egal welcher Farbe, stammen von der wilden Hausmaus (*Mus musculus*) ab. Sie gehören zur Ordnung Rodentia (Nagetiere), Unterordnung Myomorpha (Mäuseverwandte) und Familie der Muridae (Langschwanzmäuse). Ursprünglich stammt die Hausmaus aus den Steppen Zentralasiens. Sie ist ein Kulturfolger des Menschen und bereits im Pleistozän vor 230 000 Jahren war sie mit menschlichen Behausungen assoziiert (Brothwell, 1981). Seit dem Übergang der Menschheit zum Ackerbau vor etwa 9000 Jahren, lebt die Maus sehr eng mit dem Menschen zusammen und breitete sich über die gesamte Welt und alle Klimazonen außer dem tropischen Afrika aus. Da sich die Tiere in den Getreidespeichern der Menschen gütlich taten, ist die Beziehung zwischen Mensch und Maus traditionell eher angespannt. Das Wort Maus stammt vermutlich aus dem alten Sanskrit von „mush" (= stehlen) ab. Mäuse sind sehr beliebte Beutetiere und wichtige Nahrungsgrundlage für eine Reihe von Raubtieren wie z. B. Wildkatze und Fuchs.

Wann Mäuse genau als Haustiere an Bedeutung gewannen, ist nicht ganz klar. Um das Jahr 1787 wurde das erste Büchlein über die Farbzucht von Mäusen in Japan geschrieben, auch wenn es vorher schon ab und zu Berichte über nicht wildfarbene Mäuse in chinesischen Schriften gab. Ab etwa 1800 wurden Mäuse langsam als **Haustiere** in Europa beliebt. Mittlerweile gibt es in sehr vielen Ländern der Erde Mauszuchtvereine, in denen die unterschiedlichsten Farbvarianten (► Abb. 6-1) gezüchtet werden.

Als **Versuchstier** wurde die Maus vermutlich schon viel früher verwendet, etwa ab dem 17. Jahrhundert (Vandenberg, 2000). Die Mäuse der pensionierten Lehrerin Mrs. Lathrope fanden schließlich Einzug in die amerikanischen Laboratorien etwa zu Beginns des 20. Jahrhunderts. Aus den Farbmäusen der Lehrerin wurden im Laufe der Zeit die Stämme CBA, C3H, C57BL/6, und BALB/c gezüchtet (Vandenbergh, 2000). Die Hausmaus entwickelte sich in der Grundlagenforschung und der angewandten biomedizinischen Forschung bald zum Tiermodell der Wahl – nicht zuletzt aufgrund ihrer enormen Anpassungsfähigkeit und der Möglichkeit, spezifische Inzuchtstämme mit speziellen Eigenschaften zu produzieren (Vandenbergh, 2000).

Abb. 6-1 Die Hausmaus wird aufgrund der verschiedenen erhältlichen Farbvarianten oftmals auch als Farbmaus bezeichnet.

Steckbrief

- Größe: ca. 7–11 cm Kopf-Rumpf-Länge (Schwanz zusätzliche 7–10 cm)
- Gewicht: 25–50 g (je nach Stamm)
- Lebenserwartung: 2–3 Jahre
- Ausgewachsen: mit ca. 4–6 Monaten
- Geschlechtsreife: mit 4–5 (6) Wochen
- Zykluslänge: 4–8 Tage
- Tragzeit: 21–23 Tage
- Wurfgröße: 3–12, durchschnittlich 8–10
- Nesthocker (nackte, blinde Neugeborene)
- Säugezeit: 3 Wochen

Die **Farbzucht** der Mäuse erfreut sich großer Beliebtheit. Neben den wildfarbenen Tieren gibt es z. B. weiße Mäuse, Albinos, gescheckte, schwarze, hellgraue und rote Mäuse.

Nicht alle diese Farbvarianten sind als unproblematisch einzustufen. So zählen z. B. Mäuse, die dominant „Red", „Yellow", „Fawn", „Sable" oder „Marten Sable" sind, zu den **Qualzuchten** (► Kap. 2.2.2). Diese **rotfarbenen** Tiere leiden unter einer genetisch bedingten Fettleibigkeit. Betroffene Tiere nehmen sehr stark zu, erkranken früh an Herz-Kreislauf-Problemen und haben eine entsprechend deutlich reduzierte Lebenserwartung. Werden zwei Tiere, die jeweils das Fettleibigkeitsgen in sich tragen, miteinander verpaart, sterben die Embryonen i. d. R. bereits im Mutterleib ab. Problematisch ist dabei v. a., dass bei Jungtieren rein optisch nicht zwischen gesunden rotfarbenen Mäusen und den Trägern des Fettleibigkeitgens unterschieden werden kann. Somit ist die Zucht roter Mäuse als problematisch einzustufen. Sie muss äußerst verantwortungsvoll durchgeführt werden, um auf Dauer das problematische Fettleibigkeitsgen auszumerzen.

Aber auch die **Schildpatt**-Mäuse sind als Qualzucht einzustufen. Diese Farbvariante, bei der kleine Flecken verschiedener Farben über den Körper verteilt sind, vererbt sich semidominant und ist geschlechtsgebunden. Das bedeutet, dass männliche Tiere mit dieser genetischen Information bereits im Uterus oder in den ersten 2 Lebenswochen sterben. Weibliche schildpattfarbene Mäuse sind lebensfähig, leiden aber häufig unter Fehlbildungen der Extremitäten sowie der Aorta. Auch gewellte Tasthaare und die damit verbundenen Orientierungsprobleme (▸ Kap. 2.2.4) kommen bei solchen Tieren vor. Von einer gezielten Zucht von Schildpattmäusen ist klar abzuraten.

Die „**Brindle**"-Farbvariante ist ebenfalls als Qualzucht einzustufen. Solche Mäuse haben i. d. R. ein helles (braunes) Fell mit schwarzen Streifen, die an die Zeichnung eines Tigers erinnern. Die Fellzeichnung ist geschlechtsgebunden. So tritt sie praktisch nur bei weiblichen Tieren auf. Männliche Tiere mit dem dominanten Brindle-Gen sterben üblicherweise in den ersten Lebenswochen. Sollten jedoch Böckchen überleben, sind sie normalerweise steril. Zudem kann es manchmal dazu kommen, dass Brindle Mäuse Probleme mit der Hinterhandkoordination haben und im Alter die Fähigkeit verlieren können, ihre Hintergliedmaßen zu kontrollieren. Auch von einer Zucht von Brindle Mäusen ist somit strikt abzuraten.

Nicht nur die Fellfärbung, sondern auch die Struktur des Fells kann bei Mäusen durch Zucht beeinflusst werden. Bei **Langhaar- und Angoramäusen** treten die Komplikationen auf, die sich allgemein bei Langhaarigkeit zeigen (▸ Kap. 2.2.3), wie z. B. schnelle Verfilzung des Fells. Häufig entwickeln betroffene Mäuse im Alter deutliche Augenprobleme, weil nicht nur die Haare am Körper verändert sind, sondern auch die Wimpern. Sie wachsen gebogen nach innen und es kommt zu einer permanenten Reizung der Augen. Schwere chronische Augenentzündungen können die Folge sein.

Bei **Lockenmäusen** kräuseln sich nicht nur die Fellhaare, sondern auch die Tasthaare und Wimpern. Auch hier kommt es zu Augenproblemen aufgrund der permanenten Reizung durch einwärts gerollte Wimpern sowie zu Problemen bei der Orientierung im Raum durch die eingeschränkten Tasthaare. Da die Lockung sowieso nur bei Jungtieren deutlich zu sehen ist, aber die anderen Probleme lebenslang bestehen, ist auch von der Zucht von Lockenmäusen abzuraten.

Weitere rigoros abzulehnende Qualzuchten sind u. a. die bereits an anderer Stelle besprochenen Nackt-,Tanz- und Manx Mäuse (▸ Kap. 2.2.5, Kap. 2.2.8).

6.2 Normalverhalten

Wilde Mäuse leben in verschiedensten Klimazonen und können auch unterschiedlichste Bedingungen aushalten. Sie leben meist in oder in der Nähe von menschlichen Siedlungen, aber auch in Waldgebieten. Mäuse verfügen über ein große Anpassungsfähigkeit, ähnlich den Ratten (► Kap. 7.2).

Die **soziale Struktur** in Mäusekolonien ist abhängig von ihrem Lebensraum. Bei wirklich wild lebenden Mäusen in Steppen, Wälder etc. haben sowohl Weibchen als auch Männchen ein Territorium. Diese Territorien können bei gegengeschlechtlichen Tieren überlappen oder gar identisch sein, und das nicht nur zur Paarungszeit (Krebs et al., 1995). Solche Territorien können dabei recht groß sein und verfügen über eine gewisse Flexibilität. Sie werden nicht immer vehement verteidigt. Mäuse, die in engem Kontakt zu Menschen leben, verfügen meistens über ein mehr als ausreichendes Futterangebot, wodurch es zu einer hohen Populationsdichte und kleinen Territorien kommt. Die kleinsten Territorien sind dabei etwa 2 m^2 groß (Lantham, 2010). Diese Mäuse bewegen sich selten mehr als einige Meter von ihrem Nest weg und verteidigen ihr Territorium u. U. vehement. Männchen leben meist mit mehreren verwandten Weibchen zusammen in einem Familienverband (Dobson und Boudoin, 2002). Die Grenzen des Territoriums sind i. d. R. besonders prominente Strukturen. Mäuse sind **thigmotaktisch** (bleiben nahe an Wänden) und verwenden immer dieselben Pfade durch ihr Territorium.

Mäuse sind dämmerungs- bzw. nachtaktiv und leben in Steppen, Wäldern und Kulturgebieten in unterirdischen **Bauen** in denen sich die mit Gras, Federn etc. gepolsterte Nesthöhle befindet. Diese Baue können selbstgegraben sein. Allerdings nutzen Mäuse auch verlassene Baue anderer Tiere. Die Mäuse, die in engem Kontakt mit Menschen leben, bauen große, kugelige oberirdische Nester aus zerkleinertem Zellstoff oder anderem, zerkleinerbarem Material und feineren Materialien. Nester können schalenförmig sein oder aber auch regelrechte Kugeln, die die Mäuse ganze bedecken (Estep et al., 1975). Mäuse benutzen Nester entweder alleine, zusammen mit dem gegengeschlechtlichen Partner oder gemeinsam mit dem Familienverband. Entsprechend ist die Größe von der Belegung abhängig.

Mäuse sind wie alle Nagetiere sehr **geruchsorientiert** und erkennen Familienmitglieder an deren Geruch. Auch die Kommunikation mit anderen, unbekannten Mäusen erfolgt v. a. über Duftmarken.

6.2.1 Bewegungsverhalten

Thigmotaktik Mäuse sind sehr bewegungsfreudige Tiere. Da sie zu den kleinen Beutetieren zählen, zeigen sie deutlich thigmotaktisches Verhalten (► Abb. 6-2). Insgesamt meiden sie freie Flächen bei ihrer Futtersuche.

Klettern, Springen, Schwimmen Mäuse können sehr lange Wegstrecken auf der Futtersuche zurücklegen, besonders wenn das Futterangebot knapp ist. Zudem sind Mäuse hervorragende Kletterer und können sogar vertikal Rinde etc. hochklettern (Lantham, 2010). Die Tiere verfügen auch über beachtliche Sprungkapazitäten und

Abb. 6-2 Deutlich erkennbares thigmotaktisches Verhalten (Drängen an Wand/Struktur) bei Mäusen in einem Standard-Makrolonkäfig ohne Struktur, bei dem eben der Deckel entfernt wurde (aufgenommen in einem europäischen Wildpark).

können Distanzen von 30 cm überwinden sowie eine Höhe von 2,5 m hinunterspringen, ohne sich zu verletzen (Lantham, 2010). Die kleinen Nager sind darüber hinaus gute Schwimmer.

Phasen der Inaktivität werden i. d. R. in der Sicherheit des Nestes verbracht.

6.2.2 Sozialverhalten

Mäuse sind **obligat soziale** Tiere. Das bedeutet, sie benötigen Artgenossen, um sich wirklich wohlzufühlen. Das Sozialverhalten (z. B. Akzeptanz fremder Mäuse im Territorium) ist dabei u. a. davon abhängig, wie dicht die Population ist. Prinzipiell beginnt eine soziale Kontaktaufnahme bei Mäusen mit einer wechselseitigen Geruchskontrolle, die vom Wittern in eine Anogenitalkontrolle übergeht.

Die Kommunikation von Mäusen erfolgt hauptsächlich über Vokalisationen und Gerüche. Aber auch Körpersprache spielt eine Rolle.

Soziopositive Verhaltensweisen

Soziopositive Interaktionen sind von Bedeutung für das harmonische Zusammenleben in der sozialen Gruppe. Körperkontakt spielt eine wichtige Rolle bei den positiven sozialen Interaktionen.

Zusammenkuscheln Ein Zusammenkuscheln zu einer engen Pyramide (► Abb. 6-3) dient nicht nur der Sicherheit und der Wärmeerhaltung einer Mäusefamilie, sondern auch dem psychischen Wohlbefinden.

Soziales Putzen In den meisten Fällen stellt es eine soziopositive Verhaltensweise dar. Es dient dazu, Rangbeziehungen zu pflegen, sich Informationen über aufgenommenes Futter zu vermitteln, sowie den Gruppengeruch aufrechtzuerhalten. Ältere Tiere in einer Weibchengruppe oder das ranghöchste Männchen in einer Männchengruppe fordern oft die rangniederen oder jüngeren Tiere zum Putzen auf. Sie tun das, indem sie den Kopf gesenkt dem anderen Tier unter die Schnauze schieben. So werden Rangbeziehungen gefestigt.

Abb. 6-3 Mäuse lieben es, sich im Nestbereich eng aneinander zu kuscheln.

Soziales Spiel Vor allem Jungtiere spielen Lauf- und Kampfspiele. Dabei wechseln sich Jäger und Gejagter ab und die Spielkampfsequenzen sind kurz.

Agonistisches Verhalten

Agonistische Verhaltensweisen zeigen Mäuse viele, besonders wenn es darum geht, ihr Territorium gegen Eindringlinge zu verteidigen. Grundsätzlich lässt sich sagen, dass Weibchen seltener aggressives Verhalten zeigen als Männchen. Weibliche Mäuse sind v. a. dann sehr aggressionsbereit gegen andere weibliche Mäuse, wenn eine gewisse Nahrungsknappheit besteht (Frynta et al., 2005).

Putzen Es wird manchmal als aktive, agonistische Rangdemonstration verwendet. Das Gegenüber wird dabei – im Gegensatz zum soziopositiven Putzen – meist sehr ruppig geputzt und wehrt sich, evtl. quiekend.

Schwanzschlagen Mäuse zeigen es u. a. in agonistischen Interaktionen als Zeichen hoher Erregung. Dabei wird mit dem Schwanz in schneller Folge auf den Boden geschlagen. Diese Schwanzbewegung kann auch eine Angriffsdrohung darstellen.

Drohverhalten Dazu gehören außerdem eine gesenkte Kopfposition sowie ein Trommeln mit den Hinterbeinen. Eine agonistische defensive Pose bei Mäusen ist ein aufrechtes Drohen mit zurückgelegten Ohren (► s. Zeichnung). Eventuell wird auch das Fell gesträubt. Wird sie weiterhin bedroht, kann die Maus boxen oder auch beißen. Dieses aufrechte Drohen wird auch gegen Fressfeinde wie z. B. Ratten gezeigt.

Kämpfe Dringt ein fremdes Böckchen in das Territorium eines Männchens ein, kann es zu sehr ernsthaften Kämpfen mit **Beschädigungsabsicht** kommen, v. a. wenn das fremde Männchen sich nicht zurückzieht. Grundsätzlich zeigt das Männchen, das im umkämpften Territorium heimisch ist, deutlich stärkere Aggression. Bei einem Ernstkampf versuchen sich die Gegner zu beißen und jagen sich auch über eine gewisse Stecke, um weitere Bisse zu setzen.

Aggressive Auseinandersetzung zwischen zwei Mäusen, bei denen die rechte Maus eine defensive Pose zeigt und den Angreifer mit den Vorderpfoten abwehrt.

Ernstkämpfe können **tödlich** enden.

Markierverhalten

Urinmarkieren Mäuse markieren ihr Revier mit Urin. Diese Duftmarken werden vom dominanten Männchen an der gesamten Reviergrenze gesetzt und regelmäßig aufgefrischt. Auch neue, verdächtige aber auch wichtige Gegenstände und Orte innerhalb des Reviers werden mit Urin markiert. Dazu gehören z. B. die beliebtesten Nest- und Futterorte. Es gibt auch Berichte, dass dominante männliche Mäuse in das Territorium weniger dominanter Männchen eindringen und deren Marken übermarkieren. Es wird insgesamt so häufig markiert, dass sich bei einer dichten Population und dem Vorhandensein von viel Staub aus Urin und Staub regelrächte Häufchen bilden. Innerhalb eines Territoriums sind die Tiere sehr stark vom Urin des dominanten Männchens umgeben. Subdominante Männchen setzen insgesamt deutlich weniger Urin ab. Sie tendieren dazu, ihn gesammelt in die Ecken ihres Habitats abzugeben, anstatt ihn in vielen Marken über das Territorium zu verteilen (Desjardins, 1972).

Da adulte Mäuse nach anfänglicher Untersuchung i. d. R. nicht weiter auf Urinmarken fremder Tiere reagieren, kann es auch sein, dass das Verteilen von Urin keinen ausschließlichen Markierzweck erfüllt (Hurst, 1987).

Akustische Kommunikation

Mäuse haben ein ausgezeichnetes Hörvermögen. Man geht davon aus, dass sie in einem Frequenzbereich von 80 Hz bis über 100 kHz hören können (Latham, 2010). Daher findet die meiste Kommunikation auch nicht in einem für das menschliche Ohr hörbaren Frequenzbereich statt.

Ultraschallkommunikation Mäuse verfügen über breite akustische Kommunikationsmöglichkeiten im Ultraschallbereich. Diese Laute sind für den Besitzer nicht zu hören, aber Hunde und Katzen reagieren mitunter darauf.

> **Katzen** und **Hunde** können im Einzelfall auf die Ultraschallkommunikation von Mäusen reagieren.

Die Ultraschallvokalisationen dienen v. a. der Kommunikation zwischen Welpen und Mutter, sowie der Kommunikation während der Fortpflanzung.

Mäusejunge z. B. stoßen, ähnlich wie Rattenwelpen (▸ Kap. 7.2.2) Ultraschallrufe in einem Bereich von über 35 kHz aus. Diese Laute sind i. d. R. auch deutlich länger als die von adulten Mäusen. Diese manchmal auch „**Isolationsrufe**" genannten Vokalisationen veranlassen das Muttertier dazu, die Welpen wieder in das Nest zurückzutragen. Die Stressrufe der Mäusejungen werden bei Isolierung, Kälte, Stress etc. ausgestoßen.

Gesänge Männliche Mäuse singen regelreche Melodien im Ultraschallbereich, um Weibchen anzulocken (Chabout et al., 2015). Sie singen dabei längere, aber einfache Silben direkt zum Weibchen und kompliziertere Silben und Sequenzen als Antwort auf den Geruch von frischem weiblichen Urin. Die Weibchen bevorzugen dabei deutlich die komplexeren Gesänge (Chabout et al., 2015).

Schreie Die für das menschliche Ohr wahrnehmbaren Vokalisationen sind meist Schreie, die im Zusammenhang mit aggressiven Auseinandersetzungen ausgestoßen werden. Aber auch bei Angst und Schmerz sind teilweise hörbare quiekende Schreie von Mäusen zu vernehmen.

PRAXISTIPP

Manchmal hören Besitzer Laute, die sie als eine Art „**Schnattern**" oder „**Meckern**" bezeichnen. In der Regel wird berichtet, dass die Mäuse diese Laute fast ununterbrochen ausstoßen. Sie sind fast immer durch eine Atemwegserkrankung bedingt. Daher sollte unbedingt eine entsprechende Untersuchung bei Vorstellung der Tiere in der Praxis erfolgen.

Fortpflanzungsverhalten

Mäuse sind unter den gängigen Bedingungen in engem Zusammenleben mit dem Menschen **ganzjährig polyöstrisch**. Weibliche Mäuse verbringen somit die meiste Zeit ihres Lebens mit der Aufzucht von Jungen. Eine Maus, die in menschlichen Siedlungen lebt, kann bei guten Bedingungen bis zu 10 Würfe pro Jahr haben.

Mäuse können Paarbindungen eingehen oder aber polygam sein. In letzterem Fall haben sowohl das dominante Männchen als auch das dominante Weibchen mehrere Sexualpartner. Die Weibchen sind bei der Wahl ihres Partners durchaus wählerisch und leben bei der Auswahl u. a. Wert auf den sozialen Status, die Ultraschallgesänge, physische Gesundheit und „männlichen" Präputialgeruch (u. a. Latham, 2010).

Werbeverhalten und Deckakt Hat sich ein Pärchen gefunden, signalisiert die weibliche Maus ihre Empfängnisbereitschaft durch Wackeln mit den Ohren, Umherhopsen und entsprechende Ultraschallvokalisationen. Das veranlasst das Männchen dazu, das Weibchen genau zu beschnüffeln, besonders im Genitalbereich, und seine werbenden Ultraschall-„Gesänge" zu singen. Dann besteigt das Männchen das Weibchen. Ist dieses empfängnisbereit, nimmt es eine Lordosehaltung ein. Beim Deckakt wird es vom Männchen von hinten mit den Vorderpfoten umklammert. Nach der Ejakulation, bei der das Männchen das Weibchen mit allen vier Pfoten umklammert und zittert, fällt es meistens zur Seite um und zieht das Weibchen mit sich (Estep et al., 1975). In dieser Position bleiben beide ca. 25 s lang liegen. Anschließend trennen sie sich und putzen sich selbst im Genitalbereich. Ob die Paarung erfolgreich war, lässt sich an einem wachsartigen vaginalen Schleimpfropf erkennen der bis zu 24 h nach einer erfolgreichen Kopulation die Vagina verschließt.

Trächtigkeit und Nestbau Während der etwa 3 Wochen dauernden Trächtigkeit beginnt das Weibchen ein **Wurfnest** zu bauen. Wurfnester sind in etwa 2- bis 3-mal größer und komplexer als normale Schlafnester (Weber und Olsson, 2008). Zudem bauen trächtige Weibchen, die etwa zur selben Zeit Junge bekommen, Gemeinschaftsnester, in denen sie die Jungen auch gemeinsam säugen (Weber und Olsson, 2008). Gegenüber anderen Mäusen werden gravide Weibchen aggressiv, da Artgenossen die Haupttodesursache für neugeborene Mäusebabys sind. Mäusemütter zeigen v. a. auch während der Säugezeit ein deutlich aggressives Verhalten gegen Artgenossen, besonders wenn diese nicht reproduktiv sind (Weber und Olsson, 2008).

Geburt Die Geburt findet bei Mäusen üblicherweise in der Nacht statt. Wenn das Muttertier nicht gestört wird, bleibt es im Nest und leckt jedes Baby nach der Geburt sauber. Die Welpen sind blind, taub und haarlos bis auf die Tasthaare im Schnauzenbereich.

Aufzuchtverhalten und Entwicklung der Jungtiere

Brutpflegeverhalten Prinzipiell zeigen bei Mäusen sowohl die Mütter als auch die Väter Brutpflegeverhalten. Es kommt jedoch ab und zu zum **Infanitizid** durch das Vatertier. Ein Männchen zeigt Infantizid seltener, wenn es seit der Paarung mit dem Weibchen zusammenlebt und wenn die Jungen in „seinem" Territorium geboren wurden (Lantham, 2010).

> **Mäusemännchen** können Infantizid zeigen. Ihr Verhalten nach der Geburt muss daher streng überwacht werden, wenn sie im selben Käfig wie Weibchen und Junge bleiben sollen.

Während der ersten Lebenswochen sind die Mäusewelpen sehr stark auf die Pflege durch ihre Mutter angewiesen. Sie sorgt für die notwendige Wärme, Muttermilch und eine Anogenitalmassage, um die Ausscheidungen anzuregen.

Verlassenheitsrufe Durch entsprechende Vokalisationen im hörbaren Bereich sowie im Ultraschallbereich, halten die Welpen die Elterntiere dazu an, sie zum Nest zurückzutragen, zu füttern, zu putzen etc. Die erwähnten Verlassenheitsrufe der Welpen triggern das **Eintrageverhalten** bei beiden Elterntieren (s. u. „Akustische Kommunikation"). Die Welpen werden umgehend zurück ins wärmende Nest getragen. Besonders in der ersten Lebenswoche der Welpen ist das Brutpflegeverhalten sehr stark ausgeprägt. Mit der Zeit verbringt das Muttertier aber wieder mehr Zeit vom Nest entfernt und reduziert die Brutpflege.

Entwicklung der Jungtiere Die Jungtiere entwickeln sich sehr schnell. Das Fell wächst innerhalb von 1 Woche und die Jungen beginnen ab dem 4. Tag auf Geräusche zu reagieren. Im Alter von ca. 2 Wochen öffnen die Mäusejungen ihre Augen. Im Laufe der 3. Lebenswoche beginnen die Jungtiere damit, festes Futter zu sich zu nehmen. Das ist auch in etwa das Alter, in dem sie ihre nähere Umgebung ausführlich erkunden. Bei den ersten kurzen Ausflügen ist anfangs noch immer eines der Elterntiere mit dabei, doch schon bald erkunden die Jungtiere alles auf eigene Faust.

Junge Mäuse sind mit etwa 3–4 Wochen in der Lage, alleine für sich zu sorgen. In der Regel bleiben sie aber bis ca. zur 5./6. Lebenswoche im Familienverband. Mit Beginn der Pubertät verändern sich jedoch die Beziehungen. Die männlichen Jungtiere werden aggressiver, was wiederum verstärkte Aggression auf Seiten ihrer Väter bewirkt (Bronson, 1979). Dies kann dazu führen, dass die jungen Männchen weggehen, um sich ein eigenes Territorium zu suchen, oder als subdominante Männchen in der Gruppe bleiben. Weibchen bleiben oft als subdominante Tiere in der Gruppe. Es kann sein dass diese Tiere niemals eigene Jungen aufziehen, aber sie helfen dem dominanten Weibchen bei der Aufzucht (Gerlach, 1990).

6.2.3 Komfortverhalten

Sich-Putzen Ein wichtiges Komfortverhalten von Mäusen ist die Fellpflege. Sie dient nicht nur der Sauberkeit, sondern auch in hohem Maße dem Stressabbau. Eine typische Putzsequenz bei Mäusen beginnt im vorderen Bereich und endet beim Schwänzchen. Das bedeutet, dass das Putzen mit dem Lecken der Pfoten beginnt. Dann werden Gesicht und Schnauze geputzt, der Kopf „gewaschen" und das Fell am Körper geleckt bzw. mit den Hinterpfoten gekratzt. Abschließend werden Beine, Anogenitalbereich und Schwanz saubergeleckt. Überwiegend wird die Fellpflege im Übergang zwischen Phasen von Inaktivität und Aktivität gezeigt. Wird die Fellpflege in kurzen, unterbrochenen, schnellen Sequenzen gezeigt, dann ist von stressbedingtem Putzverhalten auszugehen (u. a. Denmark et al., 2010).

Putzen kann sowohl ein Zeichen für **Wohlbefinden** als auch für **Stress** sein.

Abb. 6-4 An neuen Gegenständen, wie hier z. B. einem Lego®-Auto im Käfig sind domestizierte Mäuse sehr interessiert.

Körperkontakt Als weiteres wichtiges Komfortverhalten bei Mäusen ist der enge Körperkontakt zu sehen, sowie das Ruhen mit Körperkontakt.

6.2.4 Erkundungsverhalten

Domestizierte Mäuse sind prinzipiell **neophil** und an neuen Gegenständen interessiert (► Abb. 6-4). Ein Aufrichten und ausführliches Schnüffeln ist typisch für Erkundungsverhalten. Weibliche Mäuse zeigen in der Regel mehr Erkundungsverhalten als männliche (Palanza et al., 2001).

Mäuse sind geschickte **Kletterer** und erkunden somit auch in der dritten Dimension ihre Umgebung (► Kap. 6.2.1). Zudem lieben sie enge dunkle Höhlen und Röhren und erforschen auch kleinsten Spalten.

6.2.5 Nahrungsaufnahme- und Ausscheidungsverhalten

Mäuse sind prinzipiell omnivore Nagetiere, ernähren sich aber eher granivor. Sie verfügen über vier markante, gebogene Schneidezähne, die im Gegensatz zu den 12 Backenzähnen **lebenslang** wachsen.

Mäuse sind einen Großteil ihrer Aktivitätsphase auf Futtersuche. Sie fressen dabei bis zu 200 kleine Mahlzeiten täglich. Sehr rohfaserreiches Futter können sie nur begrenzt verdauen. Auf dem Speiseplan von Mäusen stehen je nach Angebot Getreide, Gräser, Wurzeln, Samen, Insekten, Larven, Vogelküken etc. Bereits früh in ihrem Leben entwickeln sie Präferenzen für bestimmte Futtermittel, abhängig davon was ihre Mutter frisst. Zudem zeigen sie eine Bevorzugung von Futter, das von Artgenossen gefressen wurde, denen sie kürzlich begegneten (Choleris et al., 1997).

Mäuse nehmen ihr Futter vorwiegend während der Dunkelphase zu sich. Da ihr Stoffwechsel sehr hoch ist, sind sie auf eine mehr oder weniger **kontinuierliche Nahrungszufuhr** während der Wachphase angewiesen. Als Nagetiere mit ständig nachwachsenden Schneidezähnen ist es zudem essenziell, dass Mäuse viele **feste Gegenstände** (z. B. Äste) zum Benagen haben, um ihre Zähne gleichmäßig abzunutzen.

Mäuse werden **nicht „stubenrein"**, da sie v. a. mit Urin ihr gesamtes Revier markieren.

6.2.6 Erkennen von Schmerzen und Leiden

Mäuse sind kleine Beutetiere, die in freier Wildbahn von einer Vielzahl an Beutegreifern gejagt werden. Schmerzen und Leiden dürfen sie sich nicht anmerken lassen, um keine leichte Beute für ihre Jäger darzustellen. Aus diesem Grund zeigen Mäuse Schmerzen auf eher subtile Art und Weise. Dies macht es Besitzern, aber auch Praktikern nicht immer einfach, Probleme frühzeitig zu erkennen.

Erkennen von Schmerzen und Leiden

Nach Gärtner und Militzer (1993) sind **Merkmale für Schmerzen, Leiden und Schäden** bei Mäusen u. a.:

- Erhöhte Abwehrreaktionen
- Beißen
- Vermehrtes Rückzugsverhalten, später teilnahmslos
- Isolierung von der Gruppe
- Gesträubtes Fell
- Gekrümmter Rücken
- Bauch schlaff oder aufgezogen
- Dehydration
- Gewichtsverlust
- Lider weit offen, halb oder ganz geschlossen
- Augen eingesunken, Tränenfluss
- Atemfrequenz hoch
- angestrengtes Atmen
- Atemgeräusche
- Nasenausfluss
- Fell gesträubt
- Gewichtsverlust
- Dehydration
- Flanken eingezogen (= Darm leer)
- Kotflecken, schmutziges Fell
- Kalte Körperoberfläche
- Automutilation

- Beißen in schmerzende Körperteilen
- Wälzen bei starken Bauchschmerzen
- Aufgekrümmter Rücken
- Häufig von Lichtquellen abgewandte Haltung
- Urin- und Kotabsatzfrequenz verringert oder erhöht
- Hochfrequente Quieklaute bei Ergreifen, Abnahme des Abwehrquiekens bei zunehmender Schwäche

Um die Schmerzen v.a. auch unter Laborbedingungen besser erfassen zu können, wurde die Mouse Grimace Scale (MGS) von Langford et al. 2010 entwickelt. In dieser MGS werden bestimmte Gesichtsmerkmale, die bei einer Maus Anzeichen für Schmerzen sind, aufgeführt.

PRAXISTIPP

Die **Mouse Grimace Scale** kann über die Homepage des National Center for the replacement, refinement & reduction of animals in research (NC3Rs) unter folgendem Link heruntergeladen werden: www.nc3rs.org.uk/sites/default/files/documents/Guidelines/MGS%20Manual.pdf.

Insgesamt werden bei der Maus fünf Merkmale (Action Units) genannt, die auf Schmerzen hinweisen. Jedes dieser Merkmale kann mit 0, 1 oder 2 bewertet werden. 0 steht dabei für „nicht vorhanden", d.h., dieses Anzeichen für Schmerz ist nicht präsent. 1 bedeutet „mittelgradig präsent" und deutet auf Schmerzen hin. 2 letztendlich steht für „schwer" und weist auf schwere Schmerzen hin.

Ein Beispiel für ein Merkmal ist das Zusammenkneifen der **Lidspalte** („orbital tightening") (► s. Zeichnung). Je mehr das Auge zusammengekniffen gehalten wird, umso stärker sind die Schmerzen. Dabei gilt als Faustregel, dass ein Auge, das mehr als zur Hälfte zusammengekniffen ist, als „2" eingestuft werden soll. Für diesen Punkt ist es zwingend notwendig, das Tier über einen gewissen Zeitraum hinweg zu beobachten, um kein Zusammenkneifen der Lidspalte aus Müdigkeit oder aufgrund von hellen Lichtbedingungen fälschlicherweise als Schmerz einzuordnen.

Weitere Merkmale sind Veränderungen an der **Nase** („nose bulge") sowie an den **Backen** („cheek bulge"). Dabei sind mit zunehmender Schmerzhaftigkeit durch Muskelanspannungen Ausbuchtungen an der Nase oder eben im Backenbereich zu erkennen (► s. Zeichnung).

Auch die Position der **Ohren** kann Schmerz anzeigen. Mit zunehmendem Schmerz werden die Ohren immer weiter zurückgezogen und an den Körper angelegt (► s. Zeichnung).

Die **Sinushaare** können auch ein weitere Schmerzindikator sein. Von einer neutralen Ausgangsposition werden sie mit zunehmendem Schmerz entweder weiter zurück Richtung Körper gezogen und regelrecht „angelegt", oder sie werden nach vorne aufgestellt oder klumpen zusammen. Sinushaare in neutraler Position sind gleichmäßig voneinander entfernt.

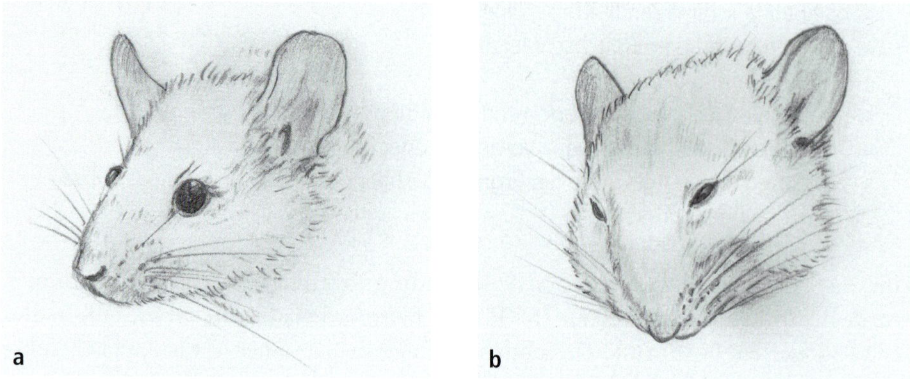

Beispiele für die Ausprägung „0" (**a**) und „2" (**b**) für die einzelnen Punkte der Mouse Grimace Scale

6.3 Haltungsansprüche und Haltungsbeispiele

6.3.1 Empfehlungen für die Heimtierhaltung

Mäuse sind sehr bewegungsfreudige, neugierige Tiere. In freier Wildbahn verfügen sie über teilweise sehr große Territorien. Daher benötigen sie entsprechend **viel Platz**, um all ihre natürlichen Verhaltensweisen ausleben zu können. Da sie überwiegend **dämmerungs- bzw. nachtaktiv** sind, sollte ihre Haltungseinheit an einem Ort stehen, der tagsüber eher ruhiger ist. Es ist insgesamt darauf zu achten, dass die Tiere keiner zu hohen Lärmbelastung (z. B. durch Stereoanlagen oder Fernseher) ausgesetzt sind, da sie eine gewisse **Geräuschempfindlichkeit** zeigen. Die Anwesenheit von Katzen oder Ratten im selben Raum bedeutet für Mäuse einen nicht unerheblichen Stress, da diese Tierarten natürliche Feinde sind. Daher sollten Mäuse abseits dieser Tierarten gehalten werden.

Gruppenhaltung

Mäuse sind **obligat soziale** Tiere und benötigen die Anwesenheit von Artgenossen um sich wohl zu fühlen.

> Eine Einzelhaltung ist als nicht tiergerecht abzulehnen.

Es sollten immer mindestens zwei Mäuse gemeinsam gehalten werden. Als eine ideale Gruppengröße sind auch bei Mäusen mindestens vier Tiere anzusehen. Eine Gruppenzusammensetzung ist bei Mäusen allerdings nicht immer ganz einfach. Einige Möglichkeiten sind in (► Tab. 6-1) zusammengestellt.

Tab. 6-1 Mögliche Gruppenzusammenstellungen

Gruppe	Besonderheiten
Gleich-geschlechtlich	Gleichgeschlechtliche Gruppen funktionieren nur bei einer rein weiblichen Gruppe relativ problemlos. Idealerweise werden Geschwistertiere zusammen gehalten bzw. erfolgt die Vergesellschaftung im Welpenalter. Unkastrierte Männchen lassen sich praktisch nicht zusammen halten, besonders wenn es sich um bereits geschlechtsreife Tiere handelt. Hier kann es v. a. nach der Käfigreinigung etc. zu massiven Auseinandersetzungen kommen.
Harem	Die ideale Haltungsform, die auch am ehesten der natürlichen Familienstruktur entspricht, ist ein kastriertes Männchen (wenn kein Nachwuchs erwünscht ist) zusammen mit mehreren Weibchen; die Haltung weiterer Männchen in einer solchen gemischten Gruppe ist abzulehnen, da es zu heftigen Auseinandersetzungen kommen kann.

Männliche, unkastrierte Tiere, die sich bereits einmal mit einem Weibchen gepaart haben, müssen i. d. R. außerhalb der Zucht einzeln gehalten werden. Solche Männchen akzeptieren praktisch kein männliches Partnertier mehr (Lantham, 2010). Auch wenn es nicht immer zu heftigen Ernstkämpfen kommt, kann das subdominante Männchen dennoch deutlich leiden, vermehrtes Ausbruchsverhalten wie Gitternagen oder auch Harnretention (Lantham, 2010) oder aber verändertes Putzverhalten (Denmark et al., 2010) zeigen.

Gruppen sollten möglichst stabil bleiben, da eine Vergesellschaftung immer Stress bedeutet. Eine Vergesellschaftung erwachsener Mäuse ist zudem insgesamt als sehr schwierig anzusehen, aufgrund des ausgeprägten territorialen Verhaltens. Soll eine Vergesellschaftung versucht werden, muss auch bei Mäusen zu diesem Zweck ein **Gewöhnungstraining** (► Kap. 3.5.3 oder ► Kap. 4.3.1) durchgeführt werden. Wichtig ist dabei v. a., dass es zu keinen Aggressionen durch das Gitter kommt, wenn die Käfige nebeneinander stehen. Auf diese Weise könnten sich nämlich dauerhaft starke Aggressionen aufbauen. Die Vergesellschaftung mit der sog. Trenngittermethode ist deshalb normalerweise auch abzulehnen. Dabei sind die zu vergesellschaftenden Tiere nur durch ein Gitter im selben Käfig getrennt. Bei der Zusammenführung auf neutralem Boden im Rahmen eines Gewöhnungstrainings ist es bei Mäusen besonders wichtig, dass alles möglichst neutral riecht. Verwendete Häuschen etc. sollten also idealerweise noch völlig unbenutzt sein und der Boden muss frisch geputzt sein.

Gemeinsame Haltung mit anderen Tieren

Auch für Mäuse gilt: Nur gemeinsam mit Artgenossen können sie ihre natürlichen Verhaltensweisen ausleben.

Die gemeinsame Haltung einer Maus mit einem anderen Nagetier ist grundsätzlich abzulehnen.

Besondere Probleme gäbe es z.B. bei der gemeinsamen Haltung mit einer oder mehreren Ratten, da Ratten Mäuse töten und fressen können. Wie erwähnt, ist die Haltung von Mäusen in einem Haushalt mit Katze auch fast immer abzulehnen, da die Katze i.d.R. einen zu starken Jagdtrieb gegenüber Mäusen zeigt und die Mäuse meist schon bei reinem Katzengeruch Angstverhalten zeigen. Eine Ausnahme bilden Maus-Katze-Beziehungen, die seit dem Welpenalter beider Tiere bestehen. Auch Hunde mit einem deutlichen Jagdtrieb dürfen sich zum Wohle beider Tierarten nicht im selben Raum wie Mäuse aufhalten.

Bewegungsraum

Größe des Käfigs

Mäuse sind sehr bewegungsfreudige Tiere, die hohe Ansprüche an die Größe ihrer Haltungseinheit haben. Als Mindestmaße für eine Haltungseinheit werden von der TVT in ihrem Merkblatt von 2013 folgende Maße angegeben: 80 cm × 50 cm × 80 cm (L/B/H). Diese Angaben sind jedoch nur Mindestmaße für zwei Tiere, besonders wenn man bedenkt, dass das kleinste Territorium in freier Wildbahn um die 2 m^2 beträgt (Lantham, 2010). Eine größere Grundfläche, besonders wenn mehr als zwei Tiere zusammen gehalten werden, ist unbedingt anzustreben. Da Mäuse sehr kletterfreudig sind, wird eine Höhe von 1 m und mehr gut ausgenutzt und erlaubt eine abwechslungsreichere Gestaltung des Geheges. Eine Mindestgehegehöhe von 1 m ist zu empfehlen. Das Fertigen eines Mäusegeheges aus einem alten Schrank etc. bietet sich selten an, da es bei Mäuseurin auf Holzstrukturen schnell zu einer unangenehmen Geruchsentwicklung kommt. Eine Haltung in einem Aquarium ist aufgrund der mangelhaften Belüftungsmöglichkeiten rigoros abzulehnen.

Da Mäuse sich durch weite Gitter zwängen können, sollten die Abstände zwischen den einzelnen Gitterstäben 8 mm nicht überschreiten. In Zuchtkäfigen oder wenn Jungtiere gehalten werden, müssen die Gitter sogar noch enger beieinander sein, um das Entkommen der Jungen zu verhindern. Kommerziell erhältliche Käfige in geeigneter Größe haben oft einen zu großen Gitterabstand und müssen entsprechend mit Drahtgitter „nachgerüstet“ werden.

Einstreu muss vorhanden sein, da sie die Möglichkeit zum Graben und Erkunden bietet. Zudem lässt sich durch geeignete Einstreu auch eine Geruchsentwicklung durch Urin verlangsamen. Als Einstreu eignet sich eine Lage Zeitungs- oder Packpapier, auf das dann ca. 10 cm Einstreu gegeben werden. Indem die Mäuse die Papierunterlage kleinrupfen und mit der Einstreu vermischen, wird der Uringeruch im Käfig abgemildert und die Mäuse haben die Möglichkeit, ihren Käfig mitzugestalten (Deininger und Mackensen, 2008). Als Einstreu eignet sich handelsübliche Kleintierstreu, mit Stroh oder Heu gemischt. Wichtig ist, dass die Mäuse das Einstreumaterial manipulieren können.

Abb. 6-5 Beispiele für geeignete Schlafhäuschen sind geflochtene Röhren (**a**) oder halbierte Kokosnussschalen (**b**).

Gehegestrukturierung

Um den bewegungsfreudigen und intelligenten Mäusen genügend Anregung und Abwechslung zu bieten, muss das Mäuseheim sinnvoll strukturiert werden. Vor allem eine **dreidimensionale Strukturierung** mit mehreren Ebenen, verbindenden Kletterästen, Leitern, Röhren, Tauen etc. ist wichtig für das Wohlbefinden von Mäusen.

Nagematerial wie Äste ungespritzter Obstbäume oder Haselnussstauden sowie entsprechende hölzerne Nagespielzeuge aus dem Zoofachhandel müssen zudem ständig zur Verfügung stehen. Auch Kartons, Packpapier etc. stellen eine gute Nage- und Beschäftigungsmöglichkeit dar, die den Mäusen regelmäßig gegeben werden sollte.

Schlafhäuschen

Mäusen müssen Schlafhäuschen zur Verfügung stehen. Auf jeder Etage des Käfigs sollte sich mindestens eine Rückzugsmöglichkeit befinden. Als Schlafhäuschen können die verschiedensten Gegenstände verwendet werden (▸ Abb. 6-5a, b).

Egal ob die Schlaf- und Rückzugsmöglichkeiten handelsübliche Holzhäuschen, Tonhöhlen, Blumentöpfe, Weidenbrücken, Körbe, Kokosnussschalen etc. sind: Es muss zwingend darauf geachtet werden, dass es besonders an den Eingängen **keine scharfen Kanten** gibt, und dass die Eingänge mindestens 4 cm breit sind. Bei schmaleren Eingängen, wie sie in im Zoofachhandel angebotenen Häuschen manchmal zu finden sind, besteht die Gefahr des Steckenbleibens der Tiere (Deininger und Mackensen, 2008).

Unbedruckte Blätter von Küchenrollen oder Papier sowie hochwertiges Heu sind als **Nestbaumaterialien** geeignet. Die Mäuse können sie nach Belieben zerkleinern, manipulieren und zum Bau einer Nestkugel verwenden.

Freilauf

Täglicher, beaufsichtigter Freilauf ist für handzahme Mäuse, die stressfrei aus dem Käfig genommen und wieder hineingegeben werden können, wichtig und sinnvoll. Da es u. U. recht schwierig sein kann, eine größere Fläche wirklich mäusesicher zu machen, ist auch der Freilauf auf einem begrenzten Gebiet, wie z. B. auf einem Tisch oder Möbelstück eine Möglichkeit. Bei dieser Freilaufmöglichkeit müssen jedoch die Ränder des jeweiligen Möbelstücks gegen ein Herunterrutschen oder Herunterfallen gesichert werden. Dies kann z. B. durch einen Holzrahmen geschehen, der aufgesetzt wird. Das Freilaufareal kann, auch wenn es klein ist, durch eine Buddelkiste, Futterverstecke und neue Nagematerialien interessant gestaltet werden. Da Mäuse sehr **thigmotaktisch** sind, ist dafür zu sorgen, dass sie keine zu großen freien Flächen ohne Versteckmöglichkeit im Freilauf haben, denn diese werden sie nicht nutzen.

Idealerweise können die Mäuse durch die offene Käfigtüre selbst zum Freilaufgebiet und wieder zurück gelangen, z. B. über eine Leiter.

Laufrad

Ähnlich wie beim Hamster (► Kap. 5.3.2), gibt es widersprüchliche Angaben zum Laufrad für Mäuse. Die Bewegungen im Laufrad werden oft als stereotyp gesehen, doch das Laufen im Laufrad erfüllt nicht die klassischen Definitionen einer Stereotypie; es scheint vielmehr ein selbstmotiviertes Verhalten zu sein (Sherwin, 1998). Mäuse können in der Nacht viele Kilometer im Laufrad zurücklegen. Daher ist es auf jeden Fall als eine Möglichkeit zur Bewegung zu sehen, die sowohl Fettleibigkeit als auch Langweile vorbeugt und dem Stressabbau dienen kann. Aus diesen Gründen sprechen sowohl die Tierärztliche Vereinigung für Tierschutz e. V. (TVT, 2013) als auch der Deutsche Tierschutzbund (Deininger und Mackensen, 2008) klare Empfehlungen für ein Laufrad im Mäuseheim aus.

Die allgemeinen Anforderungen an ein Laufrad sind hierbei weitgehend dieselben wie bei anderen in diesem Buch besprochenen Tierarten:

- Ohne Farbüberzug
- Achsseitig geschlossen
- Keine Querstreben
- Geschlossene Lauffläche
- Geräuschfrei
- Mindestens 25 cm Durchmesser

Das Laufrad muss zudem sicher an der Wand der Haltungseinheit angebracht werden, um Verletzungen vorzubeugen.

Fütterung

Mäuse sind **omnivor**, ernähren sich jedoch meist überwiegend **granivor**. Sie benötigen pro Tag nur wenige Gramm Futter (Faustregel: 10 g/d).

Futtermittel Im Zoofachhandel gibt es verschiedene geeignete Futtermittel, die überwiegend aus einer Mischung von Getreide und Sämereien bestehen. Dies kann ab und zu mit frischem Obst und Gemüse sowie manchmal kleinen Stücken gekochten Fleisches, hartgekochten Eiern, Quark oder Mehlwürmern angereichert werden. Um ihrem natürlichen Futtersuchverhalten nachzukommen, sollte das Futter nicht im Napf angeboten werden, sondern die Mäuse sollten es sich zusammensuchen müssen. Die einfachste Möglichkeit ist dabei, das Futter in der Einstreu des Käfigs zu verstreuen. Interessanter wird es jedoch, wenn das Futter z. B. während des Freilaufs gesammelt werden muss, wenn Futter in heugefüllte Pappröhren verpackt wird, wenn mit wenig Futter gefüllte Pappschachteln aufgehängt werden etc. Da Mäuse dämmerungs- und nachtaktiv sind, sollte v. a. in den Abendstunden gefüttert werden.

Wasser Frisches, sauberes Wasser muss Mäusen ständig zur freien Verfügung stehen. Es kann in einer Nippeltränke oder in einem schweren, gegen Umstürzen gesicherten Wassernapf angeboten werden. Auf Vor- und Nachteile beider Darreichungsformen wurde in ▶ Kapitel 4.3.1 eingegangen.

Säuberung des Käfigs

Eine Entfernung nicht gefressenen Futters sollte täglich erfolgen, um der Aufnahme verdorbenen Futters vorzubeugen. Zudem müssen Futternäpfe sowie Tränken täglich gereinigt werden. Wenn die Mäuse eine Toilettenecke in ihrer Haltungseinheit angelegt haben, sollte auch diese Ecke täglich gereinigt werden. Die Polsterung der Schlafhäuser muss ebenfalls häufig kontrolliert werden. Bei Verunreinigungen ist sie zu entfernen und den Mäusen ist neues Nestmaterial zur Verfügung zu stellen.

Da **Mäuseurin** – besonders der von unkastrierten Männchen – sehr stark riecht, muss eine entsprechende gründliche Reinigung des Käfigs mindestens einmal, besser jedoch zweimal wöchentlich erfolgen. Dabei sollte die gesamte Einstreu ausgetauscht werden. Gegenstände aus Holz müssen zudem regelmäßig ausgetauscht werden, da sie sich nicht ausreichend reinigen lassen.

Der ideale Halter

Mäuse sind **kleine, zarte** und **quirlige Tiere**. Zudem sind sie überwiegend **dämmerungs- und nachtaktiv**. Dies macht sie nicht pauschal zu idealen Haustieren für Kinder. Größere, vernünftige Kinder, die die Tiere vorsichtig anfassen können und sich auch abends noch einige Zeit mit ihren Mäusen beschäftigen möchten, sind dagegen durchaus geeignete Halter. Die Eltern tragen jedoch auch hier die Verantwortung und müssen die Kinder im korrekten Umgang anleiten. Zudem sind Mäuse, wie viele nachtaktive Tiere, für tagsüber arbeitende Menschen geeignet, da sie v. a. in den späten Nachmittagsstunden und abends aktiv und dadurch für den Halter interessant sind.

Zusammenfassung

Die wichtigsten Haltungsempfehlungen

- Gruppenhaltung (mind. 2, besser ≥ 4 Tiere)
- Gehegemaße mindestens 80 cm × 50 cm × 100 cm (B/T/H), besser 100 cm × 100 cm × 100 cm (B/T/H) für 2 Tiere
- Das Gehege sollte durch verschiedene Ebenen und Klettermöglichkeiten strukturiert sein.
- Mindestens 10 cm Einstreu
- Vielfältige Schlaf- und Versteckmöglichkeiten (mind. eine pro Ebene).
- Täglich überwachter Auslauf in strukturiertem Areal bei handzahmen Tieren
- Fütterung mit kommerziell erhältlichem, ausgestreutem oder verstecktem Fertigfutter für Mäuse sowie ab und zu Frischfutter und selten tierischem Protein (Eier, Quark, Mehlwürmer)
- Reinigung der Haltungseinheit 1- bis 2-mal wöchentlich
- Für ältere, vernünftige Kinder oder für tagsüber berufstätige Erwachsene als Haustiere geeignet

6.4 Umgang mit Mäusen

Mäuse sollten sanft und geduldig an den Umgang mit Menschen gewöhnt werden. Als kleine Beutetiere sind sie äußert schreckhaft bei plötzlichen Bewegungen, besonders wenn diese von oben kommen. Da sie sich gerne in höhlenartigen Gebilden verstecken, sollten die Hände zum Hochheben zu einer Höhle geformt werden (► Abb. 6-6).

Abb. 6-6 Mäuse lassen sich leichter in zu Höhlen geformten Händen fangen und locker halten, da sie sich so sicherer fühlen.

PRAXISTIPP

Bei **aggressiven** oder sehr **ängstlichen Tieren**, die beißen könnten, empfiehlt es sich, die Mäuse in eine Papprolle (z. B. Klopapierrolle) oder eine Dose laufen zu lassen, um sie hochzuheben. Selbstverständlich müssen dann die offenen Seiten gegen ein Herausfallen/Entkommen gesichert werden.

Die ersten Tage im neuen Heim sollten die Mäuse **viel Ruhe** haben. Erst danach kann mit der Gewöhnung an das Handling begonnen werden. Mäuse werden idealerweise durch das Verfüttern spezieller Leckerchen aus der Hand an den Menschen und an Berührungen durch ihn gewöhnt. Die Tierärztliche Vereinigung für Tierschutz e. V. (TVT, 2013) empfiehlt 1 h täglich für den Umgang mit Mäusen aufzuwenden, um den Kontakt zu halten. Denn nur wenn es zu regelmäßigen, positiven Interaktionen zwischen Besitzer und Mäusen kommt, kann eine einmal erreichte Zahmheit auch lebenslang aufrechterhalten werden. Solche Interaktionen sollten nach Möglichkeit nur zu einer Zeit erfolgen, in der die Mäuse sowieso schon wach sind. Alle Bewegungen sollten ruhig und langsam erfolgen.

PRAXISTIPP

Handling in der Tierarztpraxis

- Hände mit (vom Patienten) benutzter Einstreu einreiben, bevor das Tier angefasst wird, ruhige Bewegungen und leise, sanfte Stimmlage verwenden.
- Mäuse niemals am Schwanz hochheben – es kann zu schweren Schwanzverletzungen kommen.
- Es ist akzeptabel, die Tiere an der Schwanzwurzel zu fixieren, um sie dann mit der zweiten Hand hochzuheben.
- Für sehr kurze Strecken (z. B. innerhalb der Praxis) können Mäuse gut in kleine Gefäßen wie Dosen oder Tassen etc. transportiert werden. Das offene Ende muss allerdings mit Hand oder Deckel zugehalten werden. Für längere Strecken muss eine Transportbox mit einer Versteckmöglichkeit verwendet werden.

6.5 Verhaltensprobleme

Auch bei den Mäusen lassen sich die am häufigsten berichteten Verhaltensprobleme meist auf eine inadäquate Haltung und falsches Management zurückführen. Daher kann man mit kleineren Anpassungen oft gute Ergebnisse erzielen. Bei den im Folgenden besprochenen Verhaltensproblemen handelt es sich nicht um eine vollständige Liste, es werden nur die häufigsten Probleme aufgezählt. Sollten andere Probleme auftreten oder lassen sich die Probleme nicht mit den aufgeführten Empfehlungen deutlich verbessern, dann sollte ein tierärztlicher Spezialist für Verhaltensmedizin hinzugezogen werden. Eine aktuelle Liste einiger in Deutschland tätigen tierärztlichen Verhaltenstherapeuten findet sich auf der Seite der Gesellschaft für Tierverhaltensmedizin und -therapie (www.gtvmt.de) unter dem Punkt „Info Besitzer".

6.5.1 Aggression gegen Artgenossen

Eine Aggression gegen Artgenossen kommt v. a. bei einer falschen Gruppenzusammenstellung bzw. einem unterlassenen Gewöhnungstraining vor. Die aggressiven Tiere sollten zunächst immer getrennt werden. Bei milderen Aggressionen, die nur über einen kurzen Zeitraum auftreten, kann ein **langsames und sorgfältiges Gewöhnungstraining** (► Kap. 3.5.3 und ► Kap. 4.3.1) zum Erfolg führen. Besonders wichtig ist es hier für ausreichend Rückzugs-, Beschäftigungs- und Erkundungsmöglichkeiten zu sorgen. Bei sehr heftigen Auseinandersetzungen sowie wenn zwei männliche Tiere aggressiv aufeinander sind, ist häufig eine **permanente Trennung** notwendig. Für das aus der Gruppe genommene Tier muss ein neues Partnertier gefunden und über ein Gewöhnungstraining vergesellschaftet werden. Muss der Aggressor entfernt werden, kann es sehr schwierig sein, ein passendes Partnertier für diesen zu finden. Dennoch sollte die Einzelhaltung immer nur als Ultima Ratio angesehen werden, da sie für Mäuse nicht artgerecht ist.

6.5.2 Stereotypien

Stereotypien sind im Allgemeinen Ausdruck einer nicht tiergerechter Haltung. Da Stereotypien aber residual-reaktiv sind, kann es sein, dass sie bis zu einem gewissen Grad bestehen bleiben, auch nachdem die Haltung optimiert wurde. Eine **ausführliche Anamnese** zur gegenwärtigen und früheren Haltung ist daher wichtig.

Stereotypien sind für jede Art unterschiedlich, da dabei arttypische Verhaltensweisen in übersteigerter, stereotyp und augenscheinlich sinnloser Form ausgeführt werden. Bei Mäusen zeigen sich v. a. Auffälligkeiten im Bewegungsverhalten und beim Nagen.

Stereotypes Gitterhangeln Die betroffene Maus hangelt sich in immer gleichförmiger Art auf einem bestimmten Weg am abdeckenden Gitter des Käfigs entlang. Man geht davon aus, dass das Gitterhangeln aus dem Explorationsverhalten heraus entsteht. Die Hangelstereotypie soll sich entwickeln, wenn die betroffene Maus kein ausreichendes Explorationsverhalten in ihrem Käfig zeigen kann. Diese Stereotypie kommt insbesondere bei unter Laborbedingungen gehaltenen Tieren vor und zeugt von einem deutlichen Defizit z. B. bei Größe, Struktur, sozialer Gruppe etc. in der Haltung.

Stereotypes Springen Auch hier nimmt man an, dass es aus unbefriedigtem Explorationsverhalten entsteht. Die Theorie ist, dass es eher ein nach außen gerichtetes Explorationsverhalten ist, das nicht in ausreichendem Maße ausgeführt werden kann. Somit ist auch hier wieder genau zu eruieren, wie die Haltungseinheit beschaffen ist und welche Möglichkeiten zur Exploration den Tieren im Gehege und beim Freilauf zur Verfügung stehen. Häufig ist die Schaffung eines größeren, deutlich besser strukturierten und abwechslungsreich gestalteten Geheges effektiv. Aber auch die Fütterung sollte möglichst interessant gestaltet werden, sodass die Tiere ihr Futter suchen müssen.

Gitternagen Dies ist nicht zu verwechseln mit einem bei Erregung gezeigten kurzen Benagen des Gitters. Stereotypes Gitternagen wird in relativ eintöniger, immer wiederkehrender Form gezeigt. Häufig sind die Gitterstäbe an der entsprechenden Stelle, an der genagt wird, bereits verfärbt oder der Überzug (wenn mit Farbe überzogene Gitter verwendet wurden) komplett abgeknabbert. Gitternagen ist eher ein Anzeichen für einen unzureichend gestalteten Käfig als für einen reinen Mangel an Nagematerialien.

Allgemein sollten beim Auftreten von Stereotypien die früheren und gegenwärtigen Haltungsbedingungen genauestens unter die Lupe genommen werden. Die Haltung muss die in ► Kapitel 6.3.1 beschriebenen Bedingungen erfüllen. Die häufigsten Defizite in der Mäusehaltung sind bei der Gruppenzusammenstellung, der Gehegegröße und der Abwechslung in der Käfigeinrichtung sowie in der Auslaufgestaltung zu finden. Besonders wichtig ist eine ausreichend große und abwechslungsreich strukturierte Haltungsumwelt mit guten Rückzugsmöglichkeiten. Die Anschaffung eines Laufrads kann durchaus auch zu einer Reduktion von Stereotypien führen, weil es eine neue zusätzliche Bewegungsmöglichkeit bietet. Dies sollte aber nicht die einzige Maßnahme bleiben. Bewegungsmöglichkeiten sollten auch durch Strukturierung und Auslauf geschaffen werden.

6.5.3 Barbering

Diese spezielle Verhaltensproblematik bei Mäusen wird als „**whisker trimming**“ oder „**barbering**“ bezeichnet. Dabei knabbert eine Maus einer oder mehreren anderen Mäusen in der Gruppe die Tasthaare sowie das Fell im Maulbereich komplett ab. Die betroffenen Mäuse sind i. d. R. an den Seiten der Schnauze vollständig kahl. Aber auch der Augen- oder Genitalbereich kann betroffen sein. Dieses Verhalten wurde in einer Vielzahl von Studien genauer untersucht. Anfangs ging man davon aus, dass es eine reine Dominanzdemonstration des rasierenden Tiers darstellt. Die momentan gängige Theorie ist allerdings, dass es sich um eine Art **Zwangsstörung** (Garner et al., 2004) bzw. um ein **multifaktorielles Geschehen** (Kalueff et al., 2006) handelt. Dies fußt zum einen auf der Tatsache, dass die „rasierten“ Mäuse sich auch dann beknabbern lassen, wenn sie durch ein einfaches Drahtgitter dauerhaft von der „rasierenden“ Maus getrennt sind (van den Broek et al., 1993). Außerdem sind das Auftreten und die Ursache u. a. vom Mäusestamm abhängig (Kalueff et al., 2006). Barbering weist zudem so große Parallelen zur **humanen Trichotillomanie** auf, dass es als Tiermodell dafür verwendet wird (Garner et al., 2004).

Eine wirklich dauerhaft erfolgreiche Therapie der Problematik ist der Autorin nicht bekannt. Manchmal hört das Rasieren plötzlich wieder auf, manchmal aber auch erst, wenn die rasierende Maus aus der Gruppe entfernt wurde. Als allgemeine Maßnahmen empfehlen sich eine Optimierung der Haltung und eine genaue Analyse der Gruppendynamik mit evtl. notwendiger Anpassung.

Fallbeispiel

Evaluation auf Artgerechtheit

Vorstellungsgrund

Die Haltung von zwei Farbmäusen soll auf Artgerechtheit evaluiert werden.

Anamnese

Die 6 Wochen alten Mäuseweibchen Fleck und Kuschel wurden kürzlich von den Besitzern aus einem Zoofachgeschäft übernommen. Die Besitzer sind ein 12 Jahre alter Junge und sein 9 Jahre alter Bruder. Die Mutter der beiden bat um die Beratung.
Die Mäuse werden in einem kleinen Käfig gehalten, den die Besitzer von den Nachbarn geschenkt bekommen haben. Der Käfig ist etwa 50 cm × 20 cm × 50 cm (B/T/H) groß. Er ist mit einem erhöhten Brettchen ausgestattet, eingestreut und verfügt über eine Wasserflasche sowie ein Holzhäuschen. Gefüttert wird in einer Futterschale mit Mäusealleinfutter aus dem Handel. Aktuell gibt es keine Verhaltensprobleme.

Behandlung

- Die Anschaffung eines deutlich größeren Käfigs (absolutes Minimum: 80 cm × 50 cm × 100 cm [B/T/H]) wird dringend angeraten.
- Mindestens ein weiteres Häuschen bereitstellen.
- Mindestens zwei weitere Ebenen einziehen.
- Fütterung anspruchsvoller gestalten durch Anbieten von Futterspielzeugen, Buddelkisten, Seilen etc.
- Täglicher Freilauf mit Anbieten von Spielzeugen
- Eventuell Clickertraining

Verlauf

Rückmeldung nach 4 Monaten: Die Empfehlungen wurden umgesetzt, außer dem Clickertraining und dem Anbieten von Futterspielzeugen. Die Käfigabmessungen betragen 80 cm × 60 cm × 100 cm (B/T/H). Die beiden Jungen beschäftigen sich täglich mit den Mäusen. Es gibt keine Probleme.

Literatur

van den Broek, F., Omtzigt, C., Beynen, A. (1993): Whisker trimming behaviour in A2G mice is not prevented by offering means of withdrawal from it. Lab Anim 27: 270–272.

Bronson, F. (1979): The reproductive ecology of the house mouse. Q Rev Biol 54: 265–299.

Brothwell, D. (1981): The Pleistocene and Holocene archeology of the house mouse and related species. Symposium of the Zoological Society of London. In: Berry, RJ (Hrsg.): The Biology of the House Mouse. London: Academic Press. Vol. 4; 1–13.

Chabout, J., Sarkar, A., Dunson, D., Jarvis, E. (2015): Male mice song syntax depends on social contexts and influences female preferences. Front Behav Neurosci 9: Artikel 76. doi: 10.3389/fnbeh.2015.00076.

Choleris, E., Guo, C., Liu, H. et al. (1997): The effect of demonstrator age and number on duration of socially-induced food preferences in house mouse (Mus domesticus). Behav Process 42: 69–77.

Denmark, A., Tien, D., Wong, K. et al. (2010): The effects of chronic social defeat stress on mouse self-grooming behavior and its patterning. Behav Brain Res 208: 553–559.

Desjardins, C., Maruniak, J., Bronson, F. (1973): Social rank in house mice: differentiation revealed by ultraviolet visualization of urinary marking patterns. Science 182: 939–941.

Deininger, E., Mackensen, H. (2008): Kleine Heimtiere – artgerechte Haltung im Tierheim und Zuhause. Deutscher Tierschutzbund e. V., Bonn.

Dobson, F., Baudoin, C. (2002): Experimental tests of spatial association and kinship in monogamous mice (Mus spicilegus) and polygynous mice (Mus musculus domesticus). Can J Zool 80: 980–986.

Estep, D., Lanier, D., Dewsbury, D. (1975): Copulatory behavior and nest building behavior of wild house mice (Mus musculus). Anim Learn Behav 3: 329–336.

Frynta, D., Slábová, M., Váchová, H. et al. (2005): Aggression and commensalism in house mouse: a comparative study across Europe and the Near East. Aggressive Behav 31: 283–293.

Garner, J., Weisker, S., Dufour, B., Mench, J. (2004): Barbering (fur and whisker trimming) by laboratory mice as a model of human trichotillomania and obsessive-compulsive spectrum disorders. Comp Med 54: 216–224.

Gärtner, K., Militzer, K. (1993): Zur Bewertung von Schmerzen, Leiden und Schäden bei Versuchstieren. Schriftenreihe Versuchstierkunde Heft 14. Berlin, Hamburg: Verlag Paul Parey.

Gerlach, G. (1990): Dispersal mechanisms in a captive wild house mouse population (Mus domesticus Rutty). Biol J Linnean Soc 41: 271–277.

Hurst, J. (1987): The functions of urine marking in a free-living population of house mice, Mus domesticus Rutty. Anim Behav 35: 1433–1442.

Langford, D., Bailey, A., Chanda, M. et al. (2010): Coding of facial expressions of pain in the laboratory mouse. Nat Methods 7: 447–449.

Latham, N. (2010): The mouse. In: Tynes, V. (Hrsg.): Behavior of exotic pets. Wiley-Blackwell, Chichester: 91–103.

Kalueff, A., Minasyan, A., Keisala, T. et al. (2006): Hair barbering in mice: implications for neurobehavioural research. Behav Process 71: 8–51.

Krebs, C., Kenney, A., Singleton, G. (1995): Movements of feral house mice in agricultural landscapes. Aust J Zool 43: 293–302.

Palanza, P., Morley-Fletcher, S., Laviola, G. (2001): Novelty seeking in periadolescent mice: sex differences and influence of intrauterine position. Physiol Behav 72: 255–262.

Sherwin, C. (1998): Voluntary wheel running: a review and novel interpretation. Anim Behav 56:11–27.

Tierärztliche Vereinigung für Tierschutz e. V. (TVT) (2013): Merkblatt für Tierhalter – Mäuse (www.tierschutz-tvt.de/index.php?id=merkblaetter; letzter Abruf: 02.08.2016).

Vandenbergh, J (2000): Use of house mice in biomedical research. ILAR Journal 41: 133–135.

Weber, E., Olsson, A. (2008): Maternal behavior of Mus musculus sp: an etholocical review. Appl Anim Behav 114: 1–22.

Informationsmaterial für Tierhalter findet sich u. a. als Download bei:

Schweizer Tierschutz STS: www.tierschutz.com/publikationen/heimtiere/infothek/kleintiere/maus.pdf (letzter Abruf 02.08.2016).

Tierärztliche Vereinigung für Tierschutz e. V. TVT: www.tierschutz-tvt.de (letzter Abruf 02.08.2016).

7 Ratte

Dorothea Döring

7.1 Einführung

Heimtierratten, auch „Farbratten" genannt, stammen von der Wanderratte (*Rattus norvegicus*, auch „brown rat", „norway rat") ab und gehören zur Ordnung der Nagetiere (Rodentia), Familie der Langschwanzmäuse (Muridae) und Gattung der Ratten (Rattus). Das ursprüngliche Verbreitungsgebiet der Wanderratte lag in Ostasien, Sibirien und China. Ratten werden bereits seit Anfang des 19. Jahrhunderts als Versuchstiere verwendet (Weiß et al., 2003). Sie sind nach den Mäusen die am häufigsten in Versuchen verwendete Wirbeltierart. Da in der psychologischen Forschung häufig mit Ratten als Tiermodell gearbeitet wird, sind nicht nur Biologie und Physiologie dieser Tierart, sondern auch viele Aspekte ihres Verhaltens erforscht und dokumentiert.

Aus Laborratten wurden die Heimtierratten mit ihren vielfältigen Fellfarben gezüchtet.

Steckbrief

- Gewicht: 250–600 g (Böcke auch mehr)
- Lebenserwartung: 2–4 Jahre
- Geschlechtsreife: 50–72 Tage
- Zuchtreife: 90–100 Tage
- Zykluslänge: alle 4–6 Tage für ca. 14 Stunden östrisch
- Tragzeit: 20–23 Tage
- Wurfgröße: 6–12 (max. 20) Jungtiere
- Nesthocker (nackte, blinde Neugeborene)
- Säugezeit: ca. 21 Tage

(Weiß et al., 2003)

7.2 Normalverhalten

Wilde Wanderratten leben in **Familienverbänden**, die Nistplätze und Futtergründe gemeinsam benutzen und ihre Jungen gemeinsam aufziehen (Barnett, 1975). Die Rudel können mehrere Hundert Tiere enthalten. Wanderratten besiedeln – im Gegensatz zu Hausratten (*Rattus rattus*) – eher feuchte Lebensräume wie Keller,

Kanäle, Flussläufe, Hafenanlagen etc. Das Territorium eines Wanderrattenrudels besteht hauptsächlich aus den Laufwegen der Tiere, den „Duftstraßen", die geruchlich markiert werden (Telle, 1966; Barnett, 1975).

Vergleichende Untersuchungen von Wild- und Laborratten in Freigehegen haben gezeigt, dass sich **Laborratten** sehr ähnlich verhalten wie die Wildform (Boice, 1977). Die Laborratten, die in Käfigen aufgewachsen waren, legten Laufwege im Gehege an, gruben ebenso wie die wilden Artgenossen unterirdische Bauten und waren in der Lage, den Winter mit Temperaturen bis –30 °C bei guter Gesundheit zu überleben. Bei der Vermessung der von den Laborratten gegrabenen unterirdischen Baue zeigte sich, dass diese denen der Wildratten in Form und Größe genau entsprachen. Ebenso wie die Wildratten, legten auch Laborratten in den Gehegen regelrechte Laufwechsel an, die sie mit Urin markierten (Boice, 1977).

Ratten sind **dämmerungs- und nachtaktiv** und haben ein mehrphasiges Aktivitätsmuster (Rauth-Widmann, 2000).

Schleif (2001) hat in seiner Dissertation das Ethogramm der Ratte unter Berücksichtigung verschiedener Studien umfassend beschrieben. Diese Beschreibung dient als Grundlage für die folgenden Kapitel.

7.2.1 Bewegungsverhalten

Ratten besitzen **unterschiedliche Fortbewegungsarten**, vom langsamen Kriechen (auf der Seite oder auf dem Bauch liegend schiebt sich die Ratte vorwärts), über das Gehen, Trippeln (mit stärker gestreckten Hinterbeinen), Traben (im Kreuzgang), bis zum Hüpfen (mit kürzeren Sprüngen) und Rennen (schneller und mit längeren Sprüngen). Sie können zudem klettern, springen, schwimmen und tauchen.

Ratten zeigen ein Verhalten ähnlich der **Thigmotaxis** (durch Berührungsreize erzeugte, gerichtete Bewegung), d. h., sie bewegen sich entlang von Objekten wie Wänden und vermeiden es, offene Flächen zu betreten.

7.2.2 Sozialverhalten

Ratten sind hochsoziale Tiere (Barnett, 1975). Sie haben sehr differenzierte soziale Verhaltensweisen und auch aggressionsbeschwichtigende „Demutsgesten" (Grant, 1963; Grant und Mackintosh, 1977), die ihnen ein schadensfreies Zusammenleben im Rudel ermöglichen. Die Rudelzugehörigkeit wird am Geruch erkannt. Rudelfremde Tiere werden bedroht und angegriffen (Barnett, 1975). Kann das fremde Tier nicht fliehen, kann es zu Verletzungen kommen.

Soziopositive Verhaltensweisen

Huddling Ratten suchen den Körperkontakt zueinander und schlafen z. B. häufig zusammen „auf einem Haufen". Dieses Verhalten, das auch „huddling" (► s. Zeichnung) genannt wird, hat wohl nicht nur thermoregulatorische Gründe, da es auch bei warmen Außentemperaturen vorkommt (Barnett, 1975).

Ratten suchen den Körperkontakt zueinander und zeigen „huddling" (Schlafen „auf einem Haufen"), hier zusammen in einer Hängematte.

Das Überkriechen ist ein soziopositives Verhalten. Manchmal wird dabei das andere Tier mit Urin benetzt.

Über- und Unterkriechen Auch dieses ist häufig zu beobachten. Beim Überkriechen (► s. Zeichnung) werden manchmal Urintröpfchen an das andere Tier abgegeben (Barnett, 1975). Offenbar spielen bei diesen Formen des direkten Körperkontakts die taktile Stimulation sowie der Geruchsaustausch eine Rolle.

Agonistisches Verhalten

Offensiv aggressives Verhalten Bei Ratten ist eine Vielzahl agonistischer Verhaltensweisen beschrieben. Beim offensiv aggressivem Verhalten haben Ratten ein gesträubtes Fell und halb geschlossene Augen. Sie zeigen u. a.:

- **Seitlicher Angriff:** Angreifer nähert sich seitlich, stößt mit der Hüfte den Gegner an und tritt ihn mit einem Hinterbein (► s. Zeichnung, a).

a Offensives Drohen in seitlicher Position mit gesträubtem Fell und verengtem Lidspalt (Tier links).
b Aufrechte Position mit Boxen und Auf-Abstand-Halten mit gestreckten Vorderbeinen

- **Aufrechter Angriff** (► s. Zeichnung, b)
- **Boxen:** Schlagen und Kratzen mit den Vorderpfoten in aufrechter Stellung
- **Unterdrücken:** Niederhalten des auf dem Rücken liegenden Gegners (► s. Zeichnung, c)
- **Aggressives Putzen:** grobes „Putzen" des Nackenfells des Gegners, evtl. Herausreißen von Haaren mit den Schneidezähnen und Kratzen mit den Vorderpfoten (► s. Zeichnung, d)
- **Kämpfen:** Kontrahenten rollen über den Boden, während sie sich gegenseitig festhalten und treten. Angriffe werden häufig von Zähneklappern begleitet.

Defensives Verhalten Einige dieser Verhaltensweisen (seitliche und aufrechte Position, Boxen, Beißen etc.) finden sich auch beim defensiven Verhalten, allerdings hat die Ratte dabei ein glatt angelegtes Fell, flach angelegte Ohren und vorstehende Augen. Weitere defensive Verhaltensweisen sind u. a.:

- **Wehren:** Ratte hockt auf dem Hinterteil und hebt abwehrend die Vorderpfoten.
- **Fernhalten bei der aufrechten Verteidigung:** Mit gestreckten Vorderbeinen wird der Angreifer abgewehrt.

c Unterdrücken (Tier oben) und Unterwerfung (Tier unten) auf dem Rücken.
d Unterwerfung mit Ducken (Tier unten) und aggressives Putzen (Tier oben)

- **Fernhalten bei der liegenden Position:** Mit gestreckten Beinen wird der Angreifer auf Abstand gehalten.
- **Winden:** Mit windenden Bewegungen, Schubsen und Treten versucht sich die am Boden liegende Ratte aus der „Unterdrückung" zu befreien.

Nach Barnett (1975) wird nur in sehr seltenen Fällen ernsthaft gebissen, denn Ratten haben in aggressiven Auseinandersetzungen eine Art „**Beißhemmung**" (Grant und Mackintosh, 1977). Es wird vermutet, dass durch den Entzug aggressiver Stimuli wie Kopf wegdrehen, Vibrissen und Ohren flach anlegen oder auch durch die **Katalepsie** (Wachsstarre) des unterlegenen Tiers der Angreifer beschwichtigt wird (Grant und Mackintosh, 1977). Auch der **22kHz-Ultraschallruf** scheint eine beschwichtigende Funktion zu haben (Rauth-Widmann, 2000).

Akustische Kommunikation

Ratten hören in einem Frequenzbereich bis zu 80 kHz (Weiß et al., 2003). Ihre akustische Kommunikation liegt daher teilweise außerhalb des menschlichen Hörbereichs.

Zähneklappern Es kann beim agonistischen Verhalten gezeigt werden (sowohl beim Angreifer als auch beim Angegriffenen) und eine Frequenz von 0–40 kHz haben (Schleif, 2001).

Schreie

- Für den Menschen hörbarer Schrei mit einer Frequenz von 1,0–1,5 kHz
- Ulltraschallschrei des Neugeborenen (58 kHz nach der Geburt, dann im Laufe von ca. 2 Wochen abnehmend auf 38 kHz): wird auf unterschiedliche Reize hin abgegeben und tritt v. a. auf, wenn Jungtiere vom Wurf entfernt, also sozial isoliert werden
- 22-kHz-Ultraschallschrei: Dieser wird u. a. bei der Unterwerfung vom am Boden liegenden Tier abgegeben sowie vom Männchen bei der Paarung (vor und v. a. nach der Ejakulation). Dieser Laut hat lokomotionshemmende und vermutlich eine aggressionshemmende Wirkung auf Artgenossen.
- 50-kHz-Ultraschallschrei: Dieser wird im Rahmen des Sexualverhaltens von beiden Geschlechtern abgegeben, bei Weibchen v. a. zu Beginn des Östrus, bei Männchen vor der Paarung, wenn es die Paarungsbereitschaft des Weibchens untersucht (Schleif, 2001).
- Ein weiterer 50-kHz-Ruf („**chirping**") wurde von Panksepp und Burgdorf (2000) beschrieben. Ratten geben ihn u. a. von sich, wenn sie spielerisch vom Menschen am Bauch gekitzelt werden. Dieser Laut wird von den Autoren mit positiver Gestimmtheit in Verbindung gebracht (im Sinne von „Lachen").

Fortpflanzungsverhalten

Ratten werden mit ca. 50–72 Tagen geschlechtsreif, ihre Fertilität ist im Alter zwischen 100 und 300 Tagen am größten und endet beim weiblichen Tier mit 15–18 Monaten (Weiß et al., 2003). Ratten sind **ganzjährig polyöstrisch**. Alle 4–5 Tage ist die weibliche Ratte für etwa 14 Stunden östrisch, die Ovulation findet meist am späten Nachmittag bis Abend statt. Dies ist auch die Zeit der meisten Paarungen. Nach der Kopulation ist die Vagina kurzzeitig mit einem Vaginalpfropf verschlossen.

Ratten sind **promiskuitive Tiere**. Ein brünstiges Weibchen paart sich mit mehreren Männchen.

Werbeverhalten Es kommt bei Ratten wenig vor. Das Männchen putzt das Weibchen, folgt ihm, beschnüffelt und beleckt die Anogenitalregion des Weibchens. Das brünstige Weibchen zeigt dann evtl. angedeutetes Abwehrverhalten wie Scheinflucht und Treten mit den Hinterbeinen.

Sexualverhalten Zum **weiblichen Sexualverhalten** gehören außerdem das Präsentieren (Heben von Hinterteil und Schwanz bei der Anogenitalkontrolle), das Auffordern, bei dem sich das brünstige Weibchen dem Bock nähert, um sich dann trippelnd wieder von ihm zu entfernen, das Demonstrieren (Weibchen entfernt sich hüpfend vom Bock) und Fixieren (bewegungsloses Verharren mit abgespreizten Hinterbeinen), Ohrenzittern sowie die Lordose (Heben von Kopf und Anogenitalregion bei durchgestrecktem Rücken und an den Boden gepresstem Bauch, Paarungshaltung). **Das männliche Tier** besteigt das Weibchen, wenn dies die Lordose einnimmt, umklammert es mit den Vorderbeinen, beißt sich am Nackenfell fest und macht Friktionsbewegungen. Nach der Ejakulation beleckt das Männchen seinen Penis.

Will man zwei Tiere verpaaren, die sich noch nicht kennen, sollte das Weibchen in den Käfig des Männchens gesetzt werden, nicht umgekehrt.

Aufzuchtverhalten und Entwicklung der Jungtiere

Pränataler Stress Es gibt viele Untersuchungen zum pränatalen Stress. Wird das Muttertier während der Tracht Stressoren ausgesetzt, hat das langanhaltende Folgen für den Nachwuchs. Die Geburtsgewichte und Zunahmen sind reduziert, es gibt eine immunsupprimierende Wirkung, die Tiere sind ängstlicher und lernen schlechter (Schleif, 2001).

Nestbau und Geburt Das **Muttertier** baut vor der Geburt, insbesondere bei kühlen Umgebungstemperaturen, ein Nest. Sie nabelt ihre Jungtiere ab, befreit sie von den Eihäuten und frisst die Placenta. Sie leckt die Jungen ab und trägt sie ins Nest. Totgeborene Junge werden gleich gefressen. Das Muttertier verbringt den Großteil des Tages (ca. 85 %) mit ihrem Wurf. Sie fördert die Ausscheidung der Jungtiere durch Lecken der Bäuche und Anogenitalregion, sie schützt den Wurf durch ihre Körperwärme vor dem Auskühlen und hält das Nest sauber (Schleif, 2001).

Die **Jungtiere** werden als Nesthocker nackt und mit verschlossenen Augen und Ohren geboren. Sie ernähren sich in den ersten 2 Lebenswochen ausschließlich von Muttermilch. Dann öffnen sie die Augen und beginnen mit der Aufnahme von festem Beifutter. Vom 15.–28. Lebenstag nehmen sie auch Kot der Mutter auf, was sich u. a. positiv auf die Darmgesundheit und die Gehirnentwicklung auswirkt (Schleif, 2001).

Spielverhalten Im Alter von ca. 15–16 Tagen beginnt das Spielverhalten, es wird mit zunehmendem Alter häufiger und erreicht etwa mit 30–40 Tagen sein Maximum. Dabei dominiert das soziale Spiel (Kampfspiel). Das Alter zwischen **21 und 55 Tagen** ist entscheidend für die Verhaltensentwicklung von jungen Ratten. Deprivationsversuche (Einzelhaltung) in diesem Alter zeigen, dass es zu irreparablen Schäden beim Sozial- und Sexualverhalten kommt (Schleif, 2001).

Übernahmealter Rauth-Widmann (2000) empfiehlt, dass Ratten frühestens mit 6 Wochen von Mutter und Wurf getrennt werden sollten.

7.2.3 Komfortverhalten

Sich-Putzen Das Putzverhalten besteht aus dem **Waschen** des Gesichts, indem die vorher beleckten Vorderpfoten über das Gesicht fahren, und dem **Lecken** und **Kratzen** (v. a. mithilfe der Hinterpfoten) des restlichen Körpers. Zudem **schüttelt** sich die Ratte, wenn ihr Fell nass oder verschmutzt ist, oder sie schüttelt verschmutze/nasse Pfoten.

Das Belecken des Körpers dient auch bei warmen Temperaturen der **Thermoregulation** (Erzeugung von Verdunstungskälte). Putzen tritt auch während Konflikten als **Übersprungshandlung** auf.

7.2.4 Erkundungsverhalten, Orientierungsverhalten und Feindvermeidung

Neophobie/Neophilie Wilde **Wanderratten** zeigen „Neophobie", d. h., sie meiden fremde Gegenstände in der vertrauten Umgebung, so auch fremdes Futter und fremde Behältnisse, in denen Futter angeboten wird. Diese „Neophobie" schützt wilde Ratten vor Ködern und Fallen, die zur Schädlingsbekämpfung verwendet werden. Im Gegensatz zur Wildform meiden domestizierte Ratten keine Neuerungen in der bekannten Umgebung, sondern erkunden und nutzen sie sogleich (Barnett, 1958; Barnett und Cowan, 1976). Barnett und Cowan (1976) bezeichnen **Laborratten** daher als „**neophil**". Ratten sind „ständig neugierig".

Verhaltensweisen der Feindvermeidung

Thigmotaxis Ratten vermeiden es, offene Flächen zu betreten, und bewegen sich hauptsächlich an Strukturen wie Wänden bzw. deckungsbietenden Objekten entlang. Dieses Verhalten dient u. a. dem Schutz vor Beutegreifern.
Freezing (Erstarren) Arttypische Furchtreaktion, bei der das Tier als Reaktion auf einen Stressor bewegungslos verharrt. Es kann mit Schwanzzucken und Kopfpendeln verbunden sein.
Weitere Verhaltensweisen **Flucht** und **Sich-Eingraben** in die Streu.

7.2.5 Ruheverhalten

Schlafposition Ratten schlafen **eingerollt** oder **gestreckt im Liegen** oder **eingerollt im Sitzen**. Sie liegen gerne „im Haufen" (**huddling**), passen dieses Ruheverhalten aber auch der Umgebungstemperatur an. Das bedeutet, dass sie bei kalten Außentemperaturen zusammen, bei heißen Temperaturen eher getrennt liegen.
Nisten Bevor sich Ratten hinlegen, zeigen sie evtl. „Nisten", d. h., sie bewegen sich in einem engen Kreis, um den Untergrund etwas zu glätten bzw. eine Mulde zu erzeugen.

Zum Schlafen bevorzugen Ratten abgedunkelte Rückzugsbereiche (Unterschlupf).

7.2.6 Nahrungsaufnahme- und Ausscheidungsverhalten

Ratten sind **omnivor**, ernähren sich jedoch vorwiegend vegetarisch (Schleif, 2001).
Kotabsatz Er erfolgt v. a. außerhalb der Baue (Schleif, 2001). Auch Laborratten versuchen, Aufenthalts-/Ruheorte und Kotausscheidung räumlich voneinander zu trennen (Döring, 1999). Diese Trennung gelingt jedoch in den üblichen Makrolon®-Laborkäfigen der Größe III gar nicht und in der Größe IV nur andeutungsweise.
Koprophagie Ratten zeigen eine physiologische Koprophagie (ähnlich der Caecotrophie), d. h., sie fressen einen Teil des eigenen Kots.

7.2.7 Erkennen von Schmerzen und Leiden

Nach Gärtner und Militzer (1993) sind **Hauptmerkmale** für Schmerzen, Leiden und Schäden:

- Lautäußerungen
- Aggressives Verhalten oder Rückzug
- Selbstbeschädigung
- Belecken und Betrachten schmerzhafter Stellen
- Gesträubtes Fell
- Gekrümmte Körperhaltung
- Hypothermie

Erkennen von Schmerzen und Leiden

Einzelmerkmale für Schmerzen und Leiden bei Ratten nach Gärtner und Militzer (1993) sind:

- Körperhaltung und Bewegung: oft gekrümmte Stellung mit Kopf in Bauchgegend, verlängerte Liegedauer, verminderte Bewegung, bei Schmerzen im Bauchraum Kontraktionen der Bauchdecke und gestelzte Bewegungen, „watschelnder" Gang bei Umfangsvermehrungen im Bauchraum (Tumor, Aszites)
- Augen: halb oder fast geschlossene Augenlider, Tränenfluss, eingesunken wirkende Augäpfel
- Atmung: Frequenz erhöht, evtl. Niesen, Rasselgeräusche, roter Nasenausfluss
- Aussehen: gesträubtes Fell, struppige Deckhaare, Haut bleich (Anämie) oder gelb (Ikterus), Muskelatrophie des Rückens, Dehydratation oder Gewichtsverlust
- Verhalten: anfangs aggressive Reaktionen (Beißen bei Berührung), später teilnahmslos, zieht sich zurück; gestörter Aktivitätsrhythmus, verminderte Futter- und Wasseraufnahme, reduziertes Explorationsverhalten, evtl. Selbstbeschädigung (Automutilation) schmerzender Körperteile; Kot- und Urinabsatz bei Angst
- Lautäußerungen: hochfrequente Laute bei akuten Schmerzen, insbesondere bei Berührung

Um Schmerzen erkennen und quantifizieren zu können, wurde der **Rat Grimace Scale (RGS)** entwickelt (Sotocinal et al., 2011). Er bezeichnet den Normalzustand mit dem Score 0, leichte Veränderungen mit 1 und offensichtliche Veränderungen mit 2. Folgende Elemente sind enthalten (► s. Zeichnungen):

- Augen: Die Augenlider werden teilweise oder komplett geschlossen.
- Nasen- und Wangen-Abflachen: sukzessives Abflachen von Schnauzenbereich und Wangen bei zunehmendem Schmerz, Verstreichen der Falte zwischen Wange und Barthaar-Bereich
- Ohrposition: Die Ohren werden bei Schmerzen eher eingefaltet/eingerollt (Ohrenform wird dadurch eher spitz), der Abstand zwischen den Ohren erscheint evtl. vergrößert.

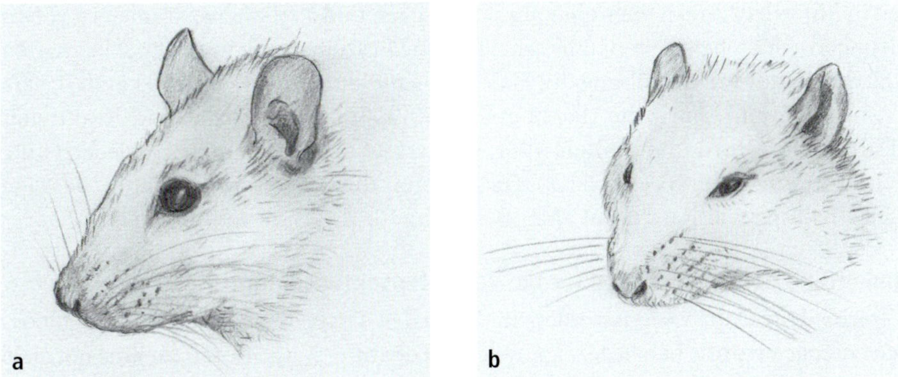

Rat Grimace Scale nach Sotocinal et al. (2011). Zusammenfassende Darstellung der vier Ausdrucksregionen (Augen, Nase/Wangen, Ohren, Vibrissen). **a** Score = 0 = Normalzustand. **b** Score = 2 = offensichtliche Veränderungen der Ausdrucksregionen, d.h. Augenlidschluss, Schnauzen-/Wangenabflachung, Ohreneinrollen, Vibrissenabstellen (weg vom Gesicht)

- Position der Vibrissen: Bei Schmerzen werden die Vibrissen nach vorne abgestellt (weg vom Gesicht aufgestellt).

„Brillenaugen" Die Harder-Drüse am Auge bildet rötliches, porphyrinhaltiges Sekret. Zeigen Ratten „Brillenaugen" (rötliche Verfärbungen um die Augen) oder roten Nasenausfluss, kann dies für Stress (Rauth-Widmann, 2000) bzw. reduziertes Putzverhalten sprechen, z.B. bei kranken oder alten Tieren (Gabrisch und Zwart, 2005). Bei manchen Laborrattenstämmen sind die „Brillenaugen" nach Gärtner und Militzer (1993) jedoch als normal anzusehen.

7.3 Haltungsansprüche und Haltungsbeispiele

7.3.1 Rechtliche Anforderungen

Laborratten müssen in stabilen Gruppen kompatibler Tiere gehalten werden. Die gesetzliche Mindesthaltungsfläche (EU-Richtlinie 2010/63/EU, 2010) für Laborratten bis 600 g Körpergewicht liegt bei 800 cm^2 (200–450 cm^2 pro Tier je nach Gewicht), für Tiere über 600 g bei 1500 cm^2 (600 cm^2 pro Tier). Diese Flächen sind als viel zu klein und nicht tiergerecht anzusehen (siehe auch Döring, 1999).

7.3.2 Empfehlungen für die Heimtierhaltung

Soziale Haltung

Ratten sind **obligat sozial**, d.h., sie brauchen zwingend eine soziale Haltung mit Artgenossen. Viele wissenschaftliche Untersuchungen haben gezeigt, dass sich Ratten in Einzelhaltung in mehreren physiologischen und Verhaltensparametern von in Gruppen gehaltenen Tieren unterscheiden. Die Einzelhaltung beeinflusst bei Ratten z. B. den Blutdruck (Erhöhung des diastolischen Blutdrucks, Rock und Landi, 1996), Fressmenge und Blutwerte (Perez et al., 1997), Spontanaktivität und Reaktivität (Dalrymple-Alford und Benton, 1981; Gentsch et al., 1981) und verschlechtert die Wundheilung (Vitalo et al., 2012). Diese Unterschiede weisen darauf hin, dass die Einzelhaltung von Ratten mit einer Belastung für die Tiere verbunden ist.

Bedeutung des Artgenossen für die Verhaltensentwicklung

Verschiedene Deprivationsstudien, in denen den Tieren der Kontakt mit Artgenossen entzogen wurde, haben gezeigt, welche Bedeutung Artgenossen für eine normale Verhaltensentwicklung bei Ratten haben. Werden männliche Ratten z. B. vom 14. bis zum 90. Lebenstag isoliert gehalten, sind sie nicht in der Lage, adäquates Sexualverhalten als adulte Tiere zu zeigen (Gerall et al., 1967). Hol et al. (1999) zeigten, dass Ratten, die in der 4. und 5. Lebenswoche isoliert gehalten wurden, irreversible Defizite im Sozialverhalten zeigten, d. h., sie ließen sich auch durch eine anschließende Haltung in Gruppen nicht rückgängig machen. Ratten aus Einzelhaltung können sich daher später in sozialen Konfliktsituationen mit Artgenossen nicht adäquat verhalten. Dadurch kann es zu Verletzungen und starkem Gewichtsverlust kommen (Lore und Flannelly, 1977).

Empfehlung für die Haltung

Ratten dürfen nicht einzeln gehalten werden. Sie brauchen mindestens einen, möglichst mehrere Artgenossen. Der Mensch oder eine andere Tierart können nicht den Artgenossen ersetzen.

Für Ratten ist es wichtig, dass sie in stabilen sozialen Gruppen leben können. Daher sollten Gruppen bereits im Jungtieralter, also vor der Geschlechtsreife, zusammengestellt und möglichst nicht verändert werden. Insbesondere für junge Tiere im Alter von 4 und 5 Wochen ist der Artgenosse essenziell.

Gruppenzusammensetzung

Ratten sollten in gleichgeschlechtlichen Gruppen gehalten werden (Rauth-Widmann, 2000). Auch unkastrierte männliche Tiere sind i. d. R. miteinander gut verträglich und lassen sich zu zweit oder in der Gruppe halten, insbesondere wenn sie früh genug zusammengesetzt wurden. Werden adulte Rattenböcke miteinander vergesellschaftet, kommt es zu Kämpfen, und es bildet sich eine erkennbare Rangordnung (Barnett, 1975). Eine Altersstaffelung in der Gruppe kann hierbei hilfreich für ein friedliches Zusammenleben sein.

Gemischtgeschlechtliche Gruppen lassen sich auch halten, doch müssen hier – soweit nicht gezüchtet wird – die Männchen kastriert werden. Nach der Kastration sollte man 4 Wochen abwarten, bis die Männchen wieder Zugang zu Weibchen haben, damit sie dann sicher nicht mehr zeugungsfähig sind (Rauth-Widmann, 2000).

Wird ein Neuzugang in eine bestehende Gruppe integriert, sollte dies behutsam erfolgen, da Konflikte zu erwarten sind. Hierbei spielt das Schaffen eines Gruppengeruchs eine besondere Rolle (► Kap. 7.5.2). Sollen Jungratten zu älteren Tieren zugesetzt werden, muss man mindestens zwei gleichaltrige Jungratten anschaffen, damit sie einen adäquaten Spielpartner haben.

Ratten sind **obligat sozial**. Sie dürfen nur mit Artgenossen zusammen gehalten werden. Empfehlenswert sind **gleichgeschlechtliche Gruppen** von mindestens zwei, gerne auch 4–6 Tieren.

Gemeinsame Haltung mit anderen Tierarten

Die gemeinsame Haltung von Ratten mit anderen Tierarten in einem Haushalt kann Probleme mit sich bringen. Wenn Ratten mit Hunden oder Katzen zusammen gehalten werden, besteht die Gefahr, dass die Nager als Beute gejagt, verletzt oder getötet werden. Die Anwesenheit dieser großen Beutegreifer kann als belastend für die Ratten angesehen werden. Untersuchungen zeigen, dass die **Furcht vor Katzen** bei Ratten angeboren ist. Bei Katzengeruch zeigen Ratten Stress- und Meidereaktionen (Dielenberg et al., 2001; McGregor, 2004). Die gemeinsame Haltung mit Mäusen, Hamstern oder kleinen Ziervögeln ist ebenfalls problematisch, da Ratten diese **kleinen Beutetiere** durchaus jagen und töten können. Es ist auch davon abzuraten, Ratten zusammen mit Ziervögeln in einem Zimmer zu halten, da sich die Tiere aufgrund ihres unterschiedlichen Aktivitätsrhythmus gegenseitig beim Schlafen stören.

Standort der Haltung und klimatische Anforderungen

Der Käfig sollte einen **licht- und lärmgeschützten**, ruhigen, erschütterungsfreien Standort haben, d. h. weder neben dem Kühlschrank noch neben Fernseher oder Waschmaschine stehen. Da Ratten, insbesondere Albinoratten, sehr lichtempfindlich sind, sollte der Käfig nicht zu starkem Licht ausgesetzt sein. Albinoratten meiden bereits (bezüglich ihres Schlafplatzes) eine Lichtintensität von 25 Lux (Schlingmann et al. 1993) und bekommen ab 60 Lux Netzhautschäden (Schleif, 2001). Bei Albinos soll daher die Lichtintensität im Käfig 60 Lux nicht langanhaltend überschreiten (Weiß et al., 2003).

Als kleine Beutetiere reagieren Ratten evtl. ängstlich auf Menschen, die sich von oben über den Käfig beugen. Ein **erhöhter Standort** oder ein in die Höhe gebauter Käfig (z. B. Vogelvoliere) sind daher sinnvoll.

Bei den klimatischen Anforderungen ist darauf zu achten, dass es zu keiner Anreicherung von **Schadgasen** wie Ammoniak kommt. Terrarien oder Plastikkäfige mit unzureichender Durchlüftung sind daher nicht zu empfehlen, feuchte Stellen in der Streu sollten rasch entfernt werden.

Empfehlenswert sind eine **Raumtemperatur** von ca. 18–25 °C und eine relative Luftfeuchte von 50–60 % (u. a. Rauth-Widmann, 2000). Nach Schleif (2001) wählen Ratten in Wahlversuchen während ihrer Ruhephasen 25–30 °C, während ihrer Aktivitätsphasen 17–25 °C. Am besten bietet man den Tieren die Möglichkeit, durch Unterschlupf und Nistmaterial Wärme zu erzeugen und bei hohen Temperaturen im Sommer durch z. B. kühles Material (Stein, Fliesen) oder Wasserschalen Wärme abzugeben.

Bewegungsraum

Größe des Käfigs

Der Käfig sollte so groß wie möglich sein. Die Tierärztliche Vereinigung für Tierschutz (TVT, 2014) empfiehlt als Mindestfläche 100 cm Länge × 50 cm Breite × 100 cm Höhe oder als „Turm" 80 cm Länge × 50 cm Breite × 120 cm Höhe. Die Käfige müssen mit mehreren Etagen versehen sein.

Als Käfig sind Plastikunterwannen mit Gitteraufsatz geeignet. Das Gitter sollte horizontal verlaufen, damit den Tieren das Klettern daran ermöglicht wird. Es muss frei von Schwermetallen und darf nicht mit Farbe überzogen sein. Ausrangierte Aquarien oder Terrarien sind wegen der mangelnden Durchlüftung nicht geeignet. Es besteht die Gefahr der Ammoniakanreicherung und von Feuchtigkeitsproblemen. Ratten sind sehr anfällig für Atemwegserkrankungen.

Freilauf

Ratten sollten täglich Freilauf erhalten. Dieser sollte unter Kontrolle stattfinden. Sinnvoll ist ein entsprechend sicher eingerichtetes „Rattenzimmer", das keine Gefahrenquellen wie giftige Pflanzen, offene Elektrokabel etc. birgt.

Es muss damit gerechnet werden, dass die Tiere ihre Laufwege in der Wohnung sowie Gegenstände **geruchlich markieren** und überall Urintröpfchen hinterlassen können. Dieses Normalverhalten muss der Halter akzeptieren.

Eine gewisse **Stubenreinheit** kann man bei manchen Tieren erreichen, indem man Toilettenwannen in der Wohnung aufstellt, die man mit der gewohnten Streu füllt und in die man einige Duftmarken beigibt (d. h. mit Urin benetzte Streu, Kotboli). Dennoch muss man davon ausgehen, dass Kot und Urin auch womöglich auf dem Teppich abgesetzt werden. Das „Rattenzimmer" sollte daher keine kostbaren Möbel oder Teppiche enthalten.

Enrichment

Als kleine Beutetiere halten sich Ratten hauptsächlich an geschützten Orten auf. Die Laufwege der Wanderratten befinden sich immer entlang von Wänden oder Gegenständen (Telle, 1966), da Ratten offene Flächen kaum betreten und sich mithilfe ihrer Vibrissen entlang von Strukturen orientieren. Es reicht somit nicht, nur große, leere Haltungsflächen anzubieten, da diese für die Tiere nicht nutzbar sind. Man muss den Haltungsraum auch strukturieren, um den für die Tiere nutzbaren Raum zu vergrößern.

Bedeutung von Reizen und Strukturen für die Gehirn- und Verhaltensentwicklung

Mehrere Untersuchungen haben gezeigt, dass eine reizarme Aufzucht und Haltung die Gehirnentwicklung beeinflusst und hirnorganische Veränderungen hervorruft.

Ratten aus reizarmer Haltung unterscheiden sich von Ratten, die in angereicherter Umgebung gehalten wurden und mit Objekten interagieren konnten, in Bezug auf mehrere physiologische und histologische Parameter des Gehirns, wie z. B. Anzahl der Synapsen (Diamond et al., 1975), Dicke und Gewicht der Hirnrinde und Aktivität des Enzyms Cholinesterase (Bennet et al., 1964; Ferchmin et al., 1975). Für eine normale Entwicklung und Hirnausbildung ist es daher wichtig, dass Ratten mit Reizen konfrontiert werden und mit Objekten interagieren können.

> Für eine **normale Hirn- und Verhaltensentwicklung** ist ein gewisses Reizangebot essenziell.

Räumliche Aufteilung von Verhaltensweisen

Ratten streben danach, die Verhaltensweisen unterschiedlicher Funktionskreise an unterschiedlichen Orten auszuführen und Ruhe- und Kotorte räumlich voneinander zu trennen. Damit dies möglich ist, brauchen sie ausreichend Platz bzw. eine geeignete Strukturierung. Eigene Untersuchungen zeigten, dass Laborraten in den kleinen Laborkäfigen Makrolon® Typ III eine räumliche Trennung zwischen den Funktionsbereichen nicht gelingt und diese erst bei der 4-fachen Grundfläche wirklich möglich war (Döring, 1999).

Empfehlung für die Haltung

Ratten brauchen einen gut strukturierten Lebensraum. Ein großer leerer Käfig bietet nur wenig für die Tiere nutzbaren Raum, eine räumliche Verhaltenstrennung kann so nicht gelingen. Die Tiere benötigen Rückzugs- und Unterschlupfmöglichkeiten. Das Anbieten von Gradienten (warm-kalt, weich-hart, hell-dunkel etc.) gibt den Tieren Wahlmöglichkeiten und ermöglicht eine bessere Bedürfnisbefriedigung. Diese Gradienten können durch die Gabe unterschiedlicher Materialien (Streu, Heu, Zellstoff, Küchentücher, große Steine etc.) und Unterschlupfmöglichkeiten wie „Häuschen", Röhren (Mindestdurchmesser 10 cm), Kartons, Papiertüten etc. angeboten werden. Der Käfigraum sollte dreidimensional strukturiert sein mit Etagen (z. B. Holzbrettern), Unterschlüpfen, dicken Seilen, Hängematten, Bastkörbchen etc.

Materialien wie Wollfäden und Zeitungspapier sind ungeeignet (Hollmann, 1997). Toilettenpapierrollen sind für erwachsene Tiere zu eng und sollten daher nicht gegeben werden.

Als ständig neugierige Tiere brauchen Ratten die Möglichkeit, Neues zu erkunden. Eine Anreicherung der Käfige mit wechselnden Objekten, ein abwechslungsreiches Nahrungsangebot sowie der tägliche Auslauf sind besonders empfehlenswert. Sinnvoll ist das Anlegen eines sicheren „Ratten-Spielplatzes".

Unterschlupf, „Häuschen" Wenn domestizierte Ratten dazu die Möglichkeit haben, graben sie unterirdische Gänge und Baue, die denen der Wildform sehr ähnlich sind (Boice, 1977). Sie wenden somit eine beträchtliche körperliche Energie auf, um sich einen Unterschlupf zu schaffen. Werden im Käfig Unterschlupfmöglichkeiten in Form von „Häuschen" oder Röhren angeboten, werden diese von den Ratten genutzt

Abb. 7-1 „Häuschen" sollten zwei ausreichend große Öffnungen und möglichst ein Flachdach besitzen, das als zusätzliche Ebene nutzbar ist.

(Ernst, 1994; Eskola et al., 1999). Die Anzahl der „Häuschen" sollte mindestens der Zahl der Tiere entsprechen, zwei ausreichend große Eingänge und ein Flachdach haben (▸ Abb. 7-1).

Einstreu: Möglichkeiten zum Graben Ratten sollten in der Heimtierhaltung die Möglichkeit erhalten, in Tiefstreu zu graben. Leider gibt es bisher keine Studien dazu, ob sich Ratten lieber in strukturierten „Volieren" mit verschiedenen Ebenen, wie sie in der Heimtierhaltung mittlerweile üblich sind, oder lieber in Käfigen mit Tiefstreu, wie sie mittlerweile für Goldhamster empfohlen werden (▸ Kap. 5.3.2), aufhalten. Vermutlich würden Ratten alles nutzen, was ihnen an Lebensraum und Möglichkeiten geboten wird, sodass man ihnen beide Optionen anbieten sollte.

Als Einstreu eignet sich Kleintierstreu. Zusammen mit Heu und Streu können Ratten in Tiefstreu Tunnel graben. Sägemehl oder Katzenstreu sollten nicht als Einstreu verwendet werden.

Nistmaterial Ratten benutzen Nistmaterial, um ihre Schlafnester auszupolstern. Dabei bevorzugen sie strukturierte, formbare Materialien (Bradshaw und Poling, 1991). Geeignet sind Heu, Stroh, Zellstoff, Küchenpapier etc. Ausreichend polsterndes Material ist insbesondere notwendig, wenn sich die „Häuschen" auf einer oberen Etage befinden und somit einen „harten Boden" haben. Die Tiere ziehen es vor, im „Häuschen" zu schlafen, statt auf dem weich eingestreuten Käfigboden, wodurch es zu Druckstellen und Schwielen an den Pfoten kommen kann, wenn der „Häuschenboden" nicht gepolstert ist.

Laufräder Ratten sollten Bewegung durch eine sinnvolle Strukturierung des Käfigs und den täglichen, kontrollierten Auslauf erhalten. Laufräder sind **nicht zu empfehlen**. Die handelsüblichen Laufräder haben einen zu kleinen Durchmesser, sodass sich die Tiere in einer unphysiologischen, lordotischen Körperhaltung bewegen. Zum anderen besteht die Gefahr von (Schwanz-) Verletzungen.

„Rattenspielplatz" und Beschäftigungsideen Als Beschäftigung bieten sich wechselnde Erkundungsobjekte auf einem „Rattenspielplatz" oder beim kontrollierten Freilauf, z. B. im „Rattenzimmer" an:

- In einen großen Pappkarton Schlupflöcher schneiden, ihn mit Streu und Heu füllen und darin Futter verstecken.
- Futter in eine Papprolle geben und die offenen Enden mit zerknülltem Papier oder Heu zustopfen.
- Futter wie Körner oder Nüsse in Papier einwickeln.
- Auch Wasser kann als Beschäftigung dienen und Abwechslung schaffen. Füllt man in eine flache Wanne etwas Wasser (ca. 2–3 cm hoch) und legt ein paar Salatblätter oder Karottenstücke ins Wasser, bietet das den Tieren einen Anreiz, sich mit der Wasserwanne zu beschäftigen.
- Immer wieder neue Erkundungsobjekte zur Verfügung stellen wie Papiertüten, Kartons, große Papprollen (keine Toilettenrollen) etc.; aus Kartons, Schachteln und Pappröhren wechselnde „Labyrinthe" bauen.
- Alte, ausrangierte Textilien z. B. in einen Karton legen als „Kuschelhöhle".
- Frische Zweige von Obst- oder Nussbäumen zur Verfügung stellen.
- Kletterbaum (z. B. ungiftige Grünpflanze) anbieten.
- Fichtenzapfen mit Körnern bestücken.
- Beibringen von kleinen Kunststücken, Überwinden von Hindernissen etc.

(Ideen u. a. von Rauth-Widmann, 2000; TVT, 2014)

Säuberung der Haltung

Ratten reagieren sehr empfindlich auf Schadgase wie Ammoniak, daher sollten urinfeuchte Stellen im Käfig häufig beseitigt werden. Alle Käfigbestandteile und Einrichtungsgegenstände müssen regelmäßig mit heißem Wasser (und evtl. Essig) gesäubert werden. Da sich Ratten geruchlich orientieren, sollte man nicht alles gleichzeitig säubern, sondern nach und nach. Außerdem sollte man beim Wechsel der Streu etwas benutze Streu zurückbehalten, die nach dem Einfüllen der neuen Streu wieder im Käfig verteilt wird. Wichtig ist es auch, Vorratslager zu kontrollieren. Frischfutterreste müssen 1- bis 2-mal täglich entfernt werden. Auch Körnerlager müssen regelmäßig ausgeräumt werden, da das Futter durch Feuchtigkeit (z. B. durch Urin, feuchte Streu) verdirbt.

Fütterung

Futtermittel Ratten sind **omnivor** und können mit handelsüblichem Rattenfutter (bestehend aus Getreide und Gemüseflocken) gefüttert werden (► Abb. 7-2), das mit Gemüse, Obst und Katzengras sowie kleinen Mengen tierischen Proteins ergänzt werden sollte (TVT, 2014). Tierisches Protein liefern gekochte Eier (diese können mit Schale gefüttert werden), Milchprodukte (z. B. etwas Hartkäse, max. 1 Teelöffel

Abb. 7-2 Ratten nehmen Futter zum Fressen in die Vorderpfoten.

Naturjoghurt), Futterinsekten oder auch Hundetrockenfutter (TVT, 2014). Zuviel Protein kann jedoch zu Nierenerkrankungen führen und Krebs begünstigen (Rauth-Widmann, 2000). Ungekochte Nudeln (nur in kleinen Mengen!), Nüsse mit Schale, Zweige und aufgehängte Kolbenhirse können als Nage- bzw. Beschäftigungsmaterial angeboten werden. Gabrisch und Zwart (2005) empfehlen jeden Tag etwas Heu und Hafer, insbesondere bei Jungtieren. Kohl sollte ohne sorgfältige Adaptation nicht gefüttert werden.

Das Futter sollte möglichst nicht in einem Napf, sondern verstreut bzw. versteckt angeboten werden, damit die Tiere das **Futter suchen und „erarbeiten"** müssen. Da Ratten Futter, das sie nicht gleich fressen, horten, sollten ihre **Vorratslager regelmäßig inspiziert** und geleert werden, um Verderb zu vermeiden.

Die Futter- und Nährstoffmenge ist dem Bedarf der Tiere anzupassen, sodass es zu keiner Überfütterung und Adipositas kommt. **Restriktiv** gefütterte Ratten haben eine höhere Lebenserwartung als ad libitum gefütterte oder gezielt überfütterte Tiere (Weiß et al., 2003).

Wasser Ist täglich frisch in sauberen Gefäßen (Napf, Tränkeflasche, flache Wanne) zu reichen.

Der ideale Halter

Ratten benötigen ausreichend Beschäftigung und kontrollierten Freilauf. Der ideale Halter sollte sich täglich etwa 2 h Zeit nehmen (TVT, 2014). Ratten sind eher dämmerungsaktiv, passen sich aber auch in gewissem Maß an die Aktivität der Besitzer an. Sie sind auch für berufstätige Personen empfehlenswert, die sich mit ihnen vornehmlich abends beschäftigen.

Die Tierärztliche Vereinigung für Tierschutz (TVT, 2014) empfiehlt, dass Ratten von Kindern unter 10 Jahren nur unter Aufsicht gepflegt werden dürfen.

Anschaffung

Am besten sucht man sich Ratten aus einer Zucht, bei der die Tiere tiergerecht gehalten werden und ausreichend Kontakt zu Menschen haben. Insbesondere in der 4. und 5. Lebenswoche müssen die Jungtiere viel sanft angefasst werden (mindestens 2-mal täglich 10 min), um auf Menschen „sozialisiert“ zu werden. Auch an Alltagsreize und -geräusche sollten die Jungratten gewöhnt sein. Das nach Rauth-Widmann (2000) ideale **Übernahmealter** liegt bei 6 Wochen. Am besten übernimmt man mindestens zwei Geschwister gleichen Geschlechts.

> Ratten sollten frühestens in einem Alter von 6 Wochen übernommen werden und aus einer verantwortungsvollen Zucht stammen, bei der die Jungtiere bereits intensiv an Menschen und Alltagsreize gewöhnt wurden.

Das Aussuchen und Abholen der Ratten ist am Abend empfehlenswert, wenn die Tiere aktiv sind. Am besten verwendet man eine Transportbox (kleinen Transportkäfig), in die man eine Handvoll der benutzten Streu des Herkunftskäfigs füllt, um etwas vertrauten Geruch beim Transport zu gewährleisten und mit ins neue Heim zu bringen.

Zusammenfassung

Die wichtigsten Haltungsempfehlungen

- Großer, dreidimensional strukturierter Käfig
- Standort ruhig und abgedunkelt
- „Häuschen"/Unterschlüpfe mit je zwei Ausgängen, möglichst mit Flachdach, das als erhöhte Ebene genutzt werden kann
- Absturzsichere Klettermöglichkeiten
- Keine Engpässe und Sackgassen
- Tiefe Streu, um Graben zu ermöglichen
- Weiches Nistmaterial (Heu, Zellstoff etc., insbesondere auch in „Häuschen" auf erhöhten Ebenen, damit die Tiere immer weich liegen können)
- Kontrollierter Freilauf, „Rattenspielplatz", wechselnde Beschäftigungs- und Erkundungsmöglichkeiten
- Bei der Käfigsäuberung nicht alle Duftspuren entfernen, d. h. nicht zum gleichen Zeitpunkt Streu wechseln und komplettes Zubehör reinigen.

7.4 Umgang mit Ratten

Man sollte sich mit Ratten möglichst während ihrer Aktivitätsphase beschäftigen. Ihr **Ruhebedürfnis** ist zu respektieren. Allerdings passen sich Ratten auch an vorgegebene Rhythmen an, d. h., wenn die Besitzer immer bestimmte Zeiten zur Fütterung und Beschäftigung einhalten, können sich Ratten auf diese einstellen.

Da sich Ratten eines Rudels gegenseitig am Geruch erkennen, ist der **Geruch der Hände** wichtig. Daher sollte man sich vor dem Anfassen einer scheuen oder fremden Ratte die Hände mit benutzter Streu dieses Tieres einreiben. Zum **Einfangen** von Tieren, die sich nicht problemlos greifen lassen, kann man ein Behältnis (z. B. Röhre) verwenden, in das man das Tier laufen lässt.

Ratten sollten **nicht am Schwanz** hochgehoben werden, da ihre Schwanzhaut reißen kann. Insbesondere das Festhalten an der Schwanzspitze ist gefährlich. Wird die Ratte an der Schwanzbasis gehalten, muss eine zweite Hand das Gewicht des Tiers stützen. Am besten greift man Ratten, indem man mit beiden Händen eine Höhle bildet oder mit der einen Hand locker den Oberkörper umgreift, mit der anderen das Hinterteil stützt.

PRAXISTIPP

Handling in der Tierarztpraxis

- Der Rattenhalter sollte erst am späten Nachmittag bzw. möglichst erst am Abend in die Praxis bestellt werden. Dies gilt auch für das Durchführen von Operationen.
- Der Halter sollte die Ratten zusammen mit einem Partnertier in die Praxis bringen und möglichst benutzte Streu und benutztes Nestmaterial in die Transportbox geben.
- Optimalerweise lässt man sich uringetränkte Streu des Tiers in einem Extragefäß mitbringen und reibt sich die Hände vorab damit ein, bevor man die Transportbox öffnet und die Ratte anfasst.
- Der Nackengriff ist möglichst zu vermeiden. Wenn das Tier fixiert werden muss, dann möglichst nah am Kopf hinter den Kiefergelenken, sodass sich die Ratte nicht umdrehen und beißen kann.
- Entwischt die Ratte in der Praxis und ist sie nicht handzahm, sollte man sie in eine Plastikbox oder Röhre laufen lassen.
- Bei der Behandlung in der Tierarztpraxis ist auf die Lichtempfindlichkeit der Tiere Rücksicht zu nehmen. Insbesondere Albinos erleiden bei zu hoher Lichtintensität schnell Netzhautschäden. Bei der Verwendung von OP-Lampen müssen die Augen der Tiere daher abgedeckt werden.

7.5 Verhaltensprobleme

Ratten sind zu beliebten Heimtieren geworden. Doch nicht immer erfüllen die Tiere die Erwartungen ihrer Besitzer. Probleme mit Ratten können darin bestehen, dass die Tiere nicht zahm werden, dass sie ihre Besitzer beißen oder dass sie sich während des Freilaufs nicht wieder einfangen lassen. Probleme entstehen auch, wenn Ratten den Teppich als Toilette benutzen, wenn sie Einrichtungsgegenstände benagen oder wenn es bei der Eingliederung von neuen Ratten in eine bestehende Gruppe zu Unverträglichkeitsproblemen kommt. Die Ursachen der meisten Probleme sind Fehler in der Haltung oder im Umgang mit den Tieren sowie unrealistische Erwartungen an das Heimtier.

Prophylaxe von Verhaltensstörungen und -problemen

Verhaltensstörungen und -probleme lassen sich weitgehend durch eine tiergerechte Haltung vermeiden. Diese ist bereits während der **Aufzucht** von essenzieller Bedeutung. Denn durch soziale Deprivation können bei jungen Ratten irreversible Störungen der Verhaltensentwicklung auftreten, z. B. bei Isolation in der 4. und 5. Lebenswoche (Hol et al., 1999). Auch eine Reizdeprivation hat Auswirkungen auf die Gehirnentwicklung und das Verhalten von Ratten. In der Aufzucht ist daher dafür zu sorgen, dass Jungratten ein vielfältiges Reizangebot erhalten, an Alltagsgegenstände und -geräusche gewöhnt werden und mit unterschiedlichen Objekten interagieren können.

7.5.1 Angstverhalten und Aggression gegen Menschen

Der Umgang mit dem Menschen stellt für Ratten, die nur unzureichend an Menschen gewöhnt sind, eine Belastung dar. Dies zeigen verschiedene Untersuchungen bei Laborratten. Brand (1998), Mende (1999) und Kvetnansky et al. (1978) wiesen nach, dass bereits einfachste Manipulationen Stressreaktionen (u. a. Erhöhung von Stressparametern im Blut) bei den Tieren auslösen, wenn sie nicht an den Menschen gewöhnt sind.

Hirsjärvi und Junnila (1988) vermuten aufgrund ihrer Studien, dass Ratten im Menschen einen Beutegreifer sehen, wenn sie nicht ausreichend an ihn gewöhnt sind, denn sie zeigen im Verhaltenstest **Freezing**, wenn sich der Experimentator über das Tier beugt. „**Gentling**", d. h. freundliches Anfassen der Tiere, kann dieses Verhalten reduzieren. Das ▸ Video 7-1 zeigt drei Laborratten, die ab der 4. Lebenswoche täglich gestreichelt wurden. Die Tiere suchen aktiv die Nähe zum Menschen und lassen sich angstfrei greifen.

Video 7-1 Angstfreie Laborratten (ca. 30 sek)
www.schattauer.de/3112

„Gentling" unter Ausnutzung der „sensiblen Phase"

Eigene Untersuchungen (Maurer et al. 2008) haben gezeigt, dass Laborratten signifikant weniger angstbedingtes Verhalten vor Menschen zeigten und sich besser greifen ließen, wenn sie in der 4. und 5. Lebenswoche täglich 2-mal 10 min gestreichelt wurden. Dieser Gentling-Effekt war bis zu einem Alter von 6 Monaten signifikant im Gegensatz zu Kontrolltieren, die nicht gestreichelt wurden, sondern nur die Routineversorgung erhielten, bestehend aus 2-mal wöchentlichem Anfassen beim Umsetzen in frische Käfige. Vermutlich handelt es sich bei der 4. und 5. Lebenswoche um eine „sensible“ Phase der Sozialisierung auf den Menschen. In den Videos (► Video 7-2, ► Video 7-3) werden Ausschnitte aus der Studie von Maurer et al. (2008) gezeigt. Die Ratten wurden einem abgewandelten Open-Field-Test unterzogen. Das Tier in Video 7-2 wurde nicht gestreichelt. Es zeigt **Freezing** mit Schwanzzucken und Kopfpendeln bei Erscheinen des menschlichen Stressors, der sich beutegreiferartig über die Open-Field-Arena lehnt. Außerdem zeigt das Tier **Thigmotaxis**, es bleibt in den Randfeldern. Das Tier in Video 7-3 wurde in der 4. und 5. Lebenswoche gestreichelt. Es geht bei Erscheinen des menschlichen Stressors auf diesen zu, richtet sich auf und läuft anschließend bis ins Zentralfeld. Es zeigt sich somit weniger furchtsam.

Video 7-2 Freezing und Thigmotaxis (ca. 20 sek)
Video 7-3 Gentling-Effekt (ca. 10 sek)
www.schattauer.de/3112

Damit Ratten angstfrei mit ihrem Halter umgehen und dessen Zuwendung als angenehm empfinden können, müssen sie an den Menschen gewöhnt werden. Dies ist im Jungtieralter besonders empfehlenswert. Um einen langfristigen „Zahmheitseffekt“ zu erhalten, müssen Ratten in der 4. und 5. Lebenswoche mindestens 2 × 10 min täglich „gegentelt“ werden. Problemen der Angstaggression wird damit vorgebeugt.

Behandlung von Problemen

Durch vertrauensbildende Maßnahmen und ein behutsames Gewöhnungstraining kann Angstverhalten reduziert werden.

Vertrauensbildende Maßnahmen

- Hand mit benutzter Streu einreiben.
- Nicht von oben über die Ratte/den Käfig beugen.
- Ratte nicht greifen, keinen Zwang anwenden.
- Aus der Hand füttern.

Gewöhnungstraining

- Futterlockgeräusch (z. B. bestimmtes Lockwort, Schnalzgeräusch etc.) machen, wenn man den Tieren Futter reicht.
- Sich dicht neben den Käfig setzen, z. B. mit einem Buch.
- Wenn die Tiere nicht aus der Hand fressen: Futter in den Käfig in die Nähe der offenen Käfigtür legen, während man neben dem Käfig sitzt. Hand von außen in die Nähe der Tür halten. Auf diese Art nach und nach die Ratten mit dem Futter immer näher in Richtung Tür und Hand locken, bis sie angstfrei direkt neben der Hand das Futter fressen. Anschließend Futter aus der Hand geben.

- Nach und nach das Futter immer weiter auf dem Schoß oder Arm geben, bis die Tiere ganz selbstverständlich auf Schoß/Arm klettern.
- Sanftes Anfassen in kleinen Schritten üben. Zuerst nur kurz berühren, dann immer länger zart streicheln. Immer aufhören, noch bevor die Ratte zeigt, dass es ihr zu viel wird (also nicht abwarten, bis Ratte ausweicht oder Abwehr zeigt, sondern bereits vorher aufhören).
- Schließlich auch das Hochheben in kleinen Schritten und mit Belohnung üben.

Nicht jede Ratte lässt sich gerne streicheln. Der Halter sollte die Individualität seines Tiers akzeptieren und sich auf andere Art mit ihm beschäftigen.

7.5.2 Aggression gegen Artgenossen

Wanderratten verteidigen ihr Revier gegen rudelfremde Ratten. Die Rudelzugehörigkeit wird am Geruch erkannt. Bei der Heimtierratte ist dies noch ähnlich. Beim **Vergesellschaften** darf man daher erwachsene, einander fremde Tiere nicht unkontrolliert zusammensetzen, da es (insbesondere bei Männchen) zu heftigen Kämpfen kommen kann. Am sichersten ist die **schrittweise Gewöhnung** mit einem Vermischen der Gerüche. Dazu werden die Tiere vorerst in getrennten Käfigen gehalten. Mehrmals täglich sollte eine Handvoll benutzter Streu (mit Urinmarken und Kotboli) zwischen den Käfigen getauscht werden. Nach ein paar Tagen können die Käfige getauscht werden. Dazu setzt man die Tiere für mehrere Stunden in den Käfig des jeweils anderen. Schließlich kann man die Ratten auf „neutralem Grund", z. B. beim kontrollierten Freilauf in der Wohnung, zusammen lassen. Hierbei ist jedoch darauf zu achten, dass den Tieren ausreichend Rückzugsmöglichkeiten zur Verfügung stehen und Sackgassen oder Engpässe unbedingt vermieden werden. Außerdem sollte begehrtes Futter im Überfluss breit ausgestreut werden. Hilfreich kann es sein, wenn ein **gemeinsamer Gruppengeruch** mit dem Neuling hergestellt wird, ähnlich wie durch das Überkriechen und Aneinanderreiben der Rudelmitglieder. Dazu kann man entweder die alteingesessenen Ratten mit einem Lappen zart abreiben und anschließend den Geruch an der neuen Ratte abstreichen. Oder aber man nimmt urinbenetzte Streu der heimischen Ratte und reibt damit die neue vor der ersten Begegnung ein (man kann Urin auch mit Zellstoff auftupfen und diesen zum Abreiben an der neuen Ratte verwenden).

Auch im zukünftigen gemeinsamen Käfig sollten selbstverständlich genügend Ausweich- und Unterschlupfmöglichkeiten vorhanden sein und Ressourcen wie Futter und Wasser im Überfluss vorhanden sein, sodass jedes Tier freien Zugang hat und es zu keinen Kämpfen diesbezüglich kommt.

Wenn ein Gewöhnungstraining nicht hilft, kann bei männlichen Tieren auch die Kastration versucht werden.

Kommt es in **bestehenden Gruppen** zu stärkeren Auseinandersetzungen, muss die Haltung überprüft werden. Gibt es Engpässe oder Sackgassen? Streiten sich die Tiere um begehrte Ressourcen? Jedes Tier muss jederzeit Zugang zu Futter, Wasser, Nistmaterial und geschützten Liegeplätzen haben.

Fallbeispiel

Eingewöhnung in eine Gruppe

Barbara Schneider

Vorstellungsgrund
In eine bestehende Gruppe von drei Rattenweibchen sollen zwei weitere Weibchen eingewöhnt werden.

Anamnese
Die drei weiblichen, unkastrierten Rattenweibchen Jane, Cuddle und Swift leben zusammen in einem großen, selbstgebauten Käfig. Cuddle und Swift sind 1,5 Jahre alt und wurden im Alter von 5 Monaten übernommen. Sie sind ehemalige Labortiere. Jane ist 9 Monate alt und wurde mit 3 Wochen übernommen. Nun sollen zwei weitere 9 Monate alte Weibchen (Hanni und Nanni) aus einer Tierversuchshaltung übernommen werden. Die beiden wurden gemeinsam gehalten, seit sie 3 Wochen alt waren. Das Besitzerpärchen wünscht sich Unterstützung bei der Zusammenführung der Gruppen.

Behandlung
- Anschaffung eines zweiten, großen, gut ausgestatteten Käfigs zur vorübergehenden Haltung von Hanni und Nanni
- Platzierung der Käfige nebeneinander in dem Abstand, den alle Tiere gerade noch tolerieren, täglich (wenn möglich) Käfige schrittweise näher aneinander schieben.
- Mehrmals täglich Geruchsaustausch durch Austausch einer Handvoll benutzter Einstreu
- Fütterung von Leckerchen in Anwesenheit der anderen Gruppe
- Wenn beide Käfige direkt nebeneinander stehen und die Tiere nicht aufeinander reagieren, dann Freilauf im Bad (neutrales Territorium, da Jane, Cuddle und Swift immer in der Küche Freilauf haben) anbieten. Sackgassen vermeiden.
- Wenn gemeinsamer Freilauf über mehrere Tage gut funktioniert, dann alle Tiere zusammen in frisch gesäuberten neuen Heimatkäfig geben.
- In neuem Heimatkäfig mindestens fünf Häuschen aufstellen und noch mehr Beschäftigungs- und Rückzugsmöglichkeiten schaffen.

Verlauf
Rückmeldung nach 8 Wochen: Zusammenführung war nach 1 Woche schon erfolgreich. Die Besitzerin hatte nicht den Eindruck, dass die Tiere jemals aggressiv aufeinander reagierten. Die Käfige konnten praktisch sofort nebeneinander stehen. Es gab beim ersten gemeinsamen Freilauf keinerlei Probleme, also wurden die Tiere 1 Tag später nach einem weiteren erfolgreichen Freilauf zusammen gelassen. Es sind fünf Häuschen im Käfig, aber meist schlafen alle fünf Tiere gemeinsam im größten Häuschen.

7.5.3 Stubenunreinheit

Es ist unvermeidlich, dass Ratten während ihres Freigangs kleine Urintröpfchen zum Markieren absetzen. Viele Tiere setzen in der Wohnung auch Kot ab. Man kann versuchen, flache Schalen mit Streu aus dem Käfig und mit ein paar Kotboli als „Toiletten“ beim Freilauf aufzustellen. Viele Ratten akzeptieren den vertrauten Untergrund und den Geruch als Ausscheidungsort. Auf keinen Fall darf man Bestrafungsmaßnahmen oder Zwang beim Versuch der Stubenreinheitserziehung anwenden.

7.5.4 Stereotypien

Stereotypien sind bei domestizierten Ratten sehr selten. Selbst in der restriktiven Laborhaltung zeigen Ratten im Gegensatz z. B. zu Mäusen oder Kaninchen kaum Stereotypien. Allerdings ist eine extreme Passivität als Verhaltensstörung zu werten. Bei einigen Ratten wird in der Laborhaltung beobachtet, dass sie sich oder den Käfiggenossen an bestimmten Körperstellen das **Fell abnagen**, sodass eine Alopecia areata entsteht. Es wird vermutet, dass dieser Störung auch eine genetische Komponente zugrunde liegen könnte (Militzer, 1986), sodass die Tiere nicht zur Zucht verwendet werden sollten. Zeigen Heimtierratten kahle Stellen und sind klinische Differenzialdiagnosen ausgeschlossen, sollten die Haltung und die Struktur der Gruppe überprüft werden.

► Tabelle 7-1 fasst Verhaltensprobleme bei Ratten und ihre Behandlungsmöglichkeiten noch einmal zusammen.

Tab. 7-1 Verhaltensprobleme und Behandlungsmöglichkeiten

Problem	Mögliche Ursache	Möglichkeiten der Abhilfe
Die Ratte beißt den Menschen, der die Hand in den Käfig steckt.	z. B. Furcht vor Menschen, Revierverteidigung	• Vertrauen bilden: – Hand mit benutzter Streu einreiben, damit sie für die Ratte vertrauter riecht. – Aus der Hand füttern. • Falls Tier nicht aus der Hand frisst: behutsames Gewöhnungstraining in kleinen Schritten: Zuerst sollte man sich ruhig neben dem Käfig aufhalten, dann Futter in die Nähe legen, schließlich Futter aus der Hand geben. • Jeglicher Zwang und eine Überforderung sollten vermieden werden, damit das Tier keine negativen Erfahrungen mit dem Menschen macht.
Ratte wird nicht zahm.	Furcht, evtl. wegen mangelnder Gewöhnung oder schlechter Erfahrung	
Ratte lässt sich nicht einfangen oder beißt beim Greifen.	Furcht, das Tier zeigt Meideverhalten oder Abwehr.	• s. o. • Einfangen nicht durch Greifen, sondern indem man die Ratte in eine Röhre oder einen Karton laufen lässt und diesen dann zusammen mit dem Tier hochhebt. Die Öffnungen sollten dabei zugehalten werden. • Das Anfassen mit zur Höhle geformten Händen sollte behutsam, in kleinen Schritten und unter Einsatz von Belohnungen geübt werden.

Tab. 7-1 (Fortsetzung)

Problem	Mögliche Ursache	Möglichkeiten der Abhilfe
Ratte setzt Kot auf Teppich ab.	Normalverhalten	• Toilettenwannen aufstellen (mit etwas benutzter Streu und Kot aus Käfig). • Nie strafen! • Unsauberkeit akzeptieren.
Die Ratte setzt Urintröpfchen auf dem Menschen ab.	Duftmarkierung eines Gruppenmitglieds oder Urinabsatz als Zeichen von Stress und Beunruhigung	• Beim Duftmarkieren handelt es sich um Normalverhalten, was vom Halter akzeptiert werden muss. • Setzt die Ratte Urin bzw. Kot ab, wenn sie gegriffen wird oder mit Zwang festgehalten wird, ist dies Verhalten furchtbedingt. Die zugrunde liegende Furcht sollte mithilfe eines Gewöhnungstrainings reduziert werden.
Unverträglichkeit mit einem neuen Käfiggenossen	Revierverteidigung	• Langsames Gewöhnungstraining: – Mindestens 1-mal täglich sollte etwas Streu zwischen den Käfigen ausgetauscht werden. – Geruchsaustausch zwischen den Tieren (Abreiben des Körpers) – Schließlich kann die erste Begegnung auf neutralem Terrain mit ausreichend Rückzugsmöglichkeiten erfolgen.

Literatur

Barnett, S. A. (1958): Experiments on 'neophobia' in wild and laboratory rats, Brit J Psych 49: 195–201.

Barnett, S. A. (1975): The rat. A study in behavior. Chicago; London: The University of Chicago Press.

Barnett, S. A., Cowan, P. E. (1976): Activity, exploration, curiosity and fear: An ethological study. Interdiscipl Sci Rew 1 (1): 43–62.

Bennet, E. L., Diamond, M. C., Krech, D., Rosenzweig, M. R. (1964): Chemical and anatomical plasticity of brain. Science 146: 610–619.

Boice, R. (1977): Burrows of wild and albino rats: effects of domestication, outdoor raising, age, experience, and maternal state. J Comp Physiol Psychol 91: 649–661.

Bradshaw, A. L., Poling, A. (1991): Choice by rats for enriched versus standard home cages: plastic pipes, wood platforms, wood chips, and paper towels as enrichment items. J Exp Anal Behav 55: 245–250.

Brand, U. (1998): Untersuchungen zu Stressparametern bei männlichen Wistar-Ratten unter dem Einfluss einfacher Manipulationen. Diss. med. vet., Freie Universität Berlin.

Dalrymple-Alford, J. C., Benton, D. (1981): Activity differences of individually and group-housed male and female rats. Anim Learn Behav 9 (1): 50–55.

Diamond, M. C., Lindner, B., Johnson, R., Bennett, E. L., Rosenzweig, M. R. (1975): Differences in occipital cortical synapses from environmentally enriched, impoverished, and standard colony rats. J Neurosci Res 1: 109–119.

Dielenberg, R. A., Carrive, P., McGregor, I. S. (2001): The cardiovascular and behavioral response to cat odor in rats: unconditioned and conditioned effects. Brain Res 897: 228–237.

Döring, D. (1999): Käfigraumausnutzung bei Laborratten. Diss. med. vet., Freie Universität Berlin. (www.diss.fu-berlin.de/diss/receive/FUDISS_thesis_000000000110; letzter Abruf 02.08.2016)

Ernst, C. (1994): Vergleichende Untersuchungen zur Haltung von Laborratten. Diss. med. vet., Freie Universität Berlin.

Eskola, S., Lauhikari, M., Voipio, H.-M., Nevalainen, T. (1999): The use of aspen blocks and tubes to enrich the cage environment of laboratory rats. Scand J Lab Anim Sci 26 (1): 1–9.

EU-Richtlinie 2010/63/EU (2010): Richtlinie 2010/63/EU des Europäischen Parlaments und Rates vom 22. September 2010 zum Schutz der für wissenschaftliche Zwecke verwendeten Tiere. Amtsblatt der Europäischen Union L 276: 33–79.

Ferchmin, P. A., Bennett, E. L., Rosenzweig, M. R. (1975): Direct contact with enriched environment is required to alter cerebral weights in rats. J Comp Physiol Psychol 88: 360–365.

Gabrisch, K., Zwart, P. (2005): Krankheiten der Heimtiere. Herausgegeben von Fehr, M., Sassenburg, L., Zwart, P. Schlütersche Verlagsgesellschaft mbH, Hannover.

Gärtner, K., Militzer, K. (1993): Zur Bewertung von Schmerzen, Leiden und Schäden bei Versuchstieren. Schriftenreihe Versuchstierkunde Heft 14. Berlin, Hamburg: Verlag Paul Parey.

Gentsch, C., Lichtensteiner, M., Feer, H. (1981): Individual housing of rats causes divergent changes in spontaneous and reactive activity. Experientia 37: 61–62.

Gerall, H. D., Ward, I. L., Gerall, A. A. (1967): Disruption of the male rat's sexual behaviour induced by social isolation. Anim Behav 15: 54–58.

Grant, E. C., Mackintosh, J. H. (1977): A comparison of the social postures of some common laboratory rodents. J Comp Physiol Psychol 91: 246–259.

Hirsjärvi, P. A., Junnila, M. A. (1988): The effect of gentling on open-field behaviour of rats. In: Beynen, A. C., Solleveld, H. A. (Hrsg.): New development in biosciences: their implications for laboratory animal science. Dordrecht; Boston; Lancaster: Martinus Nijhoff Publishers; 399–403.

Hol, T., Van den Berg, C. L., Van Ree, J. M., Spruijt, B. M. (1999): Isolation during the play period in infancy decreases adult social interactions in rats. Behav Brain Res 100: 91–97.

Hollmann, P. (1997): Kleinsäuger als Heimtiere. In: Sambraus, H. H., Steiger, A. (Hrsg.): Das Buch vom Tierschutz. Stuttgart: Enke; 340–347.

Kvetnansky, R., Sun, C. L, Lake, C. R. et al. (1978): Effect of handling and forced immobilization on rat plasma levels of epinephrine, norepinephrine, and dopaminehydroxylase. Endocrinology 103: 1868–1874.

Lore, R., Flannelly, K. (1977): Rat societies. Sci Am 236: 106–116.

Maurer, B. M., Döring, D., Scheipl, F. et al. (2008): Effects of a gentling programme on the behaviour of laboratory rats towards humans. Appl Anim Behav Sci 114: 554–571.

McGregor, I. S., Hargreaves, G. A., Apfelbach, R., Hunt, G. E. (2004): Neural correlates of cat odor-induced anxiety in rats: region-specific effects of the bezodiazepine Midazolam. J Neurosci 24: 4134–4144.

Mende, G. (1999): Untersuchung zur Beurteilung der Belastung von Laborratten durch einfache Manipulationen an den Parametern Kortikosteron und Prolaktin. Diss. med. vet., Freie Universität Berlin.

Militzer, K. (1986): Beurteilung der Tiergerechtheit von Haltungssystemen für Labortiere. In: Militzer, K. (Hrsg.): Wege zur Beurteilung tiergerechter Haltung bei Labor-, Zoo- und Haustieren. Berlin; Hamburg: Parey; 66–77.

Panksepp, J., Burgdorf, J. (2000): 50-kHz chirping (laughter?) in response to conditioned and unconditioned tickle-induced reward in rats: effects of social housing and genetic variables. Behav Brain Res 115: 25–38.

Perez, C., Canal, J. R., Dominguez, E. et al. (1997): Individual housing influences certain biochemical parameters in the rat. Lab Animals 31: 357–361.

Rauth-Widmann, B. (2000): Meine Ratten. Stuttgart: Kosmos Verlag.

Rock, F., Landi, M. (1996): How select physiologic parameters are effected by caging type and population density in rats. Abstract, 6. FELASA-Symposium, Basel, 19.–21.6.1996.

Schleif, O. (2001): Ein Beitrag zur tiergerechten Haltung der Ratte anhand der Literatur. Diss. med. vet. TiHo Hannover (http://elib.tiho-hannover.de/dissertations/schleifo_2001.pdf; letzter Abruf 02.08.2016).

Schlingmann, F., de Rijk, S. H. L. M., Pereboom, W. J., Remie, R. (1993): 'Avoidance' as a behavioural parameter in the determination of distress amongst albino and pigmented rats at various light intensities. Anim Technol 44 (2): 87–95.

Sotocinal, S. G., Sorge, R. E., Zaloum, A., Tuttle, A. H. et al. (2011): The Rat Grimace Scale: A partially automated method for quantifying pain in the laboratory rat via facial expressions. Molecular pain 7: 55 (www.ncbi.nlm.nih.gov/pmc/articles/PMC3163602/; letzter Abruf 02.08.2016).

Telle, H.-J. (1966): Beitrag zur Kenntnis der Verhaltensweise von Ratten, vergleichend dargestellt bei Rattus norvegicus und Rattus rattus. Z Angew Zoologie 53: 129–196.

TVT (2014): Tierärztliche Vereinigung für Tierschutz e. V. Merkblatt für Tierhalter Ratten (www.tierschutz-tvt.de/index.php?id=merkblaetter; letzter Abruf 02.08.2016).

Vitalo, A. G., Gorantla, S., Fricchione, J. G., Scichilone, J. M. et al. (2012): Environmental enrichment with nesting material accelerates wound healing in isolation-reared rats. Behav Brain Res 226 (2): 606–612.

Weiß, J., Maeß, J., Nebendahl, K. (Hrsg.) (2003): Haus- und Versuchstierpflege. Stuttgart: Enke Verlag (2. Aufl.).

Informationsmaterial für Tierhalter findet sich u. a. als Download bei:

Bundesamt für Lebensmittelsicherheit und Veterinärwesen BLV der Schweiz: https://www.blv.admin.ch/blv/de/home/tiere/tierschutz/heim-und-wildtierhaltung/ratten.html (letzter Abruf 28.11.2016).

Tierärztliche Vereinigung für Tierschutz e. V. TVT: www.tierschutz-tvt.de (letzter Abruf 02.08.2016).

8 Gerbils

Barbara Schneider

8.1 Einführung

Gerbils gehören zur Ordnung Rodentia (Nagetiere), Unterordnung Myomorpha (Mäuseverwandte) und Familie der Langschwanzmäuse (Muridae). Der wissenschaftliche Name des als Heimtier gehaltenen Mongolischen Gerbils (*Meriones unguiculatus*) bedeutet dabei wörtlich übersetzt: „mit Krallen besetztes Schenkeltier". Der Gerbil wird im deutschen Sprachraum auch als „Wüstenrennmaus", „mongolische Wüstenrennmaus", „mongolische Rennmaus" oder „mongolische Rennratte" bezeichnet. Der Name „Gerbil" kommt vermutlich aus dem Arabischen, aber die Bedeutung ist unbekannt.

Der Mongolische Gerbil, der in diesem Kapitel besprochen wird, stammt ursprünglich aus den Steppen und Wüsten der Mongolei und Nordchinas. Die Tiere wurden 1866 vom französischen Pater Abbé Armand David auf einer Missionsreise von Peking nach Nord-West-China entdeckt. Er schickte drei dieser Tiere, die er als „gelbe Ratten mit langen behaarten Schwänzen" beschrieb, zum Direktor des Pariser Naturkundemuseums. Von diesem wurde die Art schließlich 1867 benannt.

In den 1930er-Jahren wurden 20 Gerbil-Paare nach Tokio gebracht, wo eine Kolonie in einem Versuchstierlabor aufgebaut wurde. Aus dieser Kolonie gelangten in den 1950er-Jahren 11 Paare nach New York, wo sie ebenfalls für Tierversuche verwendet wurden. Kurz darauf begann auch ihr Siegeszug als Heimtiere. In den 1960er-Jahren wurden mit Gerbils aus der New Yorker Zucht auch in Europa Versuchstiere gezüchtet.

Heute werden Gerbils noch als Versuchstiere gehalten, aber auch als Futtertiere, obwohl sie zudem beliebte Heimtiere sind.

Sie sind in ihrem natürlichen Lebensraum weit verbreitet und stellen keine gefährdete Art dar. Gerbils werden in ihrer Heimat als Getreideschädlinge angesehen. Zudem sind sie ein natürlicher Wirt für einige Zoonosen.

Steckbrief

- Größe: ca. 9–13 cm Kopf-Rumpf-Länge (Schwanz zusätzliche 8–11 cm)
- Gewicht: 70–130 g
- Lebenserwartung: 2–4 Jahre
- Ausgewachsen: mit ca. 8–12 Monaten
- Geschlechtsreife: mit 7–8 Wochen
- Zykluslänge: 4–6 Tage

- Tragzeit: 23–26 Tage
- Wurfgröße: 1–12, durchschnittlich 4–6
- Nesthocker (blind und nackt)
- Säugezeit: 3–4 Wochen

Auch Gerbils gibt es neben der natürlichen wildfarbenen Variante mittlerweile in zahlreichen Farbschlägen (► Abb. 8-1).

Bei den Gerbils ist die Zucht von weißen bzw. überwiegend weißen Tieren als problematisch und evtl. **tierschutzrelevant** einzustufen. Albinos oder auch aprikotfarbene Tiere oder „Blassfüchse" haben rote Augen und verfügen daher über eine sehr hohe Lichtempfindlichkeit. Dies muss in der Haltung dieser Tiere entsprechend berücksichtigt werden.

Das Gen für die gern gesehene **Scheckung** (Aufhellung der eigentlichen Farbe) wird dominant vererbt. Heterozygote Tiere zeigen die gewünschte Scheckung. Homozygote Schecken sind jedoch nicht lebensfähig und sterben bereits als Feten im Mutterleib ab. Da es meist sehr früh zu einem Absterben und zu einer Resorption der Feten kommt, besteht für das Muttertier i. d. R. keine Gefahr. Eine weitere Variante der Scheckung ist die „**Weißpfote**". Bei dieser Genvariante werden homozygote Tiere zwar geboren, sterben jedoch innerhalb der ersten Lebenswoche oder haben eine reduzierte Lebenserwartung von nur 1 Jahr. Bei Tieren, die heterozygot sowohl über das oben erwähnte dominante Scheckungs-Gen sowie über das Weißpfoten-Gen verfügen, kann es zu Taubheit und Problemen mit dem Gleichgewichtssinn (Kopf-

Abb. 8-1 Gerbils gibt es in verschiedenen Farbvarianten. Wildfarbene Gerbils haben eher gräulich-bräunliches Fell.

schiefhaltung, Kreis-Laufen) kommen. Solche Tiere sind meist auch überwiegend weiß und verfügen nur noch über kleine Flecken ihrer ursprünglichen Fellfarbe. Nicht immer lässt sich die dominante Scheckung von der Weißpfote unterscheiden und so kann es bei der Zucht von Schecken mit hohem Weißanteil immer wieder zu Tieren mit beiden genetischen Varianten und den beschriebenen Problemen kommen. Eine Zucht von weißgescheckten Tieren setzt verantwortungsvolle Züchter voraus, die nicht um jeden Preis helle Tiere züchten möchten. Schecken sollten grundsätzlich nicht miteinander verpaart werden.

Eine weitere tierschutzrelevante Problematik in der Gerbilzucht ist das Auftreten von **Epilepsie**. Abhängig von der Genetik sind bis zu 50 % (Thiessen et al., 1968) oder gar 97 % (Loskota et al., 2007) der Gerbils von dieser Erkrankung betroffen. Im Allgemeinen wird der Anteil von epileptischen Tieren unter der Haustierpopulation auf 20–40 % geschätzt. Es ist auf züchterischer Seite unbedingt darauf zu achten, mit epileptischen Tieren nicht weiter zu züchten. Entsprechende Informationen über den Ausbruch der Erkrankung müssen zu diesem Zweck auch vom Besitzer an den Züchter weitergegeben werden.

8.2 Normalverhalten

In der Heimat der Gerbils herrschen extreme Bedingungen. So kommt es z. B. zu starken Temperaturschwankungen zwischen –40 °C und 50 °C. Gerbils passen sich daran an, indem sie entsprechend der Umgebungstemperatur ihre Aktivitätszeit ändern. Das bedeutet, dass die Tiere in den heißen Monaten vorwiegend nachtaktiv sind, in den kalten Monaten dagegen tagaktiv. Bei moderaten Temperaturen sind Gerbils v. a. dämmerungsaktiv (Randall und Thiessen, 1980). Häufig zeigen sie aber auch einen recht konstanten Wechsel zwischen mehreren Stunden Aktivität und mehreren Stunden Inaktivität. Gerbils halten keinen Winterschlaf, sondern sammeln und horten Futter für die kalten Wintermonate (Ågren et al., 1989).

Neben den extremen Temperaturschwankungen gibt es in der Herkunftsregion der wilden Gerbils nur sehr geringe Niederschlagsmengen. An diese kargen Gegebenheiten sind die Gerbils hervorragend angepasst, indem sie nur wenig Wasser benötigen. Leider hält sich weiterhin hartnäckig der Mythos, dass Gerbils gar kein Wasser benötigen. Dies ist falsch!

Gerbils benötigen jederzeit Zugang zu **Trinkwasser.**

Wilde Gerbils leben in Familieneinheiten, die aus einem Elternpaar und aus deren sich nicht fortpflanzenden Nachkommen aus vorangegangenen Würfen bestehen. Die Jungtiere unterstützen die Eltern bei der Aufzucht der aktuellen Welpen. Diese Familiengruppen können dabei bis zu 17 Tiere umfassen (Ågren et al., 1989). Gerbils leben in monogamen Beziehungen. Dennoch kommt es bei wilden Gerbils immer wieder vor, dass sich das Weibchen auch mit einem Nachbarmännchen paart. Man vermutet, dass dies zu einer erhöhten genetischen Variabilität beiträgt (Ågren et al., 1989).

Wilde Gerbils verbringen die meiste wache Zeit damit, zu graben. Sie legen weit verzweigte und komplizierte unterirdische Baue an. Diese Baue verfügen über Nestkammern, 1–2 Vorratskammern und verschiedene Eingänge. Die Gerbilbaue befinden sich zum Schutz vor extremen Temperaturen etwa 1,7 m unter der Erde. Die Tiere verbringen dort viel Zeit bei harschen klimatischen Bedingungen. Zudem ziehen sie sich dorthin zurück als Schutz vor Beutegreifern. Typischerweise befindet sich der unterirdische Bau in der Mitte des jeweiligen Familienterritoriums (Ågren et al., 1989).

8.2.1 Bewegungsverhalten

Springen Gerbils zeigen eine saltatorische Fortbewegung. Das bedeutet, dass sie sich in einer hüpfenden oder springenden Art fortbewegen. Daher vermutlich auch der lateinische Name „Schenkeltier". Eine unterbrochene Fortbewegung ist ebenfalls typisch für Gerbils. Sie eilen dabei einige Schritte nach vorne, bevor sie ruckartig anhalten und einige Sekunden auf ihren Hinterbeinen witternd verharren (Deininger und Mackensen, 2008). Erst danach hüpfen sie weiter. Mithilfe ihrer kräftigen, stark bemuskelten Hinterbeine können Gerbils zudem relativ hoch springen. So können sie z. B., wenn sie sich erschrecken, eine 30 cm hohe Barriere problemlos überspringen (Waiblinger, 2002). Mit Anlauf können sie sogar bis zu 1 m hoch springen. Auch das Überwinden von Gräben durch Springen ist für Gerbils meist kein Problem.

Aufrichten Eine weitere typische Bewegung der Gerbils ist das Aufrichten auf die Hinterbeine. Insgesamt sind Gerbils sehr wachsam und richten sich oft witternd auf, um ihre Umgebung zu beobachten, während sie sich mit ihrem Schwanz abstützen (► Abb. 8-2). Diese Position können sie bei Verdacht auf Gefahr für mehrere Minuten aufrechterhalten (Waiblinger, 2002). Voll aufgerichtet sind Gerbils dabei bis zu 12 cm groß (Waiblinger, 2002).

8.2.2 Grabeverhalten

Das Grabeverhalten ist für Gerbils extrem wichtig. Wenn sie geeignetes Material zur Verfügung haben, graben sie komplizierte Tunnelsysteme. Wie erwähnt, sind ausgedehnte unterirdische Baue wichtig, um die Tiere vor extremen Klimabedingungen zu schützen. Beim Graben zerstören Gerbils auch hin und wieder bereits existierende Tunnels bzw. räumen bestehende Tunnels ab und zu aus (Roper und Polioudakis, 1977). Dies lässt vermuten, dass das Grabeverhalten nicht nur der reinen Konstruktion von Wohnbauen dient. Vermutlich hat es eine zusätzliche **stressreduzierende** Wirkung.

Abb. 8-2 Gerbils nehmen bei der Witterung eine typische Haltung ein. Hier wird die Fotografin wachsam durch die Scheibe des Terrariums beobachtet.

Gerbils verfügen über ein **ausgeprägtes Grabebedürfnis**, das sie ausleben müssen, um sich wirklich wohlzufühlen.

8.2.3 Sozialverhalten

Gerbils sind **obligat soziale** Tiere, die zwingend mit Artgenossen zusammenleben müssen. Ihr soziales Verhalten ist recht komplex und eine gute Gruppenzusammenstellung ist daher nicht immer einfach. In freier Wildbahn leben die Gerbils in überwiegend monogamen Familienverbänden zusammen. Nur die Elterntiere pflanzen sich fort. Werden artgerechte Haltungsbedingungen geboten, zeigen Gerbils auch diese Lebensweise in Gefangenschaft. Da das sich fortpflanzende Pärchen recht monogam lebt, kann es sehr schwierig sein, nach dem Tod eines Partners das übrig gebliebene Tier wieder mit einem gegengeschlechtlichen Partner zu vergesellschaften.

Im Allgemeinen zeigen Gerbils wenig agonistische Verhaltensweisen in stabilen Familiengruppen mit großem Revier. Allerdings werden unbekannte Tiere vehement aus dem Territorium vertrieben. Fehlt den Eindringlingen eine Fluchtmöglichkeit, kommt es bei den **territorialen Kämpfen** häufig zu Todesfällen. Auch bei einer zu hohen Dichte an Tieren kann es zu massiven aggressiven Auseinandersetzungen kommen. Sie treten außerdem auf, wenn Jungtiere versuchen, die Position des Zuchtpaars einzunehmen (Faircloth Parker und Tynes, 2010).

In der Regel ist das reproduktive Männchen das ranghöchste Tier einer Familiengruppe. Es gibt etwas widersprüchliche Angaben dazu, ob es unter den weiteren Tieren eine feste Rangordnung gibt.

Die Kommunikation von Gerbils erfolgt vorwiegend über Gerüche und Körpersprache. Akustische Kommunikation spielt eine untergeordnete Rolle.

Soziopositive Verhaltensweisen

Beschnüffeln Soziopositive Interaktionen sind wichtig, um die Stabilität der Familiengruppe aufrechtzuerhalten. Da Geruch eine sehr große Rolle spielt, beschnüffeln sich Gerbils bei Begegnungen gegenseitig im Gesichtsbereich und manchmal auch an den Flanken. Der Geruch des Gegenübers entscheidet dann über die jeweilige Reaktion. Dieses soziale Beschnüffeln wird auch bei der Begegnung mit unbekannten Gerbils gezeigt. Eine agonistische Interaktion kann sich nach dem ersten Beschnuppern also immer noch ergeben. Kennen sich die Gerbils jedoch gut, beschnüffeln sie sich auch häufig. Eine freundliche Begrüßung erfolgt i. d. R. immer über nasonasalen Kontakt.

Allogrooming Dieses gegenseitige Putzen wird von den Rennmäusen ebenfalls gezeigt. Allogrooming findet oft in direktem Zusammenhang mit gegenseitigem Markieren statt. Typischerweise liegt beim Allogrooming ein Tier auf der Seite, meist mit geschlossenen Augen. Der Putzpartner putzt Kopf, Hals, Schulter- und Rückenbereich (Faircloth Parker und Tynes, 2010). Manchmal wird auch die Bauchregion geputzt.

Huddling Dabei ruhen die Gerbils in engem gegenseitigem Körperkontakt. Gerade bei Jungtieren ist dieses Zusammenkuscheln besonders ausgeprägt, da es zusätzlich auch der Aufrechterhaltung der Körpertemperatur dient.

Agonistisches Verhalten

Drohverhalten Konflikte innerhalb einer stabilen Familiengruppe werden meist durch rein körpersprachliche Interaktionen beigelegt. So wird ein höherer Rang meist durch Drohverhalten aufrechterhalten. Eine typische Drohgebärde von Gerbils ist dabei das Präsentieren der Breitseite. Ein subdominantes Tier antwortet auf diese Drohgeste i. d. R., indem es sich auf den Rücken rollt (Faircloth Parker und Tynes, 2010). Eine Rangdemonstration kann auch durch Jagen und Schubsen des subdominanten Tiers erfolgen (Ågren et al., 1989).

Beschnüffeln Wie bereits bei den soziopositiven Verhaltensweisen erwähnt, erfolgt bei einer Begegnung zwischen zwei sich unbekannten Rennmäusen zunächst ein ausführliches Beschnüffeln von Gesichts- und Flankenbereich. Männliche Tiere neigen dazu, des Weiteren die Ventraldrüse (s. u. „Markierverhalten“) bei anderen männlichen Tieren sowie die Genitalregion bei Weibchen näher erkunden zu wol-

Kämpfende Gerbils, die sich gegenseitig mit den Vorderpfoten boxen

len. Eventuell zieht sich zu diesem Zeitpunkt eines der beiden Tiere zurück. Wird es jedoch nicht in Ruhe gelassen, oder als Eindringling im Revier empfunden, kommt es zu einer Auseinandersetzung. Je nachdem wie hoch der Kopf gehalten wird, nimmt das Tier eine eher offensive oder defensive Position ein. Defensive Gerbils senken ihren Kopf mit halbgeschlossenen Augen und offensive Gerbils halten ihren Kopf eher erhoben (Faircloth Parker und Tynes, 2010). In Auseinandersetzungen typische Drohgesten sind das Lehnen über den Gegner und wieder das Präsentieren der Breitseite. Solches Drohen kann durch ein Gegendrohen beantwortet werden. Die kann u. a. durch ein „Boxen" des Gegenübers geschehen (► s. Zeichnung oben).

Markieren mit Ventraldrüse Ein häufiges und ausführliches Markieren mit der Ventraldrüse (s. u.) kann bei solchen Auseinandersetzungen ebenfalls beobachtet werden (Faircloth Parker und Tynes, 2010).

Kampf Kommt es zu einem richtigen Kampf, versuchen sich die beiden kämpfenden Tiere zu umklammern und gegenseitig in den Hals oder die Flankengegen zu beißen. Sie lösen die Umklammerung nach einigen Sekunden wieder und jagen sich gegenseitig. Wenn das unterlegene Tier nicht entkommen kann, kann es zu schweren Verletzungen evtl. mit Todesfolge kommen. Insgesamt zeigen Weibchen eine deutlich stärkere Aggression als Männchen.

Markierverhalten

Ventraldrüsenmarkieren Die olfaktorische Kommunikation über Markieren ist bei Gerbils extrem wichtig. Die Rennmäuse verfügen am Bauch über eine Ventraldrüse (► s. Zeichnung nächste Seite). Diese ist in einer haarlosen Stelle am Bauch bei beiden Geschlechtern zu finden. Sie ist aber i. d. R. bei Männchen doppelt so groß wie bei Weibchen und gilt daher auch als sekundäres Geschlechtsmerkmal. Die Größe der Drüse ist zudem auch von der hierarchischen Stellung des entsprechenden Tiers abhängig.

Ventraldrüse bei einem Gerbil

PRAXISTIPP

Es kommt immer wieder vor, dass Besitzern die **Ventraldrüse** erst nach einiger Zeit auffällt und sie diese für eine krankhafte Zubildung halten. Eine ausführliche Untersuchung der Ventraldrüse ist dann aber dennoch immer angezeigt, da Entzündungen und tumoröse Entartungen der Drüse durchaus vorkommen können.

Mit dem Sekret der Ventraldrüse werden Gegenstände im Revier sowie die Reviergrenzen markiert oder auch neue Gegenstände. Dabei werden typischerweise die Vorder- und Hinterbeine etwas weiter auseinander gestellt und das Abdomen auf den zu markierenden Gegenstand gepresst. Wenn mit der Ventraldrüse markiert wird, bleibt ein sichtbarer, gelblicher wachsartiger Film auf dem markierten Objekt zurück (Roper und Polioudakis, 1977). Weibchen und Männchen markieren in etwa gleich häufig mit dem Sekret der Ventraldrüse, aber Männchen setzen größere Marken (Roper und Polioudakis, 1977).

Gerbils markieren sich auch gegenseitig. Dabei kriechen sie über- bzw. untereinander durch und wiederholen dies oft mehrmals hintereinander. Die Körper werden bei diesem Markieren stark aneinander gepresst. So entsteht ein typischer Familiengruppengeruch.

Sandbaden Auch das Sandbaden scheint u. a. Markierfunktionen zu erfüllen. Gerbils in freier Wildbahn zeigen besonders dort Sandbaden, wo viel markiert wurde und wird (Roper und Polioudakis, 1977). Auch so wird vermutlich der Gruppengeruch aufrechterhalten. Zusätzlich zu dieser kommunikativen Funktion dient das Sandbaden noch der Reinigung des Fells von Talg und dem Sekret der Harder-Drüsen. Dadurch wird das Fell wieder glatter und die Wärmeabsorption kann reduziert werden.

Akustische Kommunikation

Gerbils haben im Gegensatz zu vielen anderen in diesem Buch besprochenen kleinen Heimtieren nur ein relativ geringes Repertoire an Lauten, mit deren Hilfe sie kommunizieren. Insgesamt sind sie auch insofern einzigartig unter den Nagern, als dass sie niederfrequente Laute besser hören können als hochfrequente (Faircloth Parker und Tynes, 2010). Ihr Gehör, das sensibler auf Sprechlaute reagiert als auf reine Töne, ist damit dem menschlichen Gehör sehr ähnlich und wird daher häufig als Tiermodel für entsprechende Versuche verwendet (Sinnott und Mosteller, 2001).

Trommeln Gerbils trommeln rhythmisch mit ihren Hinterbeinen auf den Boden, wenn sie eine vermeintliche oder reale Gefahr wittern. Es wird vermutet, dass dieses Trommeln eine Art Warnfunktion für andere Gruppenmitglieder erfüllt. Allerdings ändert sich nicht immer das Verhalten der anderen Tiere, wenn sie das Trommeln hören (Roper und Polioudakis, 1977). Das Trommeln mit den Hinterfüßen wird auch von Männchen gezeigt, die von Weibchen bedroht werden, oder nach einem Kampf.

Ultraschallrufe Von den Gerbiljungen werden Ultraschallrufe ausgestoßen, die dazu dienen, die Mutter auf die Jungen aufmerksam zu machen, damit sie sie wieder ins Nest zurück trägt. Diese Distress-Rufe werden v. a. bei niedrigen Temperaturen ausgestoßen.

Hörbare Schreie Sie werden überwiegend während Spiel, Kampf oder bei Stress ausgestoßen (Faircloth Parker und Tynes, 2010).

Fortpflanzungsverhalten

Gerbils sind **ganzjährig polyöstrisch** und zeigen eine spontane Ovulation. Die Weibchen paaren sich nach einer Werbephase mit dem von ihnen ausgesuchten Männchen. Nach welchen Kriterien ein Gerbilweibchen seinen Partner aussucht, ist nicht bekannt. Die Position, die ein Männchen intrauterin innehatte scheint jedoch eine gewisse Rolle zu spielen. So haben Männchen, die im Uterus zwischen zwei anderen männlichen Tieren lagen, mehr Nachkommen als solche, die zwischen zwei Weibchen lagen. Erstere Männchen können anscheinend auch von Weibchen erkannt werden und werden unter bestimmten Bedingungen bevorzugt (Clark et al., 1992). Vermutlich verfügen solche Männchen über einen höheren Androgen-Spiegel.

Werbeverhalten und Paarung Die Werbephase ist i. d. R. nur kurz und beinhaltet ein gegenseitiges Beschnuppern der Nasenregion, gefolgt von gegenseitigen Anogenitalkontrollen. Das Weibchen läuft daraufhin vom Männchen weg und wird von diesem gejagt. Wenn das Männchen das Weibchen eingeholt hat, kommt es üblicherweise zum ersten Besteigen (Roper und Polioudakis, 1977). Dabei nimmt das Weibchen die typische Lordosehaltung ein. Das Männchen ejakuliert mehrmals während eines Paarungsakts. Nach der Paarung belecken die beiden Tiere jeweils ihre Genitalien. Eventuell zeigt das Männchen auch ein Trommeln mit den Hinterbeinen (Roper und Polioudakis, 1977). Nach einiger Zeit paaren sich die beiden

Partner erneut. Bei einer erfolgreichen Paarung kann auch bei Gerbilweibchen ein Vaginalpfropf gesehen werden. Im Gegensatz zu vielen anderen kleinen Nagetieren, die sich v. a. nachts paaren, ist die Paarung bei Gerbils meist am späten Nachmittag zu beobachten.

Nestbau und Geburt Während der Trächtigkeit ändert sich das Verhalten der weiblichen Rennmaus und sie zeigt vermehrtes Nestbau- sowie Grabeverhalten (Roper und Polioudakis, 1977). Eine Bauchumfangsvermehrung wird von den Besitzern häufig erst wenige Tage vor der Geburt bemerkt. Die Geburt findet üblicherweise in der Nacht oder in den frühen Morgenstunden statt. Um den Zeitpunkt der Geburt herum ist die Gerbilmutter sehr stressanfällig und sollte nach Möglichkeit nicht gestört werden. Bei der Geburt beugt sich das Weibchen zu ihrem Genitalbereich und zieht teilweise aktiv die Jungen aus dem Geburtskanal heraus. Die Neugeborenen werden beleckt und geben quiekende Laute von sich. Werden Junge totgeboren, werden sie üblicherweise von der Mutter aufgefressen. Ist das Männchen bei der Geburt anwesend, hilft es i. d. R. aktiv beim Geburtsprozess mit, indem es die Jungen beleckt und stimuliert. Dennoch ist das Männchen in den ersten Tagen nach der Geburt eher mit Fortpflanzungsverhalten als mit der Pflege der Jungen beschäftigt.

Gerbils sind direkt nach der Geburt wieder **empfängnisbereit**!

Post-partum-Östrus Während des postpartalen Östrus zeigen männliche Rennmäuse oft ein besonders aggressives Paarungsverhalten. Es kommt meist schon vor dem Beginn des Östrus zu Aufsprungversuchen, im Extremfall sogar noch während das Weibchen die Jungen gebiert. All diese Aufsprungversuche vor dem Östrus werden vom Weibchen abgewehrt. Während der postpartalen Östrusphase ist das Weibchen aber auch sexuell sehr aktiv und unterbricht evtl. sogar die Versorgung der Jungtiere, um sich zu paaren (Prates und Guerra, 2005).

Aufzuchtverhalten und Entwicklung der Jungtiere

Brutpflegeverhalten Gerbils sind Nesthocker. Sie kommen haarlos und mit geschlossenen Augen und Ohren auf die Welt. Um ihre Körperwärme aufrecht zu erhalten, müssen sie eng aneinander gekuschelt liegen. Bei den Gerbils sind, ähnlich wie bei den Degus (► Kap. 9.2.3), nicht nur die Weibchen, sondern auch die Männchen an der Aufzucht der Jungtiere beteiligt. Vor allem wenn der postpartale Östrus des Weibchens vorüber ist, kümmert sich der Vater gut um seine Nachkommen. Beide Elternteile suchen Körperkontakt zu den Jungen, beschnüffeln und belecken sie. Besonders das Muttertier trägt die Jungen ins Nest zurück, wenn sie sich zu weit davon entfernt haben. Rennmäuse sind fürsorgliche Mütter. Dennoch kann es auch bei Gerbils selten einmal zu **Kannibalismus** bzw. **Kronismus** (Verspeisen der eigenen Jungen) kommen. Dies ist v. a. dann der Fall, wenn das Weibchen um den Zeitpunkt der Geburt häufig gestört wird.

Gerbilmütter sollten besonders 1 Woche vor der Geburt bis zu 1 Woche nach der Geburt möglichst wenig Stressoren ausgesetzt sein und möglichst wenig von Menschen gestört werden, um Kronismus vorzubeugen.

Säugen Die kleinen Rennmäuse bleiben in den ersten Tagen überwiegend zusammengekuschelt im Nest, schlafen und trinken bei ihrer Mutter Milch. Ab dem 5. Tag beginnt die Behaarung zu sprießen. Nach 16–19 Tagen öffnen sie ihre Augen und können sich immer besser fortbewegen und ihre Körpertemperatur selbstständig halten. Auch wenn die Säugezeit die ersten 3–4 Lebenswochen umfasst, so nehmen die Jungtiere oft schon in der 2. oder 3. Woche auch etwas feste Nahrung zu sich.
Absetzen Ab dem 28. Tag sind sie richtig selbstständig. Dennoch sollten Rennmäuse mindestens bis zur 6. Woche, besser noch **bis zur 8. oder 10.** Woche bei ihren Eltern bzw. beim Muttertier verbleiben, da sie in dieser Zeit noch das Sozialverhalten richtig erlernen. Zudem helfen sie der Mutter bei der Aufzucht eines neuen Wurfs. Besitzerberichten zufolge sind Rennmäuse, die ihrer Mutter bei der Aufzucht nachgeborener Jungtiere helfen, im späteren Leben ruhiger und auch selber sicherer bei der Aufzucht eigener Nachkommen.

Gerbils sollten **allerfrühestens im Alter von 6 Wochen** von der Mutter getrennt werden.

Wenn die Jungtiere vom Muttertier vertrieben werden, können sie im Einzelfall auch schon früher abgegeben werden. Dennoch ist der Kontakt zu adulten Tieren für eine umfassende Sozialisierung unerlässlich.

8.2.4 Komfortverhalten

Sich-Putzen Gerbils betreiben Fellpflege. Dieses Komfortverhalten dient u. a. auch dazu, dass die Gerbils sich an Temperaturschwankungen besser anpassen können. So wird das Fell z. B. beim Putzen eingespeichelt, um für Abkühlung zu sorgen. Beim Putzen können Rennmäuse auch das Sekret der Harder-Drüsen im Fell verteilen. Dadurch wird das Fell dunkler und die Hitzeabsorption wird erhöht (Faircloth Parker und Tynes, 2010).
Sandbaden Zum Komfortverhalten kann in gewisser Weise auch das Sandbaden gerechnet werden, da es nicht nur dem Erhalt des Gruppengeruchs, sondern auch der Fellpflege und der Regulation der Körpertemperatur dient (s. o. „Markierverhalten").
Graben Wird feuchter Sand zur Verfügung gestellt, in dem die Gerbils Tunnel graben können, sieht das Fell besonders glänzend und gesund aus (Waiblinger, 2002). Das unterstützt die Theorie, dass auch das Graben von Tunnels ein wichtiger Faktor beim Wohlfühlen ist und auch zum Komfortverhalten gerechnet werden kann.
Huddling Das Schlafen im engen Körperkontakt zählt ebenfalls zum Komfortverhalten der Rennmäuse.

8.2.5 Erkundungsverhalten

Sich-Aufrichten Gerbils erkunden regelmäßig ihre Umgebung, um Fressfeinde zu vermeiden. Dabei richten sie sich in typischer Haltung (► Abb. 8-2) auf und wittern. In unbekannter Umgebung oder nach dem Umsetzen in einen neuen Käfig wird dieses Verhalten vermehrt gezeigt.

PRAXISTIPP

Bei der Haltung von Gerbils ist zu beachten, dass Etagen im Gehege mindestens so weit voneinander entfernt sind, dass sich die Gerbils zu ihrer vollen Größe (12 cm) aufrichten und artgemäßes Erkundungsverhalten zeigen können.

Insgesamt zeigen Gerbils ein sehr ausgeprägtes Erkundungsverhalten und nehmen auch neue Gegenstände in ihrer Haltungsumwelt genau in Augenschein. Sie setzen dabei deutlich **weniger thigmotaktisches** Verhalten als andere kleine Heimtiere ein und laufen auch über offene Flächen.
Klettern und Springen Gerbils sind zudem hervorragende Kletterer und Springer. Dadurch können sie ihre Umgebung auch in der dritten Dimension gut erkunden. Um die Sprungdistanz vorab besser einschätzen zu können, zeigen vor dem Sprung ein typisches Nicken mit dem Kopf.

8.2.6 Nahrungsaufnahme- und Ausscheidungsverhalten

Wüstenrennmäuse verfügen über vier **lebenslang wachsende Schneidezähne** und über insgesamt 12 nicht wachsende Backenzähne. Es findet kein Zahnwechsel statt.

Gerbils werden als **omnivor** eingestuft, fressen jedoch überwiegend vegetarische Kost. In freier Wildbahn besteht ihr Speiseplan v. a. aus Blättern, Kräutern, Gräsern und Wurzeln. Dennoch verschmähen sie ab und zu auch Insekten nicht. In der Regel vertragen sie sehr fettreiche Nahrungsbestandteile wie z. B. Nüsse nicht gut. Überflüssiges Futter, das nicht gefressen wird, wird in Vorratskammern im unterirdischen Bau verstaut. Dieses Verhalten zeigen auch Gerbils in Gefangenschaft. Daher ist es essenziell, den Käfig täglich von versteckten verderbenden Futterresten zu reinigen.

„Vorratshöhlen" müssen regelmäßig geleert werden, damit das Futter darin nicht verdirbt.

Eine Besonderheit der Gerbils ist, dass sie mit sehr **geringen Wassermengen** auskommen. Dennoch muss frisches Wasser ständig zur Verfügung stehen. Die Deckung des Flüssigkeitsbedarfs rein durch die Verfütterung von frischem Obst und Gemüse ist nicht möglich! Es eignen sich Wassernäpfe oder Trinkflaschen.

Wie viele andere kleinen Nager zeigen Gerbils auch **Caecotrophie** und nehmen den nährstoffreichen Blinddarmkot direkt vom After auf. Aufgrund ihrer Fähigkeit,

Fett gut aus der Nahrung aufzunehmen und mit wenig Wasser auszukommen, ist der Kot von Gerbils typischerweise recht trocken. Zudem werden aufgrund der Anpassung an trockene Gegenden nur geringe Mengen hochkonzentrierten Urins ausgeschieden. Dies führt u. a. dazu, dass sich im Käfig weniger Geruchsprobleme ergeben als bei der Haltung anderer kleiner Heimtiere.

8.2.7 Erkennen von Schmerzen und Leiden

Als kleine Beuteltiere zeigen auch Gerbils eher subtile Anzeichen für Schmerzen und Leiden. Diese gilt es in der Tierarztpraxis zu erkennen, um rechtzeitig und sinnvoll therapeutisch tätig zu werden.

Erkennen von Schmerzen und Leiden

Nach Gärtner und Militzer (1993) sind **Hauptmerkmale** für Schmerzen und Leiden:

- Gekrümmte Haltung
- Gewichtsverlust
- Krampfneigung
- Aktivitätseinschränkung
- Verklebtes Fell

8.3 Haltungsansprüche und Haltungsbeispiele

8.3.1 Empfehlungen für die Heimtierhaltung

Gerbils sind extrem bewegungsfreudige Tiere, die zudem ein deutliches **Grabebedürfnis** haben. Sie leben in freier Wildbahn in sehr großen Arealen. Durchschnittlich stehen jedem Tier dort 91–163 m^2 zur Verfügung (Ågren et al., 1989). Zudem haben sie ein kompliziertes Sozialverhalten und sind stark territorial. Eine artgerechte Haltung ist daher kompliziert und erfordert ein hohes Maß an Wissen um die natürlichen Bedürfnisse. Insgesamt ist eine wirklich artgerechte Unterbringung in Gefangenschaft aufgrund des hohen Platzbedarfs aber nur schwer möglich.

Was die Umgebungstemperaturen angeht, sind Gerbils relativ anspruchslos, da sie sich an verschiedene Gegebenheiten anpassen können, wenn sie die Möglichkeit haben, unterirdische Baue anzulegen bzw. sich in anders temperierte Zonen zurückzuziehen. Eine Temperatur von 19–23 °C ist allgemein am angenehmsten für die Tiere.

Da Gerbils sehr neugierig sind, sollte ihre Haltungseinheit nicht zu weit abseits vom täglichen Geschehen untergebracht sein. Als Ausnahme ist hier der Zuchtkäfig zu erwähnen. Dieser sollte an einem sehr ruhigen Ort stehen, damit das Muttertier möglichst geringer Stressbelastung ausgesetzt ist. Insgesamt sollte darauf geachtet werden, dass die Rennmäuse keiner zu hohen Lärmbelastung unterliegen. Damit die Gerbils sich sicherer fühlen, ist es zudem ideal, wenn das Gehege in einer Zimmerecke steht oder durch andere Maßnahmen zwei aneinander angrenzende Käfigseiten über einen durchgehenden Sichtschutz verfügen.

Gruppenhaltung

Die Gruppenhaltung von Gerbils ist zwingend notwendig, da es sich um eine hochsoziale Tierart handelt. Eine Einzelhaltung ist als tierschutzrelevant anzusehen. Aufgrund des komplexen Sozialverhaltens, des ausgeprägten Territorialverhaltens und der monogamen Lebensweise in kleinen Familienverband ist eine gute Gruppenzusammenstellung jedoch nicht immer einfach.

Die ideale Gruppengröße für Gerbils, die sich nicht fortpflanzen sollen besteht aus **zwei Tieren.**

Werden mehr als zwei Tiere zusammen gehalten, besteht die Gefahr, dass sich die Gruppe teilt und auf verschiedene vehement umkämpfte Territorien im Gehege verteilt. Sollen um jeden Preis mehr als zwei Tiere zusammen gehalten werden, sollte die Anzahl der Tiere immer durch zwei teilbar sein. Das bedeutet, dass im Einzelfall auch Gruppengrößen von vier oder sechs Tieren funktionieren können. Sollte es dann dennoch Probleme geben, können entsprechende Zweiergruppen gebildet werden, die in jeweils verschiedenen Haltungseinheiten untergebracht sind. Insgesamt sind die Gerbilgruppen so stabil wie möglich zu lassen. Neuvergesellschaftungen sollten nur dann durchgeführt werden, wenn ein Partnertier gestorben ist und das übrig bleibende Tier anderenfalls über eine längere Zeit alleine leben müsste.

Beispiele für mögliche Gruppenzusammenstellungen bei Rennmäusen finden sich in ▸ Tabelle 8-1.

Tab. 8-1 Mögliche Gruppenzusammenstellungen

Gruppe	Besonderheiten
Gleichgeschlechtlich	Die gemeinsame Haltung gleichgeschlechtlicher Tiere funktioniert meistens gut. In der Regel ist es ein bisschen einfacher, Männchen zusammen zu halten als nur Weibchen, da die Gruppen friedlicher bleiben. Vor allem wenn die Tiere Wurfgeschwister sind, oder in der 8. Lebenswoche vergesellschaftet werden, funktionieren gleichgeschlechtliche Gruppen gut.
Gegengeschlechtlich	Der natürlichen Lebensweise kommt die Haltung eines gegengeschlechtlichen Paars deutlich näher. Ist kein Nachwuchs erwünscht, muss jedoch das Männchen kastriert werden.
Familiengruppe	Wenn jeglicher Nachwuchs gewünscht ist, sollte ein gegengeschlechtliches Gerbilpärchen mit seinen Nachkommen gemeinsam in einem (entsprechend großen) Gehege gehalten werden. Dies entspricht der natürlichen Gruppenzusammenstellung in freier Wildbahn.

Sollen zwei sich unbekannte, erwachsene Gerbils miteinander vergesellschaftet werden, kann dies ein sehr langwieriger und schwieriger Prozess sein. In manchen Fällen ist eine neue Vergesellschaftung auch nicht möglich. Eine Vergesellschaftung kann bei Gerbils prinzipiell über ein Gewöhnungstraining versucht werden.

Vergesellschaftung

Gewöhnungstraining Es erfolgt nach dem bei Kaninchen und Meerschweinchen beschriebenen Schema (► Kap. 3.5.3 und ► Kap. 4.3.1). Zunächst werden die Tiere in ihren jeweiligen Käfigen so nah wie möglich zusammengeschoben. Die Gerbils sollen sich wahrnehmen, aber auf keinen Fall aggressiv aufeinander reagieren. Gleichzeitig sollte ein Geruchsaustausch erfolgen. Dies geschieht am besten, indem man die Tiere jeweils in den anderen Käfig setzt, oder aber die Einstreu der beiden Käfige austauscht. Dieser Geruchsaustausch erfolgt idealerweise 2-mal täglich. Im Laufe der Zeit werden die Käfige immer weiter angenähert, bis sie schließlich direkt nebeneinander stehen. Bleiben beide Tiere ruhig oder suchen gar die Nähe des anderen, kann eine Zusammenführung auf neutralem Boden versucht werden. Die ersten Begegnungen müssen allerdings streng überwacht werden, um im Notfall (mit dicken Handschuhen!) eingreifen zu können. Zudem ist darauf zu achten, dass viele Beschäftigungsmöglichkeiten zur Verfügung stehen und es keine Sackgassen gibt. Wenn sich die Tiere nicht vertragen, kommen sie wieder in ihren jeweiligen Käfig und ein neuer Versuch kann nach mehreren Tagen Geruchsaustausch gestartet werden. Vertragen sich die beiden Gerbils über einen längeren Zeitraum und kuscheln gar miteinander, können sie nach einigen Tagen in ihren großen Heimatkäfig umziehen. Zu beachten ist, dass die Begegnungen auf neutralem Boden über einen langen Zeitraum harmonisch sein sollten, bevor eine Haltung im gemeinsamen Käfig begonnen werden kann. Dieser neue Käfig sollte frisch gesäubert sein und möglichst neutral riechen. Um die Bildung des Gruppengeruchs zu unterstützen, sollte er anfangs möglichst wenig sauber gemacht werden.

Trenngittermethode Bei dieser Methode, die häufig von Rennmausbesitzern angewendet wird, leben die beiden zu vergesellschaftenden Tiere in derselben Haltungseinheit und sind nur durch ein Trenngitter getrennt. Das bedeutet, dass die beiden Tiere von Anfang an enger zusammen leben als bei dem oben beschriebenen Gewöhnungstraining. Die Tiere werden dabei ebenfalls 2-mal am Tag in den jeweils anderen Käfigbereich gesetzt, um den Geruchsaustausch zu fördern. Wenn sie sich für ein paar Tage nicht mehr durch das Gitter bedrohen oder versuchen anzugreifen, wird eine Zusammenführung auf neutralem Boden versucht. Bei dieser Methode kann es insbesondere anfangs zu extremen, belastenden Aggressionen am Trenngitter kommen. Gerade deshalb ist sie grundsätzlich abzulehnen. Wenn es zu schweren Aggressionen am Trenngitter kommt, muss das klassische Gewöhnungstraining zum Einsatz kommen.

Kleinraum- und Panikboxmethode Dabei werden die beiden Tiere gleichzeitig in dieselbe extrem kleine Transportbox verfrachtet. Die Methode ist mit deutlichen Problemen behaftet, weil sich massive Aggressionen ergeben können. Sie darf daher nur als Ultima Ratio und niemals ohne direkte Überwachung des behandelnden Tierarztes oder Verhaltenstherapeuten durchgeführt werden.

> Von den Kleinraum- oder Panikboxmethoden, die in der Hoffnung einer schnelleren Vergesellschaftung angewandt werden, ist grundsätzlich abzuraten.

Gänzlich abzuraten ist vom Auftragen von Duftstoffen, Pudern etc., um einen neutralen Geruch vor der Vergesellschaftung zu schaffen.

> Jegliche Methode der Vergesellschaftung stellt eine signifikante **Stressbelastung** für Gerbils dar. Daher sollten die einzelnen Tiere nicht zu oft neu vergesellschaftet werden.

Gemeinsame Haltung mit anderen Tieren

> Gerbils sind sehr soziale aber auch sehr territoriale Tiere. Eine Haltung mit anderen Tierarten in derselben Haltungseinheit ist daher grundsätzlich abzulehnen.

Nur ein passender Artgenosse kann es den Gerbils ermöglichen, ihr komplettes Repertoire an Verhaltensweisen auszuleben. Das Zusammenleben mit Hunden oder Katzen kann für Gerbils, die zu den kleinen Beutetieren zählen, sehr stressig sein. Das gilt v. a. dann, wenn die Katze oder der Hund ein ausgeprägtes Jagdverhalten gegenüber den Nagern zeigen. In einem solchen Fall dürfen der betreffende Hund und/oder die betreffende Katze keinen Zugang zu dem Raum haben, in dem die Rennmäuse gehalten werden.

Bewegungsraum

Größe des Käfigs

Mongolische Wüstenrennmäuse sind äußerst bewegungsaktive Nagetiere, die einen ausgeprägten **Grabetrieb** haben. Ihrem Platzanspruch kann in Privathand kaum Rechnung getragen werden, schließlich stehen jedem Tier in freier Wildbahn durchschnittlich 91–163 m^2 zur Verfügung (Ågren et al., 1989). Daher lautet die allgemeine Empfehlung an die Größe der Haltungseinheit: **so groß wie nur irgend möglich**. Als Maße für eine Haltungseinheit für zwei Tiere werden von der TVT (2014) 1 m × 0,5 m × 0,5 m (L/T/H) für die geschlossene Einstreuschale sowie zusätzliche 30 cm Höhe vergitterter Aufsatz angegeben. Der Schweizer Tierschutz STS empfiehlt 1,20 m × 0,6 m × 0,6 m für 2 Tiere (STS, 2011). All diese Angaben sind nur als absolute Mindestmaße zu werten. Besser ist eine Mindestgrundfläche von 2–3 m^2. Die Mindesthöhe ist etwas von der Einstreutiefe abhängig. Die Einstreutiefe sollte 50 cm auf keinen Fall unterschreiten. Zusätzlich dazu müssen mehrere Ebenen zum Klettern verfügbar sein. Auf jeder dieser Ebenen muss sich ein Gerbil voll aufrichten können. Daher sollten die einzelnen Ebenen immer mindestens 15 cm weit auseinander liegen. Das bedeutet bei einer Haltungseinheit mit zwei Ebenen zusätzlich zum Boden, dass die Höhe über der Einstreu als absolutes Minimum 50 cm betragen muss, wenn man noch die Dicke der als Ebenen eingezogenen Bretter berücksichtigt. Ideal ist es, ein entsprechend großes Aquarium oder Terrarium als Einstreubehälter zu nutzen, auf den dann ein passender Käfigaufbau gesetzt wird. Dieser Käfigaufbau garantiert dann auch eine akzeptable Belüftung im Gerbilheim.

Da Gerbils nur sehr wenig hochkonzentrierten Urin abgeben, ist die Geruchsbelästigung insgesamt, aber v. a. auch in Holzgehegen, deutlich niedriger als bei anderen Nagetieren. Somit können Schränke etc. gut als Gerbilgehege umgebaut werden. Hier ist wiederum darauf zu achten, dass eine Einstreuwanne eingesetzt werden kann, sowie dass eine gute Belüftung durch viele Gitteranteile im Käfig oberhalb der Einstreu gewährleistet ist.

Die Gitterstäbe dürfen nicht lackiert sein, da Gerbils die Farbe abnagen und abschlucken können. Zudem sollten die Gitterstäbe nur 1 cm weit auseinander sein, um sowohl Ausbruchsversuche als auch das Einklemmen zu verhindern.

Gehegestrukturierung

Um der Neugier und dem Bewegungstrieb der quirligen Rennmäuse Rechnung zu tragen, muss das Gehege abwechslungsreich strukturiert sein. Dazu gehören u. a. Etagen, die durch Springen oder Klettern erreicht werden können. Die Etagen im Käfiganteil sollten aus Holz sein. In Metallgitteretagen können Gerbils hängenbleiben und sich verletzen. Da Gerbils auch kein gutes Gespür für große Höhenunterschiede haben und daher absturzgefährdet sind, ist es ideal, wenn sich die Etagen etwas überlappen.

Strukturen wie Tongefäße, Steine, Röhren etc. stellen für Gerbils interessante Objekte dar. Sie werden v. a. als Aussichtsunkte für Wachposten genutzt. Bei allen schweren Gegenständen sollte allerdings darauf geachtet werden, dass diese fest auf dem Boden des Geheges stehen, damit die Gerbils nicht darunter Gänge graben und die Gegenstände bei Einbruch des Tunnels auf die Tiere fallen können. Röhren können einen selbstgegrabenen Bau nicht ersetzen und können allenfalls zur Anreicherung der Haltungsumwelt verwendet werden.

Da Gerbils gerne nagen, sollten entsprechende Nagemöglichkeiten im Käfig zur Verfügung stehen. Die Äste ungespritzter Obstbäume, aber auch von Weide und Haselnuss sind dafür gut geeignet. Äste und Wurzeln sind dabei nicht nur gute Nagemöglichkeiten, sondern bieten auch eine Versteckmöglichkeit (► Abb. 8-3).

Aber auch Kartons, Heu und Stroh bieten abwechslungsreiche Nage- und Beschäftigungsmöglichkeiten. Um den aufgeweckten Tieren mehr Abwechslung im Heim zu geben, sollten alle Kletter- und Nagemöglichkeiten immer wieder verändert und neu aufgebaut werden.

Einstreu

Da Gerbils ein enormes Grabebedürfnis haben, und eigene Wohnbaue anlegen möchten, sollte ihnen mindestens 50–80 cm Einstreutiefe zur Verfügung stehen. Die Einstreu sollte dabei so beschaffen sein, dass sich stabile Tunnel darin bauen lassen. Reine Hanfstreu oder als etwas kostengünstigere Alternative eine Mischung aus Hanfstreu und staubarmer Kleintierstreu sind dabei zwei gängige Möglichkeiten.

Abb. 8-3 Äste und Wurzeln bieten den Gerbils die Möglichkeit zu klettern, zu nagen und sich darunter zu verstecken.

Aber auch feuchter Sand bietet für das Graben von Bauen gute Voraussetzungen (Waiblinger, 2002).

Das Anbieten von Röhren etc. kann den selbst gegrabenen Bau nicht ersetzen!

Wenn Gerbils die Möglichkeit zum Graben fehlt, kommt es eher zu Verhaltensstörungen (► Kap. 8.5).

Laufrad

Wie ihr deutscher Name schon andeutet, haben Rennmäuse einen sehr hohen Bewegungsbedarf. Diesem kann i. d. R. in Gefangenschaft ohne Laufrad nicht ausreichend Rechnung getragen werden. Das ideale Laufrad muss die folgenden Voraussetzungen erfüllen:

- Ohne Farbüberzug
- Achsseitig geschlossen
- Achsseitig am Gitter befestigt
- Keine Querstreben
- Geräuschfrei
- Mindestens 25 cm Durchmesser
- Durchgehende Lauffläche

Ein Beispiel, wie ein solches Laufrad aussehen kann findet sich in ► Abbildung 8-4.

Abb. 8-4 Für Gerbils geeignetes Laufrad aus Holz, das zusätzlich als Nageobjekt dient

Laufräder sind grundsätzlich anzubieten, auch wenn sie nicht von allen Tieren genutzt werden (TVT, 2014).

Freilauf

Da Gerbils ein extremes Bewegungsbedürfnis haben, sollten sie zusätzlich zu großen Haltungseinheiten, täglich überwachten Freilauf haben. Die Tiere sollten zwingend handzahm sein, bevor ihnen Freilauf gewährt werden kann. Alternativ können sie darauf trainiert werden, auf ein Kommando hin in eine Papprröhre oder in einen oben offenen Behälter zu Transportzwecken zu hüpfen. Freilauf sollte in einem entsprechend vorbereiteten Areal stattfinden. Es sollte verhindert werden, dass sich die flinken Tiere in Ritzen, unter Schränken, in Spülmaschinenabdeckungen etc. verstecken können. Außerdem sollten selbstverständlich sämtliche Gefahrenquellen wie Putzmittel, elektrische Kabel etc. beseitigt werden. Zudem können heiße Heizkörper oder nicht festgestellte Türen erhebliche Verletzungsgefahren bergen. Viele Besitzer lassen die Rennmäuse aus diesen Gründen im Badezimmer laufen. Doch dann ist dafür zu sorgen, dass die Tiere nicht direkt auf den Fliesen laufen, auf denen sie leicht ausgleiten und nicht so schnell laufen können.

Als Alternative zum Freilauf in einem Wohnraum bietet sich ein **Freilaufgehege** an, das z. B. aus Plexiglas oder zerlegbaren Gitterelementen angefertigt werden kann. Auch große Pappkartons können als Freilaufmöglichkeit herhalten. In diesen Gehegen sollten viele Spiel- und Versteckmöglichkeiten für die Rennmäuse zur Verfügung stehen. Idealerweise wird mit einer Röhre eine Verbindung zwischen Käfig und Freilaufgehege geschaffen, sodass sich die Rennmäuse bei Stress in den gewohnten Käfig zurückziehen können.

Zunehmend scheint das **Gerbil Agility** Trend zu werden. Dabei werden Rennmäuse dazu angehalten, verschiedene Hindernisse, wie Hürden oder Röhren zu überwinden. Solange dies auf einer rein positiven Trainingsmethode (z. B. positive Verstärkung mit Leckerchen) basiert, sich der Gerbil jederzeit entziehen kann und die Tiere nicht auf Wettbewerbe mitgenommen oder „verkleidet" werden, spricht eigentlich nichts dagegen. Gerbil Agility kann eine willkommene Abwechslung für Rennmäuse darstellen.

Häuschen

Geeignete Rückzugsmöglichkeiten in Form von unterirdischen Bauen und/oder Schlafhäuschen sind für das Wohlbefinden von Gerbils essenziell. In der Schlafmöglichkeit soll nach Möglichkeit Dunkelheit herrschen. Daher sind Schlafhäuschen mit einer Röhre als Eingang geeignet. Idealerweise läuft diese Röhre um die Ecke, um den Lichteinfall in das Häuschen auf ein Minimum zu beschränken (TVT, 2014).

Als **Nestbaumaterial** eignen sich für Gerbils unbedrucktes und unparfümiertes Toilettenpapier oder Küchenkrepp, Heu, Stroh etc. Hamsterwatte oder Stoffreste sind ungeeignet, da sich die Tiere mit den darin enthaltenen Fasern Gliedmaßen abschnüren können.

Sandbad

Gerbils benötigen ein Sandbad, um sich wirklich wohl zu fühlen. Da sie bei der Verwendung von quarzhaltigem Sand anfällig für Hautverletzungen und daraus resultierende Entzündungen sind, sollte für Gerbils immer Chinchillasand (► Kap. 10.3.2) verwendet werden. Falls die Gerbils das Sandbad als Kotort verwenden, sollte der Sand häufiger ausgetauscht werden, um für die Fellpflege weiterhin attraktiv zu bleiben. Um ein zu rasches Herausscharren des Sands zu verhindern, kann dieser beispielsweise auch in einem Vogelbad angeboten werden.

Fütterung

Rennmäuse gelten zwar als omnivor, ernähren sich aber überwiegend vegetarisch. In ihrem kargen Steppenlebensraum fressen sie v. a. Zweige, Gräser, Sämereien, Kräuter Wurzeln etc. Aus diesem Grunde ist ihr Verdauungssystem auch an karge Kost angepasst.

Futtermittel Somit sollten sie fettarme Sämereien, Kräuter etc. erhalten. Im Zoofachhandel sind mittlerweile verschiedene Alleinfuttermittel für Gerbils erhältlich. Da sie aber oft nicht ausgewogen sind, ist es i. d. R. besser, das Alleinfuttermittel mit Trockenkräutern, fettarmen Sämereien und Heu anzureichern. Auch die Anreicherung von Körnermischungen für Wellensittiche mit Trockenkräutern, etwas Getreide und Haferflocken hat sich bewährt. Dazu sollte auch in geringen Menschen Frischfutter in Form von Gemüse und Obst gegeben werden. Aber auch Trockengemüse und Trockenobst werden meist gerne angenommen. Ab und zu kann auch tierisches Protein (z. B. in Form von Mehlwürmern, Heimchen) angeboten werden. Besondere Leckerbissen wie z. B. Kolbenhirse dürfen ab und zu auf dem Speiseplan stehen. Da überschüssiges Futter in Vorratskammern gehortet wird, sollte hier eine tägliche Kontrolle erfolgen und Futter vor dem Verderben entfernt werden.

Heu in guter Qualität sollte ständig zur freien Verfügung stehen. Es wird nicht nur als Futtermittel, sondern auch als Nestbaumaterial verwendet. Nagemöglichkeiten in Form von Ästen sind ebenfalls zwingend notwendig.

Wasser Frisches, sauberes Wasser muss auch bei Gerbils ständig zur freien Verfügung stehen. Eine tägliche Reinigung von Napf oder auch Trinkflasche ist essenziell, auch wenn die Tiere wenig trinken.

Der ideale Halter

Insgesamt muss eine Haltung von Gerbils gut überlegt werden, da eine artgerechte Haltung extrem schwierig ist und die Tiere u. a. einen enormen Platzbedarf haben. Gerbils sind keine Streicheltiere. Zudem sind sie zierlich und haben einen zerbrechlichen Körperbau. Aus diesen Gründen sind sie für kleinere Kinder i. d. R. ungeeignet.

Für ältere Kinder, oder Erwachsene, die gerne beobachten, sind die Rennmäuse jedoch geeignet, wenn die Platzvoraussetzungen gegeben sind.

Zusammenfassung

Die wichtigsten Haltungsempfehlungen

- Gruppenhaltung (idealerweise 2 Tiere)
- Mindestens 2–3 m^2 Gehegegrundfläche für 2 Tiere
- Mindestens 50 cm Einstreutiefe mit Substrat, in dem sich Tunnel graben lassen
- Mindestens 50 cm hoher vergitterter Bereich über der Einstreu
- Sich überlappende Ebenen und Klettermöglichkeiten im Gehege
- Verschiedene dunkle Unterschlupfmöglichkeiten (erreichbar durch eine Röhre) sowie Nestmaterial
- Tiergerechtes Laufrad
- Täglicher, kontrollierter Freilauf in gerbilsicheren Bereichen bei handzahmen Tieren
- Fütterung mit Alleinfuttermittel, das mit Kräutern und fettarmen Sämereien angereichert ist, dazu wenig Frischfutter und ab und zu Insekten
- Heu und Wasser ad libitum
- Nicht gut als Haustiere geeignet, am ehesten noch für ältere Kinder und Erwachsene, die gerne beobachten

8.4 Umgang mit Gerbils

Um Gerbils an das für den Gesundheitscheck etc. notwendige Handling zu gewöhnen, sollte geduldig und ruhig vorgegangen werden. Die ersten Tage nach dem Erwerb sollten die Gerbils überwiegend in Ruhe gelassen werden. Anschließend an die Eingewöhnungszeit können aus einer ruhigen, sitzenden Position mit der ausgestreckten Hand besondere Leckerchen dargeboten werden. Bei besonders scheuen Tiere evtl. erst durch das geschlossene Gitter hindurch und/oder nicht direkt aus der Hand füttern. Aufgrund ihrer Neugier werden die Gerbils meist schnell näherkommen und schließlich die Hand berühren oder auf ihr sitzen bleiben, während sie das Futter verzehren. Beim Hochheben ist zu beachten, dass Gerbils sehr flink sind und schnell von der Hand springen oder fallen können. Daher sollten sie anfangs in einem Gefäß (z. B. Tasse oder Dose) transportiert werden, das mit der zweiten Hand zugehalten wird.

Wie bei allen anderen Tieren gilt: Sind sie einmal an den Menschen gewöhnt, sollte ein positiver Kontakt regelmäßig erfolgen, um das Vertrauen aufrecht zu erhalten.

PRAXISTIPP

Handling in der Tierarztpraxis

- Gerbils niemals an der Schwanzspitze anfassen – die Schwanzhaut kann leicht abreißen.
- Gerbils können an der Schwanzbasis fixiert werden, um sie dann mit der zweiten Hand hochzuheben.
- Idealerweise lässt man Gerbils zum Hochheben in eine Röhre oder ein Gefäß laufen oder die Hände bilden eine Höhle.
- Achtung, Gerbils können heftig zubeißen! Setzen Sie dann das Tier vorsichtig in einer Transportbox wieder ab.

8.5 Verhaltensprobleme

Gerbils zeigen v. a. dann verschiedene Verhaltensprobleme, wenn sie nicht angemessen gehalten werden. Daher sollte die Therapie in erster Linie auch immer aus einer Optimierung der Haltungsbedingungen bestehen. Die häufigsten bei Rennmäusen vorkommenden Probleme sowie gängige Behandlungsansätze werden im Folgenden aufgeführt. Sollten sich die Probleme jedoch nicht mit den aufgeführten Maßnahmen lösen lassen oder sollte es andere Verhaltensauffälligkeiten geben, sollte ein tierärztlicher Spezialist für Verhaltenstherapie und -medizin hinzugezogen werden. Eine aktuelle Liste einiger in Deutschland tätiger tierärztlichen Verhaltenstherapeuten findet sich unter www.gtvmt.de unter dem Punkt „Info Besitzer".

8.5.1 Aggression gegen Artgenossen

Die meisten Formen der Aggression gegen Artgenossen, die Rennmäuse zeigen, sind Teil ihres artspezifischen Normalverhaltens und keine echten Verhaltensstörungen. Am häufigsten kommt es zu massiven Aggressionen, wenn die Tiere auf zu engem Raum zusammen gehalten werden, oder wenn ein neues Tier zu schnell in die Gruppe integriert wird. Diese auf dem normalen Territorialverhalten basierenden Probleme lassen sich mit einer Vergrößerung der Haltungseinheit und/oder einem Gewöhnungstraining häufig lösen. Ein weiteres Problem ist die plötzliche Aggression unter Rennmäusen, die sich bislang gut verstanden haben. Der Schweizer Tierschutz (STS) erklärt sogar, dass dies das häufigste Verhaltensproblem ist, was an ihn herangetragen wird (STS, 2011). Die Ursache dieser Probleme ist nicht genau bekannt. Die Aggression scheint dabei aber häufiger von einem älteren Weibchen auszugehen. Vorbeugend sollten die Gruppen gut zusammengestellt werden. Bei plötzlicher Aggression sind die Kontrahenten sofort zu trennen. Eine Wiedervergesellschaftung der beiden Tiere miteinander ist i. d. R. als unmöglich anzusehen. Mit den Tieren müssen neue Gruppen gebildet werden.

8.5.2 Stereotypien

Gerbils können eine Reihe von stereotypen Verhaltensweisen zeigen. Typisch sind stereotypes Graben sowie Gitternagen. Ein völliges Verschwinden dieser Verhaltensprobleme kann nicht immer erreicht werden. Ziel ist daher immer eine möglichst deutliche Reduktion.

Stereotypes Graben Die betroffenen Gerbils wühlen bevorzugt in einer bestimmten Käfigecke in ihrer Einstreu. In der Laborhaltung graben sie dabei typischerweise mit geschlossenen Augen und angelegten Ohren. Sie scharren mit den Vorderbeinen und werfen die Einstreu schließlich mit den Hinterbeinen zur Seite (Schmook, 2004). Dieses stereotype Graben wird häufig auch dann gezeigt, wenn Grabemöglichkeiten zur Verfügung stehen. Allerdings konnte Schmook (2004) in ihrer Untersuchung zeigen, dass sich das stereotype Graben signifikant vermindert, sobald den Tieren eine undurchsichtige Nestbox, die nur durch eine undurchsichtige Röhre zu erreichen ist, angeboten wird. Bereits manifestes stereotypes Graben konnte durch diese einfache Umweltanreicherung auch reduziert werden. Daher sollten sich die therapeutischen Maßnahmen beim Vorliegen von stereotypem Graben v. a. auf adäquate Schlafboxen konzentrieren. Zudem muss die Möglichkeit gegeben werden, in geeignetem Substrat selbst Baue zu graben.

Das ▸Video 8-1 zeigt stereotypes Graben mit geschlossenen Augen in der Käfigecke.

Video 8-1 Stereotypes Graben beim Gerbil (ca. 30 sek)
www.schattauer.de/3112

Stereotypes Gitternagen Es tritt v.a. bei solchen Tieren auf, die früh abgesetzt wurden und/oder reizarm aufwuchsen (Waiblinger, 1999). Da auch Einzelhaltung das stereotype Gitternagen fördert (Hollmann, 1993), sollte beim Vorliegen dieser Problematik immer zusätzlich die Gruppenzusammenstellung überprüft werden. Aufzucht- und Haltungsbedingungen müssen zwingend optimiert werden. Den Tieren sollten besonders viel Bewegungsraum und abwechslungsreiche Spielmöglichkeiten zur Verfügung gestellt werden.

Literatur

Ågren, G., Zhou, Q., Zhong, W. (1989): Ecology and social behaviour of Mongolian gerbils, Meriones unguiculatus, at Xilinhot, Inner Mongolia, China. Anim Behav 37: 11–27.

Clark, M., Tucker, L., Galef, B. (1992): Stud males and dud males: intra-uterine position effects on the reproductive success of male gerbils. Anim Behav 43: 215–221.

Deininger, E., Mackensen, H. (2008): Kleine Heimtiere – artgerechte Haltung im Tierheim und Zuhause. Deutscher Tierschutzbund e.V., Bonn.

Faircloth Parker, A., Tynes, V. (2010): The gerbil. In: Tynes, V. (Hrsg.): Behavior of exotic pets. Wiley-Blackwell, Chichester; 117–126.

Gärtner, K., Militzer, K. (1993): Zur Bewertung von Schmerzen, Leiden und Schäden bei Versuchstieren. Schriftenreihe Versuchstierkunde Heft 14. Berlin, Hamburg: Verlag Paul Parey.

Hollmann, P. (1993): Verhaltensgerechte Unterbringung von Kleinnagern. Tierärztl Umschau 48: 123–134.

Loskota, W., Lomax, P., Rich, S. (2007): The gerbil as a model for the study of the epilepsies. Epilepsia, 15: 109–119.

Prates, E., Guerra, R. (2005): Parental care and sexual interactions in Mongolian gerbils (Meriones unguiculatus) during the postpartum estrus. Behav Process 70: 104–112.

Randall, J., Thiessen, D. (1980): Seasonal activity and thermoregulation in Meriones unguiculatus: A gerbil's choice. Behav Ecol Sociobiol 7: 267–272.

Roper, T., Polioudakis, E. (1977): The behaviour of mongolian gerbils in a semi-natural environment, with special reference to ventral marking, dominance and sociability. Behaviour 61: 207–236.

Schmook, M. (2004): Ursachen stereotypen Verhaltens der Mongolischen Wüstenrennmaus (Meriones unguiculatus) Dissertation med. vet., Tierärztliche Hochschule, Hannover.

Schweizer Tierschutz STS (2011): STS-Merkblatt Rennmäuse Meriones unguiculatus (www.tierschutz.com/publikationen/heimtiere/infothek/kleintiere/rennmaus.pdf; letzter Abruf 02.08.2016).

Sinnott, J., Mosteller, K. (2001): A comparative assessment of speech sound discrimination in the Mongolian gerbil. J Acoust Soc Am 110: 1729–1732.

Tierärztliche Vereinigung für Tierschutz e.V. (TVT) (2014): Merkblatt für Tierhalter – Mongolische Rennmaus (www.tierschutz-tvt.de/index.php?id=merkblaetter; letzter Abruf 02.08.2016).

Waiblinger, E (1999): Welchen Einfluss haben die Zugabe von bearbeitbarem Nestmaterial und der Ort der Futterdarbietung auf das Gitternagen bei Mongolischen Rennmäusen (Meriones unguiculatus) im Labor? In: KTBL (Hrsg.): Aktuelle Arbeiten zur artgemäßen Tierhaltung, KTBL-Schrift 391: 178–186. Münster-Hiltrup: Landwirtschaftsverlag.

Waiblinger, E. (2002): Comfortable quartes for gerbils in research institutions. In: Reinhardt, V., Reinhardt, A. (Hrsg.): Comfortable quarters for laboratory animals. Animal Welfare Institute, Washington, 9. Ausgabe, 18–25.

Informationsmaterial für Tierhalter findet sich u. a. als Download bei:
Schweizer Tierschutz STS: www.tierschutz.com/publikationen/heimtiere/infothek/kleintiere/rennmaus.pdf (letzter Abruf 02.08.2016).
Tierärztliche Vereinigung für Tierschutz e. V. TVT: www.tierschutz-tvt.de (letzter Abruf 02.08.2016).

9 Degus

Barbara Schneider

9.1 Einführung

Die Degus gehören zur Ordnung Rodentia (Nagetiere), Unterordnung Hystricomorpha (Stachelschweinverwandte) und Familie der Trugratten (Octodontiae). Octodon heißt hierbei wörtlich übersetzt der „Achtzahn". Diese Bezeichnung rührt von den Kauflächen der Backenzähne her, die von oben betrachtet eine „8" bilden. Insgesamt gibt es vier Degu-Arten. Der Gewöhnliche Degu (*Octodon degus*) ist derjenige, der als Haustier gehalten wird (► Abb. 9-1).

Als Entdecker des Degus gilt Jesuitenpater Juan Ignazio Molina, der in Chile lebte. Er beschrieb die Degus im 18. Jahrhundert und klassifizierte die Tiere zunächst – vermutlich aufgrund ihres Aussehens – als Hörnchen.

Erst etwa zu Beginn des 20. Jahrhunderts wurde das Interesse an Degus allgemein größer. Ursprünglich wurden sie in den 1960er-Jahren zu Forschungszwecken in den USA verwendet. Vor allem aufgrund ihre hohen Anfälligkeit für Diabetes mellitus sind sie für entsprechende Grundlagenforschungen interessant. Da sie zudem überwiegend tagaktive Nager sind, werden häufig Studien zu circadianen

Abb. 9-1 Der Gewöhnliche Degu (*Octodon degus*) wird als Haustier gehalten.

Rhythmen an ihnen durchgeführt. 1975 gelangen einige Nachzuchten aus amerikanischen Labors in den Tierpark Berlin-Friedrichsfelde in der damaligen DDR (Beisswenger, 2009). Von dort aus schließlich kamen überzählige Degus an private Tierliebhaber.

Als Kriterien für die Anschaffung von Degus werden immer wieder die Lebhaftigkeit und die interessante akustische Kommunikation der Tiere genannt – besonders im Gegensatz zu „gängigen" Heimtieren wie Meerschweinchen und Kaninchen. Insgesamt gelten sie auch als eher unkompliziert in der Haltung und sind beliebt aufgrund ihrer Tagaktivität und ihres behaarten Schwanzes.

In ihrer Heimat Chile werden die Degus manchmal als Schädlinge betrachtet. Sie richten in Obstplantagen, Kaktusplantagen, Weingärten und Getreidefeldern erhebliche Schäden an, gerade wenn sie in großen Gruppen kommen. Auf der anderen Seite spielen sie für das Ökosystem in ihrem Lebensraum eine wichtige Rolle, weil sie als selektive Pflanzenfresser eher Büsche mit geringem Fasergehalt und wenig Dornen fressen. Zudem sind sie in ihrem Verbreitungsgebiet durch ihr zahlreiches Vorkommen ein beliebtes Beutetier für Greifvögel und Raubtiere. Mittlerweile sind Degus durchaus bekannte und recht beliebte Heimtiere.

Steckbrief

- Größe: ca. 12–17 cm Kopf-Rumpf-Länge (Schwanz zusätzliche 8–14 cm)
- Gewicht: 180–320 g
- Lebenserwartung: 5–8 Jahre
- Ausgewachsen: mit ca. 1 Jahr
- Geschlechtsreife: Männchen mit 6 Wochen und Weibchen mit 10–12 Wochen
- Zykluslänge: 18–25 Tage
- Tragzeit: 87–93 Tage
- Wurfgröße: 1–10, durchschnittlich 4–6
- Nestflüchter (Augen auf, Fellflaum)
- Säugezeit: 4–6 Wochen

Degus haben normalerweise eine dunkle Quaste am Schwanzende. Der **Deguschwanz** ist jedoch nicht sehr stabil und sehr anfällig für Verletzungen. Die dünne Haut reißt leicht ab und blutige Knorpel liegen frei. Daher sind häufig Degus mit Stummelschwanz, Knickschwänzen oder mit Verdickungen am Schwanz anzutreffen. Die meisten Verletzungen entstehen bei Auseinandersetzungen in großen Gruppen oder bei unsachgemäßem Handling der Tiere.

Degus dürfen **niemals am Schwanz gegriffen** werden, da die Schwanzhaut sehr leicht abreißen kann!

Glücklicherweise heilen Schwanzverletzungen meist komplikationslos ab und die Tiere können trotz verkürztem Schwanz weiterhin normal balancieren und klettern.

Da die intensive Zucht als Haustier noch nicht lange erfolgt, gibt es noch nicht viele Farbvarianten. Die normale Wildfärbung ist Agouti (► Abb. 9-1), bei der die Tiere überwiegend rötlich-bräunlich sind mit einer dunklen Quaste am Schwanz. Diese Farbe ist auch die beliebteste unter Deguhaltern. Seit ca. 20 Jahren gibt es zudem die „blauen" oder „silbernen" Degus. Vor allem die Jungtiere verfügen dabei über glänzendes, silbern-bläulich schimmerndes Fell. Die adulten Tiere sind insgesamt eher dunkelgrau. Diese Farbzeichnung wird rezessiv vererbt und ist daher noch nicht besonders häufig zu finden. Es werden auch sandfarbene, gescheckte und schwarze Tiere beschrieben. Bei einigen dieser Farbvarianten scheint es Probleme mit der genetischen Gesundheit zu geben (Beisswenger, 2009). So entstehen z. B. bei manchen Verpaarungen auch „Weißlinge". Dabei handelt es sich um weiße Tiere, die über keine Pigmentierung verfügen und somit auch weiße Krallen und Ohren sowie rosa Pfoten haben. Sie sind sehr selten. Diese Tiere sind i. d. R. unfruchtbar und haben eine geringe Lebenserwartung. Daher ist aus **Tierschutzgründen** von einer Farbzucht von Degus abzuraten.

9.2 Normalverhalten

Wilde Degus leben im westlichen Chile zwischen dem 28. und 35. Breitengrad. Sie kommen dabei sowohl in trockenen Küstenregionen als auch in den Gebirgsketten der Anden in bis zu 1200 Höhenmetern vor. In höheren Regionen sind sie nicht anzutreffen, da sie einen niedrigen Sauerstoffpartialdruck nicht vertragen. Mit hohen Temperaturen kommen sie ebenfalls nur schwer zurecht. Sie leben überwiegend in eher mediterranem Klima in halbtrockenem Strauchland.

Wilde Degus leben in **Familienverbänden**. Diese bestehen meist aus einem Männchen sowie mehreren weiblichen Tieren. Die weiblichen Tiere sind dabei häufig miteinander verwandt und ziehen ihren Nachwuchs gemeinsam auf. Mehrere Familienverbände schließen sich meist zu lockeren Kolonien zusammen. Diese können bis zu 100 Tiere umfassen. Degus sind territorial. Die durchschnittliche Größe eines Familienreviers wird mit 200 m^2 angegeben und das einer Kolonie mit 1 ha. Die Degus leben in selbstgegrabenen Bauen, die aus Gängen von bis zu 2 m Länge bestehen können und über mehrere Ausgänge verfügen. Beim Graben helfen sie zusammen und bilden regelrechte Buddelketten (Ebensperger und Bozinovic, 2000). Die Baue befinden sich dabei in etwa 0,5 m Tiefe. Der Hauptausgang des Baues wird mit Urin, Kot und einem Haufen aus Ästen und Gräsern markiert. Auf diesem „Feldherrenhügel" sitzt das Männchen dann, um seinen Revieranspruch zu zeigen. Dieses Verhalten wird auch von als Haustieren gehaltenen Degus gezeigt. Häufig werden dabei aber bereits vorhandene, erhöhte Strukturen als Feldherrenhügel verwendet. Der Feldherrenhügel darf nicht mit dem Aussichtspunkt des Wachpostens verwechselt werden (► Abb. 9-2). Der Wachposten warnt die Gruppe im Notfall mit einem schrillen Pfiff.

Abb. 9-2 Der Wachposten der Degugruppe sucht sich einen erhöhten Bereich aus, von dem aus er die Umgebung überwachen und bei Bedarf einen Warnpfiff ausstoßen kann.

Degus leben häufig eng mit Bennett-Chinchillaratten zusammen und teilen sich manchmal sogar die Baue mit diesen (Fulk, 1976).

Wilde Degus sind überwiegend **tagaktiv** mit der Zeit der größten Aktivität in der Morgen- und Abenddämmerung. Die Nahrungssuche findet oberirdisch, außerhalb des Baues statt. Die Tiere klettern nicht sehr viel, können aber manchmal durchaus in niedrige Äste von Sträuchern klettern. Degus sind sehr bewegungsaktiv und halten sich tagsüber im Umkreis von 2–3 km von ihrem Bau auf.

Degus verfügen über eine sehr abwechslungsreiche **Lautgebung** (Long, 2007). Diese hilft ihnen, sich in der Gruppe gegenseitig zu finden, sowie sich vor Beutegreifern zu warnen.

9.2.1 Bewegungsverhalten

Laufen Degus sind insgesamt in ihrer Wachphase recht aktive Tiere. Sie rennen und halten sich überwiegend am Boden auf. In freier Wildbahn können sie Strecken von mehreren Kilometern täglich zurücklegen. Degus können dabei recht schnell laufen. Allerdings laufen sie in der entspannten Fortbewegung immer nur sehr kurze Strecken am Stück, um dann einen kleinen Moment inne zu halten, bevor es weitergeht. Geklettert wird von den Degus eher wenig. Die meiste Bewegung dient der Futterbeschaffung und der Feindvermeidung. Insgesamt verbringen Degus etwa

46 % ihrer Zeit am Tag mit Futtersuche und 32 % mit Wachsamkeit (Ebensperger und Hurtado, 2005).

9.2.2 Nageverhalten

Degus haben einen extrem ausgeprägten Nagetrieb. Sie nagen dabei nicht nur zum Zwecke der Nahrungsaufnahme. Degus knabbern mit großer Hingabe und Neugier alles an, was sie interessiert. Ihre kräftigen, orangenen Schneidezähne sind besonders hart und ermöglichen durch ihre Stellung einen extrem kräftigen Biss. Dadurch können Degus auch sehr harte Materialien benagen und zerlegen.

> Nagen baut Stress bei Degus ab, daher müssen sie ständig Zugang zu geeigneten Nagematerialien haben.

Dabei ist jedoch darauf zu achten, dass die Tiere nicht an unverdaulichen oder splitternden Materialien nagen können. Degus sind u. a. dafür bekannt, dass sie sich durch Plastikkäfigwannen hindurch in die „Freiheit" nagen können. Daher sollten Käfigwannen aus Metall sein oder durch ein Gitter vor dem Benagen geschützt werden. Plastikhäuschen werden von den Degus ebenfalls durch Nagen „umgestaltet". Da die Gefahr des Abschluckens von Plastikteilen besteht, sollten nur Häuschen aus Holz, Weidenzweigen, Kokosnussschalen etc. verwendet werden. Auch dünnes Aluminiumblech kann von Degus durchnagt werden.

> Degus nagen auch unverdauliche Materialien an. Es kann zu einem Abschlucken und den damit verbundene Problemen (Verletzungen in Mundhöhle und/oder Magen-Darm-Trakt, Obstruktionen etc.) kommen!

9.2.3 Sozialverhalten

Degus sind **obligat soziale** Tiere und benötigen Artgenossen, um sich wohlzufühlen. Sie verfügen über ein großes Repertoire an sozialen Verhaltensweisen. In freier Wildbahn leben Degus in Familienverbänden von einem Männchen und mehreren Weibchen zusammen. Sie bilden dabei stabile Rangbeziehungen aus. Bei wilden Degus ist immer das Männchen das ranghöchste Tier der Gruppe. In der Heimtierhaltung kann diese Position aber auch, je nach Gruppenzusammenstellung, von einem weiblichen Tier übernommen werden (Beisswenger, 2009). Insgesamt sind Degu-Familiengruppen recht stabil und die spätere Integration eines weiteren Tiers ist nicht ganz einfach.

Kooperieren Die Tiere legen Wert auf engen Kontakt und enge Zusammenarbeit. So bilden sie Buddelketten, um beim Graben von Bauen effektiver voranzukommen (Ebensperger und Bozinovic, 2000) (s. o.). Auch beim Wachehalten wechseln sie sich ab und nutzen die Vorteile der Gruppe. So ist in freier Wildbahn meist ein Tier als Wache abgestellt, während die anderen auf Futtersuche gehen.

Kuscheln Beim Ruhen bilden sie „Kuschelhaufen“, wenn sich mehrere Tiere regelrecht pyramidenartig zusammendrängen – ähnlich dem „huddling“ bei Ratten (► Kap. 7.2.2).
Kommunikation Die Kommunikation von Degus erfolgt v. a. über Vokalisation, Körpersprache und Gerüche.

Soziopositive Verhaltensweisen

Nasonasaler Kontakt Soziopositive Interaktionen sichern den Zusammenhalt innerhalb der Familiengruppe. Eine Kontaktaufnahme erfolgt dabei mehrmals täglich mit einem freundlichen nasonasalem Kontakt. Diese Begrüßung wird dabei meist noch von Vokalisationen begleitet.
Social Grooming, Kuscheln Degus zeigen zudem „social grooming“, also die soziale Fellpflege, die sie recht ausführlich betreiben. Zudem suchen die kleinen Nager immer wieder engen Körperkontakt zueinander. Die erwähnten Kuschelhaufen beim Ruhen gehören damit ebenfalls zu den soziopositiven Verhaltensweisen der Degus.

Agonistisches Verhalten

Wie bei allen sozialen Tieren, kann es auch bei Degus zu Auseinandersetzungen kommen. Am häufigsten gibt es Probleme, wenn ein neues Tier in die Gruppe eingegliedert werden soll. In der Regel sind in gleichgeschlechtlichen Gruppen weniger Auseinandersetzungen zu beobachten als in gemischtgeschlechtlichen Gruppen. Grundsätzlich gilt: Je größer der Käfig und damit das erfasste Territorium, umso friedlicher ist die Degukolonie.
Schwanzschlagen In einer aggressiven Auseinandersetzung ist das Schwanzschlagen zu beobachten. Dies muss nicht zwangsläufig das Zeichen einer aggressiven Grundstimmung sein. Vielmehr handelt es sich dabei um ein Zeichen von Erregung. Diese kann sowohl negativer als auch positiver (freudige Erwartung) sein.
Aufreiten Es kann eine rangbezogene Geste bei Degus sein. In der Regel reitet das ranghöhere Tier auf ein rangniedrigeres auf.
Drohen Meist erfolgt es durch ein Präsentieren der Breitseite mit gekrümmtem Rücken. Diese Verhaltensweise kann auch in einer stabilen Degugruppe beobachtet werden, insbesondere wenn begehrte Leckerchen im Futternapf vom ranghohen Tier verteidigt werden.
Kommentkämpfe Sie werden meist von zwei eher gleichstarken Tieren dazu verwendet, ihre Kräfte zu messen. Sie erfolgen in typischer Pose: mit durchgedrückten Beinen in aufrechter Haltung. Dabei schubsen sich die Tiere gegenseitig. Die Zähne sind entblößt, werden aber nicht eingesetzt. Die Tiere können dabei durchaus erregt kreischen. Solche Kämpfe sind i. d. R. nach kurzer Zeit beendet.
Ernstkämpfe Vor allem bei einem neuen Tier in der Gruppe sind Ernstkämpfe mit echter Beschädigungsabsicht möglich. Hier kann es zu schweren Bissverletzungen kommen.

Markierverhalten

Für Degus spielt die olfaktorische Orientierung eine sehr starke Rolle im Sozialverhalten. Wem der Gruppengeruch nicht anhaftet, der wird angegriffen und aus dem Revier vertrieben.

„Feldherrenhügel" Eine der zum Markierverhalten gehörenden Verhaltensweisen ist der Bau eines Hügels aus Dung, Ästen und Gräsern – meist in der Nähe des Hauptausgangs des unterirdischen Baus. Je höher dabei dieser Feldherrenhügel, desto höher ist i. d. R. der Rangstatus des Erbauers.

Urinmarkieren Degus markieren mit Urin. Sie urinieren in flachen, **sandigen Arealen**, bevor sie sich im uringetränkten Sand wälzen. Dieses Verhalten haben die Tiere auch in der Heimtierhaltung beibehalten, wo sie in ihr Sandbad urinieren. Darüber hinaus markieren sie sich gegenseitig beim Überkriechen, wobei dem **Partner** auf den Kopf uriniert wird. Nicht zuletzt durch diese Aktionen entsteht der gemeinsame Gruppengeruch.

Zusätzlich wird mit Urin auch das **Revier** markiert. Männliche Tiere markieren dabei häufiger als weibliche (Kleiman, 1975). Zudem wird besonders viel markiert, wenn das Revier frisch gesäubert wurde und kaum noch Urinmarken zu finden sind. Werden Degus mit dem Urin männlicher Degus konfrontiert, erhöhen die Männchen ihre Markiertätigkeit, nicht aber die Weibchen. Werden Degus dagegen mit dem Urin weiblicher Artgenossen konfrontiert, führt das zu einem vermehrten Markieren der Weibchen, nicht aber der männlichen Tiere (Kleiman, 1975).

Kotmarkieren Auch mit Kot werden Markierungen im gesamten Territorium gesetzt.

Aus dem normalen Markierverhalten von Degus lässt sich bereits ableiten, dass diese Tiere nicht wirklich stubenrein werden.

Akustische Kommunikation

Degus haben ein breites Hörspektrum, das von 100 Hz–35 kHz reicht (Thomas und Tillein, 1997). Dennoch sind gerade die Jungtiere auch in der Lage, Ultraschallvokalisationen bis in den Bereich von 61,6 kHz zu produzieren (Long, 2009). Zudem ist bekannt, dass viele der hörbaren Degurufe auch über eine zusätzliche Ultraschallkomponente verfügen. Daher wird empfohlen, zur Aufnahme von Deguvokalisationen den Bereich von 20 Hz–65kHz abzudecken (Long, 2009).

Long (2007) hat 15 verschiedene eindeutige Degulaute identifiziert. Die wichtigsten werden hier besprochen.

Zwitschern oder auch Trillern Dieser Degulaut ist außerhalb der Paarungssaison am häufigsten zu hören. Das Zwitschern wird oft bei einer physischen Separation gezeigt, aber auch bei Begrüßungen und Spielverhalten. Zudem wird wiederholt bei kleineren Auseinandersetzungen zwischen Degus gezwitschert. Eventuell dient dieser Laut dann dazu, weitere Aggressionen zu unterbinden (Long, 2007).

Bellen Es handelt sich um einen lauten, sich bis zu 20-mal wiederholenden Ruf. Dabei hat der vokalisierende Degu die Ohren zurückgelegt und das Maul geöffnet.

Diese Vokalisation wird v. a. von männlichen Tieren während der Paarungssaison verwendet. Die Männchen bellen hauptsächlich nach dem Paarungsakt. Aber auch weibliche Tiere verwenden den Belllaut, z. B. wenn sie eine Auseinandersetzung mit unbekannten Degus hatten. Man geht davon aus, dass das Bellen eine Art territorialer Warnlaut ist.

Warnpfiff Der sehr laute, durchdringende Laut wird bei der Sichtung von (potenziellen) Gefahren ausgestoßen. Oft wird er 2-mal hintereinander abgesetzt, gefolgt von Stille. Artgenossen reagieren auf diesen Ruf mit sofortiger Flucht in ein (unterirdisches) Versteck.

Zähneknirschen oder Zähneklappern Dieses Anzeichen großer Anspannung wird meist im antagonistischen Kontext oder bei Angst gezeigt. Es kommt einer Warnung gleich.

Lautes Pfeifen Es wird von den Jungtieren in den ersten 2 Lebenswochen ausgestoßen, wenn sie sich entfernt vom Nest aufhalten. Dieser Ruf veranlasst ein Brutpflegeverhalten von den adulten Tieren und die Welpen werden wieder ins Nest zurückgebracht. Mit zunehmendem Alter der Jungen wird die Häufigkeit dieses Rufs geringer.

Quietschen Bei Schmerzen, z. B. durch den Biss eines Artgenossen, quietschen Degus laut.

Grunzen Dieses wird v. a. von männlichen Tieren bei Auseinandersetzungen gezeigt. Das Gegenüber entfernt sich auf diesen Laut hin meist vom Rufer.

Fortpflanzungsverhalten

Degus sind eigentlich **polyöstrisch**. Lange Zeit wurde davon ausgegangen, dass Degus über keinen regelmäßigen Zyklus verfügen und eine Ovulation spontan nach bestimmten Ereignissen (Kontakt mit Männchen etc.) auftritt. Mittlerweile wird aber ein fester Zyklus von 18–25 Tagen angegeben. Wild lebende Deguweibchen bringen ca. 1–2 Würfe pro Jahr zur Welt, abhängig davon, wie feucht es ist. Die als Heimtiere gehaltenen Degus zeigen dagegen keine saisonalen Schwankungen im Zyklus und können bis zu 4 Würfe pro Jahr bekommen.

In der Paarungszeit werden die Männchen deutlich aggressiver gegen andere männliche Degus und verteidigen ihr Revier sehr vehement gegen Eindringlinge. Das Revier wird dabei auch besonders häufig mit Urin markiert.

Werbeverhalten Vor dem Deckakt umwirbt das Degumännchen sein auserwähltes Weibchen. Es beschnuppert das Weibchen ausgiebig und betreibt sehr ausführliche soziale Fellpflege. Das Männchen zeigt auch erregtes **Schwanzschlagen** (Beisswenger, 2009). Das ganze Ritual wird von aufgeregtem **Trillern** begleitet. Eventuell markiert das Männchen auch das Weibchen mit Urin. Im Einzelfall urinieren paarungsbereite Weibchen auch auf das Männchen. Das Weibchen entzieht sich dem Männchen anfangs immer wieder und die Tiere rennen teilweise zusammen umher und jagen sich (Beisswenger, 2009). Nach dem ausführlichen Bewerben kommt es aber schließlich doch zu Deckakt. Dieser dauert i. d. R. nur wenige Sekunden (Beisswenger, 2009). Anschließend lecken sich beide Partner ihre Genitalien sauber.

Trächtigkeit Während der Trächtigkeit kann es sein, dass der Bauchumfang des Weibchens nicht merklich zunimmt. Dies ist ganz besonders bei kleinen Würfen der Fall. Allgemein ist meist erst 2 Wochen vor Geburt ein veränderter Bauchumfang für die Besitzer erkennbar. Die Zitzen bilden sich erst gegen Ende der Trächtigkeit an. Auch die Bewegungen der Jungen im Bauch sind dann oft von außen zu erkennen.

Manche Weibchen ändern während der Gravidität ihr Verhalten nicht. Andere aber werden nervös, bauen ein Nest und halten evtl. auch etwas mehr Distanz zu den Gruppenmitgliedern. Allgemein sind trächtige Degus stressanfällig. Darauf muss in der Haltung entsprechend Rücksicht genommen werden.

Geburt Kurz vor der Geburt beginnen die Weibchen unruhig zu werden. Die Wehen sind von außen erkennbar als ein Einziehen der Flanken, nach dem sich das Weibchen wieder streckt (Beisswenger, 2009). Eventuell werden auch Schmerzlaute ausgestoßen. Die Geburt findet i. d. R. nachts oder in den frühen Morgenstunden statt und verläuft im Allgemeinen unkompliziert.

Degus sind direkt nach der Geburt wieder empfängnisbereit!

Deguweibchen sind im Allgemeinen nicht sehr empfindlich gegenüber Störungen nach der Geburt. Sie akzeptieren auch andere Gruppenmitglieder sowie die Besitzer normalerweise problemlos. Dennoch sollten die Weibchen in der ersten Woche so wenig wie möglich gestört werden. Dies gilt ganz besonders für Weibchen, die normalerweise schon eher scheu im Umgang mit Menschen sind.

Aufzuchtverhalten und Entwicklung der Jungtiere

Degus sind **Nestflüchter** und kommen bereits sehr weit entwickelt zur Welt. Sie verfügen über einen Fellflaum, und die Augen sind geöffnet oder öffnen sich bald nach der Geburt. Die verspielten Degujungen beginnen meist schon am 2. Tag damit, die Umgebung zu erkunden und auch feste Nahrung aufzunehmen.

Säugen Degus werden, obwohl sie schon recht bald auch feste Nahrung aufnehmen, noch 4–6 Wochen lang gesäugt. Das Säugen findet im Bau statt. Wenn mehrere Deguweibchen gleichzeitig Jungtiere haben, säugen sie i. d. R. auch die Jungtiere gemeinsam. Dies ist besonders dann wichtig und sinnvoll, wenn der Wurf mehr als 8 Tiere umfasst, da Degus nur über 8 Zitzen verfügen.

Aufzuchtverhalten der Degumännchen Die Degus erkunden schon wenige Tage nach der Geburt ihre Umgebung. Dabei bleiben sie aber anfangs immer in der Nähe ihrer Mutter. Auch der Deguvater beteiligt sich – wenn er die Gelegenheit hat – intensiv an der Aufzucht der Jungtiere und ist i. d. R. ein liebevoller Vater. Er wärmt die Neugeborenen, betreibt Körperpflege und spielt auch mit den Jungen. Es konnte beobachtet werden, dass das Muttertier sein Pflegeverhalten nicht verstärkt, wenn der Vater nicht bei der Aufzucht der Jungen anwesend ist. Da dieser aber normalerweise einen großen Teil der Pflege übernimmt, fehlt etwas in der Aufzucht, wenn das Männchen entfernt wird. Dieses Fehlen der väterlichen Pflege hat weitreichende Folgen, so konnte gezeigt werden, dass es zu einer veränderten Gehirnentwicklung bei den Degus kam, deren Vater wenige Tage nach der Geburt von ihnen getrennt wurde (Helmeke et al., 2009, Seidel et al., 2011, Gos et al., 2014). Bei den jungen Degus entwickelten sich z. B. im orbifrontalen Kortex weniger Synapsen, was eine gestörte Lern- und Gedächtnisleistung vermuten lässt. Insgesamt ist die Expression von Corticotropin-assoziierten Genen im präfrontalen Kortex, der Amygdala und im Hippocampus verändert (Seidel et al., 2011), was eine veränderte Stressantwort bedingen kann. Mit diesem Wissen im Hinterkopf sollte bei Degus abgewogen werden, ob der Vater vor der Geburt entfernt werden soll, um weiteren Nachwuchs zu verhindern, oder ob andere Maßnahmen zur Geburtenkontrolle (z. B. Kastration des Männchens bald nach dem Deckakt) erfolgen sollen.

Absetzen Insgesamt sind Degukinder anfangs sehr auf ihre Eltern angewiesen und sollten auf keinen Fall zu früh von der Mutter getrennt werden. Sie lernen in den ersten 6 Lebenswochen von der Mutter essenzielle soziale Verhaltensweisen. Werden sie bereits vor der Vollendung der 6. Lebenswoche abgegeben, besteht die Gefahr, dass die Tiere später aggressive Einzelgänger werden und nur schwer zu vergesellschaften sind.

Degus sollten allerfrühestens im Alter von 6 Wochen von der Mutter getrennt werden.

Zu beachten ist, dass weibliche Degus mit 6 Wochen schon geschlechtsreif sein können. Das bedeutet, dass geschlechtsreife Weibchen abgegeben und in eine Gruppe beim neuen Besitzer integriert werden. Hierauf müssen die zukünftigen Degubesitzer hingewiesen werden, v. a. wenn sie bereits ein geschlechtsreifes Männchen in ihrer Gruppe halten und keinen Nachwuchs wünschen.

9.2.4 Komfortverhalten

Sich-Putzen, Sandbaden Degus betreiben ausführliche Fellpflege. Sie putzen sich dabei selbst, aber auch gegenseitig. Durch das Sandbaden wird außerdem der Gruppengeruch appliziert und verstärkt (► Kap. 9.2.3 „Markierverhalten“). Auch bei Degus sollte am besten nur quarzfreier Sand angeboten werden, damit Fell und Hornhäute keinen Schaden beim Sandbaden nehmen.

Kuscheln Degus ruhen am liebsten in einem Kuschelhaufen, bei dem sich die Tiere regelrecht aufeinanderstapeln.

9.2.5 Erkundungsverhalten

Sich-Aufrichten Degus sind äußerst neugierige und furchtlose Zeitgenossen. Sie erkunden neue Gegenstände, Menschen oder Tiere in ihrer Umgebung im Allgemeinen sofort. Zur Erkundung in der Ferne richtet sich der Degu auf, lässt die Vorderpfoten hängen und schnuppert.

Klettern Degus sind gute Kletterer und aufgrund ihrer Neugier auch gute Ausbruchskünstler. Das bedeutet, dass der Gitterabstand auf gar keinen Fall größer als 2 cm sein darf. Sonst passt ein Degu evtl. hindurch.

9.2.6 Nahrungsaufnahme- und Ausscheidungsverhalten

Degus haben insgesamt **20 Zähne** wie alle Meerschweinchenverwandten. Auffällig ist die orangene Färbung der Schneidezähne. Degus fressen in ihrer chilenischen Heimat eine eher karge Kost. Die gefressenen Pflanzen sind rohfaserreich und energiearm. Circa 42 % des täglichen Futters von wildlebenden Degus besteht aus Gräsern. Als „klassische" Nagetiere sind Degus zudem drauf angewiesen, viele Fasern zu fressen, um ihre Zähne gleichmäßig abzunutzen. Zudem müssen Degus, wie auch andere Nagetiere, beinahe kontinuierlich fressen, damit der Nahrungsbrei im schwach bemuskelten Darmtrakt weitergeschoben wird.

Degus halten ihr Futter beim Fressen gerne in den Vorderpfoten, daher bevorzugen sie auch Futterbestandteile, die eine entsprechende Größe zum Halten haben.

Caecotrophie Wie viele andere kleine Heimtiere zeigen auch Degus Caecotrophie. Sie nehmen den weichen, feuchten Blinddarmkot direkt vom After weg auf, um an die darin enthaltenen Vitamine und Nährstoffe zu kommen.

Diabetes Da Degus natürlicherweise sehr karge Kost gewöhnt sind, vertragen sie energiereiche Kost mit hohen Zucker- und Fettanteilen nicht. Bei falscher Ernährung bekommen sie sehr leicht Diabetes. Degubesitzer bemerken meist erst dann die Diabeteserkrankung, wenn sie einen diabetischen Katarakt auf einem oder beiden Augen entdecken. Es gibt Hinweise darauf, dass der Diabetes beim Degu auch eine erbliche Komponente hat (bestimmte Zuchtlinien sowie Männchen häufiger betroffen). Daher sollte mit betroffenen Tieren nicht weiter gezüchtet werden.

> Degus sind extrem anfällig für Diabetes und bekommen leicht entsprechende Katarakte!

Fettleibigkeit Des Weiteren sind Degus – da sie an eine karge Kost angepasst sind – anfällig für Fettleibigkeit, wenn sie große Mengen an energiereichem Futter zur täglichen Verfügung haben.

9.2.7 Erkennen von Schmerzen, Leiden und Schäden

Degus zeigen Schmerzen meist subtil und nur selten durch schrilles Pfeifen an.

Erkennen von Schmerzen und Leiden

Weitere Zeichen für Schmerzen können laut Beisswenger (2009) sein:

- Degu plustert sich auf und verharrt ungewöhnlich lang in einer Position.
- Eingefallene Flanken durch starke Bauchmuskelanspannung (abdominaler Schmerz)

- Unruhe
- Häufiges Ausstrecken des Körpers
- Staksiger Gang
- Leerkauen (Zahnschmerzen)

Zudem können eine Isolation von der Gruppe, verringertes Interesse an Interaktionen mit bekannten Personen, Lethargie und Gewichtsverlust Zeichen für Schmerzen sein. Ein adäquates Schmerzmanagement ist auch beim Degu notwendig.

9.3 Haltungsansprüche und Haltungsbeispiele

9.3.1 Empfehlungen für die Heimtierhaltung

Degus sind sehr bewegungsfreudige Tiere, die viel Platz benötigen, um ihren Bewegungsdrang entsprechend ausleben zu können. Da sie tagaktiv und sehr neugierig sind, sollte ihr Gehege nicht ganz Abseits stehen. Die Degus können gerne in den Familienalltag integriert werden. Es ist aber darauf zu achten, dass die Tiere keiner zu hohen Lärmbelastung (z. B. durch Stereoanlagen oder Fernseher) ausgesetzt sind und nachts viel Ruhe haben. Zudem ist ein idealer Standort in einer Ecke, sodass zwei Seiten des Geheges über einen Sichtschutz verfügen. Dies ist für die wachsamen Degus stressärmer als ein Standort frei im Zimmer. Bei letzterem Standort müssen sie deutlich mehr Energie auf die Wachsamkeit verwenden und sind evtl. mehr gestresst.

Bei einer Haltung im Freien sollte das Gehege so gestaltet sein, dass die Tiere sich nicht durch den Boden aus dem Gehege hinausgraben können. Zudem sollte zwingend darauf geachtet werden, dass das Gehege nicht nur vor Raubvögeln, sondern auch vor dem Eindringen von Mardern, Füchsen und Katzen gesichert ist. Für eine ganzjährige Außenhaltung sollten isolierte Häuschen oder isolierte unterirdische Baue im Winter zur Verfügung stehen, sowie genügend kühle Schattenplätze in den heißen Monaten.

Gruppenhaltung

Degus sind **obligat soziale** Tiere. Das bedeutet, dass eine Einzelhaltung rigoros abzulehnen ist. Es sollten als absolutes Minimum 2 Tiere gemeinsam gehalten werden. Idealerweise beträgt die Gruppengröße 3–5 Tiere. Die Gruppenzusammensetzung kann in unterschiedlichen Variationen erfolgen (► Tab. 9-1).
Geschwistertiere vertragen sich i. d. R. recht gut miteinander, insbesondere wenn es sich um Weibchen handelt. Normalerweise lassen sich frisch abgesetzte Tiere im Alter von 6 Wochen gut integrieren. Allerdings sollte dabei bedacht werden, dass weibliche Degus bereits mit 6 Wochen geschlechtsreif sein können. Da Degus hochsozial sind und sich nur in der Gruppe wohlfühlen, sollte, wenn z. B. nach einem

Tab. 9-1 Mögliche Gruppenzusammenstellungen

Gruppe	Besonderheiten
Gleich-geschlechtlich	Gleichgeschlechtliche Gruppen funktionieren meist relativ problemlos, unabhängig davon, ob eine reine Männchen- oder Weibchengruppe gehalten wird. Idealerweise werden Geschwistertiere zusammen gehalten.
Harem	Die ideale Haltungsform ist ein kastriertes Männchen (wenn kein Nachwuchs erwünscht ist), zusammen mit mehreren Weibchen. Ein weiteres Böckchen, auch wenn es kastriert ist, sollte nicht hinzugefügt werden, da es zu heftigen Auseinandersetzungen unter den Männchen kommen kann.

Todesfall ein einzelner Degu übrig bleibt, ein Ersatzpartner für diesen gefunden werden. Idealerweise wird ein Tier im gleichen Alter ausgesucht, da sie dann vom Aktivitätslevel her am ehesten zusammenpassen. Die Vergesellschaftung von Degus erfolgt am besten über ein Gewöhnungstraining.

Gewöhnungstraining

Das Gewöhnungstraining wird analog zu dem bei Kaninchen und Meerschweinchen (► Kap. 3.5.3 und ► Kap. 4.3.1) durchgeführt. Auch bei den Degus ist es wichtig, dass die beteiligten Tiere während des Gewöhnungstrainings möglichst entspannt bleiben und Auseinandersetzungen vermieden werden. Die Degus sollten jeweils in möglichst tiergerecht ausgestatteten Haltungseinheiten untergebracht sein. Beide Haltungseinheiten sollten anfangs so nahe nebeneinander stehen, dass die Tiere gerade nicht aufeinander reagieren. Zwischen beiden Käfigen sollten 1- bis 2-mal täglich ein paar Handvoll benutzter Streu und etwas Sand aus dem Sandbad ausgetauscht werden, um die Bildung eines Gruppengeruchs zu unterstützen. Alle 2 Tage können zudem die Haltungseinheiten getauscht werden, sodass die Tiere den Geruch des jeweils anderen genau untersuchen können. Schrittweise – abhängig von den Reaktionen der Tiere – werden die Käfige über mehrere Tage immer näher aneinander geschoben. Es ist weiterhin darauf zu achten, dass die Tiere nicht gestresst reagieren. In Anwesenheit des jeweils anderen Tiers können zudem besondere Leckerbissen angeboten werden. Wenn beide Käfige problemlos direkt nebeneinander stehen können, erfolgt das erste wirkliche Zusammentreffen. Dies muss immer auf neutralem Terrain geschehen – idealerweise im Freilauf. Das Freilaufareal wird dafür mit vielen Ausweich- und Rückzugsmöglichkeiten ausgestattet und darf keine Sackgassen haben. Diese ersten direkten Begegnungen sollten unter kontinuierlicher Aufsicht erfolgen, sodass notfalls eine Trennung erfolgen kann, wenn es zu Beißereien kommt. Dieser gemeinsame Auslauf wird dann, wenn die Tiere miteinander auskommen, über die nächsten Tage immer wieder angeboten und verlängert. Wenn es weiterhin keine Probleme gibt, kann eine Haltung in einer gemeinsamen Haltungseinheit versucht werden. Das entsprechende Gehege sollte groß und tiergerecht ausgestattet sowie frisch gesäubert sein.

Gemeinsame Haltung mit anderen Tieren

Degus sind nur in einer Gruppenhaltung mit anderen Degus glücklich. Ausschließlich Artgenossen können artgemäßen Körperkontakt und artgemäße Kommunikation ermöglichen. Aus diesem Grund ist die Haltung von einem Degu mit einem anderen Nagetier (z. B. einem Meerschweinchen) rigoros abzulehnen.

Das Zusammenleben mit Hunden oder Katzen kann für Degus durchaus stressig sein, v. a. wenn die Katze oder der Hund ein ausgeprägtes Jagdverhalten gegenüber den Nagern zeigen. Degus werden i. d. R. beim Anblick von Hund oder Katze einen Warnpfiff ausstoßen und in Verstecken verschwinden. Daher dürfen Hunde und Katzen keinen Zugang zum Deguzimmer haben.

Bewegungsraum

Größe des Käfigs

Degus sind äußerst aktive Nagetiere, die einen starken Grab-, Nage- und Klettertrieb haben. Als Mindestmaße für eine Haltungseinheit für zwei Tiere werden von der TVT (2013) 1 m × 0,5 m × 1 m (B/T/H) angegeben. Diese Angaben sind nur als absolute Mindestmaße zu werten. Besser ist ein Mindestmaß von 2 m^2 Grundfläche für 2–5 Tiere. Eine absolute Mindesthöhe von 1,50 m sollte zudem angestrebt werden. Solche hohen Gehege müssen mit mehreren Etagen für die Tiere nutzbar gemacht werden. Im Handel angebotene Frettchenkäfige oder Volieren für Großsittiche sind von den Abmessungen her oft für die Deguhaltung geeignet. Zu beachten ist, dass die Gitter nicht lackiert sein dürfen, da Degus aufgrund ihres extremen Nagetriebs die Farbe von den Gitterstäben abknabbern. Die Gitter sollten nach Möglichkeit quer angeordnet sein, um Klettern zu ermöglichen. Zudem sollten sie einen Abstand von 2 cm nicht unterschreiten, da Degus sonst nach außen entkommen können.

Speziell für die Haltung von Kleinsäugern angebotene Terrarien verfügen meist über spezielle Belüftungsschienen. Allerdings ist die Höhe meist nicht ausreichend und ein Aufsatz aus Metallleisten und Drahtgitter sollte darüber angebracht werden. Letzteres ist auch bei der Verwendung von großen Aquarien als Käfigwanne notwendig. Der Vorteil bei der Verwendung von Terrarien und Aquarien liegt in der Möglichkeit, das Gehege so tief einzustreuen, dass die Degus viel darin graben können. Ein großer Nachteil ist die etwas schwierige Belüftung im gläsernen Teil der Haltungseinheit.

Degus können durchaus gut in einer **Außenhaltung** untergebracht werden. Dabei sind mehrere Aspekte zu beachten: Zum einen muss die Unterbringung sowohl gegen das Eindringen von Beutegreifern gesichert sein als auch gegen das Ausbrechen der Degus. Da Degus sich gerne Baue graben und diese auch eine gut isolierte Unterbringung im Winter gewährleisten, sollte das Graben von Bauten grundsätzlich ermöglicht werden. Dies kann z. B. durch das Betonieren einer Grundplatte in ca. 60 cm Tiefe geschehen. Die Seiten des Geheges sollten mit einem bis zur Bodenplatte reichenden, eingegrabenen Gitter oder eingelassenen Steinplatten gesichert werden. Das Außengehege sollte zudem über einen stabilen Witterungsschutz verfügen (► Abb. 9-3) und über frostsichere Baue oder Häuschen. Mit

Abb. 9-3 Beispiel einer Außenhaltung für Degus. Der in einem nach Osten offenen Wetterschutz untergebrachte Käfig ist über Röhren mit dem dahinter liegenden Außengehege im Gras verbunden. In dieser Haltung haben die Degus 60 cm Erde zum Graben von wintersicheren Bauen unter dem Außengehege zur Verfügung.

der Gewöhnung an eine Außenhaltung sollte zu Beginn der wärmeren Jahreszeit im Frühling begonnen werden.

Gehegestrukturierung

Ein Degugehege sollte nicht nur ausreichend groß sein, sondern auch über eine sinnvolle, abwechslungsreiche Strukturierung verfügen. Damit die Tiere die gesamte Höhe der Haltungseinheit ausnutzen, sollten Etagen in unterschiedlichen Höhen angebracht werden. Ideal sind Bretter aus unbehandeltem Holz, da die Degus ihre Umgebung durch Nagen umgestalten. Damit die Bretter etwas länger halten, können sie mit Metallleisten aus dem Baumarkt geschützt werden. Dennoch ist eine tägliche Kontrolle der Bretter notwendig. Sind sie schon fast abgenagt, sollten sie ersetzt werden, denn Degus nagen sich auch Bretter unter den Füßen weg und können so abstürzen. Dennoch sollten auf keinen Fall Etagen aus Metallgitter verwendet werden. Diese schaden den zarten Degufüßen und es kann zu Verletzungen durch Hängenbleiben kommen. Auch aus Tontöpfen oder Grasbausteinen können gute Strukturen im Gehege geschaffen werden. Gerade bei schweren Steinen sollten diese jedoch gegen ein Umfallen gesichert sein.

Des Weiteren sollten im Deguheim viele Nagemöglichkeiten zur Verfügung stehen. Eine schöne Kombination aus Kletter- und Nagemöglichkeit stellen große Äste ungespritzter Obstbäume oder Haselnusssträucher (mit Blättern) dar.

Mithilfe verschiedener Röhren (z. B. aus Kork, Pappe, Weidenrinde) können für die normalerweise in Erdbauen lebenden Degus interessante Strukturen im Gehege geschaffen werden (► Abb. 9-4).

Abb. 9-4 Degus nehmen gerne Röhren jeder Art als Struktur in ihrem Gehege an, auch wenn das hier gezeigte Material (Plastik) nicht ideal ist, da Plastikteile abgeschluckt werden können.

Alle Kletter- und Nagemöglichkeiten sollten regelmäßig verändert werden, um den aufgeweckten Tieren mehr Abwechslung im Alltag zu bieten.

Einstreu

Um dem Grabebedürfnis der Degus Rechnung zu tragen, muss das Gehege eingestreut sein. Der Schweizer Tierschutz STS empfiehlt eine Einstreutiefe von mindestens 50–60 cm (STS, 2014). Als Einstreu eignet sich die handelsübliche Kleintierstreu aus Holz ohne Geruchszusätze. Aber auch Einstreupellets aus Stroh oder Hanf sind gut geeignet. Im Außengehege sollte das Erdreich mindestens 60 cm tief sein.

Freilauf

Zusätzlich zu einem ausreichend großen und strukturierten Gehege benötigen Degus, v. a. wenn sie in der Wohnung gehalten werden, täglichen kontrollierten Freilauf. Dabei können sie ihre Neugier befriedigen und sich zusätzlich bewegen. Aufgrund des großen Erkundungsdrangs und des starken Nagetriebs sollte das Freilaufareal vorab degusicher gemacht werden. Stromkabel, giftige Zimmerpflanzen und Dinge, die nicht benagt werden dürfen, sollten entfernt werden.

Idealerweise sind die Tiere sehr handzahm, bevor sie Freilauf haben. Dies erleichtert das Einfangen nach dem Freilauf erheblich. Zusätzlich sollten die Degus die Möglichkeit haben, den Käfig selbst über eine Rampe, einen Ast etc. zu verlassen und auch wieder zu betreten. Soll der Freilauf beendet werden, kann auch eine Spur aus Leckerchen in den Käfig hinein gelegt werden.

Im Freilauf können den Degus neue, interessante Abenteuerspielplätze angeboten werden. Das können Kartons, kleine Aquarien oder andere Kisten sein, die nicht aus Plastik sind. Diese können dann mit Einstreu, verschiedenen Röhren, Heu und ab und zu einem vergrabenen Leckerchen bestückt werden. So können die Tiere buddeln und sich ihr Futter suchen. Zusätzlich kann der Auslauf mit Brettern, Korkrinden, Holztreppchen etc. interessant gestaltet werden. Aus unterschiedlich langen Pappröhren können Labyrinthe zusammengesteckt werden, die von den Degus gerne erkundet werden.

Nur wenn die Auslauffläche gut und interessant strukturiert ist, wird sie von den Degus auch tatsächlich genutzt.

Laufrad/Laufteller

Je kleiner die Haltungseinheit, desto eher sind Degus auf das Vorhandensein von Laufrädern oder Lauftellern angewiesen, um ihren Bewegungsdrang zu befriedigen. Laufräder sollten dabei mindestens einen Durchmesser von 30 cm aufweisen. Sie sollen aus unbehandeltem Holz sein mit durchgehender Lauffläche, ohne Querstreben und achsseitig geschlossen, um Verletzungen vorzubeugen. Zudem müssen sie geräuscharm laufen und achsseitig am Gitter befestigt sein. Sie sollten nicht frei stehen.

Laufteller sind ähnlich wie bei den Chinchillas (► Kap. 10.3.2) als nicht ganz optimal zu bewerten. Zwar beugen Laufteller dem im Laufrad auftretenden Problem der gekrümmten Wirbelsäule vor, aber es kann zu Komplikationen kommen. Die einwirkende Fliehkraft versetzt die Tiere in eine schräge Position, was eine starke, einseitige Belastung der Gelenke in den Beinen nach sich zieht. Bei großen Geschwindigkeiten des Tellers haben die Tiere zudem Probleme, sicheren Halt zu finden. Auch das Absteigen ist nicht einfach, da die Teller auch nach dem Anhalten eine Weile auslaufen.

Sinnvoller und tiergerechter zur Befriedigung des Bewegungsdrangs sind die Haltung in der Gruppe in großen, abwechslungsreich strukturierten Gehegen sowie täglich mehrstündiger Freilauf.

Häuschen

Degus benötigen Rückzugs- und Schlafmöglichkeiten. Da sie sehr gerne in einem großen Kuschelhaufen schlafen, sollten die entsprechenden Häuschen oder Strukturen auch dafür ausreichend Platz bieten. Als Faustregel gilt aber, dass insgesamt doppelt so viele Unterschlupfmöglichkeiten wie Tiere vorhanden sein sollten. Diese sollen möglichst gleichmäßig über das Gehege verteilt sein. Auf diese Weise können sich die Tiere bei Bedarf zurückziehen oder besser verstecken, wenn ein Gruppenmitglied einen Warnpfiff ausstößt. Fertige Holzhäuschen aus dem Zoofachhandel aber auch Tonröhren, Tontöpfe, unbehandelte Weidenkörbe, Wurzeln oder Korkrinde können entsprechende Unterschlupfmöglichkeiten bieten.

Fütterung

Futtermittel Degus sind Pflanzenfresser und an sehr karge Kost angepasst. Sie sollten überwiegend mit Heu ernährt werden. Es muss daher ständig ad libitum zur Verfügung stehen. Um die Tiere immer wieder zum Heufressen anzuregen, sollte mehrmals täglich eine frische Portion in den Käfig gegeben werden. Insgesamt sollte Heu auch in verschiedenen Ebenen zur Verfügung stehen. Es kann z. B. in Pappröhren, in Heuraufen, in Körben oder lose angeboten werden. **Wurzeln, Blätter und Blüten** sollten ebenfalls gefüttert werden. Entsprechende Mischungen sind in gut sortierten Zoofachgeschäften problemlos erhältlich. Katzengras, Kapuzinerkresse, Löwenzahn etc. können auch gegeben werden. Körnerfutter sollte nur in sehr geringen Mengen ergänzend gefüttert werden. Für die Körner sollten Degus auch „arbeiten", d. h., diese können z. B. in Buddelkisten oder in mit Heu ausgestopften Röhren versteckt sein. Frischfutter sollte sich auf Gemüse beschränken und nur selten (ca. 2- bis 3-mal pro Woche) in kleinen Mengen verfüttert werden. Gurken, Tomaten, Paprika, Salat, Petersilie etc. sind meist beliebt, wenn die Degus von klein an Frischfutter gewöhnt sind. Ist diese nicht der Fall und sie lehnen es ab, können auch getrocknete Gemüsechips angeboten werden (Beisswenger, 2009). Zusätzlich müssen Degus **unbehandelte Zweige** zur Verfügung haben, da sie in der Wildnis auch Baumrinde fressen.

Fertigfutter speziell für Degus ist im Handel erhältlich. Es sollte jedoch immer ein Blick auf die Zutatenliste erfolgen. Das Futter darf nicht zu viel Fett und keine Melasse, Zuckerzusätze oder getrocknete Früchte enthalten. Nagerdrops und ähnliche stark zuckerhaltige Nagerleckerchen dürfen nicht an gefüttert werden. Sie erhöhen das Risiko einer Diabeteserkrankung.

Wasser Frisches, sauberes Wasser muss selbstredend ständig zur freien Verfügung stehen. Nippeltränken oder Wassernäpfe können verwendet werden. Nippeltränken bleiben sauberer und Wassernäpfe erlauben eine physiologische Kopfhaltung beim Trinken.

Der ideale Halter

Degus sind i. d. R. zu quirlig, um gute Streicheltiere zu sein. Sie verfügen aber über ein sehr interessantes Verhaltensrepertoire, v. a. im Bereich des Sozialverhaltens. Dadurch sind sie besonders für Menschen geeignet, die gerne beobachten und den Lautäußerungen lauschen möchten. Das bedeutet, dass sie – ähnlich wie Meerschweinchen – nicht grundsätzlich für Kinder ungeeignet sind. Dennoch muss eine gewisse Vernunft vorausgesetzt werden, da die Degus eher klein und hektisch sind. Daher erfordert ein Handling ein entsprechendes Feingefühl. Wie bei allen Tieren, sind letztendlich die Eltern verantwortlich.

Zusammenfassung

Die wichtigsten Haltungsempfehlungen

- Gruppenhaltung (mind. 2, besser 3–5 Tiere)
- Mindestens 2 m^2 Gehegegrundfläche für 2–5 Tiere
- Mindesthöhe der Haltungseinheit 1,5 m
- Verschiedene Ebenen und Klettermöglichkeiten
- Einstreu mindestens 50–60 cm
- Täglicher, kontrollierter Freilauf
- Vielfältige Unterschlupf- und Versteckmöglichkeiten über die gesamte Haltungseinheit (mind. doppelt so viele wie Anzahl der Tiere)
- Fütterung mit Heu ad libitum, Gräsern, Baumrinde, wenig Körnerfutter und 2- bis 3-mal wöchentlich etwas frisches Gemüse
- Für Kinder, die gerne beobachten und vernünftig sind, durchaus als Haustiere geeignet

9.4 Umgang mit Degus

Degus sollten den Umgang mit Menschen gewöhnt sein. Dies ist nicht nur notwendig, um einen tägliche Gesundheitskontrolle durchzuführen, sondern auch um das Einfangen nach dem Freilauf etc. stressarm zu ermöglichen. Ein Handling der kleinen Degus kann bereits recht bald nach der Geburt, etwa ab der 2. Lebenswoche (► Abb. 9-5) begonnen werden.

Abb. 9-5 Erst ab der 2. Lebenswoche sollten die kleinen Degus gehandelt werden, um sich an den Umgang mit Menschen zu gewöhnen.

Am einfachsten ist es, die Degus durch das Füttern spezieller Leckerchen aus der Hand an den Menschen zu gewöhnen. Degus kommen aufgrund ihrer inhärenten Neugier meist sehr schnell auf einen ruhigen Menschen zu, ganz besonders wenn er noch ein begehrtes Futterstückchen in der Hand hält. Sind die Degus an den Menschen und das Anfassen gewöhnt, sollte auch weiterhin regelmäßiger positiver Kontakt mit dem Menschen (z. B. durch Fütterung aus der Hand) erfolgen, um die Zahmheit aufrecht zu erhalten.

Beim Handling ist darauf zu achten, dass ein Degu mit zwei Händen umfasst werden muss. Die Hände sollten dabei eine Art Höhle bilden.

PRAXISTIPP

Handling in der Tierarztpraxis

- Degus niemals am Schwanz anfassen – die Schwanzhaut kann leicht abreißen.
- Degus können für sehr kurze Strecken (z. B. innerhalb der Praxis) gut in kleinen Gefäßen wie Dosen etc. transportiert werden. Auf das Zuhalten des offenen Endes mit Hand oder Deckel muss bei den flinken Tieren allerdings geachtet werden.
- Ist ein Degu entkommen, sollte ihm eine Röhre (z. B. aus Pappe) hingehalten werden. In diese wird er sich gerne zurückziehen.
- Ein Handling sollte immer möglichst stressarm erfolgen, denn Degus können bei Angst durchaus fest zubeißen.

9.5 Verhaltensprobleme

Wie bei den anderen kleinen Heimtieren lassen sich auch die die gängigsten Verhaltensproblematiken des Degus meist auf eine inadäquate Haltung zurückführen. Entsprechend kann man diese Probleme i. d. R. mit einer Anpassung der Haltungsbedingungen beheben. Lassen sich die folgenden Probleme nicht mit den aufgeführten Empfehlungen lösen oder sollte es andere Probleme geben, sollten die Besitzer an tierärztliche Spezialisten für Verhaltenstherapie und -medizin überwiesen werden. Eine aktuelle Liste einiger in Deutschland tätigen tierärztlichen Verhaltenstherapeuten findet sich unter www.gtvmt.de unter dem Punkt „Info Besitzer".

9.5.1 Stereotypien

Stereotypien sind im Allgemeinen immer ein Ausdruck nicht tiergerechter Haltung. Arttypische Verhaltensweisen werden dann in übersteigerter, stereotyp und augenscheinlich sinnloser Form ausgeführt.

Stereotypes Stangennagen Im Gegensatz zu einem aus Erregung aufgeführtem Gitternagen, das meist nur wenige Minuten andauert und in direktem Zusammenhang mit einem aufregenden Ereignis (z. B. Fütterung) steht, zeigen Degus das stereotype Gitternagen in recht eintöniger Form über sehr lange Zeit. Auch wenn sie sich durch das exzessive Gitterbenagen bereits verletzt haben, stellen sie das Verhalten dennoch nicht ein.

Eckenspringen Dieses und andere Bewegungsstereotypien wie stereotypes **Auf und Ab laufen** zählen zu den gestörten Verhaltensweisen. Gerade beim Eckenspringen wird in sich unablässig wiederholender, gleichförmiger Weise an der Ecke der Haltungseinrichtung hochgesprungen. Das Verhalten lässt keinen Zweck erkennen.

Wichtig beim Auftreten von Stereotypien ist eine genaue Analyse der Haltung. Meist sind zentrale Bedürfnisse wie der Nagetrieb, der Bewegungsdrang oder das Bedürfnis nach einem Artgenossen nicht erfüllt. Daher muss bei der Anamnese auf diese Aspekte besonderer Wert gelegt werden. Zur Befriedigung des Nagebedürfnisses sind eine artgerechte Fütterung sowie das Anbieten vieler hölzerner Strukturen (z. B. Äste von Haselnusssträuchern) wichtig. Der Bewegungsdrang sollte durch eine große, attraktiv gestaltete Haltungseinheit, täglichen Freilauf und evtl. ein Laufrad oder Laufteller gewährleistet werden. Bei einzeln gehaltenen Tieren sollte eine Vergesellschaftung mithilfe eines Gewöhnungstrainings erfolgen.

9.5.2 Fellrupfen

Die Halter beobachten das Fellrupfen bei Degus meist an der Oberseite der Vordergliedmaßen. Dafür gibt es nach momentanem Kenntnisstand neben medizinischen Problemen verschiedene Ursachen. Daher sollte auf jeden Fall die Haltung genau analysiert werden. Eine Unterversorgung mit Rohfasern sowie Langeweile sind häufig ursächlich. Deshalb ist es immer sinnvoll, das Angebot an geeigneten Nagematerialien zu erhöhen und die Futtersuche durch Futterspielzeuge (z. B. mit Heu gefüllte Papprolle, an Schaschlikspießen befestigtes, aufgehängtes Frischfutter) abwechslungsreicher und komplizierter zu gestalten. Eventuell weiter vorliegende Haltungsdefizite sollten angepasst werden. In jedem Fall sollte auf eine gute Gruppenzusammensetzung, täglich wechselnde interessante Beschäftigungsmöglichkeiten und täglichen Freilauf geachtet werden.

Literatur

Beisswenger, A. (2009): Degus. München: Gräfe und Unzer Verlag.

Ebensperger, L., Bozinovic, F. (2000): Energetics and burrowing behaviour in the semifossorial degu Octodon degus (Rodentia: Octodontidae). J Zool (Lond) 252: 179–186.

Ebensperger, L., Hurtado, M. (2005): Seasonal changes in the time budget of degus, Octodon degus. Behaviour 142: 91–112.

Fulk, G. (1976): Notes on the activity, reproduction, and social behavior of Octodon degus. J Mammal 57: 495–505.

Gos, T., Schulkin, J., Gos, A. et al. (2014): Paternal deprivation affects the functional maturation of corticotropin-releasing hormone (CRH)- and calbindin-D28k-expressing neurons in the bed nucleus of the stria terminalis (BNST) of the biparental Octodon degus. Brain Struct Funct 219: 1983–1990.

Helmeke, C., Seidel, K., Poeggel et al. (2009): Paternal deprivation during infancy results in dendrite- and time-specific changes of dendritic development and spine formation in the orbitofrontal cortex of the biparental rodent Octodon degus. Neuroscience 163: 790–798.

Kleiman, D. (1975): The effects of exposure to conspecific urine on urine-marking in male and female degus (Octodon degus). Behav Biol 14: 519–526.

Long, C. (2007): Vocalizations of the degu Octodon degus, a social caviomorph rodent. Bioacoustics 16: 223–244.

Long, C. (2009): Pups of the degu (Octodon degus) include ultrasonic frequencies in care-eliciting calls. Proc Inst Acoust 31: 237–244.

Schweizer Tierschutz STS (2014): STS-Merkblatt gewöhnlicher Degu Octodon degus (www.tierschutz.com/publikationen/heimtiere/infothek/kleintiere/degus.pdf; letzter Abruf 02.08.2016).

Seidel, K., Poeggel, G., Holetschka, R. et al. (2011): Paternal deprivation affects the development of corticotrophin-releasing factor-expressing neurones in prefrontal cortex, amygdala and hippocampus of the biparental Octodon degus. J Neuroendocrinol 23: 1166–1176.

Thomas, H., Tillein, J. (1997): Functional organization of the auditory cortex in a native Chillean rodent (Octodon degus). Biol Res 30: 137–148.

Tierärztliche Vereinigung für Tierschutz e. V. (TVT) (2013): Merkblatt für Tierhalter – Degus (www.tierschutz-tvt.de/index.php?id=merkblaetter; letzter Aufruf: 02.08.2016).

Informationsmaterial für Tierhalter findet sich u. a. als Download bei:

Schweizer Tierschutz STS: www.tierschutz.com/publikationen/heimtiere/infothek/klein tiere/degus.pdf (letzter Abruf 02.08.2016).

Tierärztliche Vereinigung für Tierschutz e. V. TVT: www.tierschutz-tvt.de (letzter Abruf 02.08.2016).

Bücherempfehlung für Degus u. a.

Beisswenger, A. (2009): Degus. München: Gräfe und Unzer Verlag.

10 Chinchillas

Barbara Schneider

10.1 Einführung

Chinchillas gehören zur Ordnung Rodentia (Nagetiere), Unterordnung Caviomorpha (Meerschweinchenartige) und Familie der Chinchillidae (Chinchillas). Als Haustiere werden sowohl das Kurzschwanzchinchilla (*Chinchilla chinchilla*) als auch das Langschwanzchinchilla (*Chinchilla lanigera*) gehalten. Letzteres ist aber die vorwiegend in Deutschland als Haustier gehaltene Art. Schon um 900 v. Chr. sollen die Felle der Chinchillas von in den Anden lebenden Indianerstämmen zur Verarbeitung als Kleidung genutzt worden sein. Durch die Konquistadoren wurden die feinen Pelze schließlich auch in Europa bekannt. Aufgrund ihrer Seltenheit waren sie hochbegehrt. Eine systematische Jagd nach den Tieren begann und führte Ende des 19. Jahrhunderts beinahe zur Ausrottung der Chinchillas in freier Wildbahn. Seit 1977 werden die Tiere daher auch im Anhang I des Washingtoner Artenschutzabkommens (CITES) als unmittelbar bedrohte Art aufgeführt. Der Handel mit wildlebenden Chinchillas ist somit verboten.

Ende des 19. und Anfang des 20. Jahrhunderts begann die erfolgreiche Zucht der Chinchillas als Pelztiere. Dennoch, und obwohl Chinchillas auch schon etwa seit den 1970er- und 1980er-Jahren als Haustiere in Europa zu finden sind, sind sie immer noch keine vollständig domestizierte Tierart. Doch durch ihr flauschiges, sehr kuschelig wirkendes Fell und ihr ins Kindchenschema passendes Aussehen sind sie mittlerweile recht beliebte Haustiere.

Steckbrief

- Größe: ca. 25 cm (Kopf-Rumpf-Länge) und ca. 15 cm Schwanzlänge, Männchen deutlich größer als Weibchen
- Gewicht: 350–700 g (große Zuchttiere bis zu 1 kg)
- Lebenserwartung: 15–20 Jahre (im Einzelfall auch länger)
- Ausgewachsen: mit ca. 12–18 Monaten
- Geschlechtsreife: mit 3–6 Monaten
- Zykluslänge: 30–50 Tage
- Tragzeit: 108–111 Tage
- Wurfgröße: 1–3
- Nestflüchter (sehend, behaart)
- Säugezeit: 6 (–8) Wochen

Abb. 10-1 Wildfarbenes Chinchillapärchen

Chinchillas gibt es mittlerweile in einigen Färbungen. Neben der grau-melierten Wildfärbung (► Abb. 10-1) kann man auch weiße, schwarze, braune oder beige Farbschläge finden. Weitere typische Farben sind auch Violett (Rücken, Kopf und Flanken grau mit lila Schimmer und weißer Bauch) oder Black Velvet (schwarzer Rücken und graue bzw. helle Seiten und Bauch).

Zwei Farbvarianten haben dabei eine gewisse züchterische **Tierschutzrelevanz:** Zwei Tiere mit „Velvet"-Färbung oder auch zwei weiße Tiere dürfen nicht miteinander verpaart werden. Das für die jeweilige Färbung verantwortliche Allel ist dominant. Homozygote Tiere dieser beiden Fellfarben sterben zum Großteil bereits im Mutterleib ab. Überlebende Tiere haben ein höheres Risiko, vor Beginn der Geschlechtsreife zu versterben. Daher werden die entsprechenden Genfaktoren in Züchterkreisen mit gewissem Recht auch „Letalfaktoren" genannt. Der genaue Gendefekt ist zum jetzigen Zeitpunkt aber nicht bekannt.

10.2 Normalverhalten

Chinchillas sind ursprünglich in den Anden Südamerikas beheimatet. Sie sind dort in Höhenlagen bis zu 4000 m zu finden. Ihr Verbreitungsgebiet reicht in der Südhalbkugel von Peru über Bolivien nach Chile und Argentinien (Jiménez, 1996). Ihr Lebensraum ist von einer kargen Vegetation geprägt, da er sehr hoch gelegen ist und es nur geringe Niederschlagsmengen gibt. Der wenige Regen fällt überwiegend in den Herbst- und Wintermonaten von Mai bis August. Zudem kann es in den hohen Andenlagen v.a. im Sommer sehr starke Temperaturschwankungen geben. An Sonnentagen werden tagsüber bis zu 40 °C erreicht, wohingegen es in der Nacht auf Werte unter den Gefrierpunkt abkühlen kann. Die Durchschnittstemperatur beträgt 15–16 °C (Cortés, 2002).

Die wilden Chinchillas leben in diesen kargen Felsenregionen in Kolonien von 14–100 Tieren zusammen. Diese Kolonien sind wiederum aus Familiengruppen von je 2–5 Tieren (i.d.R. ein Elternpaar mit den Nachkommen) zusammengesetzt. Sie verbringen ihre Tage schlafend in Felsspalten versteckt, in denen die Temperatur auch an den heißesten Tagen nicht über 20–25 °C steigt (Cortés, 2002). Bei Dämmerung bzw. in der Nacht sind die Tiere aktiv. Somit entgehen sie den im Sommer teilweise sehr hohen Tagestemperaturen. Die Felsspalten schützen die Chinchillas zudem vor Regen, der besonders während der Mittagszeit, also wenn die Chinchillas schlafen, fällt.

Chinchillas sind **nacht-** und **dämmerungsaktiv**!

Chinchillas sind hervorragend an das Leben in den gut temperierten Felsspalten in einer sehr trockenen Gegend mit kühlen Nachttemperaturen angepasst. Das spiegelt sich auch in ihrem einzigartigen Fell wieder. Es ist bis zu 3 cm dicht und bildet somit eine gute wärmeisolierende Schicht. Zudem bietet es einen guten Schutz gegen Wind und Ektoparasiten. Zecken oder Flöhe können praktisch nicht bis zur Haut durchdringen (Sobie, 2010). Die besondere Dichte des Fells entsteht dadurch, dass aus einer Haarwurzel bis zu 60 Einzelhaare wachsen können. Das Fell ist sehr flauschig und hat keinen Strich. Die Tiere pflegen es durch tägliche Sandbäder. In ihrer Heimat wälzen sie sich in feinem vulkanischem Staub.

Chinchillas besitzen **keine Schweiß- und Talgdrüsen**, was damit zusammenhängt, dass sie in den Felsspalten nur gemäßigten Temperaturen ausgesetzt sind und den Regen schlafend umgehen (Schweigart, 1995). Gerade diese Eigenschaften machen die Pelze der Chinchillas neben der Dichte attraktiv für die Pelzindustrie, für die sie immer noch in großem Umfang gezüchtet und gehalten werden. Aufgrund des dichten Fells und der fehlenden Drüsen vertragen Chinchillas Temperaturen über 20 °C nur schwer. Lediglich die großen, trichterförmigen Ohren bieten eine gewisse Möglichkeit zur Wärmeregulation. Darüber hinaus fehlt ihrem Fell eine nässeabweisende Schutzschicht. Ein nasses Fell kann fatale Folgen haben: Es verklebt sofort und das Tier wird bis auf die Haut nass. Dies führt sehr schnell zu massivem Wärmeverlust und Hypothermie.

> Wenn das feine Fell von Chinchillas nass wird, droht **Hypothermie**!

Eine weitere anatomische Besonderheit der Chinchillas ist, dass sie keine Krallen, sondern **Nägel** haben, die menschlichen Finger- und Zehennägeln gleichen.

10.2.1 Bewegungsverhalten

Gehen Chinchillas sind sehr bewegungsfreudige Tiere und legen in ihrer Heimat lange Strecken für die Nahrungssuche zurück. Da sie eher kurze Vorderbeine haben, zeigen sie eine hüpfende Fortbewegung, die dem Hoppeln von Kaninchen ähnelt (Schweigart, 1995).

Laufen, Springen Auch sind die Tiere hervorragende Läufer. Die Hinterbeine sind sehr kräftig und verhelfen den Chinchillas zudem zu einem enormen Sprungvermögen. Aus dem Stand können sie z. B. problemlos bis zu 1 m hoch springen. Der buschige, lange Schwanz dient beim Laufen und Springen als Gegengewicht zum Körper und als Steuerruder sowie Balancierhilfe.

10.2.2 Sozialverhalten

Da Chinchillas **obligat sozial** sind, haben sie ein recht ausgeprägtes Sozialverhalten. Sie kommunizieren hauptsächlich durch Vokalisationen und Körpersprache miteinander. Ausführliche Studien über das Sozialverhalten fehlen bislang.

Soziopositive Verhaltensweisen

Chinchillas zeigen eine große Bandbreite an soziopositiven Interaktionen. So begrüßen sich die Tiere z. B. oft freundlich mit **nasonasalem Kontakt** (Bartl, 2006). Auch die **Anogenitalkontrolle** gehört zum freundlichen Begrüßungsverhalten. Des Weiteren ist das sanfte **Fellknabbern** eine freundschaftliche Geste unter Chinchillas (Bartl, 2006). Die Tiere zeigen aber keine klassische soziale Fellpflege im eigentlichen Sinn. Befreundete Chinchillas sitzen und schlafen häufig mit direktem Köperkontakt nebeneinander.

Agonistisches Verhalten

Drohverhalten Auch Auseinandersetzungen gehören zum Zusammenleben in einer sozialen Gruppe. Die typische Drohhaltung der Chinchillas ist ein Stehen auf den Hinterbeinen mit nach vorne gebeugtem und lang gestecktem Oberkörper mit herabhängenden Vorderbeinen. Des Weiteren können die Chinchillas durch Zähne zeigen, Schnauben, Schreien oder ein Sträuben des Schwanzes drohen. Dies tun sie ausführlich, wenn Feinde oder unbekannte Tiere in ihr Revier eindringen.

Abwehrlaute Als weitere agonistische Verhaltensweisen zeigen Chinchillas ein Zähneklappern und/oder Zischen als Abwehrlaut. Typischerweise geben sie auch ein Schnalzen oder „**Husten**" als Abwehrlaut von sich, der meist von heftigem Kopfschütteln begleitet wird. Dieser Laut wird z. B. abgegeben, wenn das Chinchilla bei einer Tätigkeit gestört wird. Auch im Umgang mit Menschen ist der Laut des Öfteren zu hören, v. a. wenn das betroffene Chinchilla skeptisch gegenüber der sich nähernden Person ist. Dies sollte unbedingt bedacht werden, wenn Besitzer mit einem Chinchilla wegen Husten in die Praxis kommen. Bei unauffälligen Atemwegen und entsprechender Anamnese kann von einem Abwehrhusten ausgegangen werden.

> Bei **hustenden Geräuschen** eines Chinchillas kann es sich um einen **Abwehrlaut** handeln.

Harnspritzen, Beißen Als deutlichere Abwehrmaßnahme können Chinchillas auch mit Urin spritzen. Weibliche Tiere tun dies weitaus häufiger als männliche. Zudem kann es dazu kommen, dass sich die Tiere bei Auseinandersetzungen beißen, insbesondere wenn der Unterlegene nicht ausweichen kann. Zur Abwehr von Angreifern (z. B. Greifvögeln) können Chinchillas zudem ganze Fellbüschel abwerfen.

Akustische Kommunikation

Chinchillas haben ein sehr gutes Hörvermögen. Einzigartig unter den Nagetieren ist es jedoch, dass Chinchillas nicht wirklich im Ultraschallbereich von über 32 kHz hören können (Heffner und Heffner, 1991). Die beste Sensitivität hat ihr Gehör zwischen 125 Hz und 16 kHz, was in etwa dem Hörspektrum des Menschen entspricht. Daher können Menschen auch – im Gegensatz zu den Lauten bei vielen anderen Nagern – die bisher beschriebenen Chinchillalaute alle hören.

Abwehrlaute Ein weiterer Abwehrlaut neben dem genannten „**Husten**" ist eine Art kurzes **Quäken**. Damit signalisiert ein Chinchilla, dass ein sich näherndes Chinchilla Abstand halten soll.

Darüber hinaus zeigen Chinchillas noch weitere typische Lautäußerungen, die auch schon in mehreren Studien (u. a. Bartl, 2006, Hunyady, 2008) genauer untersucht wurden. Die Wichtigsten werden im Folgenden vorgestellt.

Warnruf Auffällig und leicht erkennbar ist der Warnruf, der sich aus mehreren schrillen und lauten Einzellauten zusammensetzt. Dieser Alarmruf wird z. B. dann abgegeben, wenn die Chinchillas erschrecken und/oder eine reelle Bedrohung wahrnehmen. Die anderen Chinchillas reagieren auf diese Rufe sofort mit einer Flucht in Unterschlüpfe.

Panikschrei Bei starkem Stress (z. B. bei einer Auseinandersetzung oder bei Angst) können Chinchillas auch regelrecht schreien. Dieser Panikschrei zeigt an, dass das betreffende Chinchilla stark gestresst ist. Der Ursache für diesen Stress sollte auf den Grund gegangen werden, v. a. wenn der Panikschrei öfter ertönt. Spätestens dann muss die Ursache abgestellt werden.

Positionslaut Dieser ist sicher am häufigsten zu hören. Die Chinchillas bleiben damit, ähnlich wie die nahe verwandten Meerschweinchen, in Stimmfühlung. Es handelt sich um eine Folge von mehreren leisen, hellen Tönen, die besonders häufig während des Erkundungsverhaltens abgegeben werden. Vor allem die ranghöchsten Tiere geben diesen Laut von sich.
Lockruf Die Tiere machen sich damit gegenseitig auf etwas Interessantes aufmerksam. Er kann als ein leises Gluckern beschrieben werden. Andere Chinchillas der Gruppe reagieren darauf i. d. R. mit einer Kontaktaufnahme. Dann wird inspiziert, was Interessantes entdeckt wurde.

Fortpflanzungsverhalten

Chinchillas sind **saisonal polyöstrisch**. Von Juni bis Oktober sind sie im Anöstrus. Während des restlichen Jahres sind die Weibchen alle 30–50 Tage im Östrus. Obwohl die Brunst ca. 3–5 Tage dauert, werden die Männchen meist nur für ein Zeitfenster von ca. 12 h zur Paarung akzeptiert.
Werbeverhalten Die Männchen folgen brünstigen Weibchen aufrecht auf Schritt und Tritt, beriechen die Anogenitalregion und beknabbern vorsichtig Kopf und Genick des Weibchens (Bignami und Beach, 1968). Sind die Weibchen noch nicht für den Deckakt bereit, reagieren sie aggressiv auf die Männchen mit Beißen, lautem Meckern oder auch Urinspritzen (Bignami und Beach, 1968). Manchmal springen sie in die Luft und treten das Männchen oder spritzen den Urin während des Sprungs ab, wenn sie zu arg bedrängt werden.
Deckakt Ist das Weibchen paarungsbereit, bleibt es stehen und nimmt die typische Paarungshaltung mit gespreizten Hinterbeinen, angehobenem Becken und zur Seite gehaltenem Schwanz ein. Das Männchen besteigt das Weibchen und hält es fest, indem es dessen Körper mit den Vorderbeinen vor dem Becken fest umgreift (Bignami und Beach, 1968). Manchmal kann es sein, dass die Weibchen beim Eindringen wild umher hüpfen, bevor sie die ruhige Deckposition einnehmen. In einem solchen Fall hält sich das Männchen fest und hüpft mit den Bewegungen des Weibchens mit. Das Männchen ejakuliert während des Deckakts mehrmals. Anschließend wird das weibliche Genitale mittels eines Schleimpfropfs verschlossen. Nachdem das Männchen das Weibchen gedeckt hat, lecken sich beide Tiere ihre Anogenitalregion (Bignami und Beach, 1968). Anschließend bleiben sie mit halbgeschlossenen Augen sitzen und geben leise, wimmernde Laute von sich.
Geburt Chinchillas bauen keine Nester für die Geburt, die meist nachts oder in den frühen Morgenstunden stattfindet. Anzeichen für die bevorstehende Geburt ist meist nur eine stärkere Unruhe. In der Regel gebären die Chinchillaweibchen ihre Jungen im Sitzen. Die ca. 40–50 g schweren Neugeborenen sind Nestflüchter; sie kommen behaart und sehend zur Welt (Sobie, 2010). Schon nach kurzer Zeit stoßen sie die typischen quietschenden, fiependen **Jungtier-Kontaktlaute** aus, suchen die Zitzen und saugen. Innerhalb 1 h nach der Geburt können die Jungen gehen und begeben sich auf ihre erste Erkundungstour (Sobie, 2010).

Post-partum-Östrus Das Muttertier kommt i.d.R. innerhalb von 12–24 h nach der Geburt wieder in den Östrus (Sobie, 2010). Wilde Chinchillas ziehen meist pro Saison zwei Würfe von je 1–3 Jungtieren groß.

> Chinchillaweibchen können, direkt nachdem sie geboren haben, wieder gedeckt werden!

Aufzuchtverhalten und Entwicklung der Jungtiere

Beide Elterntiere kümmern sich nach der Geburt um die Jungtiere. Oft kann auch beobachtet werden, dass das Vatertier bei der Geburt assistiert und die Neugeborenen säubert.

Säugen Weibliche Chinchillas säugen ihre Jungen 6–8 Wochen lang. Da Chinchillas zu den kleinen Beutetieren gehören, sind sie immer fluchtbereit. So sitzt oder steht das Muttertier während des Säugens (Sobie, 2010). Um an die drei Zitzenpaare zu kommen, müssen sich die Jungtiere dann meist auf den Rücken legen. Bereits nach wenigen Tagen probieren die Jungtiere schon Heu, Hauptnahrung ist aber dennoch für 6 Wochen die Muttermilch.

Spielverhalten Sowohl Mutter- als auch Vatertier spielen mit den heranwachsenden Jungtieren (Sobie, 2010). Junge Chinchillas sind sehr lebhaft und aktiv. Ihr Spiel umfasst kraftvolles Hüpfen, Hoppeln, vertikales Springen, Drehen und um die Wette laufen. Die gesamte Familiengruppe (inkl. Vatertier) schläft oft eng zusammengekuschelt (Sobie, 2010).

Abgabealter Mit etwa 12 Wochen sind die Jungtiere so selbstständig und stabil, dass sie vermittelt werden können.

10.2.3 Komfortverhalten

Sandbaden Das flauschige Fell der Chinchillas benötigt viel Pflege, u.a. weil die Haare aufgrund fehlender Talgdrüsen nicht von einer schützenden Fettschicht umgeben sind. Die Tiere pflegen ihr Fell daher mit einem Sandbad. Das Bad läuft dabei nach einem relativ festen Ritual (Stern und Merari, 1969) ab. Zunächst wird mithilfe der Vorderbeine Sand Richtung Körper geholt. Anschließend wird eine Wange im Sand gerieben. Zum Schluss dreht sich das Tier um die eigene Längsachse im Sand und zwar in der Richtung, auf deren Seite die Backe zuvor gerieben wurde. Selbst wenn kein Sandbad zur Verfügung steht, zeigen Chinchillas diesen Handlungsablauf, allerdings wird mit zunehmender Sandbaddeprivation die Anzahl der Umdrehungen um die eigene Achse mit jedem Tag ohne Sandbad höher (Stern und Merari, 1969). Stern und Merari (1969) kommen daher sogar zu dem Schluss, dass Sandbaden so essenziell für Chinchillas ist wie Fressen und Trinken.

Das Wälzen im Sand entfernt den Schmutz und lockert das Fell auf, sodass es seine wärmeisolierende Funktion aufrechterhalten kann. Es dient zudem dem Stressabbau. So baden sich die Tiere z.B. nach einer Auseinandersetzung. Ein

Sandbad sollte daher rund um die Uhr zur Verfügung stehen. Gerne baden auch zwei Chinchillas gleichzeitig im Sand. Da die Tiere Kot im Sandbad absetzen, kann davon ausgegangen werden, dass es zudem der Schaffung eines gemeinsamen Gruppengeruchs dient.

10.2.4 Erkundungsverhalten

Untersuchen, Beknabbern Chinchillas sind i. d. R. neugierig und untersuchen ihre Umgebung aufmerksam. Wenn sie einen interessanten Gegenstand erspähen, bewegen sie sich auf allen Vieren dorthin und untersuchen den Gegenstand. Wenn möglich, halten sie ihn auch in den Vorderpfoten und beknabbern ihn.

Sich-Aufrichten Beim entspannten Erkunden der Umgebung erheben sich Chinchillas manchmal auch auf ihre Hinterbeine, stützen sich mit dem Schwanz ab, richten ihre Sinushaare auf den interessanten Gegenstand und schnüffeln.

10.2.5 Nahrungsaufnahme- und Ausscheidungsverhalten

Chinchillas sind typische Nagetiere und verfügen über 20 Zähne. Die gelblich-orangenen Schneidezähne wachsen dabei **lebenslang**. In der freien Wildbahn müssen Chinchillas viele Stunden auf die Futtersuche verwenden.

Zernagen Die Tiere stammen aus den trockenen Regionen der Anden und sind somit stark an karge Kost angepasst. Für Chinchillas ist es kein Problem, holzige Pflanzenteile zu zernagen. Zudem sind Darm und Blinddarm gut auf das Verdauen faserreicher Kost ausgerichtet.

Probebiss Die Nahrung halten Chinchillas zunächst in beide Vorderpfoten (Sobie, 2010) und überprüfen das Futter (aber auch interessante Gegenstände) mit einem Probebiss auf Essbarkeit.

Caecotrophie Chinchillas nehmen, wie viele andere Nagetiere auch, den helleren, feuchteren und nährstoffreichen Blinddarmkot i. d. R. direkt vom After auf.

Ausscheidungsverhalten Chinchillas werden nicht stubenrein, sondern verteilen ihre Ausscheidungen überall in ihrem Lebensraum. Es gibt zwar bestimmte Ecken oder Orte, die von den Tieren bevorzugt zum Urinieren verwendet werden, aber auch Futterstellen und Hauptkreuzungspunkte von Laufwegen werden mit Urin markiert.

10.2.6 Erkennen von Schmerzen, Leiden und Schäden

Erkennen von Schmerzen und Leiden

Es ist nicht immer einfach für den Halter, Schmerzen beim Chinchilla frühzeitig zu erkennen. Einige **Anzeichen für Schmerzen** sind:

- Alopezie (Bartl, 2012)
- Zurückhaltung bei Interaktionen (Sobie, 2010)
- Hängende Ohren (auch im hellwachen Zustand)

- Stumpfes Fell
- Anorexie
- Gewichtsverlust
- Veränderungen im Gangbild
- Salivation/Bepföteln des Mauls (v. a. bei Zahnproblemen)
- Aggression

Haarverluste sind häufig stressbedingt (Bartl, 2012). Durch Stress kommt es zur erhöhten Anfälligkeit für Dermatomykosen. Zudem werden bei Stress Fellbüschel abgeworfen. In jedem Fall sollte zusätzlich zur medizinischen Behandlung eine Stressreduktion erfolgen.

10.3 Haltungsansprüche und Haltungsbeispiele

10.3.1 Rechtliche Anforderungen

Da Chinchillas auch als Pelztiere gehalten werden, wurden entsprechende Haltungsvorschriften in die aktuelle „Verordnung zum Schutz landwirtschaftlicher Nutztiere und anderer zur Erzeugung tierischer Produkte gehaltener Tiere bei ihrer Haltung" (Tierschutz-Nutztierhaltungsverordnung – TierSchNutztV, zuletzt geändert 2016) aufgenommen. Die dort festgelegten Haltungsparameter (► Tab. 10-1) sollten als absolute Minimalanforderung an eine Chinchillahaltung im Privathaushalt gesehen werden, auch wenn sich die Tierschutz-Nutztierhaltungsverordnung nur auf gewerbliche Chinchillahaltungen bezieht.

Tab. 10-1 Vorschriften der Tierschutz-Nutztierhaltungsverordnung

Bereich	Vorschriften laut TierSchNutztV
Käfiggrundfläche	mindestens 1 m^2 (mind. 0,5 m^2/Tier)
Käfighöhe	mindestens 1 m
Käfigvolumen	mindestens 2 m^3
Käfigboden	mindestens zur Hälfte planbefestigt
Käfigausstattung	• Mindestens 1 Plattform/Tier • Plattformen auf verschiedenen Ebenen • Schlafhöhle(n) • Tunnelröhren und Kisten • Klettermöglichkeiten • Sandbad mit 250 cm^2 Fläche, quarzfreier Sand
Weitere Haltungsvorschriften	Gruppenhaltung

10.3.2 Empfehlungen für die Heimtierhaltung

Chinchillas sind hervorragend an das Leben in den gut temperierten Felsspalten in trockenen Gegenden angepasst. Daraus lassen sich bereits einige Haltungsansprüche ableiten. So kommen Chinchillas z. B. nicht mit hohen Temperaturen zurecht und sollten ganzjährig bei einer gleichbleibenden Temperatur von ca. 18–20 °C gehalten werden. Das Gehege darf keiner direkten Sonneneinstrahlung ausgesetzt sein. Chinchillas benötigen zudem Schlafhäuschen oder dunkle Höhlen, in denen sie den Tag schlafend und möglichst ungestört verbringen können. Sie sind sehr schnell deutlich gestresst, wenn sie tagsüber Lärm und Unruhe ausgesetzt sind. Eine Haltung im Kinderzimmer ist daher ebenso abzulehnen wie eine Haltung im Wohnzimmer oder anderen Zimmern, in denen sich die Besitzer tagsüber hauptsächlich aufhalten.

Gruppenhaltung

Chinchillas sind **obligat soziale** Tiere. Eine Einzelhaltung ist daher rigoros abzulehnen. Es sollten idealerweise 2–6 Tiere gemeinsam gehalten werden. Die Gruppenzusammensetzung kann dabei unterschiedlich sein (► Tab. 10-2).

Wenn ein neues Tier in die Gruppe integriert werden soll, muss dies langsam und schrittweise von statten gehen. In der Regel ist es sehr schwierig, erwachsene Chinchillas, die nicht miteinander aufgewachsen sind, zu vergesellschaften. Ein erstes kurzes Zusammenführen sollte auf neutralem Terrain erfolgen. Alternativ kann man das erste Kennenlernen so gestalten, dass jedes Tier von einer anderen Person gehalten wird und die Chinchillas dann die Gelegenheit bekommen, sich zu beschnüffeln. Zeigen die Tiere freundliche Interaktionen, kann eine relativ schnelle Vergesellschaftung im Gehege probiert werden. Reagieren sie jedoch aggressiv aufeinander, kann es schwer bis unmöglich sein, die beiden zusammen zu gewöhnen. Soll es dennoch versucht werden, empfiehlt sich dafür ein Gewöhnungstraining.

Tab. 10-2 Mögliche Gruppenzusammenstellungen

Gruppe	Besonderheiten
Geschwister	Wenn die Tiere nicht gleichgeschlechtlich sind, muss eine Brunstkontrolle zur Verhinderung der Paarung durchgeführt werden oder Böckchen müssen kastriert werden.
Weibchengruppe	Problemlos, wenn sie zusammen aufgewachsen sind; aber auch ältere Weibchen akzeptieren oft jüngere Weibchen.
Bockgruppe	Funktioniert, wenn die Tiere zusammen aufgewachsen sind auch bei unkastrierten Tieren. Weibchen sollten nicht in Riechnähe sein.
Gemischte Gruppen	Funktionieren i. d. R. gut mit mehreren Weibchen und nur einem Böckchen. Ist das Böckchen unkastriert, muss eine Brunstkontrolle zur Regulierung der Fortpflanzung durchgeführt werden.

Gewöhnungstraining

Dieses wird sehr langsam durchgeführt, sodass die Tiere immer möglichst entspannt bleiben und es zu keiner Auseinandersetzung kommt. Die Chinchillas müssen zunächst in getrennten Käfigen untergebracht sein, die sich in einer solchen Entfernung zueinander befinden, dass die Tiere nicht aufeinander reagieren, aber sich wahrnehmen. Täglich werden ein paar Handvoll Einstreu zwischen den Käfigen ausgetauscht, sodass die Chinchillas sich langsam an den Geruch des neuen, potenziellen Partners gewöhnen. Nach und nach werden beide Käfige über viele Tage schrittweise aneinander angenähert, aber immer nur so weit, dass keines der Chinchillas aggressiv reagiert. Zusätzlich kann versucht werden, in Anwesenheit des neuen Tiers schöne Dinge anzubieten wie z. B. besondere Leckerchen. Das erste Zusammensetzen sollte auf neutralem Terrain mit rutschfestem Boden und mit vielen Ausweich- und Rückzugsmöglichkeiten sowie ohne Sackgassen etc. erfolgen. Wichtig ist auch, dass ein Sandbad zur Verfügung gestellt wird, in dem die Tiere ihren Stress bei der Begegnung abbauen können. Funktionieren diese Begegnungen auf neutralem Terrain über ein paar Tage problemlos, kann man zum nächsten Schritt übergehen. Das endgültige Zusammensetzen sollte dann im frisch gesäuberten Gehege erfolgen, sodass es nicht zu stark nach dem bisherigen Bewohner riecht. In der Regel gelingt eine Vergesellschaftung am einfachsten, wenn ein junges, noch nicht geschlechtsreifes Böckchen mit einem älteren Tier vergesellschaftet wird.

Gemeinsame Haltung mit anderen Tieren

Wie bei allen Nagetieren gilt: Eine Vergesellschaftung mit anderen Tierarten ist strikt abzulehnen aufgrund der speziellen Bedürfnisse jeder einzelnen Tierart.

Bei Chinchillas kommt es besonders durch das ausgeprägte Ruhebedürfnis am Tag und durch die notwendige karge Kost zu Problemen bei einer Vergesellschaftung mit anderen Tierarten. Auch das Zusammenleben mit Hunden oder Katzen kann für die Chinchillas übermäßigen Stress bedeuten. Diese Tierarten sollten sich also nicht in dem Raum aufhalten, in dem das Chinchillagehege steht.

Bewegungsraum

Größe des Käfigs

Als sehr bewegungsfreudige Tiere haben Chinchillas einen hohen Platzbedarf. Die in der TierSchNutztV (zuletzt geändert 2016) angegebenen Käfigmaße sind als nicht ausreichend zu betrachten. Die Gehegegrundfläche sollte bei einer Gruppe von 2–4 Tieren mindestens 2 m × 1 m betragen. Die Gehegehöhe sollte auch mindestens 1,5–2 m betragen, damit die Tiere ihr ausgeprägtes Spring- und Kletterbedürfnis ausleben können. Diesen Ansprüchen genügen die wenigsten der im Fachhandel als „Chinchillakäfige“ angebotenen Haltungseinrichtungen. Es empfiehlt sich daher die Maßanfertigung einer Voliere bei entsprechenden spezialisierten Versandgeschäf-

Abb. 10-2 Beispiel eines im Eigenbau gefertigten Geheges im Tierheim München; für eine gute Belüftung muss hier allerdings gesorgt sein.

ten. Oder aber das Gehege wird im Eigenbau (► Abb. 10-2) oder z. B. durch Umbau eines Schranks aus unbehandeltem Holz oder durch Einrichtung eines ganzen Chinchillazimmers (► Abb. 10-3) gestaltet. Ein gutes Chinchillagehege sollte auch an mindestens zwei aneinander grenzenden Seiten blickdicht geschlossene Wände haben. Dies hilft den Stress für die lärmempfindlichen Nager zu reduzieren.

Abb. 10-3 Beispiel einer guten Chinchillahaltung in einem Zimmer im Tierheim München

Abb. 10-4 Kräftige Äste ungiftiger Bäume bieten gute Klettermöglichkeiten.

Gehegestrukturierung

Neben einer ausreichenden Größe benötigt eine gute Haltungseinrichtung auch eine gute dreidimensionale Strukturierung, um dem Kletter- und Erkundungsbedürfnis der Tiere Rechnung zu tragen. Entsprechend dem **Sprungvermögen** müssen sich auch Brettchen bzw. Plattformen in mehreren unterschiedlichen Höhen befinden. Diese Plattformen sollten wiederum aus unbehandelten, ungiftigen Hölzern bestehen, da die Chinchillas alles annagen. Als Faustregel gilt, dass in mindestens drei unterschiedlichen Höhen Bretter montiert sein sollten. Als Kletter- und Nagemöglichkeiten sollten zudem kräftige Äste ungespritzter Obstbäume etc. im Käfig angebracht werden (► Abb. 10-4). Alle Holzgegenstände müssen nach Bedarf regelmäßig ausgetauscht bzw. erneuert werden, da die Tiere ihren Lebensraum mit Urin markieren. Der Austausch und das veränderte Anbringen solcher Einrichtungsgegenstände bieten zudem eine gute Abwechslung und beugen Langeweile vor.

Aufgrund des enormen Sprungvermögens sollte penibel darauf geachtet werden, dass sämtliche Brettchen und anderes Käfiginventar, auf das Chinchillas springen können, gut gesichert sind. Brettchen dürfen nicht unter der großen Wucht eines Chinchillasprungs abbrechen oder herunterfallen. Der feste Sitz ist **täglich** zu überprüfen.

Der Boden eines Chinchillageheges kann **eingestreut** werden. Ein gewisses Maß an staubarmer Einstreu empfiehlt sich v.a. an den Toilettenecken, die die Tiere bevorzugt für ihre Ausscheidungen verwenden. Die im Handel erhältlichen Ecktoiletten für Kaninchen sind nicht für den Einsatz im Chinchillagehege geeignet, da sie aus Plastik bestehen und von den Chinchillas angenagt werden.

Zudem ist zu beachten, dass das Gehege aus Temperaturgründen keiner direkten Sonneneinstrahlung ausgesetzt werden darf.

Die Käfigtüren **müssen** groß genug sein, um ein Säubern des Geheges oder auch ein Herausfangen eines Tiers möglichst einfach zu gestalten. Zudem sollten die Gitter nicht lackiert oder verzinkt sein, da die Chinchillas diese benagen und somit Giftstoffe abschlucken könnten.

Freilauf

Zusätzlich zum ausreichend großen und gut strukturierten Gehege benötigen Chinchillas täglichen Freilauf, um ihren Bewegungsdrang auf artgerechte Weise ausleben zu können. Die Chinchillas sollten dafür ausreichend zahm sein, sodass sie sich wieder relativ problemlos einfangen lassen. Der Freilauf erfolgt kontrolliert in einem Bereich, der chinchillasicher ist und bei dem die Tiere **keine Gefahrenquellen** annagen können. So sollten die Tiere z.B. keinen Zugang zu Steckdosen, Elektrokabeln, bedrucktem Papier, Zimmerpflanzen, Putz- und Waschmitteln etc. haben. Ebenso sollte sichergestellt sein, dass Gegenstände oder Regale, auf die die Chinchillas springen können, **nicht wackelig** sind, sondern der Wucht eines Chinchillaaufsprungs standhalten. Gekippte Fenster, offene Schubladen und Türen können zusätzliche Gefahrenquellen darstellen und müssen entsprechend geschlossen werden.

Für den Freilauf können neue, interessante und v.a. immer wieder wechselnde **Enrichmentgegenstände** angeboten werden. So können z.B. Leckerchen in mit Einstreu, Schnitzeln aus unbedrucktem Papier oder mit Heu gefüllten Kartons verteilt werden, um dann darin gesucht zu werden. Zudem können Äste, Tunnel, Röhren etc. aufgestellt werden, sodass die Tiere mehr Unterschlupf- und Erkundungsmöglichkeiten haben. Auch aus unbehandelten Weidenkörben, Ziegelsteinen und unbedrucktem Karton können Höhlen etc. gebaut werden. Eine schöne Idee ist es auch, fest installierte Kletterbäume im Freilaufzimmer anzubieten. Wie beim Gehege sind auch beim Freilauf Fläche und Größe nicht allein für die Qualität entscheidend. Gerade Unterschlupf- und Versteckmöglichkeiten sollten v.a. in der Mitte des Raums angeboten werden, sodass die Tiere die gesamte Fläche besser nutzen und sich nicht nur an den Wänden und auf den Regalen aufhalten.

Laufrad und Laufteller

Um dem großen Bewegungsbedürfnis der Chinchillas Rechnung zu tragen und um entsprechenden Bewegungsstereotypien vorzubeugen, werden schon länger Laufräder eingesetzt. Wenn ein **Laufrad** verwendet wird, sollte es der Größe eines Chinchillas angepasst sein. Die Tiere dürfen ihre Wirbelsäule beim Laufen nicht überstrecken, um Haltungs- und Wirbelsäulenschäden durch eine unnatürliche Laufhaltung vorzubeugen. Das bedeutet, dass spezielle Chinchilla-Laufräder verwendet werden sollten, die einen Durchmesser von mindestens 40–50 cm haben. Diese sind im Fachhandel erhältlich. Zudem gilt für ein gutes Laufrad – wie bei anderen Nagetieren auch – dass es achsseitig geschlossen und eine durchgehende Lauffläche haben sollte. Es darf keinen Farbüberzug und auch keine Querstreben im Ein- und Ausstiegsbereich haben. Am besten eigenen sich Laufräder aus unbehandeltem Holz, die geräuscharm laufen.

Seit einigen Jahren werden **Laufteller** für Chinchillas angeboten, auf denen diese ihren Bewegungsdrang ausleben können, ohne wie in einem herkömmlichen Laufrad eine unnatürlich gebogene Wirbelsäulenhaltung beim Laufen zu haben. Diese Laufteller sind zwar, wenn sie einen großen Durchmesser von mindestens 50 cm haben, besser als Laufräder, aber auch nicht dazu geeignet, eine gesunde, artgemäße Fortbewegung zu garantieren. Aufgrund der Fliehkraft laufen die Tiere auf den Lauftellern in einer gewissen Schräglage, was eine starke, einseitige Belastung der Gelenke in den Beinen zur Folge hat. Zudem kann es zu großen Geschwindigkeiten des Tellers kommen und die Tiere haben größere Probleme, sicheren Halt zu finden. Außerdem gestalten sich das Anhalten und Absteigen meist schwierig, da die Teller noch eine Weile auslaufen.

PRAXISTIPP

Um eine angemessene Bewegung zu gewährleisten, sollten Laufräder oder Laufteller nur im notwendigen **Einzelfall** zum Einsatz kommen. Sinnvoller und tiergerechter sind große, abwechslungsreich strukturierte Gehege sowie täglich mehrstündiger Freilauf.

Schlafhäuschen

Da Chinchillas tagsüber möglichst ruhig und dunkel ruhen wollen, sind entsprechende Schlafmöglichkeiten notwendig. Dies können die im Handel erhältlichen Chinchillahäuschen aus Metall sein oder entsprechend große (mind. 30 cm breit, 25 cm hoch und 20 cm tief) Meerschweinchen- oder Kaninchenhäuschen aus unbehandeltem Holz sowie Röhren aus Kork. Wenn der Eingang einen Durchmesser von mindestens 15 cm hat, sind im Einzelfall auch Vogelhäuschen als Unterschlupf geeignet.

Die Häuschen sollten auf verschiedenen erhöhten Brettchen festgeschraubt werden. Chinchillas ruhen zwar gerne zu mehreren in einem Häuschen, dennoch sollte **für jedes Tier** ein eigenes Schlafhäuschen zur Verfügung stehen, sodass sie sich notfalls aus dem Weg gehen und entspannt ruhen können.

Sandbad

Das spezielle Fell von Chinchillas ist nicht durch Ausscheidungen der Talgdrüsen geschützt und gepflegt. Die Tiere sind daher auf ein Sandbad zur Fellpflege angewiesen. Auch zum Stressabbau ist das Sandbad wichtig und sollte daher rund um die Uhr zur Verfügung stehen.

Abb. 10-5 Makroskopische Aufnahme Vergleich von quarzhaltigem (Vogel-) Sand (**a**) und Sepiolith-Chinchillasand (**b**)

Wie bereits erwähnt, wird auch in der TierSchNutztV (zuletzt geändert 2016) die Verwendung von **quarzfreiem Sand** für das Sandbad vorgeschrieben. Dies hat mehrere Gründe. Quarzhaltiger Sand enthält viele spitze, scharfkantige Teile, die sowohl das feine Fell der Chinchillas schädigen als auch beim Wälzen zu Hornhautverletzungen führen können (► Abb. 10-5a). Echter, guter Chinchillasand ist leider relativ teuer. Es handelt sich nicht wirklich um Sand im eigentlichen Sinne, sondern um Tonerde bzw. Vulkanasche. Als Beispiele für geeigneten Chinchillasand sind z. B. Sepiolith, Attapulgus bzw. Attapulgith zu nennen (► Abb. 10-5b). Da auch immer wieder quarzhaltiger Sand als Chinchillasand im Zoofachhandel angeboten wird, muss unbedingt auf die genaue Beschreibung der Inhaltsstoffe auf der Packung geachtet werden.

PRAXISTIPP

Test für geeigneten Chinchilla-Sand

Echter Chinchillasand
- glitzert nicht (► Abb. 10-5b),
- lässt sich zu Kugeln formen wenn er feucht ist,
- löst sich im Wasser (► Abb. 10-6),
- enthält unter dem Mikroskop rundliche Bestandteile.

Fütterung

Futtermittel Da Chinchillas eine karge Kost gewöhnt sind, sollte sich dies auch im Speiseplan der Tiere niederschlagen. Als Nagetiere benötigen sie zudem viele Rohfasern, um einen angemessenen Abrieb der Zähne zu garantieren. Daher sollten Chinchillas hochwertiges **Heu ad libitum** zur Verfügung haben. Heu-Cobs können ebenfalls zusätzlich gefüttert werden, da sie auch rohfaserreich sind und den Zahnabrieb fördern. Ergänzend können die im Fachhandel erhältlichen Chinchilla-Pel-

Abb. 10-6 Chinchillasand ist im Gegensatz zum Vogelsand (links im Bild) wasserlöslich.

lets aus einer Mischung von Gräsern, Luzerne und Kräutern gefüttert werden. Bei den Pellets muss jedoch darauf geachtet werden, dass diese länglich sind und eine gewisse Größe haben, sodass die Chinchillas sie bequem in den Vorderpfoten halten und davon abbeißen können.

Frischkost sollte nur in Maßen und nur etwa 2- bis 3-mal pro Woche angeboten werden. Die Tiere müssen immer erst langsam und schrittweise an frisches Obst und Gemüse gewöhnt werden, um Verdauungsstörungen vorzubeugen. Geeignetes Frischfutter sind Äpfel, Birnen, Karotten (mit Kraut), Petersilie oder Löwenzahn.

Zu vermeiden bei der Fütterung sind Futtermittel, die Getreideprodukte und/oder Haferflocken enthalten sowie hartes Brot, da dieses zu Verdauungsstörungen führen kann.

Wasser Frisches, sauberes Wasser muss selbstverständlich ständig zur Verfügung stehen. Da Chinchillas bei kalkhaltigem Wasser zu Blasen- und Nierensteinen neigen, sollte solches Leitungswasser entweder gefiltert werden oder stattdessen stilles Mineralwasser mit geringem Calciumgehalt verwendet werden. Ideal sind bei Chinchillas die klassischen Nippeltränken für Nager. In diesen bleibt das Wasser länger hygienisch sauber. Auf eine Verhinderung von Algenbildung sollte allerdings durch eine lichtundurchlässige Ummantelung der Flasche geachtet werden. In diesem Fall sollte regelmäßig kontrolliert werden, ob sich noch genügend Wasser in der Tränke befindet. Werden Wassernäpfe verwendet, sollten diese häufig gesäubert werden, da das Wasser darin schnell verschmutzt.

Der ideale Halter

Chinchillas sind keine Streicheltiere. Sie benötigen tagsüber viel Ruhe. Ihr interessantes Verhalten kann abends und nachts beobachtet werden. Daher sind Chinchillas für Kinder nicht empfehlenswert. Ideale Halter sind Jugendliche oder

Erwachsene, die tagsüber in Schule oder Arbeit unterwegs sind, und abends Zeit und Muße haben, diese scheuen Tiere zu beobachten.

Zusammenfassung

Die wichtigsten Haltungsempfehlungen

- Gruppenhaltung (mind. 2 Tiere)
- Gehegegröße von mindestens 2 m × 1 m × 1,5–2 m (B/T/H) für 2–4 Tiere
- Sitzbretter auf mindestens 3 Ebenen (sichern!)
- Klettermöglichkeiten
- Schlafhäuschen (mind. 1/Tier) auf erhöhten Ebenen
- Sandbad mit quarzfreiem Chinchillasand, Mindestfläche von 250 cm^2
- Täglicher, kontrollierter Freilauf
- Fütterung mit Heu und Chinchilla-Pellets, Frischfutter nur selten
- Als Haustiere nicht für Kinder geeignet

10.4 Umgang mit Chinchillas

Ein Chinchillahalter sollte sich mit seinen Tieren intensiv, aber ohne Zwang beschäftigen, sodass diese den Umgang mit Menschen gewöhnt sind. Wenn die sonst eher scheuen Tiere zahm sind, sind die tägliche Gesundheitskontrolle sowie das Einfangen nach dem Freilauf einfacher möglich. Beim Umgang ist zu beachten, dass die Tiere nicht gerne gestreichelt oder umhergetragen werden und zudem sehr schreckhaft sind. Somit sollte der Umgang ruhig sein und Interaktionen sich eher auf Beobachten, Füttern und nur seltene, sanfte Berührungen beschränken. Zahme Tiere genießen es manchmal, wenn sie von ihrem Halter sanft am Kinn gekrault werden. Man muss aber auch dann immer warten, bis das Tier von sich aus kommt und darf es nicht zwingen.

Notwendiges Handling muss immer sanft durchgeführt werden. Ein Chinchilla darf niemals nur an Schwanz oder Beinen getragen oder hochgehoben werden. Die Tiere können sich dabei verletzten und die Haut kann reißen. Wird nur das Fell ergriffen, kann es sein, dass das Chinchilla das **Fell büschelweise abwirft**. Da die Tiere relativ groß und schwer sind, müssen sie auch immer mit zwei Händen getragen werden.

10.4.1 Konditionierung der Annäherung

Um ein Minimum an Handling (z. B. zum Säubern des Käfigs etc.) zu ermöglichen, sollten Chinchillas darauf konditioniert werden, sich einer dargebotenen Hand ruhig und entspannt zu nähern. Dies geschieht am einfachsten, indem den Tieren die Hand dargeboten wird. Jedes Mal wenn das Tier sich der Hand ruhig nähert, wird es durch ein kurzes verbales Signal (z. B. „fein!“) belohnt und mit der zweiten Hand wird ein kleines Leckerchen dargeboten. Selbstredend wird ein Probebiss in die Hand ignoriert und nicht belohnt oder bestraft.

Ist ein Tier besonders scheu und traut sich nicht, sich der Hand zu nähern, sollte zunächst nur dahingehend gearbeitet werden, dass sich der Besitzer dem Käfig nähert, das Signalwort („fein!") sagt und vorsichtig ein Leckerchen in den Käfig in die Nähe des scheuen Tiers wirft. Dieses Training wird in regelmäßigen Abständen täglich wiederholt, bis das scheue Chinchilla bei Annäherung des Besitzers an den Käfig zuverlässig zur Käfigtüre kommt. Erst dann kann damit begonnen werden, die Hand im geöffneten Käfig darzubieten. Zunächst werden dann meist kleinste Bewegungen Richtung Hand belohnt. Schrittweise wird anschließend die immer nähere Annäherung belohnt, bis das Tier schließlich nur noch dann verbal mit Leckerchen belohnt wird, wenn es sich auf die dargebotene Handfläche des Handlers setzt. Während des Trainings sollte penibel darauf geachtet werden, dass sich das Chinchilla nicht erschreckt. Das bedeutet, dass jegliche Hektik, laute Geräusche oder auch die Anwesenheit anderer Haustiere vermieden werden. Wird dies nicht beachtet, kann es zu einer negativen Assoziation mit dem Besitzer kommen, wenn das Chinchilla sich während der Annäherung sehr aufregen muss.

Kommt das Chinchilla zuverlässig auf die dargebotene Hand, kann langsam mit sanftem Handling und leichtem, kurzem Hochheben begonnen werden. Es ist strikt darauf zu achten, dass die Tiere sanft und sicher angefasst werden, sodass es ihnen möglichst wenig unangenehm ist.

10.4.2 Handling in der Tierarztpraxis

- Merke: Chinchillas können beißen und Urin zur Abwehr spritzen.
- Chinchillas dürfen **nie nur am Fell** gegriffen werden. Zur Abwehr von Feinden kann dieses nämlich büschelweise abgeworfen werden und man hat das Chinchilla nicht sicher im Griff.
- Chinchillas **niemals nur am Schwanzende** oder den **Beinen** festhalten, da dann die Haut abreißen kann.
- Wenn man Chinchillas die Hand hinstreckt, muss damit gerechnet werden, dass das Chinchilla einen **Probebiss** durchführt, um die Essbarkeit zu prüfen.
- Am besten werden Chinchillas zum Anheben oder zum Transport an der Schwanzwurzel fixiert bei gleichzeitiger Unterstützung des Brustkorbs bzw. Körpers mit der zweiten Hand. Manchmal hilft es den Tieren, wenn sie ihren Kopf in der Armbeuge des Handlers verstecken können.

10.5 Verhaltensprobleme

Im Folgenden werden die häufigsten Verhaltensprobleme von Chinchillas in der Heimtierhaltung besprochen. Wenn entsprechende Problematiken nicht mit den genannten Tipps behandelt werden können, empfiehlt sich die Überweisung an einen tierärztlichen Spezialisten für Verhaltenstherapie und -medizin. Eine aktuelle Liste der in Deutschland tätigen tierärztlichen Verhaltenstherapeuten findet sich unter www.gtvmt.de.

10.5.1 Aggression gegen Menschen

Chinchillas haben als Nagetiere kräftige Kiefer und Zähne und können somit auch Menschen blutende Bisswunden zufügen. Doch nicht jeder Biss in die menschliche Hand ist mit Aggression gleichzusetzen. Wie bereits erwähnt, untersuchen Chinchillas gerne alle möglichen Gegenstände durch einen **Probebiss** auf Essbarkeit. Wenn dem Tier also eine Hand hingestreckt wird, es zunächst daran schnüffelt und dann beißt, handelt es sich in der überwiegenden Mehrzahl der Fälle nur um den Probebiss bzw. um Erkundungsverhalten. Das Tier beißt dabei meist auch etwas sanfter zu, als wenn es mit Verletzungsabsicht beißt.

Häufige Gründe für wirklich aggressives Verhalten eines Chinchillas gegen seinen Halter sind **Stresssituationen** jeglicher Art. So kann es z. B. häufig zu Bissen kommen, wenn ein Chinchilla erst neu in einen Haushalt gekommen ist und sich noch nicht an den neuen Halter und die neue Umgebung gewöhnt hat. Wird ein solches noch nicht eingewöhntes Tier zu stark vom Halter bedrängt, kann es mit Aggression reagieren. Ob ein Chinchilla sich fürchtet, ist allerdings i. d. R. schon vorab gut an der Körpersprache abzulesen. Verängstigte Tiere kauern sich zusammen, senken ihre Sinushaare und wenden auch oft den Kopf von dem angstauslösenden Stimulus ab. Eine typische **Abwehrhaltung** eines alarmierten Chinchillas ist der Erkundung im Stehen sehr ähnlich. Auch bei der Abwehrhaltung erhebt sich das Chinchilla auf die Hinterbeine und stützt sich mit seinem Schwanz ab. Allerdings bewegen sie sich – im Gegensatz zur Körpersprache bei der Erkundung – praktisch nicht und richten ihre Aufmerksamkeit starr auf den „Gegner". Respektiert man diese Abwehrhaltung, kann man unnötige Aggressionen oder Urinspritzen vermeiden.

Aber auch eigentlich zahme Tiere können beißen, wenn sie **Schmerzen** haben oder sich durch den Halter gestresst fühlen. Letzteres kann z. B. geschehen, wenn die Tiere im Schlaf gestört werden, oder wenn das entsprechende Tier mit der Käfigreinigung etc. überfordert ist.

Am häufigsten kommt es sicher im Zusammenhang mit **Handling** und **Hochheben** zu Aggressionen. Hier ist es wichtig, dem Halter zu erklären, dass er geduldig mit seinem Heimtier sein soll und besser wartet, bis das Chinchilla freiwillig zu ihm kommt. Positive Annäherungen sollten konditioniert werden wie in ► Kapitel 10.4.1 beschrieben. Handling sollte insgesamt auf das Notwendigste beschränkt werden sowie immer sanft und korrekt erfolgen. Wenn dem Tier das Handling unangenehm ist, assoziiert es dieses unter Umständen negativ und wird sich in Zukunft eher durch Beißen zur Wehr setzen, um das unangenehme Handling zu umgehen. Es kann sich daraus eine regelrechte **Angstaggression** entwickeln.

Angst ist in vielen Fällen der Grund für eine Aggression gegen Menschen. In einem solchen Fall ist eine ausführliche Verhaltensberatung mit genauer Eruierung der Ursache und Entwicklung der Aggression im Laufe der Zeit angezeigt. Dann kann in den meisten Fällen gezielt mithilfe einer Desensibilisierung und Gegenkonditionierung am Aggressionsproblem gearbeitet werden.

Vorbeugend sollten Chinchillas schon als Jungtiere sanft an den Umgang mit Menschen gewöhnt werden. Dies erleichtert im späteren Leben den Umgang erheblich. Da aber auch das Verhalten der Elterntiere gegenüber Menschen einen Einfluss auf das Verhalten der Jungtiere hat, sollte bereits vor Beginn der Zucht sichergestellt werden, dass die Elterntiere gut an Menschen gewöhnt sind und diese problemlos tolerieren.

10.5.2 Aggression gegen Artgenossen

Bei im Sozialverband lebenden Tieren kommt es normalerweise immer wieder zu kleineren Auseinandersetzungen, die keines weiteren Eingreifens bedürfen. Häufen sich aber die Streitigkeiten und Kämpfe zwischen den Chinchillas oder kommt es zu Beißereien, sollte eingehender nach den Ursachen geforscht werden. Auch wenn ein Chinchilla sich regelmäßig von der Gruppe absondert und/oder an Gewicht verliert, ohne dass es organische Ursachen dafür gibt, sollten die Haltungsumwelt und Gruppendynamik näher untersucht werden. In schweren Fällen empfiehlt es sich zudem, das betroffene „Opfertier" zunächst aus der Gruppe zu entfernen. Weibliche Tiere tendieren dazu, häufiger aggressiv zu sein als Männchen.

War die Gruppe längere Zeit stabil, könnten plötzlich auftretende Aggressionen ihre Ursache in einer aus Chinchillasicht **negativen Veränderung der Haltungsumwelt** haben. Daher ist zunächst zu erheben, ob sich die Rückzugs- und Bewegungsmöglichkeiten der Tiere verändert haben oder eingeschränkt wurden. Das kann z. B. durch den Umzug in ein neues Gehege, durch das Austauschen von Schlafhäuschen durch kleinere oder weniger zahlreichen Modelle, eine geänderte Futterdarreichung etc. geschehen sein. Ist das Problem in der Haltungsumwelt gefunden, ist entsprechend die Haltungsumwelt zu optimieren.

Plötzliche Auseinandersetzungen können auch an **veränderten Rangbeziehungen** innerhalb der Gruppe liegen. Dies kann z. B. durch eine Erkrankung oder altersbedingte Veränderungen bei einem Tier passieren. Ebenso kann es durch den Tod oder die Herausnahme eines Gruppenmitglieds zu einer Neuordnung innerhalb der Beziehungen der verbliebenen Gruppenmitglieder kommen. In manchen Fällen gelingt eine langsame Wiedereingliederung des „Opfers" in die Gruppe mithilfe des beschriebenen Gewöhnungstrainings (► Kap. 10.3.2, „Gruppenhaltung"). Ist eine Wiedereingewöhnung nicht möglich, sollte mit dem herausgenommenen Tier eine neue Gruppe in einer anderen Voliere aufgebaut werden.

Fallbeispiel

Aggressive Chinchillamännchen

Vorstellungsgrund

Zwei Chinchillas reagieren plötzlich mit extremer Aggression aufeinander.

Anamnese

Die 1,5 Jahre alten Brüder Sammy und Louie wurden im Alter von 10 Wochen von einer Züchterin übernommen. Sie lebten bislang harmonisch in einem Käfig im Wohnzimmer der Besitzerin. Vor 6 Wochen jedoch, als die Besitzerin von der Arbeit nach Hause kam, hatte Sammy Louie schwer durch Bisse verletzt. Louie musste einige Tage in der Tierklinik behandelt werden. Seither sind beide Männchen aggressiv aufeinander, sobald sie sich sehen. Die beiden beißen sich sofort blutig. Der Besitzerin ist keine Ursache (z. B. laute Geräusche durch Bauarbeiten etc.) bekannt, die zu der ersten Attacke in ihrer Abwesenheit hätte führen können. Sie ist verzweifelt und wünscht eine schnelle Lösung des Problems. Momentan sind beide Tiere in getrennten Räumen untergebracht.

Diagnose

Aggressionsproblematik aufgrund unbekannter Ursache.

Behandlung

Es kann ein Gewöhnungstraining durchgeführt werden. Die Details werden der Besitzerin erklärt. Aufgrund des Vorberichts und der aktuellen Lage wird dies jedoch als langwierig und nicht unbedingt erfolgreich eingestuft. Als Alternative wird der Besitzerin vorgeschlagen, zwei neue Gruppen zu bilden und jedes Männchen mit je einem Weibchen zu vergesellschaften. Da kein Nachwuchs gewünscht ist, müssten die Männchen kastriert werden, oder eine Brunstkontrolle bei den Weibchen durchgeführt werden. Diese Variante sagt der Besitzerin mehr zu. Sie würde evtl. Louie zu einem befreundeten Chinchillahalter geben, der einen Partner für sein Weibchen sucht. Auch hier wird besprochen, dass die neuen Tiere über ein Gewöhnungstraining eingewöhnt werden müssen.

Verlauf

Besitzerin meldete sich nicht zurück.

10.5.3 Fellbeißen

Anfangs werden die Tiere i. d. R. nicht beim psychogenen Fellbeißen oder Fellrupfen beobachtet, da dies v. a. **nachts** stattfindet. Das Fellbeißen wird daher zuerst durch unregelmäßige Stellen im Haarkleid evident. Oft werden die betroffenen Stellen nicht komplett kahl, sondern sind von dunkleren, kurzen Haaren bedeckt. Es kann sein, dass sich das betroffene Tier selbst das Fell ausreißt oder dass es von anderen Gruppenmitgliedern gerupft wird. In letzteren Fall zeigen sich die betroffenen Stellen hauptsächlich im Rückenbereich. Dennoch müssen auch immer **medizinische Ursachen** ausgeschlossen werden.

Ursächlich für ein **Berupftwerden** können instabile oder veränderte Rangbeziehungen sein sowie Langeweile beim Rupfer. In erstem Fall sollte wie in ► Kapitel 10.5.2 beschrieben vorgegangen werden. Im Fall von Langeweile muss die Haltungsumwelt optimiert werden. Besonderer Wert ist dabei auf eine abwechslungsreiche Gestaltung des Geheges soweit auf einen längeren und abwechslungsreicheren täglichen Freilauf zu legen. Dabei sollten besonders mehr Nagemöglichkeiten zur Verfügung gestellt werden, um den Nagetrieb in geordnete Bahnen zu lenken. Beispiele für Nagemöglichkeiten sind frische Äste von ungespritzten Obstbäumen, Ytong-Steine sowie Kugeln oder Würfel aus unbehandeltem Holz etc. Aber auch Körbe aus unbehandeltem Weidenholz werden beim Freilauf gerne benagt. Zusätzlich muss für eine ausreichende und abwechslungsreiche, dreidimensionale Strukturierung von Auslauf und Käfig gesorgt werden, sodass die Tiere zur vermehrten Erkundung angeregt werden.

Wenn sich ein Chinchilla **selbst** die Haare ausrupft, können ebenfalls Langeweile oder Auseinandersetzungen in der Gruppe die Ursache sein. Aber auch bei körperlichem Unwohlsein wie Schmerzen oder chronische Krankheiten kann es dazu kommen, dass sich ein Chinchilla rupft. Daher ist im ersten Schritt immer eine ausführliche körperliche Untersuchung vorzunehmen. Sind keine körperlichen Beschwerden zu diagnostizieren, sollte ebenfalls eine Analyse der Haltungsumwelt mit entsprechender Optimierung erfolgen sowie eine Beobachtung der Gruppendynamik. Ist diese verändert, wird wie in ▸ Kapitel 10.5.2 beschrieben fortgefahren.

Es wird davon ausgegangen, dass in einigen Fällen von Fellbeißen eine **genetische Prädisposition** ursächlich ist. In solch einem Fall sind die erwähnten Behandlungsstrategien nicht oder nur bis zu einem gewissen Grad erfolgreich. Ziel ist es dann, das Verhalten so weit wie möglich zu reduzieren. Mit solchen Tieren sollte dann nach Möglichkeit aber nicht weitergezüchtet werden.

10.5.4 Stereotypien

Die bei Chinchillas am häufigsten zu beobachtenden Stereotypien sind Bewegungsstereotypien. Diese können sich z. B. durch monotones **Auf- und Ab-Laufen** an einer bestimmten Käfigstelle äußern. Aber auch das gleichförmige, ständig wiederholte **Vor- und Zurück-Springen** zwischen zwei bestimmten Stellen oder Sitzbrettern kann eine Stereotypie darstellen. Zudem wird manchmal das stereotype schnelle **Drehen** oder **Kreiseln** als Verhaltensstörung beobachtet.

Stereotypien sind immer ein Zeichen von aktueller oder früherer nicht tiergerechter Haltung. Das bedeutet, dass immer besonders großer Wert auf das Optimieren der Haltung gelegt werden muss. Hier sind in erster Linie die Bewegungsmöglichkeiten wie z. B. der Freilauf und die Kletter-, Nage- und Versteckmöglichkeiten im Gehege anzupassen.

10.5.5 Gitterrütteln/Gitternagen

Manchmal kann es dazu kommen, dass die Chinchillas mit ihren Pfoten am Käfiggitter rütteln oder dieses mit den Zähnen so benagen, dass ein deutlich hörbares Geräusch entsteht. Beide Verhaltensweisen deuten i. d. R. auf Langeweile bzw. eine suboptimale Haltung hin. Reagieren Besitzer schnell und häufig auf das Gitterklappern, kann sich daraus auch zusätzlich ein aufmerksamkeitsforderndes Verhalten entwickeln.

Therapeutisch muss beim Gitternagen ebenfalls die **Haltungsumwelt** analysiert und angepasst werden. Wert ist hier besonders auf ausreichende Beschäftigungsmöglichkeiten zu legen. Beispiele hierfür sind Hängebrücken, neue Sitzbrettchen, Höhlen und Röhren, unbehandelte Holzkugeln sowie Kletteräste etc. Da Chinchillas in freier Wildbahn viel Zeit auf die Futtersuche verwenden müssen, kann man auch durch eine entsprechende, anspruchsvollere Fütterung für Abwechslung sorgen. Frische Zweige, im Käfig verteiltes Heu, verteilte Pellets und Frischfutter können hier schon eine Verbesserung bringen. Zusätzliche Ideen sind z. B. das Verstecken von Futterstückchen in den Löchern von Ziegelsteinen oder das Anbieten von Frischfutter (Karotte mit Kraut, Apfel ohne Kernhaus) im Ganzen, wenn die Tiere daran gewöhnt sind und es vertragen. Der tägliche Freilauf ist zudem eine fantastische Möglichkeit, die Tiere körperlich und geistig auszulasten, da sie so noch viele neue Dinge entdecken können.

Literatur

Bartl, J. (2006): Lautäußerungen von Chinchillas im Sozialverband. Dissertation med. vet., Tierärztliche Fakultät, LMU München (https://edoc.ub.uni-muenchen.de/5092/1/Bartl_Juliana.pdf; letzter Abruf: 02.08.2016).

Bartl, J. (2012): Chinchillas – die Pferde der Kleintierpraxis. hundkatzepferd 5/12: 42–45.

Bignami, G., Beach, F. (1968): Mating behaviour in the chinchilla. Anim Behav 16: 45–53.

Cortés, A., Miranda, E., Jiménez, J. (2002): Seasonal food habits of the endangered long-tailed chinchilla (Chinchilla lanigera): the effect of precipitation. Mamm biol 67: 167–175.

Cortés, A., Tirado, C., Rosenmann, M. (2003): Energy metabolism and thermoregulation in Chinchilla brevicaudata. J Therm Bioly 28: 489–495.

Heffner, R., Heffner, H. (1991): Behavioral hearing range of the chinchilla. Hear Res 52: 13–16.

Hunyady, H. (2008): Vocal sounds of the chinchilla. Thesis MSc, Bowling Green State University, Bowling Green.

Jiménez, J. (1996): The extirpation and current status of wild chinchillas Chinchilla lanigera and C. brevicaudata. Biol Conserv 77: 1–6.

Schweigart, G. (1995). Chinchilla. Heimtier und Patient. Jena, Stuttgart: Gustav Fischer Verlag.

Sobie, J. (2010): Chinchillas. In: Tynes, V. (Hrsg.): Behavior of exotic pets. Chichester: Wiley-Blackwell; 138–147.

Stern, J., Merari, A. (1969): The bathing behavior of the chinchilla: Effects of deprivation. Psychon Sci 14: 115.

Tierschutznutztierhaltungsverordnung (www.gesetze-im-internet.de/bundesrecht/tierschnutztv/gesamt.pdf; letzter Abruf: 02.08.2016).

Informationsmaterial für Tierhalter findet sich u. a. als Download bei:

Schweizer Tierschutz STS: www.tierschutz.com/publikationen/heimtiere/infothek/kleintiere/chinchilla.pdf (letzter Abruf 02.08.2016).

Tierärztliche Vereinigung für Tierschutz e. V. TVT: www.tierschutz-tvt.de (letzter Abruf 02.08.2016).

Bücherempfehlung für Chinchillas u. a.:

Bartl, J.: Chinchillas (2008). München: Gräfe und Unzer Verlag.

11 Kurzkopfgleitbeutler (Sugar Glider)

Daphne Ketter

11.1 Einführung

Exotische Tiere liegen als Haustiere sehr im Trend. Zu den heutigen Modetieren gehört u. a. auch der Sugar Glider.

Erstmals wurden die Sugar Glider im Jahr 1993 in die Vereinigten Staaten gebracht. Dort haben sie schnell als Haustiere an Popularität gewonnen und wurden daraufhin gezüchtet. In einigen Gebieten der Vereinigten Staaten ist die Haltung von Sugar Glidern jedoch illegal, z. B. in Kalifornien und Pennsylvania. Die Zucht und der Vertrieb werden in den Vereinigten Staaten durch das Landwirtschaftsministerium der Vereinigten Staaten (USDA) streng geregelt.

Auch in Deutschland werden immer öfter Sugar Glider gehalten. Daher ist es nicht überraschend, dass der Sugar Glider immer häufiger Patient in der Tierarztpraxis in Deutschland wird.

Die **Gleitbeutler** (Petauridae) können allgemein in drei Gattungen und elf Arten untergliedert werden. In Europa werden nur wenige Arten in Zoos gehalten, v. a. Kurzkopfgleitbeutler (*Petaurus breviceps*) und Große Streifenbeutler (Dactylopsila).

Kurzkopfgleitbeutler (*Petaurus breviceps*), auch **Sugar Glider** genannt, gehören zur Ordnung Diprotodontia (Känguruverwandte), Familie der Petauridae (Gleitbeutler) und Gattung Petaurus (Gleithörnchenbeutler).

Gleitbeutler sind **nachtaktive** Baumbewohner. Sie verfügen über eine Flughaut (auch Flug- oder Gleitmembran genannt), die in ihrer natürlichen Umgebung das Gleiten von Baum zu Baum ermöglicht. Die dünne Flughaut ist behaart und reicht an beiden Körperseiten vom Handgelenk bis zum Fußgelenk. Sie sind außerdem geschickte Kletterer.

> **!** Aufgrund ihrer Flughaut wird von den Haltern nicht selten erwartet, dass die Gleitbeutler z. B. wie Fledermäuse fliegen können. Halter sollten auf jeden Fall darüber aufgeklärt werden, dass ein Gleitbeutler seine Flughaut nicht zum Fliegen, sondern zum Gleiten hat. Dementsprechend muss die Haltungsumwelt gestaltet werden und das Handling erfolgen. Wird dies nicht beachtet, kann es aufgrund von Abstürzen zu schweren Verletzungen kommen.

Die Bezeichnung „**Sugar Glider**“ haben die **Kurzkopfgleitbeutler** (*Petaurus breviceps*) erhalten, da sie süße Nahrung lieben.

Kurzkopfgleitbeutler (Sugar Glider) sind nachtaktive Baumbewohner. Sie haben einen kurzen runden Kopf und große hervorstehende Augen. Hier: Sugar Glider, der an einem Ast entlang klettert.

Kurzkopfgleitbeutler sind in Nord-, Süd- und Ostaustralien, Tasmanien, großen Teile von Neuguinea und auf vielen um Australien und Neuguinea liegenden Inseln verbreitet.

Trotz der natürlichen Feinde (z. B. Eulen, Schlangen, Füchse, verwilderte Hauskatzen, Hunde) und dem Menschen, der z. T. den Lebensraum der Tiere zerstört, gilt der Kurzkopfgleitbeutler derzeit nicht als gefährdete Tierart. Daher ist er auch nicht in der Roten Liste der gefährdeten Arten gelistet. Der internationale Handel des Kurzkopfgleitbeutlers ist deshalb auch nicht durch CITES (Übereinkommen über den internationalen Handel mit gefährdeten Arten freilebender Tiere und Pflanzen) geregelt.

Exotische Tiere, die in Gefangenschaft geboren wurden, dürfen in Deutschland frei gehandelt werden. Die Ausfuhr von Kurzkopfgleitbeutler ist in Australien jedoch beschränkt.

Kurzkopfgleitbeutler fallen besonders durch ihren runden kurzen Kopf (lat. *breviceps* „kurzköpfig“) und großen hervorstehende Augen auf (► s. Zeichnung oben). Diese großen dunklen Augen geben schon einen Hinweis darauf, dass diese Tiere **nachtaktiv** sind. Sie können nachts sehr gut sehen und verfügen über einen guten Gehörsinn.

Flughaut Die Flughaut (Pleuropatagium) fällt meist erst beim Gleiten auf. Sie befindet sich an den Körperseiten zwischen Hand- und Fußgelenken (► s. Zeichnung S. 259). Außerdem spielt die Bewegung von Rumpf, Gliedmaßen und Schwanz auch eine wichtige Rolle beim Gleiten.

Körpergröße Die Breitengrade spielen bezüglich der Größe eine Rolle. So sind die Tiere in den nördlichen Breiten (nahe dem Äquator) kleiner als in der südlichen Hemisphäre (Quin et al., 1996). Die Tiere besitzen eine Körpergröße von ca. 12–21 cm

Sugar Glider beim Gleiten

(Kopf-Rumpf-Länge). Hinzu kommt noch die Schwanzlänge, die etwa nochmal der Kopf-Rumpf-Länge entspricht.

Extremitäten An den Vorderextremitäten haben die Kurzkopfgleitbeutler fünf mit Krallen versehene Finger (► s. Zeichnung a). Bei den Hinterextremitäten ist jeweils die erste Zehe opponierbar und krallenlos. Die zweite und dritte Zehe ist verwachsen und bildet die sogenannte „Putzkralle" (Puschmann, 2008; s. Zeichnung b).

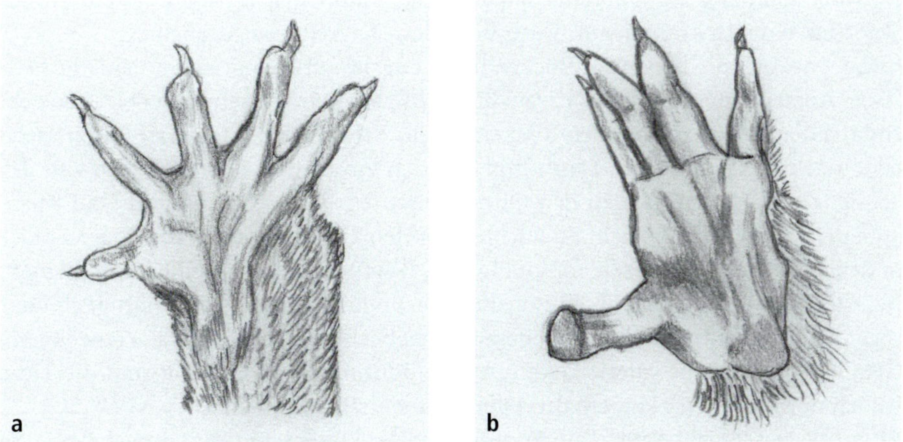

Finger der Vorderextremität (**a**) Hinterextremität (**b**) des Sugar Gliders

Steckbrief

- Größe: ca. 12–21 cm (Kopf-Rumpf-Länge) + Schwanzlänge (entspricht ca. Kopf-Rumpf-Länge)
- Gewicht: ca. 70–160 g (männlich); ca. 70–135 g (weiblich)
- Lebenserwartung: 5–11 Jahre (Wildnis), 10–15 Jahre (Heimtierhaltung)
- Geschlechtsreife: mit 8–12 Monaten (weiblich); mit 12–15 Monaten (männlich)
- Brutzyklus: das ganze Jahr über (in Gefangenschaft)
- Zykluslänge: 29 Tage (polyöstrisch)
- Tragzeit: ca. 16 Tage (5–17 Tage)
- Im Beutel: ca. 70 Tage (50–75 Tage)
- Würfe pro Jahr: 1–2 (Australien); 1–4 (Gefangenschaft; tropische Breiten)
- Wurfgröße: 1–3 (80 % Zwillinge)
- Herzschlagfrequenz: 200–300 Schläge/min
- Atemfrequenz: 16–40 Atemzüge/min
- Temperatur (Kloake): 32,0 °C
- Temperatur (rektal): 36,3 °C

Beutel beim weiblichen Tier Wie alle Beuteltiere besitzen die Weibchen einen Brutbeutel am Bauch, in dem die Jungen aufwachsen. Die Weibchen haben vier Zitzen.

Zu einem Prolaps des Beutels kann es gelegentlich kommen, wenn sich das Weibchen übereifrig putzt. Differenzialdiagnostisch sollte jedoch auch eine Mastitis, bakterielle Infektion oder Pilzinfektion in Betracht gezogen werden.

Skrotum und Penis beim männlichen Tier Das Männchen verfügt über ein großes Skrotum, das sich kranial vom Penis befindet. Der Penis ist gegabelt.

Farbe Sugar Glider haben am Rücken meist eine braun oder grau bis bläuliche Fellfarbe. An der Unterseite sind sie weiß bis gräulich. Ein braunschwarzer Streifen geht entlang der Schnauze über den Rücken bis zur Schwanzbasis (gewisse Differenzen bei einzelnen Unterarten). Dann gibt es noch zwei weitere Streifen, die von der Schnauze über die Augen zu den Ohren verlaufen. In Gefangenschaft sind Kurzkopfgleitbeutler relativ leicht zu züchten. In den USA gewannen die Sugar Glider in den späten 1990er-Jahren an Popularität. Dort gibt es auch weiße Zuchtformen. Bei Albinos ist jedoch davon auszugehen, dass eine verminderte Sehfähigkeit oder sogar Blindheit auftreten kann. Zudem besteht bei ihnen normalerweise eine höhere Gefahr an Hautkrebs zu erkranken. Aufgrund ihrer Nachtaktivität sind die Tiere jedoch normalerweise keinem direktem Sonnenlicht ausgesetzt.

Alter und Geschlechtsreife Kurzkopfgleitbeutler können in Gefangenschaft bis zu 15 Jahre alt werden. In der Wildnis werden sie aufgrund ihrer natürlichen Feinde nicht so alt.

Männliche Tiere werden, nachdem sie den Beutel verlassen haben mit ca. 12–15 Monaten geschlechtsreif. Weibliche Tiere werden mit ca. 8–12 Monaten geschlechtsreif.

Duftdrüsen Männliche Tiere verfügen über drei Duftdrüsen (eine auf dem Kopf, eine auf der Brust und eine parakloakal). Es werden drei unterschiedliche Stufen der Drüsenaktivität beschrieben (Jackson, 2003):

- **Stufe 1:** Es liegt keine bzw. nur eine geringe Aktivität vor.
  Rund um die Drüse sind keine bzw. evtl. nur geringe Fellverfärbungen zu sehen. Eventuell sind Anzeichen eines geringen Haarverlusts sichtbar. Es ist kein wachsartiges Drüsensekret zu sehen.
- **Stufe 2:** Es liegt eine mittlere Aktivität vor.
  Die Fellverfärbungen rund um die Drüse werden offensichtlicher. Ein wenig wachsartiges Drüsensekret kann wahrgenommen werden. Über der Drüse beginnt das Haar lichter zu werden (Haarausfall).
- **Stufe 3:** Es liegt eine hohe Drüsenaktivität vor.
  Die Stelle über der Drüse ist vollkommen haarlos. Außerdem ist eine starke Fellverfärbung rund um die Drüse sichtbar.

> Eine **haarlose Stelle** und **wachsartiges Sekret** mitten am Kopf ist bei den männlichen Tieren aufgrund der Drüsenaktivität der Stirndrüse normal.

Weiblichen Tieren fehlt die Duftdrüse auf dem Kopf, wie sie bei den männlichen Tieren vorkommt. Diese prägnante Stirndrüse bei den männlichen Tieren kann daher auch genutzt werden, um männliche Tiere von weiblichen zu unterscheiden.

> **Männliche Tiere** haben im Gegensatz zum weiblichen Tier auf dem Kopf eine **Duftdrüse** (Stirndrüse). Außerdem verfügt das männliche Tier über einen Hodensack (Skrotum) und einen gegabelten Penis.
> Das **weibliche Tier** ist anhand des **Beutels**, der im mittleren Bereich des Abdomens liegt, zu erkennen. Außerdem haben die Weibchen vier Zitzen.

11.2 Normalverhalten

Sugar Glider kommen in Ost-, Nord- und Südaustralien, Tasmanien, in großen Teilen von Neuguinea und auf einigen um Australien und Neuguinea liegenden Inseln vor.

Ihr Lebensraum erstreckt sich v.a. auf die tropischen und gemäßigten Breiten. Sie können aber auch Regionen bis zu 2400 m Höhe besiedeln, die um einiges kühler sind.

Auch wenn sie zu den dort am häufigsten vorkommenden Säugetieren gehören, werden sie vom Menschen nur selten beobachtet. Dies liegt hauptsächlich daran, dass Gleitbeutler v.a. in Wäldern leben und nachtaktive Baumbewohner sind.

Gleitbeutler sind **nachtaktive Baumbewohner**!

11.2.1 Bewegungsverhalten

Klettern, Rennen, Springen Kurzkopfgleitbeutler sind sehr bewegungsfreudige Tiere. Sie sind nachtaktiv und leben vorwiegend in Bäumen und sind selten am Boden zu finden. Sie können klettern, rennen, springen und Insekten auch während des Gleitens fangen.

Gleiten Der Sugar Glider hat eine erhebliche Muskelkontrolle über seine Flugmembran und hat dadurch die Möglichkeit, sich zu seinem Ziel zu lenken. Dies gibt ihm eine zusätzliche Kontrolle beim Gleiten. Aufgrund ihrer Flugmembran ist es den Tieren möglich bis ca. 50 m nach oben zu gleiten. Aktiv fliegen wie z. B. eine Fledermaus können sie jedoch nicht.

Während die Tiere gleiten, verwenden sie ihren Schwanz als Ruder. Der Schwanz ist außerdem zum Greifen geeignet. Er kann z. B. um Nestmaterial gewickelt werden und so für den Transport von Nistmaterial genutzt werden.

Sugar Glider können von hohen Stellen springen und von Ast zu Ast gleiten. Das Gleiten ist in der Gefangenschaft eher seltener zu sehen. Sie können jedoch durchaus z. B. von der Schulter des Besitzers springen und zu einem anderen erhöhten Platz gleiten.

Schlafen Sugar Glider schlafen in der Wildnis in Baumhöhlen, die sie mit Nistmaterial ausstatten. Insbesondere alte Bäume bieten ihnen genug Baumhöhlen zum Schlafen und Verstecken. Dies muss auch in der Haltung bedacht werden.

Schlaf- und Versteckmöglichkeiten sollten nicht am Boden, sondern relativ hoch im Gehege angeboten werden!

Am meisten sind Sugar Glider in den frühen Abendstunden und in der Nacht aktiv.

11.2.2 Sozialverhalten

Kurzkopfgleitbeutler sind hoch soziale Tiere. Sie leben in **Familienverbänden**. Aufgrund ihrer äußerst sozialen Natur sollten in Gefangenschaft gehaltene Tiere in Gruppen von mindestens zwei oder mehr Tieren gehalten werden. Sie werden „depressiv“, wenn sie alleine gehalten werden. Außerdem stehen einzeln gehaltene Tiere häufig unter Stress, u. a. aufgrund von Langeweile und häufig auch aufgrund eines zu kleinen Käfigs.

In der Wildnis lebende Gruppen nisten in Kolonien von bis zu sieben erwachsenen Männchen, Weibchen und ihren Jungen.

Sozialstruktur

Sugar Glider leben in streng **strukturierten Hierarchien** zusammen (Sadler et al. 1999). Tiere, die neu zu einer Gruppe stoßen, können von etablierten Mitgliedern angegriffen werden. Innerhalb der Gruppe hat das Markieren große Bedeutung. Gruppenmitglieder reiben sich oft gegenseitig mit ihren Pfoten den Kopf oder die Brust mit den Sekreten aus den Duftdrüsen ein. Die größte Aktivität geht hierbei vom „dominanten" Männchen aus.

Territorium

Ihr Revier, das in der Wildnis eine Größe von durchschnittlich 0,5 ha hat, markieren die Gruppen von Sugar Glidern mittels Urin und der Sekrete aus ihren Duftdrüsen.

Torpor

Während des Winters drängen sie sich zusammen. Wenn das Wetter kalt ist und Nahrung und Wasser knapp sind, können die Tiere vollkommen verharren in einem Zustand der körperlichen **Starre** (Torpor), um Energie zu sparen.

Olfaktorische Kommunikation

Duftmarkieren Sugar Glider besitzen ein komplexes System der chemischen Kommunikation. Es basiert auf den Duftstoffen, die von den Drüsen der männlichen Tiere (insgesamt drei Lokalisationen: am Kopf, sternal und parakloakal) und der weiblichen Tiere (insgesamt zwei Lokalisationen: beim Beutel und parakloakal) produziert werden.

Jede Gruppe hat ihren eigenen Duft. Durch diesen Duft erkennen sich die Tiere einer Gruppe gegenseitig. Das „dominante" Männchen markiert aktiv die anderen Mitglieder der Gruppe mit seinem Duft.

Der Duft wird außerdem passiv im Territorium der Gruppe verteilt. Innerhalb der Gruppe wird die Rangordnung nicht durch Kämpfe, sondern durch die Duftmarkierung geregelt.

Urinmarkieren Kurzkopfgleitbeutler markieren außerdem ihr Territorium mit Urin. Kämpfe finden nur zwischen zwei fremden Kolonien statt.

Parakloakale Drüsen Wenn sie Angst haben, kann es auch sein, dass aus ihrer parakloakalen Drüsen Sekret kommt. Es handelt sich hierbei um ein weißes öliges Sekret mit einem Geruch, der einer verdorbenen Frucht ähnelt (Johnson, 2006).

Akustische Kommunikation

Beim Sozialverhalten der Kurzkopfgleitbeutler spielt die akustische Kommunikation eine große Rolle. Kurzkopfgleitbeutler produzieren zur Kommunikation eine

Vielzahl von Lauten. Hierzu gehören: Schnattern, Kläffen, kreischende Geräusche, Brummen und Gezische.
„Schnattern" – Laut zur Beachtung Kurzkopfgleitbeutler können leise schnattern, wenn sie beachtet werden wollen.
„Kläffen" als Alarmruf Sie haben auch einen Alarmruf, der klingt ähnlich wie das Kläffen eines kleinen Hundes.
Hochfrequenter Schrei bei Angst Wenn sie erschreckt werden, machen sie einen hochfrequenten Schrei, das „**Crabbing**".

Fortpflanzungsverhalten

Die natürliche Fortpflanzungszeit von Sugar Glidern ist in Australien von Juni bis November. In den tropischen Gebieten und in der Gefangenschaft scheint es jedoch keine bestimmte Fortpflanzungszeit zu geben. Eine Fortpflanzung ist in diesen Fällen über das ganze Jahr möglich. Die Tiere paaren sich gewöhnlich am Abend.
Paarungsverhalten Wenn das Weibchen paarungsbereit ist, senkt es seinen Körper. Erfahrungsgemäß besteigt dann das Männchen das Weibchen. Anstatt das Weibchen dabei mit den Vorderbeinen zu umklammern, wird das Männchen das Fell des Weibchens mit den Vorderpfoten greifen und mit der Kopulation beginnen.
Fortpflanzungsverhalten der männlichen Tiere Männliche Tiere werden im Alter von 12–15 Monaten geschlechtsreif. Die Duftdrüsen entwickeln sich zunehmend mit dem Alter.

In der Wildnis sind männliche Sugar Glider **polygyn**. Für gewöhnlich sind es 1–2 ältere dominante Tiere, die für die Zeugung der Nachkommen zuständig sind. „Co-Dominante" Männchen sind meist Brüder oder Vater und Sohn. Sie kümmern sich auch um die Jungen, wenn das Weibchen nicht im Nest ist. Sie drängen sich an die Jungen und betreiben u. a. auch Körperpflege. In Gefangenschaft gibt es jedoch normalerweise nur ein erwachsenes Männchen, das reproduktiv ist.
Fortpflanzungsverhalten der weiblichen Tiere Die Weibchen werden im Alter von 8–12 Monaten geschlechtsreif.

Die weiblichen Tiere sind **polyöstrisch**. Die Dauer des Zyklus beträgt ca. 29 Tage. Die Weibchen zeigen ihre Bereitschaft sich fortzupflanzen, in dem sie vermehrt markieren.

In Australien hat ein Weibchen normalerweise 1 Wurf pro Saison mit jeweils 1–2 Jungen. Klappt es mit dem ersten Wurf nicht während der Fortpflanzungszeit, kommt es zu einem zweiten Wurf in einer Saison. In tropischen Gebieten und in Gefangenschaft gibt es, wie bereits erwähnt, keine definierbare Fortpflanzungszeit. Hier kann es bis zu vier Würfen im Jahr kommen. Solch eine hohe Anzahl von Würfen können medizinische Probleme, wie z. B. Hypokalzämie zur Folge haben.

Im natürlichen Lebensraum entwickeln sich Hierarchien unter den weiblichen Sugar Glidern einer Nistgruppe. Untergeordnete Weibchen werden oft von den „dominanten" Weibchen bedrängt und verlieren aufgrund des Stresses oft ihre Jungen in den ersten Wochen nach der Geburt.

Aufzuchtverhalten und Entwicklung der Jungtiere

Trächtigkeit und Geburt Die Weichen sind 16 Tage trächtig. Nach 16 Tagen Trächtigkeit kommt es schließlich zur Geburt. Die Jungen haben ein Geburtsgewicht von ca. 0,19 g und haben eine Größe von 5 mm. Das Junge kriecht in den Beutel (Marsupium), wo es ca. 40 Tage an der Zitze befestigt bleibt. Erst nach 40 Tagen befreit es sich zum ersten Mal von der Zitze. Das Junge bleibt für ca. 60–70 Tage noch im Beutel, bevor es zum ersten Mal den Beutel verlässt. Ab dem 70. Tag verlässt es dann den Beutel für eine längere Zeit. Die Augen öffnen sich um den 75–80. Tag herum.

Die Sugar-Glider-Männchen nehmen die Jungtiere ebenfalls auf den Rücken oder am Bauch und tragen diese herum (Sobie, 2010).

Absetzen Entwöhnt werden die Jungtiere ca. mit einem Alter von 110–120 Tagen. Die Jungtiere werden mit einem Alter von 17 Wochen selbstständig. Sugar Glider sollten am besten im Alter von 7–12 Wochen, nachdem sie aus dem Beutel heraus sind, übernommen werden (Johnson, 2006).

11.2.3 Komfortverhalten und Ausscheidungsverhalten

Unter normalen Bedingungen halten sich Sugar Glider selbst sehr sauber. Der meiste Geruch in der Umgebung der Sugar Glider kommt durch den Urin im Gehege zustande. Sugar Glider setzen Urin und Kot willkürlich ab. Sie können jedoch nicht trainiert werden, an einer bestimmten Stelle Kot und Urin abzusetzen. Sie setzen z. B. Urin ab während sie über Äste laufen. Ihr Nest verschmutzen sie normalerweise nicht.

11.2.4 Erkundungsverhalten

Kurzkopfgleitbeutler sind i. d. R. neugierig und untersuchen ihre Umgebung aufmerksam. Wenn sie an ihren Halter gewöhnt sind, beklettern sie diesen auch oder springen und rennen auch gerne auf ihm herum. Sie erkunden auch gerne Jackentaschen. Daher sollte man aufpassen, dass sich in den Taschen nichts befindet, was für das Tier schädlich sein könnte. Sie können trainiert werden, dass sie auf ihren Namen hören oder auch auf Zuruf kommen.

11.2.5 Nahrungsaufnahmeverhalten

Gleitbeutler benötigen eine kohlenhydratreiche und fettarme Ernährung (► Kap. 11.3.2). Sie sind **Gemischköstler**. Sie benötigen tierisches Protein und pflanzliche Nahrung (Obst und Gemüse). Zusätzlich können Fruchtnektar, Babybrei und Akaziengummi oder Blütenpollen angeboten werden.

In der Wildnis fressen sie v. a. Insekten über das ganze Jahr verteilt und in der Regenzeit (also im Winter) auch Saft, Blüten und Nektar.

Gleitbeutler haben einen hohen Kalziumbedarf. Dieser kann mittels Kalziumpräparate, die z. B. über das Obst gestreut werden, gedeckt werden.

11.2.6 Erkennen von Schmerzen, Leiden und Schäden

Es ist nicht immer ganz einfach für den Halter, Schmerzen, Leiden und Schäden beim Sugar Glider frühzeitig zu erkennen. An sich kommen Verletzungen wie Schnitte, Einstiche und Frakturen beim Sugar Glider häufig vor.

Erkennen von Schmerzen und Leiden

Beispiele für **Anzeichen von Schmerzen, Leiden und Schäden** sind (u. a. nach Johnson, 2006):

- Zurückgezogenheit und die Abneigung sich zu bewegen
- Aggression und Vokalisation:
  - Bei Schmerzen und Unwohlsein kann es sein, dass der Sugar Glider aggressiv reagiert.
    Beispiel: Wird das Tier gezwungen, sich trotz Schmerzen zu bewegen, kann es aggressiv werden und „meckernde" Laute erzeugen.
- Fallen/Abstürzen: Aufgrund einer allgemeinen Schwäche kann es vorkommen, dass ein Sugar Glider von einer gewissen Höhe z. B. vom Ast in die Tiefe fällt. Dies kann z. B. bei einer Hypokalzämie oder auch im Falle einer Parese der Hintergliedmaßen vorkommen.
- Alopezie
- Vermehrtes Lecken/Beknabbern
- Stumpfes Fell
- Anorexie
- Gewichtsverlust
- Torpor kann bei Sugar Glidern in Gefangenschaft ein Anzeichen für physiologischen Stress sein, v. a. fütterungsbedingter Stress (Sobie, 2010) etc.

11.3 Haltungsansprüche und Haltungsbeispiele

11.3.1 Rechtliche Anforderungen

Gemäß § 2 des Deutschen Tierschutzgesetzes muss derjenige, der eine Kurzkopfgleitbeutler betreut oder zu betreuen hat, das Tier seiner Art und seinen Bedürfnissen entsprechend angemessen ernähren, pflegen und verhaltensgerecht unterbringen. Außerdem darf er die Möglichkeit des Tiers zu artgemäßer Bewegung nicht so einschränken, dass ihm Schmerzen oder vermeidbare Leiden oder Schäden zugefügt werden. Zusätzlich muss derjenige auch über die für eine angemessene Ernährung, Pflege und verhaltensgerechte Unterbringung des Tieres erforderlichen Kenntnisse und Fähigkeiten verfügen.

Angaben über die Mindestanforderungen an die Haltung von Kurzkopfgleitbeutlern sind im Gutachten über Mindestanforderungen an die Haltung von

Tab. 11-1 Mindestanforderungen an die Haltung von Kurzkopfgleitbeutlern (BMEL, 2014)

Bereich	Mindestanforderungen
Innengehegefläche	• Nicht unter 2 m^2 (für bis zu 5 Tiere); • Für weitere Tiere sind Flächen- und Raummaße angemessen zu erhöhen (ca. 10 % pro Tier).
Innengehegehöhe	nicht unter 2 m
Gehegeeinrichtung	• Kletteräste in verschiedenen Längen und Höhen, Korkröhren und Seile • Mindestens 2–3 Schlafhöhlen • Bei größeren Gruppen ein Nestkasten für 4–5 Tiere • Nistmaterial (Bambusblätter o. Ä.) • Gehegegrund: Einstreu z. B. aus Torf, Rindenmulch, Sand, trockenem Laub
Gehegebegrenzung	• Rundherum geschlossen • Feinmaschiges Gitter: Maschenweite max. 25 × 13 mm
Sozialgefüge	Gruppenhaltung (gemischt- oder gleichgeschlechtlich)

Säugetieren des Bundesministeriums für Ernährung und Landwirtschaft (2014; ► Tab. 11-1) zu finden. Das Gutachten richtet sich sowohl an die Tierhalter als auch an die zuständigen Aufsichtsbehörden der Länder und gibt eine Orientierungshilfe für die Auslegung der allgemeinen Regelungen des Tierschutzgesetzes.

11.3.2 Empfehlungen für die Haltung

Sugar Glider kommen nicht mit hohen Temperaturen zurecht und sollten ganzjährig bei einer gleichbleibenden Temperatur von ca. 24–27 °C gehalten werden. Das Gehege darf keiner direkten Sonneneinstrahlung ausgesetzt sein. Kurzkopfgleitbeutler benötigen zudem Schlafhäuschen oder dunkle Höhlen, in denen sie den Tag schlafend und möglichst ungestört verbringen können. Sugar Glider sind sehr schnell gestresst, wenn sie tagsüber Lärm und Unruhe ausgesetzt sind. Eine Haltung in Räumlichkeiten, in denen sich Personen oder andere Tiere tagsüber hauptsächlich aufhalten, ist daher abzulehnen.

Gruppenhaltung und Vergesellschaftung

Sugar Glider dürfen grundsätzlich nicht einzeln gehalten werden. Sie müssen in gemischt- oder gleichgeschlechtlichen Gruppen gehalten werden (BMEL, 2014).

Gemeinsame Haltung mit anderen Tieren

Eine Vergesellschaftung mit Kurzschnabeligeln, Rattenkängurus und Baumkängurus ist problemlos möglich (BMEL, 2014). Rattenkängurus sind ebenfalls nachtaktiv und bewohnen lichte Wälder oder zumindest baumbestandene Gebiete. Sie verbringen die Ruhephasen in Nestern. Kurzschnabeligel sind vorwiegend dämmerungsaktiv und sie ernähren sich von Ameisen und Termiten. Baumkängurus verstecken sich tagsüber auf den Bäumen und gehen nachts auf Nahrungssuche. Ihre Nahrung besteht vorwiegend aus Blättern und Früchten.

Das Zusammenleben mit Tieren, die nicht nachtaktiv sind, wie z. B. Hunde oder Katzen, kann für die Kurzkopfgleitbeutler übermäßigen Stress bedeuten. Daher sollten sich Tiere, die tagsüber aktiv sind, nicht in dem Raum aufhalten, in dem sich das Gehege der Kurzkopfgleitbeutler befindet.

Eulen gehören zu den natürlichen Feinden der Kurzkopfgleitbeutler. Daher können die Nähe von Vögeln und ebenso diverse **Vogelgeräusche** bei Kurzkopfgleitbeutlern enormen Stress auslösen.

> Sugar Glider sollten nicht in der Nähe von Vögeln gehalten werden. Wenn Sugar Glider als Patienten in die Praxis kommen, sollte auch darauf geachtet werden, dass sie keinem enormen Stress aufgrund von Vögeln oder Geräuschen von Vögeln ausgesetzt werden.

Einführung neuer Gruppenmitglieder

Die Einführung neuer Gruppenmitglieder sollte während der Zeit erfolgen, in der die Tiere am wenigsten aktiv sind. Die meisten Sugar Glider werden sich über einen Neuankömmling beklagen. Ist das Gehege zu klein, sind Kämpfe an sich vorprogrammiert. Daher ist es wichtig auf eine angemessene Größe des Geheges zu achten. Bei einem Neuankömmling muss darauf geachtet werden, ob das Tier von der etablierten Gruppe angenommen wird oder es zu aggressiven Auseinandersetzungen kommt. Gegebenenfalls muss es wieder aus der Gruppe entfernt werden.

Gewöhnungstraining

Wird ein Tier von der Gruppe nicht gleich angenommen, kann ein Gewöhnungstraining durchgeführt werden. Dieses ist eigentlich immer zu empfehlen, wenn ein neues Tier in eine bereits bestehende Gruppe eingegliedert werden soll. Hierfür wird der Neuankömmling zunächst in einen anderen Käfig untergebracht. Die Käfige sollten sich in einer solchen Entfernung zueinander befinden, dass die Tiere nicht aufeinander reagieren, aber sich wahrnehmen. Nach und nach werden die beiden Käfige über viele Tage schrittweise aneinander angenähert, aber immer nur so weit, dass keines der Sugar Glider aggressiv reagiert. Durch den nächtlichen Austausch von Nistmaterial zwischen den Käfigen kann der Duft der schon bestehenden Gruppe und des neuen Tiers vermischt werden. Nach einigen Tagen kann erneut bzw. an sich versucht werden, den Neuankömmling in das Gehege der bereits bestehenden Gruppe zu integrieren. Zusätzlich können in Anwesenheit des neuen Tiers allen Tieren schöne Dinge angeboten werden, wie z. B. besondere Leckerchen.

Bei gerade entwöhnten Tieren sollte darauf geachtet werden, dass sie mindestens drei Viertel des Gewichts der adulten Tiere haben. Denn bei evtl. auftretenden aggressiven Auseinandersetzungen können sich die Tiere nur mit einem angemessenen Körpergewicht zur Wehr setzen. Frisch entwöhnte Tiere neigen dazu, ältere Tiere zu beklettern, was zu Auseinandersetzungen führen kann.

Bewegungsraum

Kurzkopfgleitbeutler sind zwar relativ kleine Säugetiere, aber sie haben trotzdem einen hohen Platzbedarf, damit sie ihre natürlichen Verhaltensweisen wie z. B. das Klettern, Springen und das Gleiten ausleben können.

Größe des Geheges

Gemäß dem Gutachten über Mindestanforderungen an die Haltung von Säugetieren vom Mai 2014 darf für bis zu fünf Sugar Glider die Gehegefläche nicht unter 2 m^2, die Höhe nicht unter 2 m liegen. Für weitere Tiere sind Flächen- und Raummaße angemessen zu erhöhen (ca. 10 % pro Tier). Es ist zu betonen, dass es sich hierbei um Mindestanforderungen zur Gehegefläche handelt. Das Gleiten wird in Gefangenschaft so gut wie nicht beobachtet. Da die Tiere bis zu ca. 50 m gleiten können, ist davon auszugehen, dass dies v. a. am begrenzten Raum in einem Gehege liegt.

Gehegestrukturierung

Alleine auf eine angemessene Gehegegröße bei der Haltung von Kurzkopfgleitbeutlern zu achten, reicht nicht aus. Eine gute Haltungseinrichtung benötigt auch eine dreidimensionale Strukturierung, um dem Kletter- und Erkundungsbedürfnis der Tiere Rechnung zu tragen. Die Gehege sollten mit Kletterästen in verschiedenen Längen und Höhen ausgestattet sein (► Abb. 11-1). Korkröhren und Seile können ebenfalls angeboten werden. Das Ganze sollte so angeordnet sein, dass die Tiere rennen, springen und evtl. auch gleiten können. Aufgrund des Kletterns, Springens und des Gleitens muss penibel darauf geachtet werden, dass alle Äste gut befestigt sind. Eine instabile dreidimensionale Konstruktion kann zum Abstürzen der Tiere führen. Daher sollte darauf geachtet werden, dass zum einen die Äste stabil genug und ausreichend gut befestigt sind, um Verletzungen der Tiere zu verhindern. Zudem dürfen die Äste nicht giftig sein, da sie von den Tieren auch beknabbert und beleckt werden können.

Laufrad

Zur Umweltanreicherung von in Gefangenschaft gehaltenen Sugar Glidern eignen sich auch Laufräder. Jedoch dürfen sie nicht aus einem Drahtgeflecht sein, sondern sollten eine massive Bauweise haben. Der Radius sollte groß genug sein, damit die Tiere in einer natürlichen Haltung laufen können. Ist dies nicht der Fall kann es, ähnlich wie z. B. bei Hamsterrädern, zu Haltungsschäden bei den Tieren kommen.

Boden des Geheges

Der Boden des Geheges muss mit einer Einstreu bedeckt sein. Hierfür eignen sich z. B. Torf, Rindenmulch, trockenes Laub und Sand.

Abb. 11-1 Gehege mit vielen Klettermöglichkeiten, Futter und Wasser in der Höhe und vielen Schlafmöglichkeiten (Mit frdl. Genehmigung Zoo Augsburg)

Gehegebegrenzung

Das Gehege muss rundherum geschlossen sein. Die Begrenzung eines Geheges kann mittels feinmaschigem Gitter erfolgen. So ein Gitter darf jedoch nicht scharfkantig sein und die Maschenweite darf aufgrund der geringen Größe der Sugar Glider nur maximal 25 mm × 13 mm betragen. Bei Schaugehegen kann eine Wandseite ggf. verglast werden. Wenn die Käfigwände massiv sind, muss für ausreichend Belüftung gesorgt werden, damit sich kein Schimmel bildet. Bei unzureichender Luftzirkulation kann es außerdem zur Anreicherung von Schadgasen, zum Wärmestau etc. kommen und die Tiere können gesundheitlichen Schaden nehmen. Zudem ist zu beachten, dass das Gehege aus Temperaturgründen keiner direkten Sonneneinstrahlung ausgesetzt werden darf. Auch Zugluft sollte vermieden werden.

Käfigtüren

Die Käfigtüren müssen groß genug sein, um ein Säubern des Geheges oder auch ein Herausfangen eines Tiers zu ermöglichen. Außerdem muss darauf geachtet werden, dass diese auch nach häufigerem Öffnen noch gut schließen.

Reinigung

Da Sugar Glider Kot und Urin nicht in eine bestimmte Ecke absetzen, sollte vorwiegend leicht zu reinigendes Material ausgesucht werden. Bei der Reinigung sollte das Gehege jedoch niemals komplett gereinigt werden, da dies die Tiere zu stärkerem Markieren anregt. Es kann für die Tiere enormen Stress bedeuten. Alle Holzgegenstände müssen nach Bedarf regelmäßig ausgetauscht bzw. erneuert werden, da die Tiere ihren Lebensraum markieren und auch Kot und Urin nicht nur an bestimmten Plätzen hinterlassen.

> Bei der Reinigung sollte das Gehege **niemals komplett gereinigt** werden, da dies die Tiere zu stärkerem Markieren anregt. Dies kann für die Tiere enormen Stress bedeuten.

Höhlen

Da Sugar Glider tagsüber möglichst ruhig und dunkel ruhen wollen, sollten entsprechende Schlafmöglichkeiten zur Verfügung gestellt werden. Die Tiere brauchen mindestens 2–3 Schlafhöhlen, da sie von Zeit zu Zeit auch ihre Schlafhöhlen wechseln.

Den Tieren sollte **Nistmaterial** wie z. B. Bambusblätter oder ähnliches angeboten werden. Die Schlafhöhlen/Nistkästen werden regelmäßig kontrolliert und gereinigt.

Klimatische Bedingungen

Im Gehege von Kurzkopfbeutelgleiter sollten die Temperaturen nicht unter 18 °C und nicht über 31 °C sein. Optimal sind Temperaturen von 24–27 °C.

Sugar Glider schmiegen sich im Nest normalerweise aneinander. So können sie Energie sparen. Einzeln lebende Sugar Glider sind anfälliger für eine **Hypothermie** als Tiere, die in Gruppen leben. Sugar Glider, denen zu kalt ist, werden starr und sind schwer zu wecken (**Torpor**).

Licht

Helles Licht kann bei Kurzkopfgleitbeutlern starken Stress hervorrufen. Wenn sie mit einem Licht von 12 Lux beschienen werden, stellen sie ihre hohen Aktivitäten fast vollständig ein. Bei einer Helligkeit von 7 Lux reduzieren sie ihre Futtersuche (Barber-Meyer, 2007).

Daher sollte darauf geachtet werden, dass sie keinem hellen Licht ausgesetzt werden. Auch medizinische Untersuchungen bei Kurzkopfgleitbeutler sollten nicht in hellen Licht erfolgen. Bei **Operationen** sollten die Augen am besten abgedeckt werden.

In einem „**Nachttiergehege**“ ist es möglich, dass der Sugar Glider tagsüber seine aktive Zeit hat. Hierfür wird nachts das Gehege beleuchtet und tagsüber dunkel gehalten. So könnte die Aktivitätszeit der Sugar Glider z. B. von 10–22 Uhr in einem „Nachttiergehege“ erfolgen.

> **!** Eine **direkte Sonneneinstrahlung** kann bei Kurzkopfgleitbeutlern zu **Netzhautschäden** führen.

Freilauf

Zusätzlich zu einem ausreichend großen und gut strukturierten Gehege können Sugar Glider noch Freilauf bekommen. Dafür ist es jedoch notwendig, dass die Tiere ausreichend zahm sind, sodass sie sich wieder relativ problemlos einfangen lassen. Sugar Glider können auch so trainiert werden, dass sie auf ihren Namen hören oder bei Zuruf kommen.

Ein Freilauf muss stets **kontrolliert** erfolgen. Der Bereich des Freilaufs muss für die Sugar Glider absolut sicher sein. Alles, was sie beklettern wollen oder wo sie evtl. auch hingleiten wollen, sollte gefahrlos erreichbar sein. Die im Freilauf vorhandenen Gegenstände wie z. B. Regale, Pflanzen, Kletterbäume etc. sollten standfest sein. Auch dürfen **keine giftigen Zimmerpflanzen** oder andere gefährlichen Gegenstände vorhanden sein. Offene oder gekippte Fenster, offene Schubladen, offene Türen, offene Toilettenschüsseln oder offene Abflussrohre können zusätzliche Gefahrenquellen darstellen und müssen entsprechend geschlossen werden. Lampen können für die Tiere auch eine Gefahrenquelle u. a. aufgrund der Hitze darstellen, wenn die Tiere darauf landen oder klettern. Stromkabel müssen so untergebracht werden, dass sie von den Tieren nicht beknabbert werden können.

Der Freilauf bietet die Möglichkeit, den Sugar Glidern verschiedene wieder wechselnde **Enrichmentgegenstände** (stabile Äste, dicke Seile, Tunnel, Korkröhren etc.) anzubieten. Auch kann Futter an verschiedenen Stellen angeboten werden. Durch diese Futtersuchspiele wird das Erkundungsverhalten der Tiere angeregt. Es sollten aber auch Rückzugs-/Versteckmöglichkeiten angeboten werden. Diese Dinge sollten sich alle in einer gewissen Höhe und nicht am Boden befinden, da sich Sugar Glider selten am Boden aufhalten.

Fütterung

Sugar Glider sind „**Allesfresser**“ (tierisches Protein, Obst und Gemüse). Sie benötigen eine kohlenhydratreiche und fettarme Ernährung.

Tierisches Protein Bei erwachsenen Tieren, die nicht zur Zucht verwendet werden, sollte die Zufuhr an tierischem Protein ca. 40 % der Ration betragen. Bei Tieren, die zur Zucht eingesetzt werden, sollte die Zufuhr mindestens 50 % betragen. Das Protein kann in Form von Insekten z. B. Heuschrecken, Grillen, Mehlwürmern, Zophobas und deren Larvenstadien gegeben werden. Es sollten u. a. auch lebende Insekten gefüttert werden, damit der Jagdtrieb ausgelebt werden kann. Gelegentlich kann auch gekochtes Ei oder Katzentrockenfutter angeboten werden.

Obst und Gemüse Der Rest der Nahrung sollte aus Obst und Gemüse bestehen. Sugar Glider bevorzugen Obstsorten wie Äpfel, Melonen, Weintrauben, Pfirsiche und Beeren. Als Gemüse können z. B. Möhren angeboten werden.

> Kurzkopfgleitbeutler sollte immer eine **Auswahl an Obst und Gemüse** bekommen, da die individuellen Vorlieben der Tiere sich stark unterscheiden und auch saisonal variieren können.

Weitere Kost Zusätzlich können Fruchtnektar, Babybrei und Akaziengummi oder Blütenpollen angeboten werden.
Kalzium und Phosphor Gleitbeutler haben einen hohen Kalziumbedarf. Sowohl Insekten als auch Pflanzen enthalten reichlich Phosphor, aber kaum Kalzium. Bei suboptimaler Fütterung kann es schnell zu Erkrankung wie z. B. des Skeletts kommen.

Daher ist eine Kalziumsupplementierung notwendig.

> Ideal ist ein **Kalzium-Phosphor-Verhältnis** von 1,3–1,5.

Sowohl die Insekten als auch die pflanzliche Nahrung sollten täglich mit einem Vitamin-Mineralstoff-Gemisch, das Kalzium (> 15 %) enthält, bestreut werden (Kölle, 2016).
Wasser Reines Wasser sollte den Sugar Glidern ausreichend zur Verfügung stehen. Ins Trinkwasser sollten keine Zusatzstoffe wie z. B. Vitamin-Mineralstoff-Gemische gegeben werden. Durch die Zugabe kann es dazu kommen, dass die Tiere die Wasseraufnahme verweigern. Auch das Wasser sollte in der Höhe angeboten werden.

PRAXISTIPP

Das Futter sollte **in kleinen Portionen** im ganzen Gehege verteilt werden, statt es nur in einem Futternapf anzubieten (► Abb. 11-2). Futter sollte ebenso wie Wasser in der Höhe und nicht am Boden platziert werden. Außerdem sollten **lebende Insekten** mehrmals täglich (nachts!) angeboten werden. Hierdurch können die Tiere unter anderem ihr Jagdbedürfnis befriedigen.

Video 11-1 zeigt einen Sugar Glider in Bewegung, der u. a. Obst frisst, das in der Höhe an Ästen platziert wurde (Mit frdl. Genehmigung Zoo Augsburg).

Video 11-1 Sugar Glider in Bewegung und beim Fressen (ca. 10 sek)
www.schattauer.de/3112

Abb. 11-2 Sugar-Glider-Gehege, in dem das Futter in der Höhe an den Ästen platziert angeboten wird (Mit frdl. Genehmigung Zoo Augsburg)

Der ideale Halter

Sugar Glider sind relativ schwierig zu halten und richtig zu füttern. Sie sind nachtaktiv und benötigen tagsüber viel Ruhe. Der ideale Halter wäre daher entweder ebenfalls eher nachtaktiv oder er schafft sich ein „**Nachttiergehege**" an, in dem es tagsüber dunkel ist und nachts hell. Der Halter muss auch mit der Lebendfütterung von Insekten zurechtkommen. Außerdem muss dem Halter klar sein, dass Sugar Glider nicht stubenrein zu bekommen sind. Der Käfig inkl. Schlafhöhlen und Klettermöglichkeiten muss reingehalten werden. Der Halter darf weder geruchs- noch geräuschempfindlich sein. Die Umgebung wird auch mit moschusartigem Duft markiert, was dem Privathalter bewusst sein muss. Sugar Glider geben nachts außerdem viele Laute von sich. Sie sind nachts (bzw. in der Dunkelheit) recht lebhaft und wollen tagsüber (bzw. wenn es hell ist) schlafen. Außerdem haben sie scharfe Krallen. Für Kinder sind sie nicht geeignet.

Zusammenfassung

Die wichtigsten Haltungsempfehlungen

- Gruppenhaltung
- Innengehegefläche: nicht unter 2 m^2 (für bis zu 5 Tiere)
- Innengehegehöhe: nicht unter 2 m
- Klettermöglichkeiten
- Mindestens 2–3 Schlafhöhlen (in der Höhe)
- Futter mit ausgewogenem Kalzium-Phosphor-Verhältnis muss angeboten werden.
- Wassernapf ist in der Höhe anzubringen.
- Nicht für Kinder als Haustier geeignet

11.4 Umgang mit Sugar Glidern

Ein Sugar Glider darf **nicht einzeln** gehalten werden, da es sich um hoch soziale Tiere handelt. Wird ein Tier vorübergehend einzeln gehalten, braucht es viel Aufmerksamkeit.

Die Tiere werden am besten in einem Alter von 7–12 Wochen, nachdem sie aus dem Beutel sind, übernommen (Johnson, 2006). Der Halter sollte sich mit seinen Tieren intensiv, aber ohne Zwang beschäftigen. Die Tiere sollten an den Umgang mit Menschen langsam gewöhnt werden. Eine Beschäftigung sollte immer nur während der aktiven Zeit der Tiere erfolgen (abends/nachts). Wenn die Sugar Glider an den Menschen gewöhnt sind, können eine tägliche Gesundheitskontrolle sowie das Einfangen nach dem Freilauf viel einfacher erfolgen. Notwendiges Handling muss immer sanft durchgeführt werden.

11.4.1 Konditionierung der Annäherung

Sugar Glider können darauf konditioniert werden, sich einer dargebotenen Hand ruhig und entspannt zu nähern. Jedes Mal, wenn das Tier sich der Hand ruhig nähert, wird es durch ein kurzes verbales Signal (z. B. „fein") belohnt. Mit der zweiten Hand wird ein Leckerchen gegeben. Reagiert der Sugar Glider nicht so, wie man es erhofft, sollte sein Verhalten ignoriert, nicht belohnt und auch nicht bestraft werden. Dieses Training wird in regelmäßigen Abständen täglich wiederholt.

An Menschen gewöhnte Sugar Glider sind sehr neugierige Tiere. Sei beklettern gerne den Halter und springen auch mal gerne von ihm aus auf einen anderen Menschen, aber auch auf andere erhöhte Plätze. Es ist darauf zu achten, dass die Tiere sanft und sicher angefasst werden, sodass es ihnen möglichst wenig unangenehm ist. Die Anwesenheit anderer Haustiere, laute Geräusche oder andere Faktoren, die sich negativ auf das Training auswirken könnten, sollten vermieden werden. Wird dies nicht beachtet, kann es bei den Sugar Glidern zu einer negativen Assoziation mit dem Besitzer kommen.

Es kann nötig sein, dass die **Krallen** der Sugar Glider regelmäßig gekürzt werden müssen. Der Besitzer sollte am besten das Tier von Anfang langsam an das Handling gewöhnen.

Um den Tieren **Medikamente** oral einflößen zu können, kann auch ein **Clickertraining** hilfreich sein. Hierfür kann anfangs z. B. eine 1-ml-Spritze als Target benutzt werden. Später kann dann auch Flüssigkeit aus der Spritze kommen. Dies kann geübt werden, während das Tier z. B. auf einem Ast sitzt oder sich am engmaschigen Gitter festhält. Die Spritze kann auch durch das Gitter geführt werden.

11.4.2 Handling in der Tierarztpraxis

- Sugar Glider sind sehr flink. Sie können klettern, springen und auch gleiten. Sie können schreien, meckern bzw. ein lautes ratterndes Geräusch von sich geben, wenn sie nicht angefasst werden wollen bzw. in ihrer Bewegungsfreiheit eingeschränkt werden. Außerdem können sie auch beißen.
- Wenn sie Angst haben, kann es auch sein, dass aus ihrer parakloakalen Drüse Sekret kommt. Es handelt sich hierbei um ein weißes öliges Sekret mit einem Geruch, der einer verdorbenen Frucht ähnelt.
- Für die Untersuchung eines Sugar Gliders kann ein Handtuch zur Hilfe genommen werden. Die Tiere fühlen sich im Handtuch oft sicherer. Je nachdem, welche Stellen man untersuchen möchte, werden diese kurzfristig freigelegt.
- Wenn es nötig ist, einen Sugar Glider zu fixieren, kann das Tier mit dem Rücken in die Hand gelegt werden. Der Kopf wird mittels Daumen und Ringfinger unter dem Kinn und mittels des Zeigefingers oberhalb des Kopfes fixiert.
- Die subcutane Injektion erfolgt wie bei anderen Säugetieren. Es sollte jedoch darauf geachtet werden, dass die Injektion nicht in die Flugmembran erfolgt, da hier zum einen die Absorption langsamer verläuft und dies für den Patienten auch relativ unangenehm werden kann.
- Da Sugar Glider nachtaktiv sind, sollte eine Untersuchung und Behandlung am späten Nachmittag/am Abend erfolgen. Ist ein Hausbesuch abends nicht möglich, sollte der Patient abends zur Sprechstunde einbestellt werden.
- Die Lichtstärke sollte so gering wie möglich bzw. nur so stark, wie es für die Behandlung nötig ist, eingestellt werden. Es kann z. B. das Licht des Röntgen- oder Computerbildschirms genutzt werden.

11.5 Verhaltensprobleme

Im Folgenden werden die häufigsten Verhaltensprobleme von Sugar Glidern in der Heimtierhaltung besprochen.

11.5.1 Aggression gegen Menschen

Stresssituationen jeglicher Art können bei Sugar Glidern zu aggressivem Verhalten gegen Menschen führen.

Die Tiere sollten langsam an Menschen gewöhnt werden (► Kap. 11.4.1). Dies gilt auch für eine neue Umgebung. Wird ein Tier zu sehr bedrängt, kann es sich aggressiv gegen Menschen verhalten, z. B. in dem es beißt.

Werden Tiere **beim Schlafen gestört** (in ihrem Nest/Schlafhöhle oder Beutel), kann auch ein bereits an den Menschen gewöhntes Tier aggressiv reagieren. An sich sollte das Tier beim Handling nicht bis so wenig wie möglich gestresst werden, damit es nicht zur Aggression kommt.

Am besten ist es, das Tier so zu trainieren, dass es gerne von selbst zu einem kommt. Unangenehmes Handling ist möglichst zu umgehen, da sich hieraus eine **Angstaggression** entwickeln kann.

Nicht selten ist **Angst** der Grund für eine Aggression gegen Menschen. Ursachen dafür können vielfältig sein. Der Grund muss im Einzelfall durch eine sorgfältige Anamnese eruiert werden. Mithilfe einer **Desensibilisierung** und **Gegenkonditionierung** kann bei Tieren mit einer Angstproblematik dann gezielt gearbeitet werden.

Vorbeugend sollten Sugar Glider schon als Jungtiere sanft an den Umgang mit Menschen gewöhnt werden. Sie sollten am besten im Alter von 7–12 Wochen, nachdem sie aus dem Beutel heraus sind, übernommen werden (Johnson, 2006).

Aber auch das Verhalten der **Elterntiere** zum Menschen hat bereits Einfluss auf das Verhalten der Jungtiere. Daher sollten bereits die Elterntiere gut an den Menschen gewöhnt sein.

11.5.2 Aggression gegen Artgenossen

Sugar Glider gehören zu den **hoch sozial** lebenden Tieren.

Gruppen haben einen eigenen **Gruppengeruch**. Daran ist zu denken, wenn ein Neuankömmling in eine bereits bestehende Gruppe integriert werden soll. Aber auch ein Tier, das z. B. beim Tierarzt in Behandlung war, kann aufgrund des andersartigen Geruchs von den anderen Tieren als „fremd" betrachtet werden. Ein **Gewöhnungstraining** (► Kap. 11.3.2) kann in diesen beiden Fällen durchgeführt werden. Ist es nicht möglich, das Tier in die bereits bestehende Gruppe zu integrieren, besteht die Möglichkeit, in einem extra Gehege eine neue Gruppe aufzubauen.

Frisch entwöhnte Tiere sollten erst mit einem **angemessenen Körpergewicht** (mindestens ¾ des Gewichts der adulten Tiere) in eine neue Gruppe eingeführt werden, um sich bei aggressiven Auseinandersetzungen behaupten zu können. An sich muss aber bei einer Eingliederung von solchen jungen Tieren immer genau beobachtet werden, wie die Tiere aufeinander reagieren. Gegebenenfalls muss das Tier aus der Gruppe wieder entfernt werden.

Gewichtsverlust und Absonderung von der Gruppe eines Tiers können ein Resultat von Unstimmigkeiten in der Gruppe sein. Veränderung der Haltungsumwelt können auch zu Problemen in der Gruppendynamik führen. Es ist sehr wichtig, dass die Tiere genügend Rückzugsmöglichkeiten haben. Diese müssen in der Höhe sein, da sich Sugar Glider vorwiegend in der Höhe aufhalten. Rückzugsmöglichkeiten, die sich nur am Boden befinden, erfüllen ihren Zweck nicht. Die Nisthöhlen/Schlafhöhlen sollten auch genügend Abstand voneinander haben und es sollten ausreichend viele vorhanden sein.

11.5.3 „Depression"

Bei Sugar Glidern können „**Dominanzbeziehungen**" zur Entwicklung depressionsähnlicher Symptome bei den untergeordneten Tieren führen. Dies gilt sowohl in stabilen Kolonien, als auch für ehemals „dominante" Tiere, die durch Umsetzung in einer neuen Kolonie untergeordnet wurden. Bei Tieren, die zuvor dominant waren, und in eine neue Gruppe wechselten, in der sie nun untergeordnet waren, konnte ein dramatischer **Abfall der Plasma-Testosteron-Konzentration** und ein **Anstieg der Plasma-Cortisol-Konzentration** beobachtet werden. Sugar Glider wurden daher als Modell für die klinische Depression beim Menschen untersucht (Jones et al. 1995). Daher ist es wichtig, bei einer Umstrukturierung von Gruppen darauf zu achten, welche Verhaltensveränderungen bei den Tieren zu sehen sind. Zeigt ein Tier depressionsähnliches Verhalten (z. B. Bewegungsunlust, Zurückgezogenheit, frisst nicht etc.), sollte es evtl. aus der neuen Gruppe genommen werden und ggf. eine neue Gruppe mit diesem Tier gegründet werden.

Sugar Glider werden zudem „depressiv", wenn sie alleine gehalten werden. Außerdem stehen einzeln gehaltene Tiere häufig unter Stress, u. a. aufgrund von Langeweile. Eine Einzelhaltung ist daher tierschutzrelevant (BMEL, 2014).

11.5.4 Automutilation

Automutilation kann beim einzelnen Tier aufgrund von **Schmerzen** vorkommen. Daher ist es wichtig, das Tier körperlich zu untersuchen, um schmerzbedingte Erkrankungen ggf. diagnostizieren und behandeln zu können. Auch im Rahmen eines operativen Eingriffs ist eine analgetische Versorgung nach dem Eingriff aufgrund der Schmerzen angezeigt. Sollte nach einer Operation auf eine Schmerzbehandlung verzichtet werden, kann es zur Automutilation kommen.

Auch müssen **Parasiten** ausgeschlossen werden. Aufgrund einer abweichenden Migration von **duodenalen Nematoden** kann es zur ZNS-Symptomatik in Form von Automutilation kommen (Johnson, 2006). Eine Untersuchung des Kots sollte bei einer vorliegenden Selbstverstümmelung auf jeden Fall erfolgen, um Nematoden ausschließen zu können.

Hypokalzämie kann ebenfalls Ursache für Automutilation sein. Sugar Glider haben einen hohen Kalziumbedarf, daher ist meist eine Zufütterung notwendig (Fütterung ► Kap. 11.2.5). Bei trächtigen Tieren ist es besonders wichtig, auf den Kalziumhaushalt zu achten, da es hier zu Paralyse der Gliedmaßen und zu Schmerzen kommen kann.

Bei vollentwickelten männlichen Tieren kann es zur **Verstümmelung des Penis** und/oder des **Hodensacks** kommen. Ursachen können Krankheit, Schmerz oder auch sexuelle Frustration sein. Hier können evtl. eine Kastration und die Entfernung des Hodensacks nötig werden (Johnson, 2006).

Stress unterschiedlicher Genese kann schließlich ebenfalls eine Ursache für Automutilation (z. B. von Schwanz, Gliedmaßen oder Genitalien) oder auch Alopezie sein (Johnson, 2006). Eine entsprechende Anpassung der Haltungsumwelt kann hier durchaus Abhilfe schaffen.

11.5.5 Stereotypien

Bewegungsstereotypien Bei Sugar Glidern kann es zu Bewegungsstereotypien kommen. Sie äußern sich z. B. in monotonem **Hin- und Herlaufen** oder monotonem **Hin- und Herspringen** im Käfig sowie in **„Backflip"-Verhalten**, bei dem die Tiere monoton in Rückwärtssalti springen.

Stereotypien sind immer ein Zeichen von vergangener oder aktuell nicht tiergerechter Haltung. Das bedeutet, dass die Haltungsumwelt für betroffene Tiere immer so weit wie möglich optimiert werden sollte. Kletter- und Versteckmöglichkeiten im Gehege sind besonders wichtig. Diese müssen in ausreichender Höhe liegen. Das Gehege soll zudem eine ausreichende Größe haben (► Kap. 11.3.2). Auch eine gute Gruppenzusammenstellung und artgerechte Fütterung sind essenziell.

11.5.6 Gitterrütteln/Gitternagen

Manchmal kann es dazu kommen, dass Sugar Glider am Käfiggitter rütteln oder dieses mit den Zähnen beknabbern.

Dieses Verhalten weist i. d. R. auf eine suboptimale Haltung hin. Reagiert der Halter häufig auf dieses Verhalten, kann es sein, dass sich daraus zusätzlich ein aufmerksamkeitsforderndes Verhalten entwickelt.

Therapeutisch ist es hier v. a. wichtig, den Tieren ausreichende Beschäftigungsmöglichkeiten zu bieten. Die Gehegegröße sollte entsprechend angepasst werden. Neue Höhlen, Seile, Kletteräste etc. können zudem als Enrichment angeboten werden. Ein täglicher Freilauf bietet zusätzlich die Möglichkeit, den Sugar Glidern verschiedene wieder wechselnde Enrichmentgegenstände (stabile Äste, dicke Seile, Tunnel, Korkröhren etc.) sowie Rückzugs-/Versteckmöglichkeiten anzubieten. Diese Dinge sollten in einer gewissen Höhe angeboten werden, da Sugar Glider die meiste Zeit in der Höhe und nicht am Boden verbringen. Auch kann Futter an verschiedenen Stellen dargereicht werden. Durch diese Futtersuchspiele wird das Erkundungsverhalten der Tiere angeregt.

Literatur

Barber-Meyer, S. M. (2007): Photopollution impacts on the nocturnal behaviour of the Sugar Glider (Petaurus breviceps). Pac Conserv Biolo 13: 171–176.

Bundesministerium für Ernährung und Landwirtschaft (2014): Gutachten über Mindestanforderungen an die Haltung von Säugetieren vom 7. Mai 2014 (www.bmel.de/SharedDocs/Downloads/Tier/Tierschutz/GutachtenLeitlinien/HaltungSaeugetiere.pdf?__blob=publicationFile; letzter Abruf: 02.12.2016).

Jackson, S. M. (2003): Australian mammals: biology and captive management. Collingwood, Australia: CSIRO Publishing.

Johnson, D. (2006): Miscellaneous small mammal behavior. In: Bradley Bays, T., Lightfoot, T., Mayer, J. (Hrsg.): Exotic pet behavior – birds, reptiles, and small mammals. St. Louis: Elsevier.

Jones, I. H., Stoddart, D. M., Mallick, J. (1995): Towards a sociobiological model of depression. A marsupial model (Petaurus breviceps). Br J Psychiatry 166: 475–479.
Kölle, P.: Fütterung von Exoten, Animal Health www.med.vetmed.uni-muenchen.de/downloads/pressemappe/fuetterung-von-exoten.pdf (letzter Abruf 02.12.2016).
Puschmann, P. (2008): Der Sugar Glider Petaurus breviceps. Münster: Natur und Tier-Verlag.
Quin, D. G., Smith, A. P., Norton, T. W. (1996): Eco-geographic variation in size and sexual dimorphism in sugar gliders and squirrel gliders (Marsupialia: Petauridae). Aust J Zool 44: 19–45.
Sadler, L. M., Ward, S. J. (1999): Coalitions in male sugar gliders: are they natural? J Zool Lond 248: 91–96.
Sobie, J. (2010): Sugar gliders. In: Tynes, V. (Hrsg.): Behavior of exotic pets. Sussesx, UK: Blackwell Publishing.
Tierschutzgesetz (2015): Tierschutzgesetz in der Fassung der Bekanntmachung vom 18. Mai 2006 (BGBl. I S. 1206, 1313), das zuletzt durch Artikel 8 Absatz 13 des Gesetzes vom 3. Dezember 2015 (BGBl. I S. 2178) geändert worden ist.

Informationsmaterial für Tierhalter findet sich u. a. als Download bei:
Bundesministerium für Ernährung und Landwirtschaft (2014): Gutachten über Mindestanforderungen an die Haltung von Säugetieren vom 7. Mai 2014: www.bmel.de/SharedDocs/Downloads/Tier/Tierschutz/GutachtenLeitlinien/HaltungSaeugetiere.pdf?__blob=publicationFile (letzter Abruf: 02.12.2016)

12 Frettchen

Barbara Schneider

12.1 Einführung

Das Frettchen (*Mustela putorius furo*) gehört zur Ordnung der Raubtiere (Carnivora) und der Unterordnung der Landraubtiere (Fissipedia) sowie zur Familie der Marderartigen (Mustelidae). Es stammt vom europäischen Iltis (*Mustela putorius*) ab. Vor ca. 2500 Jahren begann die Domestizierung der Frettchen. Vermutlich wurden die Tiere anfänglich v. a. zur Bekämpfung von Ratten und Mäusen in Getreidespeichern gehalten. Mit der Zeit wurden sie auch für weitere jagdliche Tätigkeiten abgerichtet. Bei der Frettchenjagd oder dem sog. Frettieren erfolgt dabei hauptsächlich eine Baujagd auf Kaninchen. Das Frettchen treibt dabei die Kaninchen aus dem Bau nach draußen, wo sie dann der Jäger erlegen kann, oder wo der Habicht des Falkners sie ergreift.

Frettchen werden seit den 1980er-Jahren v. a. als Haustiere in Deutschland gehalten. Sie werden weiterhin auch von manchen Jägern jagdlich genutzt. Zudem werden Frettchen manchmal als Versuchstiere verwendet und zwar häufig als Tiermodell für virologische Studien, z. B. zur Untersuchung von humanen Influenza-Viren.

Steckbrief

- Größe/Körperlänge: 45–65 cm (Männchen), 25–40 cm (Weibchen)
- Gewicht: 800–1900 g (Männchen), 600–1000 g (Weibchen)
- Lebenserwartung: 6–8 (10) Jahre
- Ausgewachsen: mit ca. 12 Monaten
- Geschlechtsreife: ab 6 Monate, Männchen ab 6–10 Monate
- Zykluslänge: Brunst ca. Mitte März bis Mitte Juli, Proöstrus 2–3 Wochen, Gesamtlänge Zyklus abhängig von Deckakt (Eisprung nach Deckakt; **Dauerranz** möglich)
- Tragzeit: 42 Tage
- Wurfgröße: 1–14 (Durchschnitt: 5–10)
- Nesthocker (blind und taub)
- Säugezeit: ca. 6–8 Wochen

Frettchen können an **Tollwut** erkranken und gehören somit zu den Haustieren, für die beim Grenzübertritt innerhalb der EU ein Heimtierausweis mitgeführt werden muss. Darüber hinaus muss ihnen zur eindeutigen Identifizierung ein Chip implantiert werden.

Abb. 12-1 Frettchen gibt es in verschiedenen Farbschlägen. Von links nach rechts ein iltisfarbenes (wildfarbenes) Frettchen, ein Albino und ein sog. Zimt- oder Siamfrettchen

Die gängigen Farben von Frettchen sind Iltis, Harlekin, Zimt und Albino (▶ Abb. 12-1).

Bei den Iltis-Tieren ist die ausgeprägte **Gesichtsmaske** das herausstechendste Merkmal. Harlekin Frettchen sehen dem Iltis-Farbschlag sehr ähnlich, haben jedoch einen weißen Brustlatz sowie weiße Pfoten. Bei den Zimt- oder Siamfrettchen sind die Grannenhaare an Körper und Kopf hellbraun. Die Unterwolle hat eine gelbliche Färbung. Albinos verfügen aufgrund der fehlenden Farbpigmente über eine weiße oder gelblich-orange schimmernde Färbung von Deckhaaren und Unterwolle. Die Augen sind rot. Albinos müssen wegen ihrer Lichtempfindlichkeit in reduzierten Lichtverhältnissen gehalten werden.

Auch in der Frettchenzucht haben sich einige **tierschutzrelevante** Farbschläge durchgesetzt.

Die **Pandafrettchen** haben ein sehr helles Fell, das von nur wenigen dunklen Grannenhaaren durchsetzt ist. Ihre Augen sind schwarz oder blau. Die überwiegende Mehrzahl der Pandafrettchen, aber besonders diejenigen, die große helle Flecken im Kopfbereich haben, ist taub. Dies basiert auf einem Gendefekt, der auch bei anderen Tierarten mit heller Fellfarbe und Taubheit verbunden ist. Es kommt dabei zu Gewebsdefekten in der ursprünglichen Neuralleiste. Eine Zucht von Pandafrettchen ist nicht empfehlenswert.

Auch bei den **Dark-eye-white (DEW)** oder **Black-eye-white (BEW)**-Tieren, die weiß sind, aber dunkle Augen haben, kommt eine Taubheit aufgrund des oben erwähnten Gendefekts sehr häufig vor. Solche Tiere sollten ebenfalls nicht gezüchtet werden.

Langhaar- oder Angorafrettchen leiden ebenfalls unter genetischen Defekten. Bei diesen Tieren ist die Milchleiste häufig nicht oder nur unvollständig angelegt. Darüber hinaus ist die Milch der Angorafähen meist sehr nährstoffarm (Proteinmangel). Dies führt dazu, dass weibliche Angorafrettchen ihre Jungen nicht selber säugen können und eine iltisfarbene Amme benötigt wird. Als weitere Probleme kommen bei Langhaarfrettchen Nasenspalten sowie eine Behaarung in und um die Nase vor, die die Tiere besonders beim wilden Spielen und Toben deutlich einschränken kann, da die Atmung etwas behindert ist. Diese Tiere schnarchen auch manchmal. Durch eine verantwortungsvolle Zucht können die genannten Probleme deutlich verringert, aber nicht völlig verhindert werden.

12.2 Geruch

Frettchen gehören zur Sippe der Stinkmarder. Sie verfügen zum einen über **Analdrüsen**, die einen speziellen – und für die meisten Menschen unangenehmen – Duft absondern. Zudem haben sie auch noch **Stinkdrüsen**, die einen sehr intensiven Geruch abgeben können. Der spezielle Geruch von Frettchen stellt immer wieder ein Problem bei der Haltung der Tiere dar, und häufig wird eine Entfernung der geruchsproduzierenden Drüsen gewünscht.

> Ohne tierärztliche Indikation ist eine **Entfernung der Anal- oder Stinkdrüsen** nach § 6 TschG (Amputationsverbot) verboten!

Mit dem Analdrüsensekret werden sowohl Revier als auch Kot markiert. In der Regel ist der Duft dabei nicht extrem stark. Besonders deutlich ist der Geruch jedoch bei unkastrierten Männchen. Eine häufige und gründliche Reinigung von Schlafplatz, Einstreu im Frettchenklo sowie eine artgerechte Haltung beugen einer starken Geruchsentwicklung am besten vor. Dennoch muss zukünftigen Frettchenbesitzern immer unmissverständlich klargemacht werden, dass diese quirligen Tiere einen Eigengeruch haben, der nicht bei allen Besuchern Anklang finden wird.

Wenn Frettchen Angst haben oder (vermeintliche) Feinde oder aber aufdringliche Artgenossen abwehren möchten, kann es sein, dass sie ihre **Stinkdrüsen**, die neben den Analdrüsen gelegen sind, entleeren. Der dabei entstehende Geruch ist durchaus extrem. Aber im Gegensatz zum Geruch beim Stinktier, verflüchtigt sich der Stinkdrüsengeruch der Frettchen sehr schnell auch wieder. Bei einer artgerechten Haltung, bei der die Tiere keine Angst verspüren und auch Konflikte im Rudel nur mild sind, kommen solche Stinkdrüsenentleerungen nur selten vor.

12.3 Normalverhalten

Frettchen ähneln in ihrem Normalverhalten noch sehr stark ihren wilden Verwandten, den Iltissen. Genau wie Iltisse sind sie dämmerungsaktiv, und haben einen großen Jagdtrieb. Iltisse gehen bevorzugt mit Einbruch der Dämmerung auf die Jagd

Abb. 12-2 Frettchen sind sehr neugierige und lebhafte Tiere. Hier wird die Kamera der rechts stehenden Ko-Autorin genau inspiziert.

(Bulloch und Tynes, 2010). Europäische Iltisse schlafen tagsüber in selbstgegrabenen Bauen, in hohlen Baumstämmen, verlassenen Gebäuden etc. Auch Frettchen möchten in höhlenartigen Gebilden oder Röhren ruhen (Bulloch und Tynes, 2010). Während jedoch Iltisse an Waldrändern in der Nähe von Gewässern wohnen und ihre Beute auch im Wasser suchen, mögen erwachsene Frettchen nicht ins Wasser und spielen höchstens darin. Frettchen graben gerne. Dieses Verhalten leitet sich vom Jagdverhalten ab, bei dem die Tiere die Baue kleiner Beutetiere (z. B. Mäuse) ausgraben.

Insgesamt sind Frettchen sehr neugierige und lebhafte Tiere (► Abb. 12-2).

12.3.1 Bewegungsverhalten

Laufen, hoppelnder Gang Frettchen sind überaus bewegungsfreudige und quirlige Tiere, die viel Platz zum Rennen, Toben und Spielen benötigen. Beim Laufen zeigen Frettchen einen hoppelnden Gang sowie den typischen runden Rücken, der dadurch zustande kommt, dass die Tiere die Hinterbeine unter den Körper ziehen.

Tanzen, Hüpfen Im Rahmen des Spielverhaltens und bei Aufregung „tanzen“ Frettchen regelrecht, hüpfen und bocken (► Kap. 12.3.2, „Soziopositive Verhaltensweisen“).

12.3.2 Sozialverhalten

Frettchen sind – im Gegensatz zu ihrem wilden Verwandten, dem europäischen Iltis, **sehr soziale** Tiere, die die Gesellschaft von Artgenossen benötigen. Dennoch bilden sie keine Rudel im eigentlichen Sinne. Zudem können sie sich ein Revier gut teilen oder aber auch kleine Einzelreviere innerhalb einer Haltung bewohnen. Auch an diesem Verhalten lässt sich die Verwandtschaft zum Europäischen Iltis, der sein Revier vehement verteidigt, nur noch schwer erkennen.

Soziopositive Verhaltensweisen

Begrüßung Frettchen beschnuppern sich zur Begrüßung in der Anal- oder Kopf- und Halsgegend.

Spielaufforderung Frettchen sind sehr verspielte Tiere. Somit ist es nicht verwunderlich, dass soziopositive Verhaltensweisen auch gemeinsames Spielen und Toben mit Artgenossen umfassen. Solitäre Lauf- und Hüpfspiele münden ebenfalls oft in eine Spielaufforderung einem Artgenossen oder dem Besitzer gegenüber. Bei einer Spielaufforderung recken Frettchen den Schwanz steil nach oben, machen einen Buckel und laufen rückwärts mit aufgerissenem Maul. Dieses sog. **Spielgesicht** ist eine deutliche Spielaufforderung (Bulloch und Tynes, 2010). Auch der **Veitstanz**, bei dem die Frettchen hüpfen, den Kopf hin und her werfen und wild umher rennen, kann eine Spielaufforderung darstellen. Im Allgemeinen wird er bei starker, überwiegend positiver Erregung gezeigt. Auch ein spielerisches **Zwicken** in Körperteile des Spielpartners gehört zum normalen Spielverhalten von Frettchen. Je jünger die Tiere sind, umso ausgeprägter zeigen sie Spielverhalten.

Spielaggression Auch Spielaggression kann zwischen Frettchen beobachtet werden. Prinzipiell ist dies auch zum Spielverhalten und damit den soziopositiven Verhaltensweisen zuzurechnen. Insgesamt sind Frettchenspiele oft recht ruppig (Bulloch und Tynes, 2010). Manchmal jedoch kann solch ein Spielkampf auch in einen Ernstkampf umschlagen.

Kontaktliegen Diese weitere soziopositive Verhaltensweise zeigen Frettchen gerne, wenn sie sich bei ihrem Kuschelpartner wohlfühlen. Allerdings möchten nicht alle Frettchen den engen Körperkontakt. So gibt es auch immer wieder enttäuschte Besitzer, die sich von ihren Frettchen wünschen, dass diese mehr mit ihnen kuscheln.

Agonistisches Verhalten

Beißen Wie bei allen sozial lebenden Tieren, gibt es auch bei den Frettchen ab und zu Auseinandersetzungen. Diese können mitunter auch heftig ausfallen. Frettchen sind recht wehrhafte Tiere mit einem Raubtiergebiss und daher können Bisse sehr schmerzhaft sein. Auseinandersetzungen gibt es häufig um begehrte Spielsachen, bei einem mangelhaften Angebot an geeigneten Rückzugsmöglichkeiten sowie bei einer zu kleinen Haltungseinheit. Insgesamt sind Aggressionen seltener zwischen Tieren, die sich gut kennen (Staton und Crowell-Davis, 2003).

Schwanz-, Fell-Sträuben Durch einen gesträubten Schwanz zeigt ein Frettchen seine Erregung an. Bei negativer Erregung wie bei Angst oder Aggressionsbereitschaft ist ein gesträubter Schwanz oft das erste gut erkennbare Warnzeichen. Ein gesträubtes Fell ist v. a. bei Angst sowie bei Angriffsbereitschaft zu beobachten.

Abwehrverhalten In höchster Abwehrbereitschaft zeigt ein Frettchen einen Katzenbuckel, Fauchen und/oder Kreischen sowie gesträubtes Fell und einen zuckenden Schwanz. Wird diese Körpersprache beobachtet, sollte das Frettchen nach Möglichkeit in Ruhe gelassen werden.
Stinkdrüsen Wie bereits oben erwähnt, haben Frettchen auch eine geruchliche Abwehrstrategie gegen Feinde und können bei Bedarf ihre Stinkdrüsen plötzlich entleeren. Der dabei freigesetzte beißende Geruch verflüchtigt sich jedoch meist schnell.

Akustische Kommunikation

Frettchen haben ein relativ breites Repertoire an Lauten, die sie zur Kommunikation mit ihren Artgenossen, aber auch mit dem Menschen verwenden. Grundsätzlich lässt sich sagen, dass mit Zunahme der Erregung auch die Lautstärke der von Frettchen abgegebenen Laute zunimmt. Im Folgenden werden einige Laute genauer vorgestellt.
Gockern Diese Folge knatternder Gluckergeräusche ist i. d. R. das am häufigsten zu hörende Geräusch (Poole, 1966) und wird v. a. beim Erkunden und Begegnungen abgegeben. Es zeigt auch Wohlbefinden an.
Muckern Manche Autoren unterscheiden es (z. B. Henke, 2012), andere wiederum verwenden es als Synonym für Gockern. Das Muckern ist dem Gockern sehr ähnlich. Es handelt sich jedoch um eher langgezogene Laute, die einem „Gögg Gögg" ähneln. Muckern wird v. a. von zufriedenen Tieren gezeigt.
Fauchen Das zischende Geräusch wird bei extremer Erregung oder Angst ausgestoßen. Zudem wird es auch als deutliches Warnsignal bei Meinungsverschiedenheiten verwendet (Poole, 1967).
Bellen Der kurze, eher schrille Laut wird bei defensivem Verhallen abgegeben. Bellende Frettchen haben meist Angst und/oder haben sich erschreckt. Nicht selten werden gleichzeitig zum Bellen die Stinkdrüsen entleert.
Quieken Es klingt ähnlich dem Quieken eines Ferkels und wird v. a. bei heftigeren Meinungsverschiedenheiten und Streitereien ausgestoßen.
Schreien Die Frettchen geben lange, laute Töne von sich. Frettchen schreien besonders bei Schmerzen, aber auch aus Angst (Bulloch und Tynes, 2010).

Olfaktorische Kommunikation

Frettchen kommunizieren auch olfaktorisch. So werden z. B. Kot und Urin sowie Sekrete anderer Duftdrüsen am Körper verwendet, um die Umgebung und somit auch das eigene Revier zu markieren. Unkastrierte Frettchen zeigen dieses Verhalten während der Ranz ganz besonders ausgeprägt.
Urinmarkieren Das Markieren mit Urin wird sowohl von männlichen als auch weiblichen Tieren gezeigt. Männchen heben dabei manchmal auch ein Bein (Clapperton, 1989). Urinmarkieren kommt oft im Zusammenhang mit Markieren durch die Urogenitaldrüsen vor. Letzteres wird aber häufiger gezeigt als das Urinmarkieren.

Dabei reiben die Tiere ihren Urogenitalbereich über den zu markierenden Gegenstand. Die Analgegend berührt nicht den Boden. Männchen markieren im Frühling signifikant häufiger mit den Urogenitaldrüsen als im Rest des Jahrs, während bei Weibchen keine saisonalen Schwankungen zu erkennen sind. Die entsprechenden entstehenden Marken werden von anderen Frettchen ausführlich beschnüffelt.

Kotmarkieren Nach dem Absetzen von Kot ziehen Frettchen üblicherweise ihr Hinterteil über den Boden und markieren dabei die Kotabsatzstelle mit ihrem Analdrüsensekret. Typischerweise ist dabei der Schwanz erhoben. Dieses Analmarkieren findet im Kernbereich des eigenen Reviers statt, unabhängig vom Geschlecht des Tiers (Clapperton, 1989).

Rollen Auch das Rollen über den Boden mit dem ganzen Körper stellt ein Markierverhalten dar. Dieses Rollen des Körpers und Reiben des Nackens an Gegenständen wird v. a. am Rand des Reviers gezeigt (Clapperton, 1989).

Kinn-Reiben Das Reiben des Kinns über Gegenstände wird von Rüden und Fähen gleichermaßen ausgeführt und erfolgt besonders in den Bereichen, in denen sich Futterstellen befinden, oder die mit Futter assoziiert sind (Bulloch und Tynes, 2010).

Wenn das Markierverhalten in seiner Gesamtheit gesehen wird, lässt sich sagen, dass Männchen häufiger markieren als weibliche Tiere. Eine Kastration männlicher Tiere bewirkt meist einen merklichen Rückgang im Markierverhalten. Dennoch zeigen auch kastrierte Männchen hin und wieder deutliches Markierverhalten mit Frühlingsbeginn.

Fortpflanzungsverhalten

Frettchen sind **saisonal polyöstrisch**. Die natürliche Fortpflanzungsperiode (Ranzzeit) der Frettchen liegt zwischen März und August. Sie ist stark abhängig von Lichtintensität und Tageslänge. Als Faustregel lässt sich sagen, dass bei einer Mindesttageslichtlänge von 12 h die Ranzzeit beginnt. Männchen beginnen aber oft schon ab Dezember damit, die Fähen zu „belästigen“ (Blandford, 1987).

Ranz beim Weibchen Bei der Ranz schwillt durch das Östrogen die Vulva des Weibchens deutlich erkennbar an. Meist ist auch ein klarer oder leicht gefärbter Ausfluss zu erkennen. Dieser ist meist klebrig und kann zuweilen auch die Hintergliedmaßen hinablaufen und am Bauch zu finden sein. Zudem verringern die ranzigen Weibchen meist ihre Nahrungsaufnahme. Da Frettchen eine induzierte Ovulation haben, besteht die Gefahr, dass nicht gedeckte Weibchen dauerranzig bleiben. Die dabei kontinuierliche starke Östrogenausschüttung kann zu massiven körperlichen Problemen, wie z. B. zur Knochenmarkshypoplasie führen. Nicht jedes ungedeckte Frettchenweibchen entwickelt jedoch eine Dauerranz. Bei manchen Weibchen endet die Ranz nach 6–8 Wochen auch wieder, ohne dass ein Deckakt stattgefunden hat. Wenige Tage, nachdem ein Deckakt stattgefunden hat, nehmen die Ranzsymptome beim Weibchen wieder ab.

Ranz beim Männchen Die männlichen Tiere kommen ebenfalls im Frühjahr in die Ranz. Sie sind während dieser Zeit deutlich unruhiger, aktiver und markierfreudiger als im Rest des Jahrs. Der Geruch der Rüden wird deutlich intensiver während der

Ranz. Die Hoden sind auch sichtbar vergrößert und häufig wird das Fell des Rüden durch die abgegebenen Duftsekrete klebriger. Es kommt während der Ranzzeit dazu, dass die Rüden alle verfügbaren anderen Frettchen besteigen und teilweise regelrecht belästigen, unabhängig von deren Geschlecht. Zudem kann es zu durchaus heftigen Kämpfen mit anderen Rüden kommen. Dies ist auch manchmal bei Frettchen zu beobachten, die sich vorher gut verstanden haben.

Deckakt Der Deckakt kann bei Frettchen 10–60 min dauern. Dazu nähert sich der Rüde der Fähe gockernd. Schließlich fixiert er sie durch Nackenbiss. Meist zieht er das Weibchen mit sich noch etwas herum und bringt sie in Position, bevor es zum eigentlichen Deckakt kommt (Bulloch und Tynes, 2010). Das Weibchen schreit und quietscht meist, während es im Nackenbiss gehalten wird (Poole, 1967). Die meisten Menschen empfinden den Anblick der Frettchenpaarung i. d. R. als relativ „brutal" für das weibliche Tier. Der Deckakt kann an mehreren Tagen und auch häufiger als einmal am Tag stattfinden. Innerhalb von 1–2 Tagen nach dem Deckakt findet der Eisprung bei der Fähe statt. Bei einer erfolgreichen Paarung schwillt die Vulva des Weibchens innerhalb von 1 Woche nach dem Deckakt wieder deutlich ab.

Nestbau und Geburt Zwei Wochen vor der Geburt sollte das tragende Weibchen einzeln gesetzt werden, damit Nestbau und Geburt möglichst ungestört verlaufen können (Bulloch und Tynes, 2010). Etwa 1 Woche vor der Geburt beginnt die Fähe damit, deutliches Nestbauverhalten zu zeigen. Den Tieren sollte eine Nestbox und angemessenes weiches Nistmaterial zur Verfügung stehen. Fähen rupfen sich auch Büschel des eigenen Felles aus, um das Nest zu polstern. Die letzten Tage vor der Geburt muss das Frettchenweibchen Ruhe haben. Vereinzelt kann es bei gestressten Fähen sonst zu Kronismus (Verspeisen der Jungtiere) kommen.

> ! Das **normale Fortpflanzungsverhalten** der Frettchen kann für eine Haltung dieser Tiere in der Wohnung sehr problematisch sein, v. a. wenn kein regelmäßiger Nachwuchs gewünscht ist.

> Hauptprobleme in Bezug auf das Sexualverhalten sind zum einen die Gefahr der **gesundheitsgefährdenden Dauerranz** bei ungedeckten Frettchenfähen. Zum anderen ist das **aufdringliche Verhalten** mit Verfolgen und Beißen des Weibchens durch das Männchen auch schon vor der Ranzzeit problematisch. Es kommt hier häufig zu chronischem Stress und Wunden.

Kastration

Aufgrund der im Merkkasten erwähnten Problematiken empfiehlt es sich, sowohl männliche als auch weibliche Frettchen chemisch oder chirurgisch zu kastrieren, wenn beide Geschlechter gemeinsam gehalten werden sollen und kein Nachwuchs erwünscht ist. Bei weiblichen Tieren, mit denen nicht gezüchtet wird, empfiehlt sich eine Kastration zur Verhinderung der Dauerranz und damit verbundener Probleme immer. Allerdings sollte eine Kastration auch immer so spät wie möglich erfolgen. Eine Kastration beim Frettchen führt sehr häufig dazu, dass die **Nebennieren tumorös entarten** (z. B. Langenecker, Clauss et al., 2009). Im Gegensatz zum Hyperadrenokortizismus bei Hunden werden aber bei Frettchen in solch tumorös entartete Nebennieren mehr Geschlechtshormone als Corticosteroide gebildet. Als häufigste Symptome dieser Problematik sind Alopezie, trockenes und/oder dünnes Fell, geschwollene Vulva, Juckreiz, Anschwellen der Milchdrüsen, plötzliches Zeigen von Sexualverhalten bei kastrierten männlichen Tieren etc. zu nennen.

Je früher Frettchen kastriert werden, umso früher treten auch die mit dem Hyperadrenokortizismus assoziierten Probleme auf.

Bei männlichen Tieren soll häufig durch eine Kastration der Geruch eingedämmt werden. Die Kastration rein zum Zweck der Geruchsverminderung ist jedoch, ähnlich wie das Entfernen der entsprechenden Drüsen, als tierschutzwidrig anzusehen. Das Tierschutzgesetz der Bundesrepublik Deutschland (zuletzt geändert 2015) verbietet nämlich in § 6 Absatz 1 das vollständige oder teilweise Amputieren von Körperteilen oder das vollständige oder teilweise Entnehmen oder Zerstören von Organen oder Geweben eines Wirbeltiers. Ausnahmen bilden eine tierärztliche Indikation sowie eine Verhinderung der unkontrollierten Fortpflanzung, oder wenn es zur weiteren Haltung eines Tiers unumgänglich ist und keine tierärztlichen Bedenken entgegenstehen. Eine Haltung von männlichen Frettchen ist jedoch grundsätzlich auch ohne Kastration möglich – z. B. in einer reinen Männchengruppe. Der Eigengeruch der Frettchen wird dadurch zudem nicht völlig verhindert. Tierärztliche Bedenken sprechen v. a. gegen eine frühe Kastration aufgrund der möglichen Nebennierenrinden-Neoplasien (z. B. Langenecker, Clauss et al., 2009).

Aufzuchtverhalten und Entwicklung der Jungtiere

Frettchen sind Nesthocker und werden blind, taub und fast nackt geboren. Nach wenigen Tagen wird der Flaum der Welpen dichter. Da Frettchen anfangs über so wenig Fell verfügen, sind sie sehr temperaturanfällig und auf die Wärme ihrer Mutter angewiesen. Zudem muss die Fähe ihre Jungen säubern sowie durch Anogenitalmassage die Ausscheidung anregen (Bulloch und Tynes, 2010). Erst wenn die Welpen damit begonnen haben festes Futter zu sich zu nehmen, ist keine Anogenitalmassage durch die Mutter mehr nötig (Shump und Shump, 1978).

In der 2. Lebenswoche beginnen die Milchzähne durchzubrechen. Mit 3 Wochen werden die Welpen deutlich mobiler und beginnen auch feste Nahrung zu sich zu nehmen. Erst im Alter von etwa 4–5 Wochen öffnen sich Augen und Ohren der Welpen (Shump und Shump, 1978). Damit beginnt wieder eine deutlich aktivere Zeit im Leben der Jungtiere. Die sozialen Interaktionen mit den Geschwistern sind von Spielen geprägt. Mit etwa 10 Wochen ist das bleibende Gebiss vollständig durchgebrochen.

12.3.3 Komfortverhalten

Als Komfortverhalten zeigen Frettchen typischerweise **Wälzen** und auch **Fellpflege**. Das Liegen in **engem Körperkontakt** in teilweise sehr verrenkt anmutenden Schlafpositionen ist ebenfalls zum Komfortverhalten zu rechnen.

12.3.4 Erkundungsverhalten

„Stehlen" Frettchen sind überaus lebhafte, neugierige Tier und zeigen sehr viel Erkundungsverhalten. Grundsätzlich ist kein Gegenstand in der Haltungsumwelt sicher vor den neugierigen Tieren. Dies zeigt sich auch im lateinischen Namen *Mustela putorius furo*, denn „furo" kommt von „furare" und bedeutet „stehlen". Frettchen nehmen gerne kleine Gegenstände zwischen die Zähne und tragen oder ziehen sie in ein Versteck.

Sich-Verstecken, Klettern Sie graben zudem sehr gerne und verstecken sich bevorzugt in dunklen, röhrenartigen Gebilden. Daher sind z. B. Blumentöpfe, aber auch offen stehende Haushaltsgeräte wie Waschmaschine etc. für die Tiere hochattraktiv. Frettchen klettern auch gerne. Dies bedeutet, dass in einer Wohnung viele potenzielle Gefahren für Frettchen lauern können.

Da die neugierigen Tiere alles erkunden, muss eine Wohnung zwingend frettchensicher gemacht werden.

Frettchensichere Wohnung

Zu einer frettchensicheren Wohnung bzw. einem Gehege gehört, dass die Tiere keinen Zugang zu Taschen und Plastiktüten haben dürfen. Frettchen spielen aber nicht nur äußerst gerne mit raschelnden Tüten, sondern auch mit gummiartigen Gegenständen, die sie gut mit den Zähnen manipulieren können. Dabei schlucken sie durchaus auch unverdauliche Gegenstände ab. Dies kann zu einem lebensgefährlichen **Darmverschluss** führen! Besonders in den ersten 2 Lebensjahren kommen solche Darmverschlüsse vor (Henke, 2012).

Aber nicht nur gummiartige Gegenstände, sondern auch Klappen von Haushaltsgeräten wie z. B. Spül- oder Waschmaschine bergen ein Gefahrenpotenzial für Frettchen. Wenn sie offen stehen, besteht die Gefahr, dass sich ein Frettchen darin einen Schlafplatz sucht. Auch Kaminöfen sind attraktiv für Frettchen. Daher müssen sie unbedingt unzugänglich gemacht werden.

Auch Schaukelstühle oder Klappsofas können eine hohe Verletzungsgefahr für freilaufende Frettchen bergen. In ihrem unermüdlichen Erkundungsdrang können Frettchen zudem durch gekippte Fenster entschwinden. Zusätzlich zu den üblichen Vorsichtsmaßnahmen wie dem Unzugänglichmachen von Putzmitteln und Stromkabeln etc. muss bei Frettchen bedacht werden, dass sie eine Affinität zu **Wasser** haben. Allerdings können sie ertrinken, wenn sie in eine gefüllte Badewanne, eine offenstehende Toilettenschüssel oder einen anderen wassergefüllten Behälter mit glatten Wänden gelangen und ihre Pfoten keinen Halt zum Hinausklettern finden.

12.3.5 Nahrungsaufnahme- und Ausscheidungsverhalten

Der europäische Iltis, von dem das Frettchen abstammt, ist ein reiner **Fleischfresser**. Auf seinem Speiseplan stehen verschiedene kleine Säugetiere aber auch Reptilien und Vögel, Spinnen oder Schnecken (Blandford, 1987). Was der Iltis nicht sofort verspeist, trägt er in seinen Bau in sein Schlafnest. Letzteres Verhalten ist auch bei den Frettchen zu beobachten. Aus diesem Grund müssen die Schlafhöhlen mindestens 1-mal täglich kontrolliert und gereinigt werden.

Wenn Welpen nicht sehr abwechslungsreich gefüttert werden, besteht die Gefahr der Entwicklung einer Nahrungspräferenz für ein ganz bestimmtes Futtermittel und somit Probleme einer **einseitigen Ernährung**.

Frettchen benötigen häufige Mahlzeiten. Bereits nach einigen Stunden fasten wird der Kot schleimig, grünlich oder bräunlich (Henke, 2012). Daher wird empfohlen, Frettchen bei **Durchfall** gar nicht und auch vor Operationen nur 3–5 h fasten zu lassen (Henke, 2012). Insgesamt haben Frettchen einen schnellen Metabolismus und setzen auch mehrmals täglich Kot ab, der nicht vergraben wird. Iltisse haben mehrere Latrinenorte im Revier (Bulloch und Tynes, 2010). Prinzipiell möchten auch Frettchen Ausscheidungsorte anlegen und können auch lernen, eine **Katzentoilette** für ihre Ausscheidungen zu verwenden. Im Allgemeinen werden Ecktoiletten bevorzugt (Bulloch und Tynes, 2010). Aufgrund des häufigen Kotabsatzes müssen Latrinenorte oder Katzentoiletten mehrmals täglich gereinigt werden.

12.3.6 Erkennen von Schmerzen, Leiden und Schäden

Frettchen zeigen Schmerzen i. d. R. deutlicher als die anderen in diesem Buch besprochenen Tierarten.

Erkennen von Schmerzen und Leiden

Anzeichen für Schmerzen sind laut Henke (2012) u. a.:

- Eingezogene Flanken, anliegende Ohren oder Falten auf der Stirn
- Veränderte Körperhaltung (Fehlen des typischen Frettchenbuckels) (van Oostrom et al., 2011)
- Schreien, Aggression oder Teilnahmslosigkeit
- Bei Zahnproblemen Inappetenz oder komplette Futterverweigerung

12.4 Haltungsansprüche und Haltungsbeispiele

12.4.1 Empfehlungen für die Heimtierhaltung

Frettchen sind **dämmerungsaktive Raubtiere**. Sie graben gerne und toben auch bevorzugt im Sozialverband umher. Daher benötigen sie viel Bewegungsraum. Sie sind nicht für eine Haltung im Käfig geeignet. Ein Zugang zu großen Teilen der Wohnung, die Haltung in einem Frettchenzimmer oder optimalerweise in einem geeigneten Außengehege sind definitiv tiergerechter als eine Käfighaltung. Bei der Haltung in der Wohnung ist zu beachten, dass die Tiere zwar Katzentoiletten für ihre Ausscheidungen benutzten, aber selten ganz stubenrein werden. Zusätzlich zu ihrem ausgeprägten Bewegungsbedürfnis haben Frettchen allerdings auch ein entsprechendes Ruhebedürfnis. Daher muss der Standort der Haltung so gewählt werden, dass sich die Tiere auch wirklich in Ruhe zurückziehen können, wenn sie möchten.

Gruppenhaltung

Frettchen sind **soziale** Tiere, die unbedingt in der Gruppe gehalten werden sollten. Auch wenn sie keine festen Rudel im eigentlichen Sinne bilden, ist eine Einzelhaltung abzulehnen. In Bezug auf eine Gruppenzusammenstellung gibt es dabei keine spezifischen Empfehlungen. Im Allgemeinen ist zu beobachten, dass Alter und Geschlecht eine deutlich geringere Rolle spielen als die individuelle Persönlichkeit bei einer Zusammenführung verschiedener Tiere (Henke, 2012). Grundsätzlich ist es aber so, dass junge Tiere lebhafter sind als ältere. Daher sollte der Altersunterschied zwischen zwei Tieren nicht zu groß sein. Auch Weibchen sind i. d. R. aktiver als Männchen. Jungtiere bis zu 1 Jahr lassen sich meist problemlos miteinander vergesellschaften.

Wenn ein Frettchen extrem ängstlich ist oder extrem angriffslustig, kann sich die Vergesellschaftung mit anderen Frettchen durchaus als schwierig erweisen. Hier muss mit viel Geduld und Vorsicht vorgegangen werden. Bei aggressiven Tieren kann ein Gewöhnungstraining mit einer Gegenkonditionierung hilfreich sein.

Gemeinsame Haltung mit anderen Tieren

Nur Artgenossen können das arteigene Repertoire an Verhaltensweisen bieten, das soziale Tiere benötigen. Daher ist die Haltung eines Frettchens mit einer Katze oder einem Hund als Partnertier abzulehnen. Werden die Frettchen allerdings in einer Gruppe gehalten und haben die Katze oder der Hund auch artgemäßen Sozialkontakt mit Artgenossen, können diese Tierarten im Einzelfall gemeinsam gehalten werden. Ideal ist es, wenn sich die Tiere jeweils schon im Welpenalter kennengelernt haben und gemeinsam aufgewachsen sind. Gerade bei Frettchen und Katzen kann das Zusammenleben – wenn es sich um eine soziale Katze handelt – sehr gut funktionieren, solange beide Tierarten ständig die Möglichkeit haben, sich auch voneinander zurückzuziehen und Interaktionen immer vom Besitzer begleitet werden. Deutlich problematischer kann das Zusammenführen von Frettchen und Hund sein, v. a. wenn es sich um einen Hund mit deutlicher Jagdleidenschaft handelt. In einem solchen Fall ist ein gemeinsames friedliches Zusammenleben in derselben Wohnung oft unmöglich. Insgesamt sollen auch Hund und Frettchen nie unbeaufsichtigt in der Wohnung zusammen gelassen werden.

Problematisch kann es auch sein, wenn ältere Frettchen mit sehr kleinen Katzen- oder Hundewelpen zusammenleben sollen. Die kleinen Welpen können dann durchaus beim Frettchen den Jagdtrieb auslösen. Auch Vögel und kleine Heimtiere sind für Frettchen evtl. als Beute attraktiv. Daher dürfen Frettchen keinen Zugang zu Zimmern haben, in denen diese Tiere gehalten werden.

Standort der Haltung

Eine Haltung im **Freigehege** ist definitiv zu bevorzugen (► Abb. 12-3). Hierbei muss jedoch darauf geachtet werden, dass die Unterbringung auch ausbruchsicher ist. Die Umzäunung des Geheges sollte zu diesem Zweck z. B. mindestens 60 cm tief in den Boden eingelassen werden. Das Eingraben von Platten oder einem Drahtgitter in 60 cm Tiefe, zusätzlich zum Einlassen von Zaun und oder senkrechten Platten in den Boden macht ein Gehege sogar noch besser ausbruchsicher. Ein Regenschutz ist für die Haltung in einem Außengehege unerlässlich. Er sollte mindestens das halbe Gehege überdachen. In dem regengeschützten Bereich müssen sich dann Schlafbox und Futterstation befinden.

Abb. 12-3 Beispiel für die Gestaltung eines Außengeheges für zwei Frettchen. Hier aus einem europäischen Wildtierpark. Der Regenschutz ist als mangelhaft zu bewerten.

Klimatische Anforderungen

Frettchen können idealerweise in einer **ganzjährigen Außenhaltung** gehalten werden. Dabei ist jedoch zu beachten, dass sie nur bei Temperaturen zwischen 0 und 32 C° ein gutes Thermoregulationsvermögen besitzen. Sie haben schlecht ausgebildete Schweißdrüsen und laufen bei höheren Temperaturen Gefahr einen Hitzschlag zu erleiden. Daher muss das Gehege auf jeden Fall ausreichend **schattig** sein. Ein nach Süden ausgerichtetes Gehege ist nicht geeignet. Wenn die Temperaturen dagegen unter den Gefrierpunkt fallen, müssen zwingend eine beheizbare oder gut isolierte Schlafbox und ein Futterhaus mit Windfang zur Verfügung stehen. Alternativ kann ein Außengehege mit direktem Zugang zum Haus durch z. B. eine Katzenklappe etc. sinnvoll sein. Bei zu niedrigen Temperaturen kann dann die Klappe auch entsprechend verschlossen werden, sodass die Tiere drinnen bleiben müssen.

Sollen Frettchen drinnen gehalten werden, ist ebenfalls darauf zu achten, dass das Gehege auch immer einen schattigen Bereich aufweist und nicht stundenlang der prallen Sonne ausgesetzt ist.

Bewegungsraum

Da Frettchen sehr bewegungsfreudig sind, wenn sie wach sind, muss die Haltungseinheit so groß wie möglich sein. Zudem müssen Kletter- und Grabemöglichkeiten zur Verfügung stehen.

Größe des Käfigs

Als Mindestanforderung für die Haltung eines Frettchenpaars werden im Merkblatt der TVT (2014) 6 m² angegeben. Diese Empfehlungen sind durchaus sinnvoll und sollten dem Besitzern deutlich kommuniziert werden. Viele der im Zoofachhandel angebotenen Frettchenkäfige sind mit ca. 80 cm × 75 cm Grundfläche deutlich zu klein. Auch eine Höhe von 160 cm kann die Defizite in der Grundfläche nicht ausgleichen. Frettchen müssen die Gelegenheit haben zu laufen. Dies ist in den genannten Standardkäfigen nicht möglich.

Als Alternative ist die freie Haltung in einer frettchensicheren Wohnung (► Kap. 12.3.4), einem entsprechend großen Frettchenzimmer oder Außengehege mit mindestens 6 m² Grundfläche zu bevorzugen. Ein Fettchenzimmer kann mit einer Drahtgittertüre zum Rest der Wohnung abgetrennt werden. Dann haben die Tiere visuellen, akustischen und olfaktorischen Kontakt zu den Besitzern.

Gehegestrukturierung

Zusätzlich zu einer ausreichenden Grundfläche sollten für die Frettchen verschiedene Ebenen zur Verfügung stehen. Diese Ebenen sollten mithilfe von Röhren, Treppen oder Rampen für die Tiere zugänglich sein. Alternativ können auch große Bretter in geringem Abstand zueinander eingesetzt werden, sodass die Tiere die andere Etage durch das Springen von Brett zu Brett erreichen können. Die Bretter müssen ausreichend groß sein, dass ein ausgewachsenes Frettchen sicher darauf landen kann.

Freilauf

Freilauf muss den Frettchen **täglich** gewährt werden. Dabei gilt, dass je kleiner die Haltungseinheit ist, umso öfter und länger pro Tag müssen die Tiere kontrollierten Freilauf bekommen. Beim Freilauf ist wiederum darauf zu achten, dass alle Gefahrenquellen beseitigt sind (► Kap. 12.3.4) und die quirligen Tiere unbesorgt erkunden können. Beim Freilauf können auch neue Spielzeuge angeboten werden und Jagd- sowie Futtersuchspiele durchgeführt werden. Wichtig ist, dass die Tiere viele Anreize bekommen, sich im Raum frei zu bewegen. Ein leeres, gefliestes Badezimmer ist z. B. ungeeignet, da es außer einem gewissen Platz kaum weitere Anregungen bietet.

Spaziergang

Wenn Frettchen langsam an ein **Geschirr** gewöhnt werden, kann ihnen im Einzelfall auch ein Spaziergang an Geschirr und Leine Spaß bereiten. Wichtig ist neben einer langsamen Gewöhnung durch positive Bestärkung auch der optimale Sitz des Geschirrs. Es sollten extra für Frettchen angefertigte Geschirre verwendet werden, die auf dem Rücken H-förmig verlaufen und Hals sowie Brust umfassen. Es darf nicht zu fest sitzen, um die Luftröhre nicht einzuschränken. Da Frettchen aber sehr beweglich sind, darf es auch nicht zu locker sitzen, da sie es sonst abstreifen können. Die Gewöhnung an ein Geschirr und das Spazierengehen erfolgt am besten bereits im Welpen- bzw. Jungtieralter. Zu beachten ist aber, dass die meisten Frettchen lieber graben und/oder sich verstecken, als dem Besitzer an der Leine zu folgen. Für solche Tiere ist der Spaziergang an der Leine nicht geeignet. Sie sollten nur Zugang zu einem sicher befestigten Außengehege im Garten bekommen.

Enrichment

Die Größe der Haltungseinheit ist nicht alleine ausschlaggebend für die Tiergerechtheit. Vielmehr ist die Ausstattung sehr wichtig, um den Tieren die Möglichkeit zu geben, ihre arteigenen Verhaltensweisen angemessen ausleben zu können.

Schlaf- und Versteckmöglichkeiten

Da die wilden Verwandten der Frettchen unterirdische Baue bewohnen, möchten auch Frettchen gerne in **dunklen, kuscheligen, höhlenartigen Strukturen** wohnen. Wichtig ist dabei, dass jedem Tier mehrere Schlafmöglichkeiten zur Verfügung stehen, da sie ihren Schlafplatz während einer Schlafphase auch gerne einmal wechseln möchten. Für ein Außengehege sollten Schlafboxen zusätzlich vorne noch über einen Windfang verfügen, damit die Tiere es innen gemütlicher haben. Insgesamt sind aber verschiedene Strukturen als Schlaf- oder Ruheplatz geeignet. Holzhäuschen, Hunde- oder Katzenkörbe, Hängematten, Tunnelröhren, Transportkörbe (► Abb. 12-4) etc. sind nur einige Ideen. Auch Rascheltunnel, Pappröhren, Pappkartons oder abgeschnittene Hosenbeine alter Jeanshosen werden gerne von den Frettchen angenommen.

Bei der **Auspolsterung** der Schlafmöglichkeiten ist zu beachten, dass keine zu großen und schweren Decken oder Tücher verwendet werden, in denen sich die

Abb. 12-4 Ein Transportkorb kann, wie hier in einem Tierheim, ein tolles Frettchenheim sein, wenn es mit weichen Decken oder Tüchern ausgepolstert ist.

Frettchen verheddern können. Zudem müssen die Decken, Tücher, T-Shirt-Reste etc. auch regelmäßig gereinigt werden. Dies hält zum einen den Frettchengeruch in Grenzen und beugt zum anderen auch Problemen durch Nahrungsreste vor, die in die Schlafhöhlen verschleppt werden.

Spielzeug

Da Frettchen, wie bereits mehrfach erwähnt, recht neugierige und aktive Tiere sind, müssen ihnen ständig wechselnde Spiel- und Beschäftigungsmöglichkeiten angeboten werden. Besonders beliebt sind i. d. R. Hunde- oder Katzenspielzeuge, die Geräusche machen (z. B. Quietschies oder Spielzeug mit Glöckchen). Hier ist darauf zu achten, dass die Tiere die Spielzeuge nicht zerbeißen und keine Teile abschlucken. Außerdem müssen Spielzeuge aus Gummi vermieden werden. Futterbälle oder extra Frettchenbälle, in die die Tiere hineinschlüpfen können, werden gerne angenommen. Damit die Spielzeuge länger interessant bleiben, sollten sie nicht alle ständig zur Verfügung stehen. Die Spielzeuge sollten täglich rotiert werden.

Möglichkeiten zum Graben

Frettchen graben überaus gerne und möchten diesen Trieb auch in der Wohnung ausleben. Dazu müssen ihnen zumindest Buddelkisten zur Verfügung gestellt werden. Diese können mit Erde, aber auch Papierschnitzeln oder Holzwolle befüllt werden, um die Tiere zum Graben zu animieren. Der Boden der gesamten Haltungsumwelt sollte i. d. R. nicht eingestreut werden, da Frettchen ihr Futter gerne aus dem Napf nehmen, um es woanders zu fressen – und sei es nur neben dem Napf

Abb. 12-5 Kommerziell erhältliche Katzentoiletten mit unparfümierter Klumpstreu sind gut als Frettchentoiletten geeignet.

(► Abb. 12-6). Liegt das Futter auf Einstreu, besteht die Gefahr, dass die Einstreu am Futter hängen bleibt und mitgefressen wird.

Toilette

Frettchen sind reinliche Tiere und können erlernen, eine Toilette einigermaßen zuverlässig zu benutzen. In der Regel sind gängige Katzentoiletten gut geeignet (► Abb. 12-5).

Ähnlich wie bei den Katzen kann es auch Frettchen geben, die über die Ränder einer normalen Toilette hinaus urinieren. Für solche Tiere sind dann extrahohe Toilettenschalen oder auch Aufbewahrungsboxen aus dem Baumarkt mit einem hineingeschnittenen Eingang geeignet. Bei Frettchen kann es sein, dass ältere Tiere Schwierigkeiten entwickeln, in eine Toilette hineinzusteigen. Wenn dies der Fall ist, sollte ein möglichst niedriger Rand verwendet werden oder ein bequemer Einstieg in eine Seite hineingeschnitten werden. Es ist dafür Sorge zu tragen, dass die Schnittkanten keine scharfen Ränder bilden, an denen sich die Tiere verletzen könnten. Toiletten sollten auf jeder Etage der Haltungseinrichtung angebracht sein, um es den Tieren möglichst einfach zu machen sie zu benutzen.

Als Einstreu ist eine gängige, **unparfümierte Katzenklumpstreu** zu empfehlen. Die Ausscheidungen bilden darin Klumpen, die gut mehrmals täglich mit einer Einstreuschaufel abgesammelt werden können.

Aufgrund des regen Stoffwechsels von Frettchen müssen die Toiletten **mindestens 2-mal täglich** gereinigt werden.

Wasser- und Futternäpfe

Wasser muss den Frettchen, wie anderen Tieren auch, jederzeit frei zugänglich zur Verfügung stehen. Einige Frettchen werfen ihren Wassernapf gerne um. Daher sollten möglichst schwere und standsichere Näpfe verwendet werden, oder solche, die man in das Gitter einhängen kann, wie z. B. Papageienwassernäpfe. Diese sollten allerdings nicht zu hoch angebracht werden, damit die Frettchen in bequemer Körperhaltung trinken können.

Als Futternäpfe sind schwere Hunde- oder Katzennäpfe aus leicht zu reinigendem Material geeignet. Ebenfalls können hier Metallnäpfe zum Einhängen an Gitter verwendet werden. Auch diese Näpfe sollten nicht zu hoch gehängt werden.

Als kritisch anzusehendes bzw. tierschutzwidriges Zubehör

Auch bei Frettchen gibt es Zubehör im Handel, das tierschutzwidrig ist. Am problematischsten ist hier sicher der „Exercise ball", der ähnlich einer Hamsterkugel (► Kap. 5.3.2) verhindern soll, dass das Frettchen beim Freilauf in schwer zugängliche Ecken entschwindet und sich nur schwer wieder einfangen lässt. Wie bei der Hamsterkugel ist dieses Zubehör, das v. a. im amerikanischen Raum verbreitet ist, rigoros abzulehnen. Es ist mit einem großen Verletzungsrisiko für die Frettchen verbunden. Die Tiere haben keinerlei Kontrolle über ihre Bewegungen und können nicht entkommen. Es kann zu Panik bei den eingesperrten Tieren kommen. Eine ausreichende Sauerstoffversorgung ist in solch einem Plastikball vermutlich auch nicht gewährleistet.

Fütterung

Fleisch, Fisch Frettchen sind Fleischfresser (► Kap. 12.3.5). Zusätzlich haben sie einen schnellen Stoffwechsel und benötigen viele Mahlzeiten über den Tag verteilt. Sie brauchen einen überwiegenden Anteil an Frischfleisch in ihrer Nahrung. Manche Frettchen mögen auch gerne Fisch. Auf Abwechslung sollte auf jeden Fall geachtet werden. Zum Frischfleisch sollte gutes Trockenfutter für Frettchen sowie ab und zu kann auch ein hochwertiges Frischfutter für Katzen angeboten werden (► Abb. 12-6).

Obst, Gemüse Frettchen fressen auch gerne Obst oder Gemüse. Daher sollte es ab und zu als Leckerei angeboten werden. Da Grünfutter für Frettchen aber im Allgemeinen schwer verdaulich ist, muss es bei einer seltenen Verfütterung in kleinen Portionen bleiben, um Durchfallerkrankungen vorzubeugen.

Futter-Verstecken Idealerweise wird Frischfleisch immer im Beisein des Besitzers gefüttert, sodass man besser beobachten kann, ob Fleisch auch in Verstecke verschleppt wird. Wenn Frettchen ihr Futter zum Fressen immer in die Katzentoilette tragen, sollte überlegt werden, die Katzentoilette während der Fütterungszeit zu entfernen.

Insgesamt muss die komplette Haltungsumwelt der Tiere mindestens 2-mal täglich auf gehortete Futterreste abgesucht werden, damit das Futter nicht unentdeckt vergammelt.

Abb. 12-6 Hochwertiges Katzenfutter kann durchaus verfüttert werden. Beachte, dass Frettchen Futter gerne außerhalb des Napfes ablegen.

Wasser Selbstverständlich muss frisches, sauberes Wasser ständig zur freien Verfügung angeboten werden. Damit das Wasser von ausreichender Qualität ist, muss es täglich erneuert werden. Je nach Gehegebewohner muss es sogar mehrmals täglich frisch aufgefüllt werden.

Impfungen

Frettchen sind sehr anfällig für **Staupe** und sollten daher unbedingt dagegen geimpft werden. Halten sich Frettchen auch häufiger im Freien auf, empfiehlt es sich, zusätzlich gegen **Tollwut** zu impfen. Sollen Frettchen EU-weit grenzüberschreitend z. B. im Urlaub mitgenommen werden, ist eine Tollwutimpfung zwingend notwendig (s. u. „Heimtierausweis"). Üblicherweise werden Frettchen mit 8 Wochen zum ersten Mal gegen Staupe geimpft. Die zweite Grundimmunisierung erfolgt dann mit ca. 12 Wochen, gleichzeitig mit einer Tollwutimpfung. Die zweite Tollwutimpfung erfolgt mit 16 Wochen. Anschließend werden jährliche Auffrischungsimpfungen durchgeführt (Ständige Impfkommission Vet, 2013).

Heimtierausweis

Aufgrund der EU-Verordnung 576/2013 sowie der EU-Durchführungsverordnung 577/2013 muss für Frettchen, die innerhalb der Europäischen Union grenzüberschreitend transportiert werden, grundsätzlich ein Heimtierausweis nach einheitlichem Muster mitgeführt werden.

Da dieser Pass dem Tier eindeutig zugeordnet werden können muss, sollte das Frettchen durch eine **Tätowierung** oder mithilfe eines **Mikrochips** eindeutig identifizierbar sein. Die entsprechende Kennzeichnungsnummer sollte selbstverständlich im Heimtierausweis eingetragen sein.

Seit dem 3. Juli 2011 ist für neu gekennzeichnete Tiere der Mikrochip als Kennzeichnungsart verpflichtend!

Der ideale Halter

Der ideale Frettchenhalter sollte einige Voraussetzungen mit sich bringen: Zum einen sollte er den Eigengeruch der Tiere akzeptieren. Darüber hinaus braucht er eine große, gut gestaltete Haltungsumwelt, um mindestens zwei Tiere gleichzeitig halten zu können. Da es sich bei Frettchen um sehr aktive Raubtiere handelt, ist eine Anschaffung für Kinder vor dem mittleren Teenageralter abzulehnen. Ideale Halter sind Erwachsene, die sich täglich auch mehrere Stunden zu Hause aufhalten und wenigstens in dieser Zeit den Frettchen Freilauf gewähren können sowie sie zum Spielen animieren können. Zudem sollte der ideale Halter nicht immunsupprimiert sein, da die quirligen Tiere den Besitzer durchaus gerne als Kletter- und Spielobjekt benutzen (► Abb. 12-7) und es sehr leicht zu kleinen Kratzern kommen kann.

Besonders zu bedenken sind auch Arrangements für die Zeiten, in denen der Besitzer im Urlaub ist. Es ist nämlich nicht immer ganz einfach, einen guten und willigen Frettchensitter zu finden.

Zusammenfassung

Die wichtigsten Haltungsempfehlungen

- Gruppenhaltung
- Gehegefläche möglichst groß (Grundfläche mind. 6 m^2 für 2 Tiere) – idealerweise ganze Wohnung oder großes Außengehege
- Viele Schlaf- und Versteckmöglichkeiten – mit weicher Polsterung, um „Nester" zu bauen
- Täglich wechselnde Spielzeuge (nicht aus Gummi!)
- Katzentoiletten auf jeder Etage, eingestreut mit unparfümierter Klumpstreu (2-mal täglich Reinigung!)
- Täglicher, kontrollierter Freilauf
- Buddelkisten
- Fütterung mehrmals täglich mit einem abwechslungsreichen Angebot an Fleisch und Fisch sowie mit Frettchen-Trockenfutter und ab und zu hochwertigem Feuchtfutter für Katzen
- Tägliche Kontrolle und Säuberung der gesamten Haltungseinheit

Abb. 12-7 Frettchen verwenden ihre Besitzer (oder hier: den Tierpfleger in einem Wildtierpark) gerne als Kletter- oder Spielobjekt. Kleine Kratzer können dabei schnell auf der menschlichen Haut entstehen.

- Nicht für Kinder als Haustiere geeignet
- Temperatur sollte zwischen 0 und 32 C° liegen.
- Frettchen sollten gegen Staupe und bei Freilandhaltung zusätzlich auch gegen Tollwut geimpft werden.

12.5 Umgang mit Frettchen

Erst wenn die Haltungsumwelt für die Frettchen geschaffen und eingerichtet wurde – unabhängig davon, ob es sich um ein großes Innengehege, ein Frettchenzimmer, die gesamte Wohnung, ein Außengehege sowie ein kombiniertes Innen- und Außengehege handelt – sollten die Frettchen in ihr neues Zuhause einziehen. Die Tiere sollten ausreichend Zeit bekommen, sich in aller Ruhe in ihrem neuen Heim umzusehen. Dem Besitzer fällt dabei zunächst nur eine Beobachterrolle zu. Erst wenn die Tiere damit beginnen, von sich aus Kontakt zum neuen Besitzer aufzunehmen, sollte dieser mehr mit ihnen interagieren.

Prinzipiell lässt sich sagen, dass es Frettchen gibt, die den Körperkontakt mit ihren Besitzern sehr schätzen und entsprechende Streichel- oder Kuscheltiere sind. Dies gilt jedoch nicht für alle Frettchen und einige Tiere mögen gar nicht gerne angefasst und hochgehoben werden. Dennoch sollten die Tiere behutsam an regelmäßige Manipulationen gewöhnt werden. Idealerweise geschieht das auf täglicher Basis mithilfe von Futterbelohnungen. Gerade das sanfte Hochheben sollten Frettchen tolerieren. So kann man sie z. B. besser nach dem Freilauf einfangen. Frettchen sollten nie von oben angefasst werden, da das an den Griff ihrer Feinde, der Raubvögel erinnert. Stattdessen sollten sie sanft aber sicher mit einer Hand an der Brust umfasst werden. Die Hand darf dabei nicht zu stark zudrücken, um die dünnen Rippen nicht zu sehr einzudrücken. Die zweite Hand wird dann unter das Becken geschoben. In diesem Griff wird das Tier schließlich hochgehoben. Das Hochheben mit nur einer Hand sollte unterbleiben, ganz besonders bei schweren und scheuen oder sehr aktiven Tieren. Besonders letztere können sich schnell entwinden und fallen.

PRAXISTIPP

Handling in der Tierarztpraxis

- Frettchen sollten niemals nur von oben gepackt werden, da das an ihre Fressfeinde, die Greifvögel erinnert und Frettchen sehr erschrecken kann.
- Frettchen immer mit zwei Händen greifen und stützen.
- Achtung, nicht zu viel Druck auf den Brustkorb ausüben – die Frettchenrippen sind sehr dünn!
- Um ein Frettchen für eine Untersuchung zum Stillhalten zu bewegen, kann ihm eine Vitaminpaste oder ein anderes schmackhaftes Leckerchen dargeboten werden.

12.6 Verhaltensprobleme

Im Folgenden werden die häufigsten Verhaltensprobleme von Frettchen besprochen. Die meisten Problematiken lassen sich durch eine Optimierung der Haltungsumwelt und des Managements lösen. Wenn die Probleme nicht mit den genannten Tipps behandelt werden können, empfiehlt sich die Überweisung an einen tierärztlichen Spezialisten für Verhaltenstherapie und -medizin. Eine aktuelle Liste der in Deutschland tätigen tierärztlichen Verhaltenstherapeuten findet sich unter www.gtvmt.de.

12.6.1 Aggression gegen Menschen

Aggressionen gegen Menschen kommen bei Frettchen immer wieder vor, lassen sich aber im Allgemeinen meist gut unter Kontrolle bringen.

Zum einen wird oft eine **Spielaggression** als echte Aggression missverstanden. In der Regel sind die Bisse bei der Spielaggression weniger fest, als die Bisse mit echter Beschädigungsabsicht. Zudem werden Spielbisse deutlich im Zusammenhang mit übermütigem Spiel gezeigt. Hier gilt es dem Frettchen klar zu zeigen, dass es mit dem Menschen ruhiger spielen muss. In der Regel reichen ein deutliches „Au“ und ein Abbruch des Spiels. Dieser Spielabbruch muss sehr konsequent erfolgen, wenn das Frettchen sicher lernen soll, sich dem Menschen gegenüber zurückzunehmen.

Auch bei **Schmerzen** oder **Unwohlsein** kann es dazu kommen, dass ein Frettchen seinen Besitzer beißt. Bei sehr plötzlichem Auftreten von Aggression sollte daher immer unbedingt eine ausführliche Allgemeinuntersuchung erfolgen, um körperliche Probleme auszuschließen.

Schließlich können Frettchen auch aus **Angst** Aggressionen gegen Menschen zeigen. Die Auslöser für eine solche Angstaggression können sehr unterschiedlich sein und von einer mangelhaften Sozialisierung auf Menschen im Welpenalter bis hin zu negativer Erfahrung mit Menschen sein. Auf jeden Fall muss mit sanfter Geduld mit den Tieren vorgegangen werden. Eine **Desensibilisierung** und **Gegenkonditionierung** sind meist erfolgreich. Wenn das betreffende Frettchen an sich eigentlich neugierig und lebhaft ist, kann **Clickertraining** ein exzellenter Weg sein, um das Frettchen zu positiven Interaktionen mit seinem Besitzer zu ermutigen. Clickertraining ist eine der bekanntesten, auf positiver Belohnung basierenden instrumentellen Konditionierungstechniken. Da eine sehr punktgenaue Belohnung möglich ist, ist es so effektiv. Im ersten Trainingsschritt muss der Clicker konditioniert werden. Dafür wird dann geclickt und immer direkt anschließend an das Geräusch eine kleine, begehrte Futterbelohnung gegeben. Dieser Vorgang wird so oft wiederholt, bis das Tier verstanden hat, was der Click bedeutet. Nun kann der Clicker für das Belohnen von Verhalten eingesetzt werden. Es können auch konkrete Kommandos (z. B. „Komm!“) trainiert oder erwünschtes Verhalten belohnt werden. Das Clickertraining eignet sich z. B. gut dazu, zu trainieren, das Anfassen und Halten wieder zu tolerieren.

Insgesamt sollte sich der Mensch ruhig verhalten und das Frettchen selbst entscheiden lassen, zu ihm zu kommen. Eine Annäherung kann dann mit Futter, Spielzeug etc. belohnt werden.

Prophylaktisch ist körperliche Gewalt gegen Frettchen tabu, die Tiere sollten korrekt gehoben werden (► Kap. 12.5), wildes Spiel muss unterbunden werden und die Tiere müssen sich täglich artgerecht mit Artgenossen auf einer großen Fläche austoben können.

12.6.2 Probleme mit Artgenossen

Normalerweise sind Frettchen sehr sozial, und die Auseinandersetzungen in der Gruppe halten sich in Grenzen. Am häufigsten kann es zu Problemen kommen, wenn die **Gruppe verändert** wird (z. B. ein neues Tier kommt hinzu). Wie gut dieses Tier sich eingliedern lässt, hängt meistens von der Persönlichkeit der beteiligten Tiere ab. Ist eines der Tiere sozial nicht voll kompetent (z. B. alleine aufgewachsen) oder extrem ängstlich, kann eine Eingewöhnung sehr schwierig bis unmöglich werden. Auch wenn die Tiere vom Aktivitätslevel her nicht zueinander passen (sehr altes und sehr junges Tier), kann es Probleme geben. Meist ist schon in den ersten Minuten absehbar, ob sich die Tiere verstehen werden. Daher ist es ratsam, das Frettchen seinen Partner nach Möglichkeit selbst aussuchen zu lassen (Henke, 2012). Ist dies nicht möglich, kann eine Gewöhnung durch regelmäßige positive Interaktionen auf anfangs neutralem Gebiet gelingen. Das Betupfen der Tiere mit **Vitaminpaste** kann hilfreich sein, da das Gegenüber dann angenehm riecht und abgeleckt wird. Das neue Tier soll zusätzlich auch in Ruhe und alleine die Gelegenheit bekommen, das neue Heim zu erkunden.

Während der **Ranzzeit** kann es ebenfalls zu massiven Problemen kommen (► Kap. 12.3.2, „Fortpflanzungsverhalten“). Hier muss im Einzelfall gemeinsam mit dem Besitzer eine Lösung gefunden werden. Ist kein Nachwuchs erwünscht, empfiehlt sich meist die Kastration.

Probleme in der Gruppe können sich aber auch subtiler äußern. So kann es z. B. dazu kommen, dass einzelne Tiere nicht mehr sicher stubenrein sind wenn sie sich in der Gruppe unwohl fühlen. Eine plötzliche Stubenunreinheit sollte somit immer Anlass zum einen zu einer medizinischen Untersuchung als auch einer Analyse der Gruppe sein.

Literatur

Blandford, P. (1987): Biology of the Polecat Mustela putorius: a literature review. Mammal Rev 17: 155–198.

Bulloch, M., Tynes, V. (2010): Ferrets. In: Tynes, V. (Hrsg.): Behavior of exotic pets. Chichester: Wiley-Blackwell: 59–68.

Clapperton, B. (1989): Scent-marking behaviour of the ferret, Mustela furo L. Anim Behav 38: 436–446.

Henke, G. (2012): Frettchen. München: Gräfe und Unzer Verlag.

Langenecker, M., Clauss, M., Hässig, M., Hatt, J.-M. (2009): Vergleichende Untersuchung zur Krankheitsverteilung bei Kaninchen, Meerschweinchen, Ratten und Frettchen. Tierärztliche Praxis 37: 326–333.

van Oostrom, H., Schoemaker, N., Uilenreef, J. (2011): Pain management in ferrets. Vet Clin North Am Exot Anim Pract 14: 105–106.

Poole, T. (1966): Aggressive play in polecats. Symp Zool Soc Lond 18: 23–44.

Poole, T. (1967): Aspects of aggressive behaviour in polecats. Z Tierpsyhol 24: 351–369.

Shump, A., Shump, K. (1978): Growth and development of the European ferret (Mustela putorius). Lab Anim Sci 28: 89–91.

Staton, V., Crowell-Davis, S. (2003): Factors associated with aggression between pairs of domestic ferrets. J Am Vet Med Assoc 222: 1709–1712.

Ständige Impfkommission Vet. im Bundesverband praktizierender Tierärzte e. V. (2013): Impfempfehlung der Ständigen Impfkommission Vet. für Frettchen (www.tieraerzte verband.de/bpt/berufspolitik/Impfkommission/03-index.php; letzter Aufruf: 02.08.2016)

Tierschutzgesetz (2015): Tierschutzgesetz in der Fassung der Bekanntmachung vom 18. Mai 2006 (BGBl. I S. 1206, 1313), das zuletzt durch Artikel 8 Absatz 13 des Gesetzes vom 3. Dezember 2015 (BGBl. I S. 2178) geändert worden ist.

Tierärztliche Vereinigung für Tierschutz e. V. (TVT) (2014): Merkblatt für Tierhalter – Frettchen (www.tierschutz-tvt.de/index.php?id=merkblaetter; letzter Aufruf: 02.08.2016).

Informationsmaterial für Tierhalter findet sich u. a. als Download bei:

Tierärztliche Vereinigung für Tierschutz e. V. TVT: www.tierschutz-tvt.de (letzter Abruf 02.08.2016).

Bücherempfehlung für Frettchenhalter u. a.:

Henke, G. (2012): Frettchen. München: Gräfe und Unzer Verlag.

Abkürzungsverzeichnis

BEW = Black-eye-white
BMEL = Bundesministerium für Ernährung und Landwirtschaft
BMEVL = Ernährung, Landwirtschaft und Verbraucherschutz (frühere Bezeichnung des BMEL)

CITES = Convention on International Trade in Endangered Species of Wild Fauna and Flora

DEW = Dark-eye-white

GTVMT = Gesellschaft für Tierverhaltensmedizin und-therapie e. V.

IUCN = International Union for Conservation of Nature and Natural Resources

MGS = Mouse Grimace Scale

NC3R = National center for the replacement, refinement & reduction of animals in research

RbtGS = Rabbit Grimace Scale
RGS = Rat Grimace Scale
RHD = Rabbit Heammorrhagic Disease

STS = Schweizer Tierschutz

TierSchNutztV = Tierschutz-Nutztierhaltungsverordnung
TVT = Tierärztliche Vereinigung für Tierschutz e. V.

USDA = United States Department of Agriculture

Abbildungsquellen

Kerstin Deingruber: 9-1, 9-4, 9-5

Dorothea Döring: Bleistiftzeichnungen, 2-3, 3-1 bis 3-6, 4-1, 5-1, 5-2, 7-1, 7-2

Matej Minar: 6-1, 6-4, 6-5b, 6-6

Lehrstuhl für Tierschutz, Verhaltenskunde, Tierhygiene und Tierhaltung der LMU München: 10-4

Barbara Schneider: 1-1 bis 1-7, 2-1, 2-2, 2-4, 2-5, 4-2 bis 4-11, 6-2, 6-3, 6-5a, 8-1 bis 8-4, 9-2, 9-3, 10-1 bis 10-3, 12-1 bis 12-7

Maria Singer: 11-1, 11-2 (mit frdl. Genehmigung des Zoo Augsburg)

Stephan Vollmar: 3-7, 10-5a/b, 10-6

Videos

Dorothea Döring: 3-1 bis 3-5, 4-1, 7-1

Barbara Schneider: 4-2 bis 4-4, 7-2, 7-3, 8-1, 9-1

Maria Singer: 11-1 (mit frdl. Genehmigung des Zoo Augsburg)

Sachverzeichnis

A

C

D

E

H

I

Q

R

S